Le Règne animal distribué d'après son organisation

Volume 2

Georges Cuvier

CAMBRIDGE UNIVERSITY PRESS

Cambridge, New York, Melbourne, Madrid, Cape Town,
Singapore, São Paolo, Delhi, Mexico City

Published in the United States of America by Cambridge University Press, New York

www.cambridge.org
Information on this title: www.cambridge.org/9781108058896

This edition first published 1817
This digitally printed version 2012

ISBN 978-1-108-05889-6 Paperback

CAMBRIDGE LIBRARY COLLECTION

Books of enduring scholarly value

Life Sciences

Until the nineteenth century, the various subjects now known as the life sciences were regarded either as arcane studies which had little impact on ordinary daily life, or as a genteel hobby for the leisured classes. The increasing academic rigour and systematisation brought to the study of botany, zoology and other disciplines, and their adoption in university curricula, are reflected in the books reissued in this series.

Le Règne animal distribué d'après son organisation

French zoologist and naturalist Georges Cuvier (1769–1832), one of the most eminent scientific figures of the early nineteenth century, is best known for laying the foundations of comparative anatomy and palaeontology. He spent his lifetime studying the anatomy of animals, and broke new ground by comparing living and fossil specimens – many he uncovered himself. However, Cuvier always opposed evolutionary theories and was during his day the foremost proponent of catastrophism, a doctrine contending that geological changes were caused by sudden cataclysms. He received universal acclaim when he published his monumental *Le règne animal*, which made significant advances over the Linnaean taxonomic system of classification and arranged animals into four large groups. The sixteen-volume English translation and expansion, *The Animal Kingdom* (1827–35), is also reissued in the Cambridge Library Collection. First published in 1817, Volume 2 of the original version covers reptiles and fish.

Cambridge University Press has long been a pioneer in the reissuing of out-of-print titles from its own backlist, producing digital reprints of books that are still sought after by scholars and students but could not be reprinted economically using traditional technology. The Cambridge Library Collection extends this activity to a wider range of books which are still of importance to researchers and professionals, either for the source material they contain, or as landmarks in the history of their academic discipline.

Drawing from the world-renowned collections in the Cambridge University Library and other partner libraries, and guided by the advice of experts in each subject area, Cambridge University Press is using state-of-the-art scanning machines in its own Printing House to capture the content of each book selected for inclusion. The files are processed to give a consistently clear, crisp image, and the books finished to the high quality standard for which the Press is recognised around the world. The latest print-on-demand technology ensures that the books will remain available indefinitely, and that orders for single or multiple copies can quickly be supplied.

The Cambridge Library Collection brings back to life books of enduring scholarly value (including out-of-copyright works originally issued by other publishers) across a wide range of disciplines in the humanities and social sciences and in science and technology.

LE
RÈGNE ANIMAL
DISTRIBUÉ
D'APRÈS SON ORGANISATION.

LE
RÈGNE ANIMAL
DISTRIBUÉ
D'APRÈS SON ORGANISATION,

POUR SERVIR DE BASE A L'HISTOIRE NATURELLE DES ANIMAUX ET D'INTRODUCTION A L'ANATOMIE COMPARÉE.

PAR M. LE CH^{ER} CUVIER,

Conseiller d'État ordinaire, Secrétaire perpétuel de l'Académie des Sciences de l'Institut Royal, Membre des Académies et Sociétés Royales des Sciences de Londres, de Berlin, de Pétersbourg, de Stockholm, d'Édimbourg, de Copenhague, de Gœttingue, de Turin, de Bavière, des Pays-Bas, etc., etc.

Avec Figures, dessinées d'après nature.

TOME II,

CONTENANT

LES REPTILES, LES POISSONS, LES MOLLUSQUES ET LES ANNÉLIDES.

A PARIS,

Chez DETERVILLE, Libraire, rue Hautefeuille, n° 8.

DE L'IMPRIMERIE DE A. BELIN.

1817.

TABLE METHODIQUE

DU SECOND VOLUME.

Troisième grande division du Règne animal.

LE
RÈGNE ANIMAL,
DISTRIBUÉ
D'APRÈS SON ORGANISATION.

TROISIÈME CLASSE DES ANIMAUX VERTÉBRÉS.

LES REPTILES.

Les reptiles ont le cœur disposé de manière, qu'à chaque contraction, il n'envoie dans le poumon, qu'une portion du sang qu'il a reçu des diverses parties du corps, et que le reste de ce fluide retourne aux parties sans avoir passé par le poumon, et sans avoir respiré.

Il résulte de là que l'action de l'oxigène sur le sang, est moindre que dans les mammifères, et que, si la quantité de respiration de ceux-ci, où tout le sang est obligé de passer par le poumon avant de retourner aux parties, s'exprime par l'unité, la quantité de respiration des reptiles devra s'exprimer par une fraction d'unité, d'autant plus petite que la portion de sang qui se rend au poumon, à chaque contraction du cœur, sera moindre.

Comme c'est la respiration qui donne au sang sa chaleur, et à la fibre la susceptibilité pour l'irritation nerveuse, les reptiles ont le sang froid, et les forces musculaires moindres en totalité que les quadrupèdes, et à plus forte raison que les oiseaux ; aussi n'exercent-ils guère que les mouvemens du ramper et du nager : et quoique plusieurs sautent et courent fort vite en certains momens, leurs habitudes sont généralement paresseuses; leur digestion excessivement lente ; leurs sensations obtuses ; et dans les pays froids ou tempérés, ils passent presque tous l'hiver en léthargie. Leur cerveau proportionnellement très-petit n'est pas aussi nécessaire que dans les deux premières classes à l'exercice de leurs facultés animales et vitales ; leurs sensations semblent moins se rapporter à un centre commun ; ils continuent de vivre et de montrer des mouvemens volontaires, un temps très-considérable après avoir perdu le cerveau, et même quand on leur a coupé la tête. La connexion avec le système nerveux est aussi beaucoup moins nécessaire à la contraction de leurs fibres, et leur chair conserve son irritabilité bien plus long-temps après avoir été séparée du reste du corps que dans les classes précédentes ; leur cœur bat plusieurs heures après qu'on l'a arraché, et sa perte n'empêche pas le corps de se mouvoir encore long-temps.

La petitesse des vaisseaux pulmonaires permet aux reptiles de suspendre leur respiration sans arrêter le cours du sang ; aussi plongent-ils plus aisément et plus long-temps que les mammifères et les oiseaux. Les cellules de leur poumon étant moins nombreuses, parce qu'elles ont moins de vaisseaux à loger sur leurs parois, sont beaucoup plus larges, et ces organes ont quelquefois la forme de simples sacs à peine celluleux.

Du reste les reptiles sont pourvus de trachée artère et de larynx, quoiqu'ils n'aient pas tous la faculté de faire entendre une voix.

N'ayant point le sang chaud, ils n'avaient pas besoin de tégumens capables de retenir la chaleur, et ils sont couverts d'ecailles ou simplement d'une peau nue.

Les femelles ont un double ovaire et deux oviductus; les mâles de plusieurs genres ont une verge fourchue ou double; dans le dernier ordre ils n'ont pas de verge du tout.

Aucun reptile ne couve ses œufs. Dans plusieurs genres du dernier ordre, les œufs ne sont fécondés qu'après avoir été pondus; aussi n'ont-ils qu'une enveloppe membraneuse. Les petits de ce dernier ordre ont, au sortir de l'œuf, la forme et les branchies des poissons, et quelques genres conservent ces organes, même après le développement de leurs poumons.

La quantité de respiration des reptiles n'est pas fixe, comme celle des mammifères et des oiseaux, mais elle varie avec la proportion du diamètre de l'artère pulmonaire comparé à celui de l'aorte. Ainsi les tortues, les lézards respirent beaucoup plus que les grenouilles, etc. De là des différences d'énergie et de sensibilité beaucoup plus grandes qu'il ne peut en exister d'un mammifère à un autre, d'un oiseau à un autre.

Aussi les reptiles présentent-ils des formes, des mouvemens et des propriétés beaucoup plus variées que les deux classes précédentes, et c'est surtout dans leur production que la nature semble s'être jouée à imaginer des formes bizarres, et à modifier dans tous les sens possibles le plan général qu'elle a suivi pour les animaux vertébrés, et spécialement pour les classes ovipares.

La comparaison de leur quantité de respiration et de leurs organes de mouvement a donné lieu cependant à M. Brongniart de les diviser en quatre ordres (1); savoir :

Les Chéloniens (ou Tortues), dont le cœur a deux oreillettes, et dont le corps, porté sur quatre pieds, est enveloppé de deux plaques ou boucliers formés par les côtes et le sternum.

Les Sauriens (ou Lézards), dont le cœur a deux oreillettes, et dont le corps, porté sur quatre ou deux pieds, est revêtu d'écailles.

Les Ophidiens (ou Serpens), dont le cœur a deux oreillettes, et dont le corps reste toujours dépourvu de pieds.

Les Batraciens, dont le cœur n'a qu'une oreillette, dont le corps est nu, et passe, avec l'âge, de la forme d'un poisson à celle d'un quadrupède ou d'un bipède.

---

(1) Brongniart, Essai d'une classification naturelle des reptiles, Paris 1805, et dans les Mém. des savans étrang., présentés à l'Institut; tome I, p. 587.

LE PREMIER ORDRE DES REPTILES, OU

LES CHÉLONIENS,

Plus connus sous le nom de Tortues, ont le cœur composé de deux oreillettes, et d'un ventricule à deux chambres inégales qui communiquent ensemble. Le sang du corps entre dans l'oreillette droite; celui du poumon, dans la gauche; mais les deux sangs se mêlent plus ou moins en passant par le ventricule.

Ces animaux se distinguent au premier coup-d'œil par le double bouclier dans lequel le corps est enfermé, et qui ne laisse passer au dehors que leur tête, leur cou, leur queue et leurs quatre pieds.

Le bouclier supérieur, nommé *carapace*, est formé par leurs côtes, au nombre de huit paires, élargies et réunies ensemble et à la portion annulaire des vertèbres dorsales, par des sutures dentées, en sorte que toutes ces parties sont privées de mobilité. Le bouclier inférieur, appelé *plastron*, est formé de pièces qui représentent le sternum, et qui sont ordinairement au nombre de neuf (1).

(1) Voyez Geoffr. Ann. du Mus. t. XIV, p. 5.

Un cercle de pièces osseuses qui paraissent analogues à la partie sternale ou cartilagineuse des côtes, entoure ordinairement la carapace en ceignant et réunissant toutes les côtes qui la composent. Les vertèbres du cou et de la queue sont donc les seules mobiles.

Les deux enveloppes osseuses étant recouvertes immédiatement par la peau ou par les écailles, l'omoplate et tous les muscles du bras et du cou, au lieu d'être attachés sur les côtes et sur l'épine, comme dans les autres animaux, le sont dessous; il en est de même des os du bassin et de tous les muscles de la cuisse, ce qui fait que la tortue peut être appelée, à cet égard, un animal *retourné*.

L'extrémité vertébrale de l'omoplate s'articule avec la carapace et l'extrémité opposée de la clavicule avec le plastron, en sorte que les deux épaules forment un anneau dans lequel passent l'œsophage et la trachée.

Un troisième os, plus grand que les deux autres et dirigé en bas et en arrière, représente, comme dans les oiseaux, l'apophyse coracoïde.

Les poumons sont fort étendus et dans la même cavité que les autres viscères (1). Le

(1) Remarquez que dans tous les reptiles où le poumon pénètre dans

thorax étant immobile dans le plus grand nombre, c'est par le jeu de la bouche que la tortue respire, en tenant les mâchoires bien fermées, et en abaissant et élevant alternativement son os hyoïde; le premier mouvement laisse entrer l'air par les narines, et la langue fermant ensuite leur ouverture intérieure, le deuxième mouvement contraint cet air à pénétrer dans le poumon.

Les tortues n'ont point de dents; leurs mâchoires sont revêtues de cornes comme celles des oiseaux, excepté dans les chélydes, où elles ne sont garnies que de peau. Leur caisse et leurs arcades palatines sont fixées au crâne et immobiles; leur langue est courte, hérissée de filets charnus; leur estomac simple et fort; leurs intestins de longueur médiocre et dépourvus de cœcum. Elles ont une fort grande vessie.

Le mâle a une verge simple et considérable, creusée seulement d'un sillon; la femelle produit des œufs revêtus d'une coque dure. On reconnaît souvent le mâle à l'extérieur, parce que son plastron est concave.

---

l'abdomen, et le crocodile est le seul où cela ne soit pas, il est enveloppé, comme les intestins, par un repli du péritoine, qui le sépare de la cavité abdominale.

Les tortues sont très-vivaces ; on en a vu se mouvoir sans tête pendant plusieurs semaines ; il leur faut très-peu de nourriture, et elles peuvent passer des mois entiers et même des années sans manger.

Les chéloniens tous réunis par Linnæus dans le genre des

TORTUES (TESTUDO. L.)

Ont été divisés en cinq sous-genres, principalement d'après les formes et les tégumens de leur carapace et de leurs pieds.

LES TORTUES DE TERRE. (TESTUDO. Brongn.)

Ont la carapace bombée, soutenue par une charpente osseuse toute solide, et soudée par la plus grande partie de ses bords latéraux au plastron ; les jambes comme tronquées, à doigts courts réunis de très-près jusqu'aux ongles, pouvant, ainsi que la tête, se retirer entièrement entre les boucliers ; les pieds de devant ont cinq ongles, ceux de derrière quatre, tous gros et coniques. Plusieurs espèces se nourrissent de matières végétales.

La Tortue grecque. (*Test. græca.* Lin. Schœpf.) pl. VIII, IX.

Est l'espèce la plus commune en Europe; elle vit en Grèce en Italie, en Sardaigne, et à ce qu'il paraît tout autour de la Méditerranée. On la distingue à sa carapace très-bombée, à écailles relevées, tachetées de noir et de jaune par grandes marbrures; et à son bord postérieur qui a dans son milieu une proéminence recourbée sur la queue. Elle atteint rarement un pied de long; vit de feuilles, de fruits, d'insectes, de vers ; se creuse un trou pour y passer l'hiver; s'accouple au printemps, et pond quatre ou cinq œufs semblables à ceux de pigeon.

La Tortue des Indes. (*Test. Indica.* Vosm.) Schœpf. tort. pl. XXII.

Est la plus grande espèce de ce sous-genre : sa carapace approche quelquefois de trois pieds de longueur; elle est comprimée en avant, et le bord antérieur se relève au-dessus de la tête. Sa couleur est un brun foncé.

La Géométrique. (*Test. Geometrica* L.) Lacep. I. IX. Schœpf. X.

Est une petite tortue dont la carapace noire a chacune de ses écailles régulièrement ornée de lignes jaunes en rayons partant d'un disque de même couleur (1).

2°. Les Tortues d'eau douce. (Emys. Brongn.) (2).

N'ont d'autres caractères constans pour les distinguer des précédentes, que des doigts plus séparés, terminés par des ongles plus longs, et dont les intervalles sont occupés par des membranes, encore y a-t-il des nuances à cet égard. On leur compte de même cinq ongles devant et quatre derrière. La forme de leurs pieds leur donne des habitudes plus aquatiques. La plupart vivent d'insectes de petits poissons, etc. Leur enveloppe est assez généralement plus aplatie que celle des tortues de terre.

La Tortue d'eau douce d'Europe. (*Testudo Europæa.* Schn.) Schœpf. pl. I. (3).

Est l'espèce la plus repandue; on l'observe dans tout le midi et l'orient de l'Europe jusqu'en Prusse. Sa ca-

---

(1) Ajoutez : *Test. marginata*, Schœpf. tortues, pl. XI. — *T. tabulata*, id. XIII. — *T. radiata*, Shaw: III, VIII, ou le *couï*, Daud. II, XXVI. — *T. elegans*, Schœpf. XXV. — *T. rotunda*, Lacép. I, V. — *T. areolata*, Schœpf. XXIII. — *T. denticulata*, id. XXVIII.

(2) D'ἐμὺς (tortue).

(3) C'est la même que la *verte et jaune*. Lacép.

rapace est ovale, peu convexe, assez lisse, noirâtre, toute semee de points jaunâtres disposés en rayon. Elle atteint jusqu'à dix pouces de long; on mange sa chair, et on en élève pour cela avec du pain, de jeunes herbes; elle mange aussi des insectes, des limas, de petits poissons, etc. Marsigli dit que ses œufs sont un an à éclore.

La Tortue peinte. (*Test. picta.* Schœpf. pl. IV.)

Est une des plus jolies espèces; elle est lisse, brune, et chacune de ses écailles est entourée d'un ruban jaune, fort large au bord antérieur. On la trouve dans l'Amérique septentrionale le long des ruisseaux, sur les rochers ou les troncs d'arbres d'où elle se laisse tomber dans l'eau sitôt qu'on approche (1).

Il est nécessaire de distinguer parmi les tortues d'eau douce.

Les Tortues a boite.

Dont le plastron est divisé en deux battans par une articulation mobile et qui peuvent fermer entièrement leur carapace quand leur tête et leurs membres y sont retirés.

Les unes ont le battant antérieur seulement mobile (2).

Dans d'autres les deux battans se meuvent également.

Telle est *La Tortue à boîte d'Amboine.* Daud. II. 309 (3).

Il y a au contraire des tortues d'eau douce dont la queue

---

(1) Ajoutez : *Test. centrata*, Schœpf. tort. XV. — *Scripta*, id. III. — *Pulchella*, id. XXVI. — *Planiceps*, id. XXVII. — *Serrata*, Daud. rept. II, XXI. — *Rubescens*, id. XXIV, I. — *Scabra*, Schœpf. III, I. — *Cinerea*, ib. 2, 3.

(2) *Test. subnigra*, I, VII, 2. — *T. clausa*, Schœpf. VII.

(3) Ajoutez : *Test. tricarinata*, Schœpf. II. — *Test. Pensilvanica*, id. XXIV.

longue et les membres volumineux ne peuvent rentrer entièrement dans les boucliers. Elles se rapprochent en cela des sous-genres suivans, et surtout des chelydes, et méritent par conséquent aussi d'être distinguées. Telle est

La Tortue à longue queue. (*T. serpentina.* L.) Schœpf. pl. VI.

Que l'on reconnaît à sa queue presque aussi longue que sa carapace, hérissée de crêtes aiguës et dentelées, et à ses écailles relevées en pyramides. Elle habite les parties chaudes de l'Amérique septentrionale, détruit beaucoup de poissons et d'oiseaux d'eau, s'écarte assez loin des rivières, et pèse quelquefois au-delà de vingt livres.

3° LES TORTUES DE MER. (CHELONIA (1). Brongn.)

Ont leur enveloppe trop petite pour recevoir leur tête et surtout leurs pieds qui sont extrêmement allongés (principalement ceux de devant), aplatis en nageoires et dont tous les doigts sont étroitement réunis par une membrane. Les deux premiers doigts de chaque pied ont seuls des ongles pointus qui tombent même assez souvent l'un ou l'autre à un certain âge. Les pièces de leur plastron ne forment point une plaque continue, mais sont diversement dentelées, et laissent de grands intervalles qui ne sont occupés que par du cartilage. Les côtes sont rétrécies et séparées l'une de l'autre à leur partie extérieure; cependant le tour de la carapace est occupé en entier par un cercle de pièces correspondantes aux côtes sternales. La fosse temporale est couverte en dessus d'une voûte formée par les pariétaux, et d'autres os, en sorte que toute la tête est garnie d'un casque osseux continu. L'œsophage est armé partout en dedans de pointes cartilagineuses et aiguës dirigées vers l'estomac.

(1) *Chelonia*, de χελώνη.

La Tortue franche ou *Tortue verte.* (*Testudo mydas.* Lin. (1) *T. viridis.* Schn.) Lacep. I. I.

Se distingue par ses écailles verdâtres au nombre de treize qui ne se recouvrent point en tuiles.

Elle a jusqu'à six ou sept pieds de long et jusqu'à sept et huit cents liv. de poids. Sa chair fournit un aliment agréable et salutaire aux navigateurs dans tous les parages de la Zone Torride. Elle paît en grandes troupes les algues au fond de la mer, et se rapproche des embouchures des fleuves pour respirer. Ses œufs qu'elle dépose dans le sable au soleil sont très-nombreux et excellens à manger, mais on n'emploie point son écaille.

Le Caret. (*Testudo imbricata.* L.) Lac. I. II. Schœpf. XVIII. A.

Moins grande que la tortue franche, portant treize écailles fauves et brunes qui se recouvrent comme des tuiles; cette espèce a la chair désagréable et mal-saine, mais ses œufs sont très-délicats, et c'est elle qui fournit l'écaille de tortue qu'on emploie dans les arts. On la trouve dans les mers des pays chauds.

La Caouane. (*Test. Caouana.*) Schœpf. pl. XVI.

Est plus ou moins brune ou rousse, et a quinze écailles dont les mitoyennes sont relevées en arêtes, surtout vers leur extrémité; la pointe du bec supérieur crochue, et les pieds de devant plus longs et plus étroits que dans les espèces voisines et conservant deux ongles plus marqués. Elle vit dans plusieurs mers et même dans la Méditerranée, se nourrit de coquillages, a la chair mauvaise et l'écaille peu estimée, mais fournit une huile bonne à brûler.

---

(1) Ce nom de *Mydas* a été pris, par Linnæus, dans Niphus. Schneider le croit corrompu d'ἐμὺς.

Le Luth. (*Testudo coriacea.* L.) Lacep. I. III.

N'a point d'écailles du tout, mais seulement une sorte de cuir brun qui revet ses deux boucliers comme le reste de son corps : sa carapace ovale et pointue en arrière, présente trois arêtes longitudinales, saillantes au travers du cuir. Cette espèce, qui devient fort grande, n'habite que la Méditerranée.

4°. Les Chelides ou Tortues a gueule (*Chelys.* Dumer.)

Ressemblent aux Emydes par les pieds et par les ongles; leur enveloppe est beaucoup trop petite pour recevoir leur tête et leurs pieds, qui ont beaucoup de volume; leur nez se prolonge en une petite trompe; mais le plus marqué de leurs caractères, consiste en ce que leur gueule fendue en travers n'est point armée d'un bec de corne comme celle des autres chéloniens, et ressemble à celle de certains batraciens, nommément du *Pipa.*

La Matamata. (*Testudo fimbria.* Gm.) Bruguières. Journ. d'Hist. nat. I. XIII. Cop. Schœpf. XXI.

A carapace hérissée d'éminences pyramidales; le corps bordé tout autour d'une frange déchiquetée. On la trouve à la Guiane.

5°. Les Tortues molles. (Trionyx. Geoff.)

N'ont point d'écailles, mais seulement une peau molle pour envelopper leur carapace et leur plastron, lesquels ne sont ni l'un ni l'autre complétement soutenus par des os, les côtes n'atteignant pas les bords de la carapace et n'étant réunies entre elles que dans une portion de leur longueur, les parties analogues aux côtes sternales étant remplacées par un simple cartilage, et les pièces sternales en partie dentelées comme dans les tortues de mer, ne remplissant point toute la face inférieure. On aperçoit après la mort, au travers de la peau desséchée, que la surface des côtes est très-raboteuse. Les pieds, comme dans les tortues d'eau douce, sont palmés sans être allongés; mais trois de leurs doigts seulement sont pourvus d'ongles; la corne de leur bec est encore revêtue en dehors de lèvres charnues, et leur nez se prolonge en une petite trompe. Leur queue est courte et l'anus percé à son extrémité. Elles vivent dans l'eau douce, et les bords flexibles de leur enveloppe les aident dans la natation.

Le Tyrsé ou *Tortue molle du Nil.* (*Testudo triunguis.* Forsk et Gmel.) *Trionyx ægyptiacus.* Geoff. Ann. du Mus. XIV. I.

Quelquefois longue de trois pieds; d'un vert moucheté de blanc, à carapace peu convexe. Elle dévore les petits crocodiles au moment où ils éclosent, et rend par là plus de services à l'Egypte que la mangouste (1).

C'est probablement la même que l'on trouve dans l'Euphrate. Oliv. *Voy.* pl. XLI.

La Tortue molle d'Amerique. (*Testudo ferox.* Gm.) Penn. Trans. Phil. LXI. x. 1-3. Cop. Lacep. I. VII. Schœpf. XIX.

Habite les rivières de la Caroline, de la Géorgie, de la Floride et de la Guiane; se tient en embuscade sous les racines des joncs, etc., saisit les oiseaux, les reptiles, etc., dévore les jeunes caïmans et devient la proie des grands. Sa chair est bonne à manger (2).

---

(1) Sonnini. Voy. en Eg. Tome II, p. 333.

(2) Ajoutez : Les espèces décrites par M. Geoffroy. Ann. du Mus. XIV, 11—20.

N. B. La tortue de Bartram, Voy. en Am. Sept. trad. fr. I, pl. 2, me paraît le *testudo ferox*, auquel le dessinateur a donné, par mégarde, deux ongles de trop à chaque pied.

LE DEUXIÈME ORDRE DES REPTILES, OU

LES SAURIENS (1).

Ont le cœur composé, comme celui des chéloniens, de deux oreillettes, et d'un ventricule quelquefois divisé par des cloisons imparfaites.

Leurs côtes sont mobiles, en partie attachées au sternum, et peuvent se soulever ou s'abaisser pour la respiration.

Leur poumon s'étend plus ou moins vers l'arrière du corps; il pénètre souvent fort avant dans le bas-ventre, et les muscles transverses de l'abdomen se glissent sous les côtes et jusque vers le col pour l'embrasser. Ceux qui l'ont très-grand exercent la faculté singulière de changer les couleurs de la peau, suivant qu'ils sont émus par leurs besoins ou par leurs passions.

Leurs œufs ont une enveloppe plus ou moins dure. Les petits en sortent avec la forme qu'ils doivent toujours conserver.

Leur bouche est toujours armée de dents;

(1) De σαῦρος (lézard), animaux analogues aux lézards.

leurs doigts portent des ongles, au moins en partie; leur peau est revêtue d'écailles plus ou moins serrées; ils s'accouplent, tantôt par deux verges, tantôt par une seule, selon les genres.

Tous ont une queue plus ou moins longue, presque toujours fort épaisse à sa base; le plus grand nombre a quatre jambes, quelques-uns seulement n'en ont que deux.

Ils ne formaient dans Linnæus que deux genres, les DRAGONS et les LÉZARDS; mais ce dernier a dû être divisé en plusieurs, qui diffèrent par le nombre des pieds, celui des verges, les formes de la langue, de la queue et des écailles, au point qu'on est obligé d'en faire même plusieurs familles.

La première, ou celle

DES CROCODILIENS.

Ne comprend qu'un seul genre; savoir:

LES CROCODILES. (CROCODILUS. Br.)

Ils ont une grande stature; la queue aplatie par les côtés; cinq doigts devant, quatre derrière, dont les trois internes seulement armés d'ongles à chaque pied, tous plus ou moins réunis par des membranes; un seul rang de dents pointues à chaque mâchoire; la langue charnue, plate, et attachée jusque très-près de ses bords: ce qui a fait croire aux anciens qu'ils en manquaient; une seule verge; l'ouverture de l'anus longitudinale; le corps et la queue couverts de grandes écailles quarrées; celles de dessus relevées d'une arête sur leur milieu; une crête de fortes dentelures sur la queue, double à sa base. Leurs narines ouvertes sur le bout du museau par deux petites fentes en croissant que ferment des valvules, donnent par un long canal étroit percé dans les palatins et dans le sphénoïde jusque dans le fond de l'arrière-bouche.

La mâchoire inférieure se prolongeant derrière le crâne, il semble que la supérieure soit mobile, et les anciens l'ont écrit ainsi, mais elle ne se meut qu'avec la tête toute entière.

Leur oreille extérieure se ferme à volonté par deux lèvres charnues; leur œil a trois paupières. Sous la gorge sont deux petits trous, orifices de glandes d'où sort une pommade musquée.

Les vertèbres du cou appuyent les unes sur les autres par de petites fausses-côtes qui rendent le mouvement latéral difficile; aussi ces animàux ont-ils de la peine à changer de direction, et on les évite aisément en tournoyant. Ce sont les seuls sauriens qui manquent d'os claviculaires; mais leurs apophyses coracoïdes s'attachent au sternum comme dans tous les autres. Outre les côtes ordinaires et les fausses-côtes, il y en a qui protègent l'abdomen, sans remonter jusqu'à l'épine, et qui paraissent produites par l'ossification des inscriptions tendineuses des muscles droits.

Leurs poumons ne s'enfoncent pas dans l'abdomen comme ceux des autres reptiles, et des fibres charnues adhérentes à la partie du péritoine qui recouvre le foie, leur donnent une apparence de diaphragme ; ce qui joint à leur cœur divisé en trois loges, et où le sang qui vient du poumon ne se mêle pas avec celui du corps aussi complétement que dans les autres reptiles, rapproche un peu plus les crocodiles des quadrupèdes à sang chaud.

Leur caisse et leurs apophyses ptérygoïdes sont fixées au crâne comme dans les tortues.

Leurs œufs sont durs, et grands comme ceux de nos oies ; et les crocodiles passent pour les animaux dont les deux extrêmes de grandeur sont le plus différens. Les femelles gardent leurs œufs, et quand ils sont éclos, elles soignent leurs petits pendant quelques mois.

Ils se tiennent dans les eaux douces, sont très-carnassiers, ne peuvent avaler dans l'eau, mais noient leur proie, et la placent dans quelque creux sous l'eau, où ils la laissent putréfier avant de la manger.

Les espèces plus nombreuses qu'on ne le croyait avant nous, se rapportent a trois sous-genres distincts.

Les Gavials.

Ont le museau grêle et très-allongé ; les dents à peu près égales ; les quatrièmes d'en bas passant, quand la bouche est fermée, dans des échancrures, et non pas dans des trous de la mâchoire supérieure ; les pieds de derrière dentelés au bord externe et palmés jusqu'au bout des doigts, deux grands trous aux os du crâne derrière les yeux, que l'on sent au travers de la peau. On n'en a encore observé que dans l'ancien Continent.

Le plus connu est

Le *Gavial du Gange.* (*Lac. Gangetica.* Gm.) Faujas, Hist. de la Mont. de St.-Pierre, pl. XLVI. Lacép. I. XV.

Quoiqu'il devienne fort grand, il n'est pas dangereux pour les hommes, et l'on dit qu'il ne se nourrit que de poissons (1).

Les Crocodiles (2) proprement dits.

Ont le museau oblong et déprimé, les dents inégales, les quatrièmes d'en-bas passant dans des échancrures et non pas dans des trous de la mâchoire supérieure, et tous les autres caractères des gavials. Il y a des espèces de cette forme dans les deux Continens.

Le *Crocodile vulgaire*, ou *du Nil.* (*Lac. Crocodilus.* L.) Geoffr. Ann. Mus. X, III, 1.

Si célèbre chez les anciens, se reconnaît à six rangées de plaques carrées, et à peu près égales, qu'il porte tout le long du dos. Il paraît habiter toutes les rivieres de la partie moyenne de l'Afrique.

Le *Crocodile à deux arêtes.* (*Croc. biporcatus.* Cuv.) Ann. Mus. X, I, 4, et II, 8.

A huit rangées de plaques ovales le long du dos, et deux arêtes saillantes sur le haut du museau, se trouve

(1) Ajoutez le petit *gavial* (*croc. tenuirostris.* Cuv.) Faujas. loc. cit. pl. XLVIII.

(2) Κροκόδειλος, *qui craint le rivage*, nom donné par les grecs à un lézard commun chez eux; ils l'appliquèrent ensuite, à cause de la ressemblance, au crocodile ou *temsah* d'Egypte quand ils voyagèrent dans ce dernier pays. Hérodot. lib. II.

dans les îles de la mer des Indes, et probablement aussi dans les deux presqu'îles.

Le *Crocodile à museau effilé.* (*Croc. acutus.* Cuv.) Geoffr. Ann. Mus. II, XXXVII.

A museau plus long, bombé à sa base, à plaques du dos rangées sur quatre lignes; les extérieures placées irrégulièrement et avec des arêtes plus saillantes. C'est l'espèce de Saint-Domingue et des autres grandes Antilles. La femelle place ses œufs dans la terre, et les découvre au moment où ils doivent éclore (1).

LES CAÏMANS (2). (ALLIGATOR. Cuv.)

Ont le museau large, obtus, les dents inégales, dont les quatrièmes d'en bas entrent dans des trous et non dans des échancrures de la mâchoire supérieure; leurs pieds sont à demi palmés seulement et sans dentelure. On n'en connaît encore pour sûr qu'en Amérique.

Le *Caïman à lunettes.* (*Croc. sclerops.* Schn.) Seb. I, CIV, 10. Cuv. Ann. Mus. X, I, 7 et 16, et XII, 3.

Ainsi nommé, d'une arête transversale qui réunit en avant les bords saillans de ses orbites, est l'espèce la plus commune à la Guiane et au Brésil. Sa nuque est cuirassée

---

(1) Ajoutez le *crocodile à losange (croc. rhombifer.)* Cuv. Ann. Mus. loc. cit. — Le *crocodile à casque (croc. galeatus.)* Perrault. Mém. pour servir à l'Hist. des An. pl. LXIV. — Le *crocodile à 2 bou-cliers (croc. biscutatus.)* Cuv. Ann. Mus. X, II, 6.

(2) Le nom de *caïman* est celui que les nègres de Guinée donnent aux crocodiles. Les Colons français l'emploient pour désigner l'espèce de crocodile la plus commune autour de leur habitation. Les Colons anglais et hollandais emploient, dans le même sens, le mot *alligator*, corrompu du portugais *lagarto* qui vient lui-même de *lacerta*.

de quatre bandes transverses de fortes écailles. La femelle pond dans le sable, couvre ses œufs de paille ou de feuilles, et les défend avec courage.

Le *Caïman à museau de brochet.* (*Croc. Lucius.* Cuv.) Ann. Mus. X, 1, 8 et 15, et II, 4.

Ainsi nommé de la forme de son museau, se distingue encore par quatre plaques principales qu'il porte sur la nuque. Il habite dans le midi de l'Amérique septentrionale. Il s'enfonce dans la vase et tombe en léthargie dans les grands froids. La femelle dépose ses œufs par couches, avec des lits de terre (1).

La deuxième famille, ou celle

DES LACERTIENS (2).

Est distinguée par sa langue mince, extensible, et terminée en deux longs filets, comme celle des couleuvres et des vipères; leur corps est allongé; leur marche rapide; tous leurs pieds ont cinq doigts, armés d'ongles, séparés, inégaux, surtout ceux de derrière; leurs écailles sont disposées, sous le ventre et autour de la queue, par bandes transversales et parallèles; leur tympan est à fleur de tête, et membraneux; une production de la peau fen-

---

(1) Ajoutez le *caïman à paupières osseuses* (*croc. palpebrosus.* Cuv.) Ann. Mus. X, 1, 6 et 17, et II, 2; et le *croc. trigonatus.* Schn. Seb. I, cv, 3.

(2) Du latin *lacerta*, qui a la même signification que *lézard*.

due longitudinalement, qui se ferme par un sphincter, protège leur œil; sous l'angle antérieur est un vestige de troisième paupière; leurs fausses côtes ne font point de cercle entier; les mâles ont une double verge; l'anus est une fente transversale.

Leurs espèces étant fort nombreuses et fort variées, nous les subdivisons en deux genres.

LES MONITORS appelés nouvellement par une erreur singulière, TUPINAMBIS (1).

Sont celui où il y a des espèces de la plus grande taille; ils ont des dents aux deux mâchoires et en manquent au palais; on en reconnaît le plus grand nombre à leur queue comprimée latéralement qui les rend plus aquatiques; le voisinage des eaux les rapprochant quelquefois des *crocodiles* et des *caïmans*, on a dit qu'ils avertissent, par un sifflement, de l'approche de ces dangereux reptiles; c'est probablement cette assertion qui a fait donner le nom de *sauvegarde* ou *monitor* à quelques-unes de leurs espèces, mais elle n'est rien moins que certaine (2).

---

(1) Margrave, parlant du sauvegarde d'Amérique, dit qu'il se nomme *teyu-guaçu*, et chez les Topinambous, *temapara (temapara tupinambis)*. Séba a pris ce dernier mot pour le nom de l'animal; et tous les autres naturalistes l'ont copié.

(2) Vid. Margr. et Pison. Madem. *Merian* a, la première, fait

Le premier sous-genre ou celui

DES MONITORS proprement dits.

Se distingue par des écailles petites et nombreuses sur la tête, et les membres, sous le ventre et autour de la queue. Ils paraissent être tous de l'ancien Continent (1).

Les uns ont la queue très-plate aux côtés, carénée en dessus, un peu arrondie en dessous. Leurs dents sont aiguës et tranchantes.

On en trouve diverses jolies espèces dans les deux Indes; telles que le *monitor élégant de l'Archipel des Indes*. (*Tup. elegans*. Daud.) Seb. I, XCIX, 2; II, XXX, 2; Lacép. I, XVII; noirâtre; des rangées transversales de taches blanches sur le dos; des lignes longitudinales sur les côtés du col; le dessous blanc (2).

D'autres ont la queue presque arrondie, marquée en dessus d'une carène dentelée. Leurs dents, au nombre de vingt-quatre à trente à chaque mâchoire, sont coniques, et celles du fond de la bouche grosses et à pointes mousses.

---

mention de ce nom de *sauvegarde*, en avouant qu'elle en ignorait la raison. Séba paraît celui qui a imaginé cette raison ou l'a apprise de quelque voyageur, lequel l'aura probablement inventée pour expliquer le nom.

(1) Séba, et d'après lui Daudin, donnent quelques vrais monitors pour américains, mais c'est une erreur.

(2) A cette subdivision appartiennent encore le *monitor bigarré* de la Nouvelle-Hollande. (*lac. varia*. Shaw.) Nat. misc. LXXVIII, J. White, p. 253.—Le *mon. étoilé d'Afrique*. (*tup. stellatus*. Daud.) Séb. I, XCIV, 1, 2, 3; XCVII; et II, CV, 1, et XC; et Daud. III, XXXI. — Le *mon. marbré* (*tup. marmoratus*. Oppel.) — Le *mon. à taches vertes* (*tup. maculatus*. Daud.) Séb. I, CX, 4. — Le *mon. cépédien* (*tup. cepedianus*. Daud.) Séb. I, LXXXVI, f. 4, 5, III, XXIX. — Le *mon. piqueté*, *du Bengale*, (*tup. Benghalensis*. Daud.) Séb. I, LXXXV, 2 et 4; CX, 5; mais il faut remarquer qu'il est très-difficile de distinguer les espèces et les variétés, et que les couleurs étant presque toujours altérées dans les cabinets, on ne peut avoir égard qu'à la distribution des taches.

Le *Monitor du Nil* ou *Ouaran* (1). (*Lacerta Nilotica.* L.) Mus. Worm. 313. Geoffr, Rept. d'Eg., I, 1.

Le dos brun, avec des piquetures blanchâtres formant de petits compartimens ovales et irréguliers ; la queue presque triangulaire; trois pieds de long. Le peuple, en Égypte, prétend que c'est un jeune crocodile éclos en terrain sec. Les anciens Egyptiens l'ont gravé sur leurs monumens, peut-être parce qu'il dévore les œufs du crocodile.

Le *Monitor du Congo.* (*Tup. ornatus.* Daud.) Ann. du Mus. II, XLVIII. (*Lac. Capensis.* Sparrm.)

Long de cinq à six pieds; dessus noir tacheté de blanc; dessous blanc, avec quelques bandes noires en travers; queue annelée de noir et de blanc; vingt-quatre à trente dents à chaque mâchoire; les dernières très-grosses, et arrondies comme à la dragonne. Il mange toutes sortes de reptiles et d'insectes, qu'il poursuit jusque sur le toit des cases, ce qui le fait respecter des nègres (2).

Il y en a enfin qui ont la queue presque ronde et sans carène, quoique d'ailleurs ils ressemblent aux précédens par la petitesse de leurs écailles et l'absence des pores sous les cuisses. Ils vivent davantage dans les terrains secs. Leurs dents sont aiguës et tranchantes comme dans la première subdivision.

Le *Monitor terrestre d'Égypte.* (*Ouaran el hard.*) Seb. XCVIII, 3? Geoffr. Rept. d'Eg., I, 2.

Le dos brun, ou vert-jaunâtre, à peu près uniforme ; commun dans les déserts qui avoisinent l'Egypte. Les bateleurs du Caire l'emploient à faire des tours, après lui avoir arraché les dents.

---

(1) Le *lacerta dracæna.* Linn. (Séba I, pl. 101, f. 1.) très-différent de la dragonne de Lacép., ne l'est point du ouaran.

(2) Ajoutez le *tupinambis à gorge blanche*, Daud. III, XXXII.

C'est le *crocodile terrestre* d'Hérodote, et comme le croit *Prosper-Alpin*, le véritable *scinque* des anciens.

Les deux autres sous-genres de MONITORS ont des plaques anguleuses sur la tête, et de grandes écailles rectangulaires sous le ventre et autour de la queue. La peau de leur gorge, revêtue de petites écailles, fait deux plis en travers.

Le deuxième, ou LES DRAGONNES,

A pour caractère distinctif de grandes écailles, relevées d'arêtes comme dans les crocodiles, éparses sur le dos, et formant des crêtes sur la queue; leurs dents sont coniques, et celles du fond de la bouche grosses et à couronnes arrondies; leur queue ronde vers la racine et comprimée vers le bout.

On n'en connaît qu'une espèce,

La *Dragonne*, Lacép. quadr. ov. pl. IX. (1).

Qui atteint de quatre à six pieds de long et vit à la Guiane, dans des terriers, près des marécages. On mange sa chair.

Le troisième, ou LES SAUVEGARDES,

A toutes les écailles du dos petites et sans carènes, une rangée de pores peu marqués sous chaque cuisse, et surtout des dents dentelées.

Les uns, appelés plus particulièrement SAUVEGARDES, ont la queue plus ou moins comprimée; les écailles du ventre plus longues que larges; ils vivent au bord des eaux. On en connaît des espèces à queue relevée en dessus, de deux ou quatre carènes d'écailles aigues, comme :

Le *Lézardet*. Daud. (*Lac. bicarinata*. L.)

Assez semblable à la dragonne, mais plus petit et dépourvu d'écailles larges et carénées sur le dos.

---

(1) *N. B.* Le *dracæna* Linn. est un monitor, le même que l'*ouaran* d'Egypte.

D'autres espèces ont la queue mousse et sans carène en dessus, quoique comprimée surtout vers sa pointe.

Le *Sauvegarde d'Amérique*, *Teyu-Guazu; Témapara*, etc. (*Lacerta Teguixin.* Lin. et Shaw.) Seb. I, XCVI, 1, 2, 3; XCVII, 5; XCIX, 1.

Piqueté et tacheté de bleu, sur un fond noir en dessus, bleuâtre en dessous; des bandes bleues et noires sur la queue. Au Brésil, à la Guiane; arrivant à près de six pieds de longueur. Il va rapidement sur terre; se réfugie à l'eau quand on le poursuit; y plonge, mais n'y nage point; mange toute sorte d'insectes, de reptiles; des œufs dans les basses-cours, etc.; niche dans des trous qu'il creuse dans le sable. On mange sa chair et ses œufs.

D'autres sauvegardes, appelés AMEIVA, ne diffèrent des précédens que par une queue ronde, et nullement comprimée, garnie, ainsi que le ventre, de rangées transversales d'écailles carrées; celles du ventre sont plus larges que longues. Ce sont des lézards d'Amérique, assez semblables aux nôtres à l'extérieur, excepté qu'ils n'ont pas de collier, mais que toutes les écailles de leur gorge sont petites. On les en distingue aussi par la figure plus pointue, plus pyramidale de leur tête.

L'*Ameiva le plus connu* (1). (*Lacerta Ameiva.* Gm.) Lacép. I, XXXI; Edw. 202; Sloane. Jam. II, CCLXXIII, 3.

Est gris-bleu dessus, bleu-pâle dessous, tacheté de

---

(1) Le nom d'*ameiva*, selon Margrave, désigne un lézard à queue fourchue, ce qui ne peut être qu'une circonstance accidentelle; Edwards ayant eu un individu de l'espèce ci-dessus, où cet accident s'observait, en a appliqué le nom à toute l'espèce. Margrave compare le sien à son *taraguira* qui, d'après sa description, serait plutôt un *marbré*.

blanc sur les flancs, et se trouve communément à la Guiane et aux grandes Antilles. Sa longueur est d'un pied (1).

Les Lézards proprement dits, forment le deuxième genre des Lacertiens.

Ils ont le palais armé de deux rangées de dents, et se distinguent d'ailleurs des ameïva et des sauvegardes, parce qu'ils ont un collier sous le col, formé par une rangée transversale de larges écailles, séparées de celles du ventre par un espace où il n'y en a que de petites, comme sous la gorge. Une partie de leurs os du crâne s'avancent sur leurs tempes et sur leurs orbites, en sorte que tout le dessus de la tête est muni d'un bouclier osseux.

Ils sont très-nombreux, et notre pays en produit plusieurs espèces, confondues par Linnæus sous le nom de *lacerta agilis*. La plus belle est : le grand *lézard vert ocellé*. (*Lac. ocellata.* Daud.) Lacép. I, xx. Daud. III, xxxiii, du midi de la France, d'Espagne et d'Italie; long de plus d'un pied, d'un beau vert, avec des lignes

(1) Ajoutez l'*Am. litterata*, Daud. Séb. I, lxxxiii. — *Am. cœruleocephala*, id. Séb. I, xci, 3. — *Am. lateristriga*, Cuv. Séb. I, xc, 7. — *Am. lemniscata* (*lacert. lemnisc.* Gmel.)

Je ne sais par quelle confusion de synonymie, Daudin a placé l'*am. litterata* en Allemagne; il est d'Amérique comme tous les autres. L'*am. graphique* de Daud. Séb. I, lxxxv, 2, 4, est le monitor piqueté; son *am. argus*, Séb. I, lxxxv, 3, est le monitor cépédien; son *goitreux*, Séb. II, ciii, 3, 4, ne diffère pas du littérata; enfin *sa tête rouge*, Séb. I, xci, 1, 2, est un lézard vert ordinaire. Il a probablement été induit en erreur par les enluminures de Séba. Le *lac. 5 lineata*, me paraît un *l. cœruleocephala*, dont une partie de la queue cassée avait repoussé avec de petites écailles.

de points noirs formant des anneaux ou des yeux. — Le *vert piqueté* (*lac. viridis.* Daud. III, XXXIV); — le *vert à deux raies* (*lac. bilineata.* id. XXXVI, 1); — le *vert et brun des souches* (*lac. sepium.* id. ib. 2); — le *gris des murailles* (*lac. agilis.* id. XXXVIII, 1.); — le *gris des sables* (*lac. arenicola.* id. ib. 2), se trouvent tous dans nos environs, et varient tellement, qu'il est très-difficile de les distinguer d'une manière constante. Notre midi produit encore le *léz. gentil*, Daud. III, XXXI; le *tacheté*, ib. 2, qui n'en est peut-être qu'une variété; et le *véloce*, Pall. auquel il faut rapporter le *bosquien*, Daud. XXXVI, 2. (1).

Les Takydromes (2).

Ne diffèrent des autres lézards proprement dits, en ce qu'ils ont des rangées d'écailles carrées même sur le dos; que leur corps, et encore plus leur queue, sont excessivement allongés; et qu'au lieu d'une rangée de pores sous chaque cuisse, ils n'ont que deux vésicules aux côtés de l'anus.

LES IGUANIENS (3).

Sont une troisième grande famille de sauriens qui a la forme générale, la longue queue

---

(1) Je n'ajoute qu'en hésitant les *lac. sericea.* Laur. II. 5. *argus.* id. I. 5. *terrestris.* id. III. 1.

Le *tiliguerta* de Daudin est un mélange d'un ameiva d'Amérique avec le lézard vert de Sardaigne, mal décrit par Cetti. Le *cœruleocephala*, le *lemniscata*, le *quinquelineata* sont des ameiva. Le *sexlineata* Catesb. LXVIII, est un seps.

(2) Ταχυς et δρωμόν, prompt—coureur.

(3) Iguane, nom originaire de Saint-Domingue selon *Hernandès*, *Scaliger*, etc.; les habitans l'auraient prononcé *hiuana*, ou *igoana*.

Selon *Bontius*, il serait originaire de Java, ou les naturels le prononcent *leguan*. Dans ce cas, les Portugais ou les Espagnols l'auraient transporté en Amérique et transformé en *iguana*. Ils l'y

et les doigts libres et inégaux des lacertiens ; leur œil, leur oreille, leurs verges, leur anus sont semblables, mais leur langue est charnue, épaisse, non extensible, et seulement échancrée au bout.

Nous y plaçons les genres suivants :

LES STELLIONS. (STELLIO. CUV.)

Ont avec les caractères généraux de la famille des iguanes, la queue entourée par des anneaux composés de grandes écailles souvent épineuses, et manquent de dents au palais.

Leurs sous-genres sont comme il suit :

LES CORDYLES (1). (CORDYLUS. Daud.)

Ont non-seulement la queue, mais encore le ventre et le dos garnis de grandes écailles sur des rangées transversales.

---

donnent au *sauvegarde*, comme au véritable *iguane*. On l'a donné aussi quelquefois, ainsi que celui de *guano*, à des monitors de l'ancien Continent. Il faut y faire attention en lisant les voyageurs ; je pense même que le *leguan* de Bontius n'est pas autre chose.

(1) Selon Aristote « le *cordyle* est le seul animal qui ait à la fois « des pieds et des branchies. Il nage de ses pieds et de sa queue qu'il « a semblable à celle du silure, autant qu'on peut comparer les pe- « tites choses aux grandes. Cette queue est molle et large. Il n'a « point de nageoires ; c'est un animal de marais comme la gre- « nouille : il est quadrupède et sort de l'eau ; quelquefois il se des- « sèche et meurt. »

Il est évident que ces caractères ne peuvent convenir qu'à la larve de salamandre aquatique, ainsi que l'a très-bien vu M. Schneider. Bélon a décrit cette salamandre sous le nom de cordyle, mais son imprimeur ajouta par mégarde la figure du *sauvegarde du Nil*. Rondelet a appliqué ce nom au grand *stellion d'Egypte* ou *caudi-*

Les pointes de celles de la queue forment des cercles épineux; il y a aussi de petites épines à celles des côtés du dos, des épaules et du dehors des cuisses. Les cuisses ont une ligne de très-grands pores. Leur tête, comme celle des lézards communs, est munie d'un bouclier osseux continu, et couverte de plaques.

La seule espèce connue (*Lac. Cordylus.* L.), Seb. I, LXXXIV, 3 et 4; et II, LXII, 5.

Vient du Cap de Bonne-Espérance. Ce saurien si bien cuirassé, un peu plus grand que notre lezard vert commun, est tantôt d'unbleuâtre livide, tantôt d'un brun-noirâtre. Il mange des insectes (1).

LES STELLIONS ordinaires (2). (STELLIO. Daud.)

Ont les épines de la queue médiocres; la tête renflée en arrière par les muscles des mâchoires; le dos et les cuisses hérissés çà et là d'ecailles plus grandes que les autres, et quelquefois épineuses; de petits groupes d'épines entourent leur oreille; leurs cuisses manquent de pores; leur queue est longue et finit en pointe.

---

verbera de Bélon, parce qu'il avait pris dans la figure l'oreille pour une fente de branchie. Entre *Rondelet* et *Linné*, *cordylus* a donc passé pour synonyme de *caudiverbera.* L'application spéciale faite au sous-genre ci-dessus est entièrement arbitraire.

(1) Daudin a rapporté au cordyle plusieurs synonymes du stellion, comme il a rapporté au stellion plusieurs des synonymes du geckotte.

(2) Le stellion des Latins était un lézard tacheté vivant dans les trous de murailles. Il passait pour venimeux, ennemi de l'homme et rusé. De là le nom de *stellionat* ou *dol dans les contrats.* C'était probablement la *tarentole* ou le *gecko tuberculeux du midi de l'Europe*, *geckotte* de Lacép., ainsi que l'ont conjecturé divers auteurs, et, en dernier lieu, M. Schneider. Rien ne justifie l'application faite à l'espèce actuelle; Bélon en est je crois le premier coupable.

Le Stellion du Levant. (*Lac. Stellio.* L.) Seb. I, CVI, f. 1, 2; et mieux Tournef., Voy. au Lev. I, 120. *Koscordylos* des Grecs modernes. *Hardun* des Arabes.

Long d'un pied ; olivâtre nuancé de noirâtre ; très-commun dans tout le Levant, surtout en Egypte. D'après Bélon, ce sont ses excrémens que l'on recueille pour les pharmacies, sous les noms de *cordylea, crocodylea,* ou *stercus lacerti,* et que l'on recommandait autrefois comme cosmétique : mais il paraît que les anciens attribuaient plutôt ce nom et cette vertu à ceux du monitor. Les Mahométans tuent notre stellion, parce que, disent-ils, il se moque d'eux, en baissant la tête comme quand ils font la prière.

Les FOUETTE-QUEUE (1). (*Stellions bâtards.* Daud.)

Ne sont que des stellions qui n'ont point la tête renflée, et dont toutes les écailles du corps sont petites, lisses et uniformes, et celles de la queue encore plus grandes et plus épineuses qu'au stellion ordinaire. La serie de pores existe sous leurs cuisses.

Le *Fouette-Queue d'Égypte.* (*Stellio spinipes.* Daud.) Geoffr. Rept. d'Eg. pl. II, f. 2.

Long de deux ou trois pieds ; le corps renflé ; tout entier d'un beau vert de pré ; de petites épines sur les cuisses ; la queue épineuse en dessus seulement. On le trouve dans les déserts qui entourent l'Egypte ; il a été

(1) Le nom de *caudiverbera* et celui d'*οὐρομάστυξ* ne sont pas anciens. Ils ont été forgés par Ambrosinus pour la grande espèce d'Egypte, dont Bélon avait dit *caudâ atrocissimè diverberare creditur. Linné* l'a appliqué le premier à un *gecko*, et d'autres auteurs à des sauriens encore tous différens.

anciennement décrit par Bélon, qui a dit, mais sans preuve, que c'est le *crocodile terrestre* des anciens.

Le *Fouette-Queue à collier; Quetz-Paleo* (1). Seb. I, 97, 4.

Ses écailles sont tranchantes et carénées; sa queue épineuse dessous comme dessus. Il est tout gris, avec deux taches noires formant un demi-collier sur la nuque.

Deux espèces voisines, mais à queue plus courte, toutes deux d'Amérique, ont, l'une le corps tout bleu (*Stellion azuré*. Daud. IV, XLVI); l'autre, bardé en travers de bleu et de noir. (*Stell. courte-queue*, id. ib. XLVII.)

LES AGAMES. (AGAMA. Daud.) (2).

Ont une grande ressemblance avec les *stellions ordinaires*, mais les écailles imbriquées de leur queue les en distinguent. Leurs dents sont à peu près les mêmes; ils ont également la tête renflée.

Dans les AGAMES ordinaires.

Des écailles relevées en pointe hérissent aussi diverses parties du corps et surtout les environs de l'oreille, d'épines tantôt groupées, tantôt isolées. On en voit quelquefois sur la nuque, mais elles n'y forment point la crête paléa-

(1) Ce nom paraît corrompu du mexicain. Séba dit l'animal du Brésil, mais son autorité est plus que suspecte.

N. B. Le *quetz paleo* Lacép. est le *fouette-queue d'Egypte*; le *stellion à queue plate* de la Nouvelle-Hollande Daud. est un *gecko phyllure*.

(2) *Agama*, d'ἄγαμος, célibataire. On ne sait pourquoi Linnæus a donné ce nom à l'un de ces lézards; Daudin l'a étendu à tout le sous-genre où cette espèce doit entrer, et croit qu'*agama* est son nom de pays.

cée qui caractérise les galéotes. La peau de la gorge est lâche, plissée en travers, et susceptible de renflement.

L'*Agame des Colons* de Daud. (Séb. I, CVII, 3.) (1).

Est brunâtre, porte une très-petite rangée d'épines sur la nuque, et quelques groupes autour de l'oreille. Ce saurien vient de la Guiane.

L'*Agame hérissé de la Nouvelle-Hollande.* (*Lac. muricata.* Shaw. Gén. Zool. Amphib. part. I, pl. LXV, f. 2.)

Est bien remarquable par sa grandeur et par sa figure extraordinaire; une suite de grandes écailles épineuses regne par bandes transversales sur la longueur de son dos et de sa queue, et le rapproche des stellions. Sa gorge, susceptible de se renfler beaucoup, est garnie d'écailles allongées en pointes, qui lui font une sorte de barbe. Des écailles semblables hérissent ses flancs, et forment deux crêtes obliques derrière ses oreilles.

L'*Agame à oreilles*, des déserts de la Sibérie australe. (*Lac. aurita.* Pall. Daud. III, XLV.)

Quoique beaucoup plus petit, n'est pas moins remarquable par les renflemens qu'il peut faire paraître des deux côtés de sa tête, sous les oreilles (2).

---

(1) Rien n'égale la confusion des synonymes cités par les auteurs sous les différentes espèces de lézards, mais principalement sous les divers *agames*, *galéotes* et *stellions*. Par exemple, à propos de l'agame, Daudin cite, d'après Gmelin, Séb. I, CVII, 1 et 2, qui sont des *stellions*. Sloane, Jam. II, CCLXXIII, 2, qui est un *anolis*. Edw. CCXLV, 2, qui est aussi un *anolis*; et cette même figure est encore citée par lui et par Gmelin sous le *marbré*; *Shaw* la copie même pour représenter le *marbré* avec lequel elle n'a rien de commun.

(2) Ajoutez l'*agame sombre*, Daud. III, 349. — L'*ag. rude*, ib. 402. Mais auquel il applique faussement la fig. 6, Séb. I, LXXXVI. — L'*ag. ombre*. (*lac. umbra*. L.) Séb. II, LXXVI, 5, etc.

Les TAPAYES ou *Agames orbiculaires*. Daud.

Ne sont que des agames dont le ventre est renflé, et la queue courte et menue. Tel est le *tapayaxin* du Mexique. Hern. 327. (*Lac. orbicularis*. L.) (1).

LES CHANGEANS. (*Trapelus*. Cuv.)

Ont la forme et la tête renflée des *agames*; mais leurs écailles sont toutes très-petites, lisses, et sans épines. Leurs dents sont aussi les mêmes que celles des stellions.

Le *Changeant d'Égypte*. Geoff. Rept. d'Eg. pl. v, f. 3, 4.

Est un petit animal découvert par M. Geoffroy, et remarquable par des changemens de couleur plus prompts que ceux du caméléon.

LES GALÉOTES (2). (CALOTES. Cuv.)

Diffèrent des *agames* parce qu'ils sont régulièrement couverts d'écailles, disposées comme des tuiles, libres et tranchantes par leurs bords; souvent carénees et terminées en pointe, tant sur le corps que sur les membres et sur la queue, qui est très-longue; celles du milieu du dos sont relevees et comprimées en épines, et forment une crête plus ou moins étendue; ils n'ont point de fanons ni de pores visibles aux cuisses, ce qui, joint à leurs dents, les distingue des iguanes.

L'espèce la plus commune (*Lac. calotes*. L.), Séb. I, LXXXIX, 2; XCIII, 2; XCV, 3 et 4. Daud. III, XLIII.

Est d'un joli bleu-clair, avec des bandes transversales

---

(1) Ajoutez l'*agamé à pierreries*, Daud. III, 410.

(2) Pline dit que le *stellion* (des latins) était nommé par les grecs *galeotes*, *colotes* et *askalabotes*. C'était, comme nous l'avons vu, le *gecko des murailles*. L'application qu'en a faite Linnæus à son *lacerta calotes* est arbitraire; elle lui a été suggérée par *Séba*.

blanches; deux rangées d'épines derrière l'oreille. Elle nous vient des Indes orientales. On l'appelle caméléon aux Moluques, quoiqu'elle change peu ses couleurs. Ses œufs ont la forme de fuseaux (1).

Les Lophyres de Duméril, sont des galéotes dont la crête se prolonge sur la queue, ce qui rend celle-ci comprimée. Une espèce remarquable est

Le *Lophyre à casque fourchu.* (*Lacerta scutata.* L.) Séb. I, C, 2.

Qui a sa crête dorsale très-haute sur la nuque, et formée de plusieurs rangs d'écailles verticales; deux arêtes osseuses partent du museau, et vont finir chacune en pointe sur l'œil, de son côté. Ce singulier saurien paraît venir des Indes.

Il y en a une espèce voisine en Amérique.

Le *Sourcilleux.* (*Lac. superciliosa.* L.) Séb. I, XCIV, 4.

A crête dorsale basse partout; à légère apparence d'arête sur les yeux.

Les Basilics. (Basiliscus. Daud.) (2).

Ont pour caractère distinctif des crêtes tranchantes, soutenues par de longues apophyses épineuses des vertèbres, et qui s'étendent sur le dos

(1) Ajoutez l'*agame arlequiné*, Daud. III, XLIV, et quelques autres espèces non déterminées dans les auteurs.

N. B. Il faut remarquer que le dessinateur de Séba a donné à la plupart de ses iguanes, de ses agames, de ses galéotes, etc. des langues extensibles et fourchues, tirées de son imagination.

(1) Βασιλίσκος, *petit roi.* Sous ce nom les anciens entendaient un serpent, dont la tête devait porter une petite couronne. Ils lui attribuaient mille propriétés fabuleuses. C'est arbitrairement que Séba et apres lui Linnæus l'ont appliqué à notre première espèce de ce sous-genre.

ou au moins sur une partie de la queue. Ces crêtes sont écailleuses comme le reste du corps; leurs écailles du ventre et de la queue sont petites et approchent un peu de la forme carrée; les dents sont fortes, comprimées, sans dentelures; ils n'en ont pas au palais; leurs cuisses portent une rangée de pores. La peau de leur gorge est lâche sans former de fanon.

Le *Basilic à capuchon*. (*Lac. Basiliscus*. L.) Séb. I, c, I. Daud. III, XLII.

A une crête sur le dos, une autre sur la première moitié de la queue, et une troisième sans osselets sur l'occiput. Sa patrie n'est pas bien connue; on ne sait rien de certain touchant ses habitudes. Je le croirais volontiers des Indes et aquatique, comme le suivant.

Le *Porte-Crête* ou *Basilic d'Amboine*. (*Lac. Amboïnensis*. Gm.) Schloss. monogr.

N'a de crête que sur l'origine de la queue, et porte des épines sur le devant du dos; vit dans l'eau ou sur les arbrisseaux de ses bords; mange des graines et des vers. Nous avons trouvé dans son estomac des feuilles et des insectes. Sa taille approche quelquefois de quatre pieds. On mange sa chair.

LES DRAGONS. (DRACO. L.) (1).

Se distinguent au premier coup-d'œil de tous les autres sauriens, parce que leurs six premières

(1) Le nom de δράκων, *draco*, désignait en général un grand serpent; quelques anciens ont fait mention de *dragons* qui portaient une crête et une barbe; ce qui ne s'applique guère qu'à l'*iguane*; Lucain parle le premier de *dragons volans*, fesant sans

fausses-*côtes*, au lieu de se contourner autour de l'abdomen, s'étendent en droite ligne, et soutiennent une production de la peau, qui forme une espèce d'aile, comparable à celle des chauves-souris, mais indépendante des quatre pieds. Elle soutient l'animal comme un parachute, lorsqu'il saute de branche en branche, mais elle n'a point assez de force pour choquer l'air, et faire élever le dragon comme un oiseau. Du reste les dragons sont de petite taille, recouverts partout de petites écailles imbriquées, dont celles de la queue et des membres sont carenées. Leur langue est charnue, peu extensible et légèrement échancrée. Sous leur gorge est un long fanon pointu, soutenu par la queue de l'os hyoïde ; et aux côtés deux autres plus petits, soutenus par les cornes de ce même os. La queue est longue ; les cuisses n'ont pas de grains poreux ; sur la nuque est une petite dentelure. Chaque mâchoire a quatre petites incisives, et de chaque côté une canine longue et pointue, et une douzaine de mâchelières triangulaires, et trilobées.

Ils ont donc les écailles et le fanon des iguanes, avec la tête et les dents des stellions.

Les espèces connues viennent toutes des Indes orientales ; elles avaient été longtemps confondues ; mais Daudin en a bien déterminé les différences spécifiques (1).

---

doute allusion aux prétendus serpens volans dont Hérodote rapporte l'histoire ; Saint Augustin et d'autres auteurs postérieurs ont ensuite attribué constamment des ailes aux dragons.

(1) Le *dragon rayé*. — Le *dragon vert*, Daud. III, XLI. — Le *dragon brun*.

LES IGUANES proprement dits. (IGUANA. CUV.)

Ont le corps et la queue couverts de petites écailles imbriquées, tout le long du dos une rangée d'épines, ou plutôt d'écailles redressées, comprimées et pointues, et sous la gorge un fanon comprimé et pendant, dont le bord est soutenu par une production cartilagineuse de l'os hyoïde. Leurs cuisses portent la même rangée de tubercules poreux que celles des lézards proprement dits, et leur tête est couverte de plaques. Chaque mâchoire est entourée d'une rangée de dents comprimées, triangulaires, à tranchant dentelé; il y en a aussi deux petites rangées au bord postérieur du palais.

L'*Iguane ordinaire d'Amérique* (1). (*Lac. Iguana.* L. *Iguana tuberculata.* Laur.) Séb. I, XCV, 1; XCVII, 3; XCVIII, 1.

Dessus bleu, changeant en vert et en violet, piqueté de noir; dessous plus pâle; de grandes épines dorsales; une grande plaque ronde sous le tympan, à l'angle des mâchoires; les côtés du cou garnis d'ecailles pyramidales éparses parmi les autres; le bord antérieur du fanon dentelé comme le dos : long de quatre à cinq pieds; commun dans toute l'Amérique chaude, où sa chair passe pour délicieuse, quoique malsaine, surtout pour ceux qui ont eu le mal vénérien, dont elle renouvelle les douleurs. Il vit en grande partie sur les arbres, va quelquefois à l'eau, se nourrit de fruits, de grains et de feuilles; la femelle pond dans le sable des œufs gros comme ceux d'un pigeon, agréables au goût, presque sans blanc.

---

(1) Les Mexicains le nomment *aquaquetz pallia* (Hernand.); les Brasiliens, *senembi* (Margr.).

L'*Iguane ardoisé*. Daud. Séb. I, XCV, 2; XCVI, 4.

Bleu-violâtre uniforme, plus pâle dessous; les épines dorsales plus petites : du reste semblable au précédent. L'un et l'autre a un trait blanchâtre oblique sur l'épaule. Celui-ci vient des mêmes pays, et n'est peut être qu'une variété d'âge ou de sexe.

L'*Iguane à col nu*. Cuv. Mus. Besler. tab. XIII, fig. 3.
Ig. delicatissima. Laur.

Ressemble à l'ordinaire, surtout par les épines dorsales; mais n'a point la grande plaque à l'angle de la machoire, ni les tubercules épars sur les côtés du cou. Le dessus du crâne est garni de plaques bombées, le fanon est médiocre et sans dentelures. *Laurenti* le dit des Indes.

L'*Iguane cornu de Saint-Domingue*. Lacép. (Bonnaterre, Encyc. Méth. Erpetolog. Lézards, pl. IV, f. 4.)

Assez semblable à l'*iguane ordinaire*, et encore plus au précédent; mais se distinguant par une pointe conique osseuse entre les yeux, et deux écailles relevées sur les narines; il n'a point de grande plaque à l'angle de la mâchoire, ni de tubercules sur le cou.

L'*Iguane à bandes, des Indes Orientales*. Brongn. Mém. sur les Rept. pl. I, fig. 5. (*Caméléon* de Brontius ?)

Bleu-foncé, avec des bandes transversales plus claires; les dentelures du dos sont petites; le fanon médiocre et non dentelé; il n'y a point de grande écaille à l'angle de la mâchoire. De Java, et sans doute des autres îles de cet Archipel.

Les Marbrés. (Polychrus. Cuv.)

Se distinguent des *iguanes*, parce qu'ils n'ont pas de crête dorsale, et des *anolis*, parce que leurs doigts ne sont pas dilatés ; leur tête est couverte de plaques ; de petites écailles garnissent le corps, les membres et la queue ; la gorge est extensible et peut former un fanon au gré de l'animal ; les cuisses ont la série de pores ; leurs dents maxillaires sont tranchantes et dentelées, et ils en ont de petites au palais ; ils jouissent, comme les caméléons, de la faculté de changer de couleur ; aussi leur poumon est-il très-volumineux, remplissant presque tout le corps et se divisant en plusieurs branches, et leurs fausses-côtes, comme celles des caméléons, entourent l'abdomen en se réunissant pour former des cercles entiers.

On n'en connaît qu'une espèce :

Le *Marbré de la Guiane*. (*Lac. marmorata*. L.) Lacép. I, XXVI. Séb. II, LXXVI, 4.

Gris-roussâtre, marbré de bandes transversales irrégulières d'un roux-brun ; la queue très-longue. Commun à la Guiane.

LES ANOLIS (1). (ANOLIUS. CUV.)

Ont, avec toutes les formes des iguanes et par conséquent des lézards, un caractère distinctif très-particulier ; la peau de leurs doigts s'élargit sous

(1) Nom qui désigne, aux Antilles, une espèce de lézard encore mal déterminée. *Gronovius* l'a donné à l'*Ameiva* fort gratuitement. *Rochefort*, dont on l'a pris, ne donne pour figure qu'une copie du *teyuguaçu* de Margrave, ou grand sauvegarde de la Guiane. *Nicholson* semble annoncer que ce nom s'applique à plusieurs espèces, et celle qu'il décrit paraît être *l'anolis roquet*, qui a été en effet envoyé de la Martinique au Muséum sous ce nom d'*anolis*.

l'antépénultième phalange en un disque ovale, strié en travers par dessous, qui les aide à s'attacher aux diverses surfaces, ou ils se cramponnent d'ailleurs fort bien par le moyen d'ongles très-crochus. Ils ont de plus le corps et la queue uniformément chagrinés par de petites écailles, et la plupart portent un fanon ou un goître sous la gorge, qu'ils enflent et font changer de couleur dans la colère et dans l'amour. Plusieurs d'entre eux égalent au moins le caméléon, par la faculté de faire varier les couleurs de leur peau : leurs fausses-côtes se réunissent en cercles entiers comme dans les *marbrés* et les *caméléons ;* leurs dents sont tranchantes et dentelées comme celles des iguanes et des marbrés, et ils en ont de même dans le palais. La peau de la queue a de légers plis ou enfoncemens, dont chacun comprend quelques rangées circulaires d'écailles. Ce genre paraît propre à l'Amérique.

Il y en a qui ont sur la queue une crête soutenue par les apophyses épineuses des vertèbres (1).

Le *grand Anolis à crête.*

Long d'un pied; une crête sur la moitié de la queue, soutenue de douze à quinze rayons; le fanon s'étend jusque sous le ventre. Couleur d'un bleu cendré noirâtre.

De la Jamaïque et probablement des autres Antilles. Nous avons trouvé des baies dans son estomac.

---

(1) Ils ont été confondus entre eux et avec une partie des suivans sous les noms de *lac. principalis* et *bimaculata.* L.

Le *petit Anolis à crête.* (*Lac. bimaculata.* Sparrm?)

Moitié plus petit que le précédent; même arête; couleur verdâtre, piquetée de brun vers le museau et sur les flancs. De l'Amérique Septentrionale et de diverses Antilles.

Le *grand Anolis à écharpe.*

Fauve nué de lilas cendré; une bande blanche sur l'épaule; la queue trop charnue pour qu'on distingue les apophyses de sa crête; long d'un pied.

D'autres ont la queue ronde. Leurs espèces ont été en partie confondues, sous les noms de *roquet*, de *goîtreux*, de *rouge-gorge* et d'*anolis.* (*lac. strumosa*, et *bullaris.* Linn.) Elles habitent dans l'Amérique chaude, et dans les Antilles, et changent de couleur avec une facilité prodigieuse, surtout lorsqu'il fait chaud. Leur fanon s'enfle dans la colère, et rougit comme une cerise. Ces animaux sont moins grands que notre lézard gris, se nourrissent surtout d'insectes qu'ils poursuivent avec agilité; les divers individus ne peuvent, dit-on, se rencontrer, sans se combattre avec fureur.

L'*espèce des Antilles* ou *Roquet* de Lacép. I. pl. XXVII.
(c'est plus particulièrement le *Lacerta bullaris.* Gm.)

Le museau court, piqueté de brun, les paupières saillantes; sa couleur ordinaire est verdâtre. Excepté sa queue ronde, elle ressemble beaucoup au petit anolis à crête.

L'*Anolis rayé.* Daud. IV. XLVIII. I.

N'en diffère que par des suites de traits noirs sur les flancs. Il paraît le même que le *lacerta strumosa.* Lin. Séb. II XX. 4. Sa longueur est un peu plus considérable qu'au précédent.

L'*Anolis de la Caroline.* (*Iguane goîtreux.* Brongn. (1)
Catesb. II. LXVI.)

Est d'un beau vert doré, son museau est allongé et

(1) L'*anolis pointillé*, Daud. IV, XLVIII, 2.

aplati, ce qui lui donne une physionomie particulière, et en fait une espèce bien distincte.

La quatrième famille des sauriens,

Ou les Geckotiens

Ne forme encore, dans les auteurs, qu'un seul genre.

Les Geckos. Daud. (Stellio. Schn. Ascalabotes. Cuv.) (1).

Ils ont un caractère distinctif, qui les rapproche un peu des *anolis ;* leurs doigts sont élargis sur toute leur longueur, ou au moins à leur extrémité, et garnis en dessous d'écailles ou de replis de la peau très-réguliers : ils leur servent si bien à se cramponner, qu'on en voit marcher sous des plafonds ; mais ces doigts sont presque égaux, et en général les *geckos* n'ont point, comme les anolis, la forme élancée des lézards ; ils sont au contraire aplatis, surtout leur tête ; leur marche est lourde et rampante ; de très-grands yeux dont la pupille se rétrécit à la lumière comme celle des chats, en font des animaux nocturnes, qui se tiennent le jour dans les lieux obscurs. Leurs paupières très-courtes se retirent entièrement entre l'œil et l'orbite, et disparaissent, ce qui donne à leur physionomie un aspect différent des autres sauriens. Leur langue est charnue et non extensible ; leur tympan un peu renfoncé ; leurs mâchoires garnies tout autour d'une rangée de très-

(1) *Gecko*, nom donné à une espèce des Indes, et imité de son cri, comme une autre espèce a été nommée *tockaie* à Siam, et une troisième *geitje* au Cap. ἀσκαλαβώτης, nom grec du gecko des murailles.

petites dents serrées; leur peau chagrinée en dessus de très-petites écailles grenues, parmi lesquelles sont souvent des tubercules plus gros, a en dessous des écailles un peu moins petites, plates et imbriquées. Quelques espèces ont des pores aux cuisses. La queue a des plis circulaires comme celle des *anolis ;* mais lorsqu'elle a été cassée, elle repousse sans plis, et même sans tubercules, quand elle en a naturellement, ce qui a fait quelquefois multiplier les espèces.

Ce genre est nombreux et répandu dans les pays chauds des deux continens. L'air triste et lourd des geckos, et une certaine ressemblance avec les salamandres et les crapauds, les a fait haïr et accuser de venin, mais sans aucune preuve réelle.

Leurs ongles sont rétractiles de diverses manières, et conservent leur tranchant et leur pointe; conjointement avec leurs yeux, ils peuvent faire comparer les *geckos* parmi les sauriens, à ce que sont les chats parmi les mammifères carnassiers; mais ces ongles varient en nombre selon les espèces, et manquent entièrement dans quelques-unes.

La première et la plus nombreuse division des geckos, que j'appellerai

PLATY-DACTYLES,

A les doigts élargis sur toute leur longueur, et garnis en dessous d'écailles transversales.

Parmi ces geckos platydactyles, quelques-uns n'ont pas d'ongles du tout, et leurs pouces sont très-petits. Ce sont de jolies espèces, toutes couvertes de tubercules et peintes de couleurs vives. Celles que l'on connaît viennent de l'Isle-de-France. Quelques-unes manquent de pores aux cuisses.

Il y en a une violette dessus, blanche dessous, avec une ligne noire sur les flancs. (*G. inunguis*, Cuv.)

Une autre est grise, toute couverte de taches œillées, brunes, à milieu blanc. (*G. ocellatus* d'Oppel.)

Quelques autres ont, au contraire, ces pores très-marqués. Tel est

Le *Gecko cépédien*. Péron.

De l'Isle-de-France, aurore marbré de bleu, une ligne blanche le long de chaque flanc (1).

D'autres platy-dactyles manquent d'ongles aux pouces, aux deuxièmes et aux cinquièmes doigts de tous les pieds; ils n'ont point de pores aux cuisses. Tel est

Le *Gecko des murailles*. (*Lacerta Mauritanica*, et *Lacerta Turcica*. Gm.) *Lacertus facetanus*. Aldrov. 654. Edw. 204. *Tarente*, des Provençaux; *Tarentola*, ou plutôt *Terrentola*, des Italiens; *Stellio*, des anciens Latins; *Geckotte*. Lacép. *Gecko fascicularis*. Daud.

Gris-foncé; la tête rude; tout le dessus du corps semé de tubercules, formés chacun de trois ou quatre tubercules plus petits et rapprochés; les écailles du dessous de la queue semblables à celles du ventre. Animal hideux, qui se cache dans les trous de murailles, les tas de pierres, et se recouvre le corps de poussière et d'ordures. Il paraît que la même espèce habite tout autour de la Méditerranée, et jusqu'en Provence et en Languedoc.

Le plus grand nombre des geckos platy-dactyles, ne manquent d'ongles qu'aux quatre pouces seulement. Ils ont une rangée de pores au-devant de l'anus. Tels sont

Le *Gecko à gouttelettes*. Daud. (*Gecko*. Lacép. I, XXIX. *Stellio Gecko*. Schneid.) Séb. I, CVIII, toute la pl.

Des tubercules arrondis, peu saillans, répandus sur

---

(1) Le *lacerta geitje* de Sparm. doit appartenir à cette subdivision. On le croit très-venimeux au Cap.

le dessus du corps, dont la couleur rousse est semée de taches rondes et blanches ; le dessous de la queue garni d'écailles carrées et imbriquées. Séba le dit de Ceylan, et prétend que c'est à lui particulièrement qu'on donne le nom de *gecko*, d'après son cri ; mais *Bontius* l'attribuait, bien auparavant, à une espèce de *Java*. Probablement le cri et le nom sont communs à plusieurs espèces. Nous nous sommes assurés que l'on trouve celle-ci dans tout l'Archipel des Indes..

Le *Gecko à bandes. Lézard de Pandang*, à Amboine. (*Lacerta vittata.* Gm.) Daud. IV, L.

Brun, une bande blanche sur le dos, qui se bifurque sur la tête et sur la racine de la queue, des anneaux blancs autour de la queue. Des Indes Orientales ; il se tient à Amboine, sur les branches de l'arbre nommé pandang-de-rivage (1).

Une seconde division des geckos, que j'appellerai

HEMIDACTYLES,

Ont la base de leurs doigts garnie d'un disque ovale, formé en dessous par un double rang d'écailles en chevron ; du milieu de ce disque s'élève la deuxième phalange, qui est grêle, et porte la troisième, ou l'ongle, à son extrémité. Les espèces connues ont toutes cinq ongles, et la rangée de pores des deux côtés de l'anus ; les écailles du dessous de leur queue sont en forme de bandes larges, comme celles du ventre des serpens.

Le *Gecko de Siam*, appelé *Tokaie*. (*G. Tuberculeux* de Daud.) Perrault. Mém. sur les anim. IIe. part. pl. 67.

Long d'un pied, marbré de bleuâtre et de roussâtre ; hérissé sur le corps et la queue de petits tubercules co-

(1) *N. B.* Daudin donne à tort des ongles aux pouces de ces deux geckos. Le *sputateur*, dont il fait un anolis, est un *gecko* de cette division.

niques. Ce nom de *tokaie* est genérique en *malais*, et formé d'après un cri commun à plusieurs espèces.

Le Gecko de Java.

Le premier qu'on ait nommé ainsi, par imitation de son cri, selon *Bontius*, ne paraît différer du précédent que parce qu'il est plus lisse. Il habite autour de Batavia, dans des lieux humides, de vieux troncs d'arbres, et pénètre dans les maisons, où on l'a en horreur, parce qu'on le croit venimeux (1).

La troisième division des geckos, que j'appellerai

THECADACTYLES,

A les doigts élargis sur toute leur longueur, et garnis en dessous d'écailles transversales comme les précédens; mais ces écailles sont partagées par un sillon longitudinal profond, où l'ongle peut se cacher entièrement.

Ceux que je connais ne manquent d'ongles qu'aux pouces seulement; ils n'ont pas de pores aux cuisses, et leur queue est garnie en dessous et en dessus de petites écailles.

Le *Gecko lisse.* (*G. lævis.* D. *Stellio perfoliatus.* Schn. *Lac. rapicauda.* Gm.) Daud. IV, LI.

Gris, marbré de brun en dessus; très-petits grains sans tubercules dessus; petites écailles dessous; sa queue, naturellement longue et entourée de plis comme à l'ordinaire, se casse très-aisément, et revient alors quelquefois très-renflée, et en forme de petite rave. Ce sont ces monstruosités accidentelles qui l'ont fait appeler alors *G. rapicauda.* On trouve ce gecko à Surinam (2).

(1) A cette division appartiennent encore le *G. à tubercules trièdres* et le *G. à queue épineuse* de Daud.; le premier est le même que le *stell. mauritanicus* de Schn. Le *stell. platyurus* de Schn. en est aussi fort voisin.

(2) Le *gecko squalidus* Herm. doit appartenir à cette division, s'il n'est pas le même que le *lævis.* Le *gecko de Surinam.* Daud. y appartient également.

La quatrième division des *geckos*, que j'appellerai PTYODACTYLES (1), a les bouts des doigts seulement dilatés en plaques, dont le dessous est strié en éventail. Le milieu de la plaque est fendu, et l'ongle placé dans la fissure. Il y a à tous les doigts des ongles fort crochus.

Les uns ont les doigts libres, la queue ronde.

Le *Gecko des Maisons.* (*Lac. Gecko.* Hasselquist.) *Gecko lobatus.* Geoffr. Rept. Eg. III, 5. *Stellio hasselquistii.* Schneid.

Lisse, gris-roussâtre piqueté de brun; les écailles et les tubercules très-petits. Cette espèce est commune dans les maisons des divers pays qui bordent la Méditerranée au midi et à l'orient; au Caire, on le nomme *abou burs* (*père de la lèpre*), parce qu'on prétend qu'il donne ce mal en empoisonnant avec ses pieds les alimens, et surtout les salaisons, qu'il aime beaucoup. Quand il marche sur la peau, il y fait naître des rougeurs, mais peut-être seulement à cause de la finesse de ses ongles. Sa voix ressemble un peu à celle des grenouilles (2).

D'autres ont la queue bordee de chaque côté d'une membrane, et les pieds demi-palmés; ils sont probablement aquatiques. (Ce sont les *uroplates* de Duméril.)

Le *Gecko frangé* (*Stellio fimbriatus.* Schn.) *Tête plate.* Lac. ou *Famo - Cantrata* de Madagascar, Brug. Lacép. I, XXX. Daud. IV, LII.

A non-seulement une bordure aux côtés de la queue, mais elle s'étend le long des flancs, où elle est frangée et

---

(1) De πτύον, éventail.

(2) A cette même division appartiennent plusieurs geckos de l'Archipel des Indes, parmi lesquels se trouve le *porphyré* que Daudin a cru, à tort, d'Amérique, et synonyme du *mabouia* des Antilles; mais il est certain que le nom de *mabouia* désigne aux Antilles un gecko, aussi-bien qu'un scinque; probablement le *gecko lisse.*

déchiquetée. On le trouve à Madagascar, à ce que l'on dit, sur les arbres, où il saute de branche en branche. Le peuple de ce pays le redoute beaucoup, mais à tort(1).

Le *Fouette-Queue* de Lin. ou *Gecko du Pérou* (*Lac. caudiverbera.* Lin.) Feuillée, I, 319.

N'a point de frange aux côtés du corps, mais seulement à ceux de la queue, sur laquelle il y a aussi une crête membraneuse verticale. *Feuillée* l'a trouvé dans une fontaine des Cordilières. Il est noirâtre, et long de plus d'un pied.

Enfin, il y a des sauriens qui, avec tous les caractères des geckos, n'ont pas les doigts élargis; je les nommerai

PHYLLURES.

On n'en connaît encore qu'une espèce de la Nouvelle-Hollande. (*Stellio phyllurus.* Schn. *Lacerta platura.* White New. South. Wh. p. 246, f. 2.) (2).

Grise, marbrée de brun en dessus, toute hérissée de petits tubercules pointus; à queue lisse, et aplatie horizontalement en forme de feuille en cœur.

On est obligé d'établir une cinquième famille des CAMÉLÉONIENS

Pour le seul genre des

CAMÉLÉONS. (CHAMÆLEO.) (3).

Lequel est bien distinct de tous les autres sauriens,

(1) Selon la descrip. de Bruguière, le *sarroubé* de Madag. aurait tous les caractères du famocantrata excepté la frange, et le pouce qui lui manquerait aux pieds de devant.

(2) Rapportée, on ne sait pourquoi, aux stellions par Daudin.

(3) Χαμαιλέων (petit lion), nom de cet animal chez les grecs, et surtout dans Aristote qui l'a parfaitement bien décrit, Hist. An. lib. II, cap. XI.

et ne se laisse pas même aisément intercaler dans leur série.

Ils ont toute la peau chagrinée par des petits grains écailleux; le corps comprimé et le dos comme tranchant; la queue ronde et prenante; cinq doigts à tous les pieds, mais divisés en deux paquets, l'un de deux, l'autre de trois; chaque paquet réuni par la peau jusqu'aux ongles; la langue charnue, cylindrique, et extrêmement allongeable; les dents trilobées; les yeux grands, mais presque couverts par la peau, excepté un petit trou vis-à-vis la prunelle, et mobiles indépendamment l'un de l'autre; point d'oreille extérieure visible, l'occiput relevé en pyramide. Leurs premières côtes se joignent au sternum, les suivantes se continuent chacune à sa correspondante pour enfermer l'abdomen par un cercle entier. Leur poumon est si vaste, que quand il est gonflé, leur corps paraît transparent, ce qui a fait dire aux anciens qu'ils se nourrissent d'air. Ils vivent d'insectes qu'ils prennent avec l'extrémité gluante de leur langue. C'est la seule partie de leur corps qu'ils meuvent avec vitesse. Ils sont pour tout le reste d'une lenteur excessive. La grandeur de leur poumon est ce qui leur donne la propriété de changer de couleur, non pas comme on l'a cru, selon les corps sur lesquels ils se trouvent, mais selon leurs besoins et leurs passions. Leur poumon en effet les rend plus ou moins transparens, contraint plus ou moins le sang à refluer vers la peau, colore même ce fluide plus ou moins vivement, selon qu'il se remplit ou se vide d'air.

Ils se tiennent constamment sur les arbres.

Le *Caméléon ordinaire.* (*Lacerta Africana.* Gm.) Lacép. I, XXII. Seb. I, LXXXII, 1.

D'Egypte et de Barbarie, qui se trouve aussi dans le midi de l'Espagne, a le capuchon pointu et relevé d'une arête en avant.

Le *Caméléon du Sénégal.* (*Lacerta Chamœleon.* Gm.) Séb. I, LXXXII, 2.

A le capuchon aplati et sans arête.

Le *Caméléon nain du Cap.* (*Lacerta pumila.* Gm.) Daud. IV, LIII.

N'a presque point de capuchon; sa gorge est ornée de petits lambeaux frangés.

Le *Caméléon des Moluques, à nez fourchu.* (*Cham. bifurcus.* Brongn.) Daud. IV, LIV.

A deux longues proéminences en avant du museau.

La sixième et dernière famille des sauriens est celle

Des Scincoïdiens,

Reconnaissable à ses pieds courts, à sa langue non extensible et aux écailles égales qui couvrent tout leur corps comme des tuiles.

Les Scinques. (Scincus. Daud.)

Se reconnaissent à leurs pieds courts, à leur corps presque d'une venue avec la queue, sans renflement à l'occiput, sans crêtes ni fanon, couvert d'écailles uniformes, luisantes, disposées comme des tuiles ou comme celles des carpes Les uns ont la forme d'un fuseau; d'autres presque cylindriques et plus ou moins allongés, ressemblent à des serpens et surtout à des *orvets*, avec lesquels ils ont aussi plusieurs rapports intérieurs et qu'ils lient à la famille des iguanes, par une suite non-interrompue de nuances. Du reste leur langue est charnue, peu extensible et échancrée; leurs mâchoires sont garnies tout autour de petites dents serrées; il y en a deux petites rangées dans le palais; leur anus, leurs verges, leur œil, leur oreille ressemblent à ceux des iguanes et des lézards; seulement leur tympan est plus enfoncé, et le bord antérieur du méat auditif est quelquefois garni d'une petite membrane dentelée; leurs pieds ont des doigts tous libres et onguiculés; ils sont même un peu inégaux dans ceux de derrière, quoique beaucoup moins que dans les lézards. Il y a de nombreuses espèces de scinques dans les pays chauds des deux continens.

Le Scinque des pharmacies (1). (*Lac. scincus.* Lin. *Scincus officinalis.* Schn. *El adda des Arabes.*) Lacép. I, XXIII.

Long de six ou huit pouces; le bout du museau pointu et un peu relevé; la queue plus courte que le corps: celui-ci jaunâtre-argenté; des bandes transverses noirâtres; il vit dans la Nubie, l'Abyssinie, l'Arabie, d'où on l'apporte à Alexandrie, et de là dans toute l'Europe. Il a une promptitude extraordinaire à s'enfoncer dans le sable quand il est poursuivi.

(1) Les Grecs et les Latins nommaient *scincus*, le *crocodile terrestre*, par conséquent un *sauvegarde*, auquel ils attribuaient beaucoup de vertus: mais depuis le moyen âge, on vend généralement sous ce nom, et pour les mêmes usages, l'espèce ci-dessus. Les orientaux la regardent surtout comme un puissant aphrodisiaque.

Le *grand Scinque des Antilles*, nommé *Broche* ou *Brochet de terre* par les Français (1). *Galley-Wasp* par les Anglais. (*Lacerta occidua*. Shaw.)

Long de plus d'un pied, presque gros comme le bras; la queue pointue, faisant à peine le quart de la longueur totale; roux, des bandes transverses de taches blondes; la tête mousse; les dents molaires arrondies; deux petits lobes au-devant du tympan. Il se tient dans les lieux humides, sous les rochers.

Il y en a diverses espèces de cette grandeur, et à peu près de cette forme, aux Moluques et à la Nouvelle-Hollande; telles que le *lacerta scincoïdes*. Shaw. Gen. Zool. Amphib. I, pl. LXXXI.

Dans un *scinque* des Antilles, nommé *mabouia* par quelques naturalistes (Lacép. I, XXIV.), la queue n'a que moitié de la longueur du corps; les écailles sont lisses, jaunâtres; le dos est tacheté de brun, et une ligne pâle règne sur chaque côté.

Un autre *scinque* des Antilles, nommé *doré* par quelques naturalistes, a les écailles striées chacune de trois lignes relevées; la queue de la longueur du corps, et celui-ci en entier d'un jaune-brun doré à peu près uniforme.

Le *Scinque* le plus commun dans tout le Levant. (*Lacertus cyprius scincoïdes*. Aldrov. *Scinque Schneiderien*. Daud.)

A la queue plus longue que le corps, les écailles lisses, d'un jaune-verdâtre, une ligne pâle de chaque côté, une triple dentelure au-devant de l'oreille, etc.

---

(1) Dutertre prétend que c'est *broche de terre* à cause de la facilité avec laquelle il s'enfonce dans le sable; Rochefort, que c'est *brochet de terre*, à cause de sa ressemblance avec le poisson de ce nom.

Il y en a encore plusieurs espèces, de diverses tailles et proportions, les unes rayées, les autres tachetées, et toutes assez mal déterminées dans les ouvrages des naturalistes.

On pourrait séparer du genre, les espèces où les doigts de derrière s'allongent de manière à se rapprocher davantage des proportions des lézards ordinaires; mais la limite est difficile à fixer.

LES SEPS (1). (SEPS. Daud.)

Diffèrent des scinques seulement par leur corps encore plus allongé, tout-à-fait semblable à celui d'un orvet, et par leurs pieds encore plus petits, et dont les deux paires sont plus éloignées l'une de l'autre.

On en a trouvé une espèce à cinq doigts (*Anguis quadrupes.* Lin. *Lacerta serpens.* Gmel.), et plusieurs à quatre seulement, qui diffèrent entre elles par les proportions et l'allongement du corps et de la queue; elles habitent surtout les contrées orientales; l'une d'elles (*Lac. tetradactyla.* Lacép. Ann. du Mus. II. LIX. 2) a ses écailles du ventre séparées de celles du dos par un sillon comme l'*ophisaure* (2); une à trois en Italie, nommé *cecella* ou *cicigna* (*lacerta chalcides.* Lin.) qui est vivipare (3); une dont tous les pieds n'ont aucune division et paraissent n'avoir qu'un doigt;

---

(1) *Seps* et *chalcis* étaient, chez les anciens, les noms d'un animal que les uns représentent comme un lézard, les autres comme un serpent. Il est très-probable qu'ils désignaient le seps à trois doigts d'Italie et de Grèce. *Seps* vient de σηπειν corrompre.

(2) Elle me paraît la même que le *lac. seps*, Linn. quoique celui-ci lui donne cinq doigts.

(3) *Imperati*, Hist. nat. 690. Linné lui donne cinq doigts, mais elle n'en a que trois.

toutes ses écailles sont pointues et carénées, et elle se rapproche peut-être autant des galéotes que des scinques. (*Lac. anguina*, Lin.) *Vosm.* monogr. 1774. F. I. (*Lac. monodactyla.* Lacep. Ann. du Mus. II. pl. LIX). On la croit d'Afrique.

LES BIPÈDES. (BIPES. Lacép.)

Sont un petit genre qui ne diffère des seps, que parce qu'ils manquent entièrement de pieds de devant, n'ayant que des omoplates et des clavicules cachées sous la peau; et leurs pieds de derrière seuls étant visibles. Il n'y a qu'un pas d'eux à l'*ophisaure*, et de là aux *orvets*.

Les uns ont encore trois ou deux petites divisions à leurs pieds de derrière. Tel est le *Sheltopusik* des bords du Volga (*Lacerta apus.* Gm.), Pall. nov. comm. petr. XIX. IX. qui a aussi un sillon à chaque flanc. D'autres ont ces pieds terminés en rond, et sans divisions. L'*Anguis bipes.* Linn. (*Lacerta bipes.* Gm.) Seb. I. LXXXVI. 3. est de ce nombre. Sa queue est plus courte que le corps.

J'en ai disséqué une autre espèce rapportée de la Nouvelle-Hollande par M. Péron (le *bipède lépidopode* Lacep. An. du Mus. tome IV, pl. LV.). Sa queue est deux fois plus longue que le corps. Ses pieds n'offrent à l'extérieur que deux petites plaques oblongues et écailleuses: mais on y trouve par la dissection un fémur, un tibia, un péroné, et quatre os du metatarse formant des doigts, mais sans phalanges. En avant de l'anus sont deux lignes de pores fesant un angle. Ses yeux sont grands et son tympan très-visible, sa tête couverte de plaques. Il vit dans la vase.

LES CHALCIDES. (CHALCIDES. Daud.)

Sont comme les seps, des sauriens excessivement allongés, à pieds courts et distans, en un mot très-semblables à des serpens ; mais leurs écailles au lieu d'être disposées comme des tuiles sont rectangulaires, et forment, comme celles de la queue des lézards ordinaires, des bandes transversales qui n'empiètent point les unes sur les autres.

Les chalcides joignent donc l'ordre des sauriens et spécialement le genre des lézards, au genre des *serpens amphisbènes*.

On en possède une espèce à cinq doigts ; une à trois (le *chalcide* Lacep. quadr. ov. I. XXXII, *chamæsaura cophias* Schn.) et une à un seul doigt. *Chalc. monodactyle.* Daud. *Lacerta anguina.* Gm. Séb. II. LXVIII. 7-8. On voit encore à ces animaux le tympan qui manque dans le sous-genre suivant.

Les Bimanes. (Chirotes. Cuv.)

Ressemblent aux chalcides, et encore plus aux amphisbènes ; mais se distinguent des premiers parce qu'ils manquent de pieds de derrière, et des seconds, parce qu'ils ont encore des pieds de devant. On n'en connaît qu'un du Mexique.

Le *Bimane cannelé.* (*Bipède cannelé.* Lacep. *Lacerta lumbricoïdes.* Shaw.) Lacep. I. XLI.

A deux pieds courts à quatre doigts chacun, avec un vestige de cinquième, assez complétement organisés à l'intérieur, attachés par des omoplates, des clavicules, et un petit sternum ; mais sa tête, ses vertèbres, en un mot tout le reste de son squelette ressemblent à celui de l'amphisbène.

Il a huit ou dix pouces de long, est gros comme le petit doigt ; couleur de chair, revêtu d'environ deux cent vingt demi-anneaux sur le dos, et autant sous le ventre qui se rencontrent en alternant sur le côté. On le trouve au Mexique, où il vit d'insectes. Sa langue peu extensible se termine par deux petites pointes cornées; son œil est très-petit; son tympan recouvert par la peau, et invisible au dehors; au devant de son anus sont deux lignes de pores. Je ne lui ai trouvé qu'un grand poumon comme à la plupart des serpens.

LE TROISIÈME ORDRE DES REPTILES,

LES OPHIDIENS (1), OU SERPENS.

Sont les reptiles sans pieds, et par conséquent ceux de tous qui méritent le mieux la dénomination de reptiles. Leur corps très-allongé se meut au moyen des replis qu'il fait sur le sol.

On doit les diviser en trois familles.

Ceux de la première,

Ou les ANGUIS (2),

Ont encore leur tête osseuse, leurs dents, leur langue semblables à celles des seps; leur œil est muni de trois paupières, etc.; ce sont, pour ainsi dire, des seps sans pieds; ils entraient tous dans le genre des

---

(1) Ophidien, d'ὄφις (serpent).

(2) *Anguis*, nom générique des serpens en latin.

ORVETS. (ANGUIS. L.)

Caractérisés à l'extérieur par des écailles imbriquées qui les recouvrent entièrement. On en a distingué récemment

LES OPHISAURES (1). (OPHISAURUS. Daud.)

Qui ont de plus que les autres un tympan visible au dehors. Leurs dents maxillaires sont coniques et ils en ont deux groupes dans le fond du palais.

On n'en connoît qu'une espèce (*oph. ventralis — ang. ventralis.* L.) Catesb. II. LIX, commune dans le sud des Etats-Unis; une ligne de chaque côté garnie d'écailles plus petites et plus flexibles, y établit une sorte de pli longitudinal, comme si le ventre était garni d'un plastron demi-cylindrique. Sa couleur est un vert jaunâtre, tacheté de noir en dessus. Sa queue est plus longue que le corps, il se rompt si aisément qu'on l'a appelé serpent de verre.

LES ORVETS proprement dits. (ANGUIS. Cuv.)

Ont le tympan caché sous la peau; leurs dents maxillaires sont comprimées et crochues, ils n'en ont point au palais.

Nous en avons une espèce fort commune dans toute l'Europe (*anguis fragilis.* L.) Lacep. II. XIX. I. à écailles très-lisses, luisantes, jaune argenté en dessus, noirâtre en dessous, trois filets noirs le long du dos qui se changent avec l'âge en diverses séries de points et finissent par disparaître. Sa queue est de la longueur du corps; l'animal atteint un pied et quelques pouces, vit de lombrics, d'insectes; fait ses petits vivans (2).

---

(1) D'ὄφις (serpent) et de σαυρὸς (lézard).

(1) L'*anguis erix*, L. n'est qu'un jeune orvet commun, où les lignes dorsales sont encore bien marquées; et l'*anguis clivicus*, dont

Ces deux sous-genres ont encore un bassin imparfait, un petit sternum, une omoplate et une clavicule cachés sous la peau.

L'absence de toutes ces parties osseuses, oblige de séparer aussi des orvets, le sous-genre que je nommerai ACONTIAS (1), et qui leur ressemble par la structure de la tête, et les paupières, mais qui n'a pas de sternum ni de vestige d'épaule et de bassin; leurs côtes antérieures se réunissent l'une à l'autre sous le tronc par des prolongemens cartilagineux. Je n'y ai trouvé qu'un poumon médiocre et un très-petit. Leurs dents sont petites et coniques; je crois leur en avoir aperçu quelques-unes au palais. On les reconnaît aisément à leur museau enfermé comme dans une sorte de masque.

L'espèce bien connue (*anguis meleagris* L.) Séb. II, XXI, I. (2) vient de la Guiane. Elle ressemble à notre orvet, mais sa queue obtuse est beaucoup plus courte; sur son dos règnent huit rangées longitudinales de taches brunes. L'Orient en produit d'autres especes, dont une entièrement aveugle. (*ac. cœcus.* Cuv.)

La seconde famille, ou celle Des vrais SERPENS, Qui est, de beaucoup, la plus nombreuse,

---

Daudin fait un érix sans que l'on sache pourquoi, est un vieux orvet commun à queue tronquée. On n'en parle que d'après Gronovius, qui cite le coluber de Gesner. Ce coluber est précisement l'orvet commun vieux.

(1) *Acontias (javelot)*, nom grec d'un serpent que l'on croyait s'élancer comme un trait sur les passans (d'ἀκοντίζω *jaculor*).

(2) Daudin a fait aussi un *érix* de l'*anguis meleagris*; mais sans motif, car ses écailles inférieures ne sont pas plus grandes que les autres. Je me suis assuré, par la dissection, que ce serpent n'a point le sternum que M. *Oppel* lui suppose.

comprend les genres sans sternum ni vestiges d'épaule ; mais dont les côtes entourent encore une grande partie de la circonférence du tronc, et où les corps des vertèbres s'articulent encore par une facette convexe, dans une facette concave de la suivante ; ils manquent de troisième paupière et de tympan ; mais l'osselet de l'oreille existe sous la peau, et son manche s'attache à l'os tympanique.

Nous les subdivisons en deux tribus.

Celle des DOUBLES MARCHEURS a encore la mâchoire inférieure portée comme dans tous les reptiles précédens par un os tympanique, immédiatement articulé sur le crâne, les deux branches de cette mâchoire soudées en avant, et celles de la mâchoire supérieure fixées au crâne, et à l'os inter-maxillaire; ce qui fait que leur gueule ne peut se dilater comme dans la tribu suivante, et que leur tête est tout d'une venue avec le reste du corps, forme qui leur permet de marcher également bien dans les deux sens. Le cadre osseux de l'orbite est incomplet en arrière, et leur œil fort petit; du reste ils ont le corps couvert d'écailles, l'anus fort près de son extrémité, la langue courte, la trachée longue, le cœur très en arrière, un seul poumon. On n'en connaît point de venimeux.

LES AMPHISBÈNES (1). (AMPHISBÆNA. L.)

Ont tout le corps entouré de rangées circulaires d'écailles quadrangulaires, comme les chalcides et les bimanes parmi les sauriens; une rangée de pores au devant de l'anus; des dents peu nombreuses, coniques aux mâchoires seulement et non au palais.

On n'en connaît bien que deux espèces.

(*Amph. alba.* Lacép. II, XXI, 1, et *Amph. fuliginosa.* L.)

L'une et l'autre de l'Amérique Méridionale. Elles vivent d'insectes, et se tiennent souvent dans des fourmilières; ce qui a fait croire au peuple que les grandes fourmis les nourrissent. Les amphibènes sont ovipares.

LES TYPHLOPS (2). (TYPHLOPS. Schn.)

Ont le corps couvert de petites écailles imbriquées, comme les orvets avec lesquels on les a longtemps placés, le museau déprimé, avancé, garni de plaques (3), la langue assez longue et fourchue, l'œil à peine visible au travers de la peau, l'anus presque tout-à-fait à l'extrémité du corps. Ce sont

---

(1) Amphisbæne, d'ἀμφὶς et βαίνειν; marchant en deux sens. Les anciens lui croyaient deux têtes. Ce nom a été appliqué faussement à des serpens d'Amérique que les anciens n'ont pu connaître.

(2) Τύφλωψ, τυφλίνη, aveugle, étaient les noms de l'orvet chez les Grecs.

(3) Je n'ai pu apercevoir de dents à ceux que j'ai examinés.

de petits serpens semblables, pour le coup-d'œil, à des vers de terre; on en trouve des espèces dans les pays chauds des deux continens (1).

L'autre tribu, ou celle des SERPENS proprement dits, a l'os tympanique, ou pédicule de la mâchoire inférieure, mobile et presque toujours suspendu lui-même à un autre os analogue au mastoïdien, attaché sur le crâne par des muscles et des ligamens qui lui laissent de la mobilité; les branches de cette mâchoire ne sont aussi unies l'une à l'autre, et celles de la mâchoire supérieure ne le sont à l'inter-maxillaire que par des ligamens, en sorte qu'elles peuvent s'écarter plus ou moins, ce qui donne à ces animaux la faculté de dilater leur gueule au point d'avaler des corps plus gros qu'eux.

Leurs arcades palatines participent à cette mobilité, et sont armées de dents aiguës et

(1) *Anguis lumbricalis*. Lacep. II. xx. 1. — *Ang. nasutus*. Gm. — *Ang. reticulatus*. Sch. phys. sacr. pl. DCCXLVII. 4. — *Typhlops septemstriatus*. Schn. Séb. I. LIII. 8.? et les autres *typhlops* du même auteur.

On doit aussi rapporter à ce genre, Séb. II. VI. 4. probablement la meilleure figure de l'*ang. Jamaïcensis*. — Le *rondoo-talaloo*. Patr. Russel Serp. Corom. XLIII. Au reste, comme dans tous les genres où les espèces sont fort semblables, les auteurs ne les ont pas très-bien déterminées.

recourbées en arrière, caractère le plus marqué et le plus constant de cette tribu ; leur trachée-artère est très-longue ; leur cœur placé fort en arrière ; la plupart n'ont qu'un grand poumon avec un petit vestige d'un second.

Ces serpens se divisent en venimeux et non-venimeux, et ceux-ci se subdivisent en venimeux à plusieurs dents maxillaires, et en venimeux à crochets isolés.

Dans les non-venimeux, les branches de la mâchoire supérieure sont garnies tout du long ainsi que celles de la mâchoire inférieure et les branches palatines, de dents fixes et non percées ; il y a donc quatre rangées à peu près égales de ces dents dans le dessus de la bouche, et deux dans le dessous.

Ceux d'entre eux qui ont les os mastoïdiens compris dans le crâne, l'orbite incomplet en arriere, la langue épaisse et courte, ressemblent encore beaucoup aux doubles marcheurs par la forme cylindrique de leur tête et de leur corps, et ont été autrefois réunis avec les orvets à cause de leurs petites écailles.

Ce sont les

ROULEAUX. (TORTRIX. Oppel.)

Ils se distinguent d'ailleurs des orvets, même à

l'extérieur, parce que les écailles de la rangée qui règne le long du ventre et sous la queue sont un peu plus grandes que les autres, et parce que leur queue est extrêmement courte.

Ceux qu'on connaît sont d'Amérique. Le plus commun doit être

Le *Ruban*. (*Anguis scytale*. L. *Tortrix scytale*. Opp.)
Séb. II, XI, 1-4; VII, 4.

Long d'un à deux pieds, peint d'anneaux irréguliers noirs et blancs (1).

Ceux des serpens non venimeux qui ont au contraire les os mastoïdiens détachés, et dont les mâchoires peuvent beaucoup se dilater, ont l'occiput plus ou moins renflé et la langue fourchue et très-extensible.

On en fait depuis long-temps deux genres principaux, les *boa* et les *couleuvres*, distingués par les plaques simples ou doubles du dessous de la queue.

Les Boa (2). (Boa. Lin.)

Comprenaient autrefois tous les serpens, venimeux

---

(1) Ajoutez *Ang. corallinus*. Séb. II. XXIII. 2.—*Ang. ater*. id. ib. 3.—*Ang. maculatus* et *tessellatus*. Séb. II. C. 2. I. LIII. 8.

(2) *Boa*, nom de certains grands serpens d'Italie, probablement de la couleuvre à quatre raies, ou du serpent d'Epidaure, chez les Latins. Pline dit qu'on les nommait ainsi parce qu'ils suçaient le pis des vaches. Le *boa* de cent vingt pieds, que l'on prétend avoir été tué en Afrique par l'armée de Régulus, était probablement un python. Voy. Plin. lib. VIII. cap. XIV.

ou non, dont le dessous du corps et de la queue est garni de bandes écailleuses, transversales, d'une seule pièce, et qui n'ont ni éperon ni sonnette au bout de la queue. Comme ils sont assez nombreux, indépendamment de la soustraction des espèces venimeuses, on a encore subdivisé les autres.

Les Boa, plus spécialement ainsi nommés, ont un crochet de chaque côté de l'anus, le corps comprimé, plus gros dans son milieu, la queue prenante, de petites écailles, au moins sur la partie postérieure de la tête. C'est parmi eux que l'on trouve les plus grands de tous les serpens; certaines espèces atteignent trente et quarante pieds de longueur, et engloutissent des chiens, des cerfs, et même des bœufs, à ce que disent quelques voyageurs. Le pays natal de chacune n'a pas encore été bien fixé; mais dans les recherches que nous avons faites, il nous a paru que toutes celles qu'on connaît bien viennent d'Amérique. Telles sont :

Le *Devin.* (*Boa constrictor.* L.) Lacép. II, XVI, I. Séb. I, XXXVI, 5; LIII; II, LXXVIII, 5; DCIX, I; CI. *Devin* et *Boa empereur*, de Daud. (1).

Reconnaissable par une large chaîne, formée alternativement de grandes taches noirâtres, irrégulièrement hexagones, et de taches pâles, ovales, échancrées aux deux bouts, qui règne le long de son dos.

---

(1) Daudin a cru que le *devin* se trouvait dans l'ancien continent, mais il est certainement de la Guiane. MM. le Vaillant et Humboldt l'en ont rapporté. M. le Vaillant a aussi rapporté de Surinam les deux espèces suivantes, et chacun sait que le bojobi est du Brésil. Je ne crois pas que l'ancien continent ait de vrais boas de grande taille. Les très-grands serpens de l'Inde et de l'Afrique sont des pythons.

L'*Aboma*. (*Boa cenchris*. L. *Aboma* , et *Porte - Anneau* de Daud.) Séb. I, LVI, 4 ; II, XXVIII, 2 ; et XCVIII.

Fauve, portant une suite de grands anneaux bruns le long du dos, et des taches variables sur les flancs.

L'*Anacondo*. (*Boa scytale* et *murina*. L.) Séb. II, XXIII, 1 ; et XXIX, 1.

Brun-clair, une double suite de taches rondes brun-foncé le long du dos, des taches œillées sur les flancs.

Ces trois espèces, qui parviennent presque à une taille égale, se tiennent dans les lieux marécageux des parties chaudes de l'Amérique ; adhérant par la queue à quelque arbre aquatique, elles laissent flotter leur corps pour saisir les quadrupèdes qui viennent boire, etc.

Les autres *boa* connus paraissent rester dans des dimensions moindres ; quelques-uns même sont toujours assez petits (1).

On a séparé de ces *Boa*,

Les ERIX. Daud. (2).

Qui diffèrent des boa proprement dits, par une queue très-courte, obtuse, et par des plaques ventrales peu

---

(1) Le *Boa broderie* (*b. hortulana*. L.), Séb. II. LXXXIV. 1. et l'*élégant*. Daud. V. LXIII. 1. qui n'en diffère pas.—Le *b. phrygia*. Sh. Séb. I. LXII. 2.—Le *bojobi*. (*b. canina*. L.) Séb. II. LXXXI, et XCVI. 2. — Le *b. hipnale*. Séb. II. XXXIV 1-2. et Lacép. II. XVI. 2. pourrait n'être qu'un jeune bojobi. — Le *b. merremii*. Schn. Merr. beytr. II. II. dont Daudin a fait son genre CORALLE sur le caractère probablement accidentel et individuel des deux premières plaques doubles sous le cou. — Le *b. carinata*. Schn. ou l'*ocellata*. Opp. — Le *b. viperina*. Sh. Russel. IV.

(2) *Erix* (crin.). C'est dans Linnæus l'épithète d'une espèce d'ervet.

larges, deux caractères qui les rapprocheraient des tortrix, si la conformation de leurs machoires ne les en éloignait (1).

On peut en rapprocher

LES ERPETONS. Lacép. (2).

Bien remarquables par deux proéminences molles, couvertes d'écailles, qu'ils portent au bout du museau. Leur tête est garnie de grandes plaques; celles qui règnent sous le ventre sont très-peu larges, et celles du dessous de la queue diffèrent à peine des autres écailles (3).

LES COULEUVRES (3). (COLUBER. L.)

Comprenaient tous les serpens, venimeux ou non, dont les plaques du dessous de la queue sont divisées en deux, c'est-à-dire rangées par paires.

Indépendamment de la distraction des espèces venimeuses,

On peut d'abord en séparer

LES PYTHONS. Daud.

Qui ont des crochets près de l'anus, et les plaques ventrales étroites, comme les boa.

Il y en a des espèces aussi grandes qu'aucun boa : telle est l'*Ular-Sawa* ou *grande Couleuvre des îles de la Sonde* (*Colub. Javanicus.* Sh.), qui parvient à plus de trente pieds. Séb. I, LXII; II, XIX, 1; XXVIII, 1; XCIX, 2 (5).

---

(1) L'*Erix turc.* (*boa turc.* Olivier. voy. pl. XVI.)

(2) Erpeton, de Ερπετος (serpent).

(3) *Erpeton tentaculé.* Lacép. Ann. Mus. II. L.

(4) *Coluber*, nom générique des serpens en latin.

(5) Cet *ular-sawa* ou *python améthiste.* Daud. *boa amethystina.* Schn. dont nous avons un grand squelette, et des peaux rapportées de Java par M. Leschenault, est au moins très-voisin du *pedda-poda* du Bengale, (*python tigre* Daud.) Russel. XXII, XXIII, XXIV. *Col. boæformis* Sh, *Boa castanea* et *albicans* Schn. Et il nous paraît en

Quelques serpens de ce sous-genre ont les premières, d'autres les dernières plaques de leur queue simples (1). Peut-être n'est-ce quelquefois qu'une variété accidentelle.

Certaines espèces se rapprochent encore plus que les autres des boa, par les petites écailles du dessus de leur tête, et par les fossettes des bords de leurs lèvres.

Les HURRIA, Daud., sont d'autres couleuvres des Indes où, au contraire, les plaques de la base de la queue sont constamment simples, et celles de la pointe doubles; mais ces petites anomalies méritent peu que l'on y ait égard (2).

Une distinction plus essentielle est celle qu'a établie Laurenti, des DIPSAS (*Bungarus.* Oppel.), qui ont le corps comprimé, beaucoup moins large que la tête, et où les écailles de la rangée qui règne sur l'epine du dos sont plus grandes que les autres, comme dans les bongares. Tel est le *Dipsas Indica.* (*Colub. bucephalus.* Sh.) Séb. I, XLIII (3).

---

général que tous les prétendus *boa* de l'ancien continent sont des Pythons. Ular Sawa, signifie en malais serpent des rivieres.

Les *Boa reticulata*, *ordinata*, *rhombeata*, Schn. appartiennent aux pythons.

(1) Le *Bora*, Russ. XXXIX. (*Boa orbiculata.* Schn.) Quant à celles où les plaques de la base de la queue sont simples, et celles où les bords des lèvres ont de petites fossettes, elles sont nouvelles.

(2) *Hurriah*, nom barbare tiré de celui que porte au Bengale l'espèce reprès. Russ. XL. copiée Daud. V. LXVI. 2. Une autre merrem. II. IV.

(3) *Dipsas*, nom grec d'un espèce de serpent que l'on croyait causer une soif mortelle par sa blessure, de δίψα (soif). La figure donnée par Comrad Gesner au mot *dipsas*, est précisément de ce sous-genre.

Le *dipsas indica* est entièrement différent du *vipera atrox.* Mus. ad. Fred. XXII. 2. avec lequel Linnæus, Laurenti et Daudin l'ont confondu.

Mais après ces séparations, les couleuvres demeureront encore le genre de serpens le plus nombreux en espèces.

Il y en a plusieurs en France, comme

La *Couleuvre à collier.* (*Coluber natrix.* L.) Lac. II, VI, 2.

Très-commune dans les prés les eaux dormantes; cendrée, avec des taches noires le long des flancs, et trois taches blanches formant un collier sur la nuque; les écailles carénées, c'est-à-dire relevées d'une arête. Elle vit d'insectes, de grenouilles, etc. On la mange dans plusieurs provinces.

La *verte et jaune.* (*Col. atro-virens.*) Lacép. II, VI, 1.

De nos bois, tachetée de noir et de jaune en-dessus, toute jaune-verdâtre en-dessous, les écailles lisses.

La *Lisse.* (*Col. Austriacus.* Gm.) Lacép. II, II, 2.

Roux-brun; marbré de couleur d'acier en-dessous; deux rangs de petites taches noirâtres le long du dos; les écailles lisses, portant chacune un petit point brun vers la pointe.

La *Vipérine.* (*Col. Viperinus.* Latr.)

Gris-brun, une suite de taches noires formant un zig-zag le long du dos, et une autre de taches plus petites, œillées, le long des côtés; le dessous tacheté en damier de noir et de grisâtre; les écailles carénées.

Ces quatre espèces se rencontrent aux environs de Paris.

Le midi de la France et l'Italie produisent

La *Couleuvre Bordelaise.* (*Col. Girondicus.* Daud.)

Presque des mêmes couleurs que la vipérine, mais à écailles lisses, à taches du dos plus petites et plus séparées.

La *Quatre-Raies.* (*Col. Elaphis.* Sh.) Lacép. II, VII, I.

Fauve, à quatre lignes brunes ou noires sur le dos. C'est le plus grand de nos serpens d'Europe; elle passe quelquefois six pieds. Il est à croire que c'est le *boa* de Pline.

Le *Serpent d'Esculape.* (*Col. Æsculapii.* Sh.) (1).

Plus gros et moins long que la quatre-raies; brun dessus; jaune paille dessous et aux flancs; écailles du dos presque lisses. D'Italie, de Hongrie, d'Illyrie. C'est celui que les anciens ont représenté dans leurs statues d'Esculape, et il est probable que le serpent d'Epidaure était de cette espèce.

Les couleuvres étrangères sont innombrables; les unes se font remarquer par la vivacité de leurs couleurs; d'autres par la régularité de leur distribution; d'autres par des formes extrêmement grêles et légères. Il en est peu qui atteignent une très-grande taille (2).

---

(1) *N. B.* Que le *col. Æsculapii* de Linn. est une espèce tout-différente et d'Amérique.

(2) Les couleuvres présentant peu de variétés de structure intéressantes, je n'ai pas cru nécessaire d'en rapporter ici le long catalogue. On le trouvera dans les ouvr de Gmelin, de Daudin et de Shaw; mais il faut consulter leurs énumérations avec précaution et critique. Elles sont pleines de doubles emplois et de transpositions de synonymes.

Par exemple, le *col. viridissimus*, et le *col. janthinus* Merr. I. XII, ne diffèrent que par l'action de l'esprit-de-vin; — le *col. horridus* Daud. Merr. II. x (*col. viperinus* Sh.), est le même que le *demi-collier.* Lac. II. VIII. 2. — la *coul. violette* Lacép. II. VIII. 1. et le *col. reginæ.* Mus. ad. fr. XIII. 2. ne diffèrent encore que par l'action de la liqueur. — On doit regarder comme les mêmes, le *col. lineatus.* Séb. XII. 3. Mus. ad. fr. XII. 1. XX. 1. le *col. jaculatrix.* Séb. I. 9. Scheuchz. DCCXV. 2. le *col. atratus.* Séb. I. 9. IX 2. et même le *terlineatus.* Lacep. II. XIII. 1. — le *col. sibilans* Séb. I. IX. 1. II. LVI. 4. et la *coul.*

LES ACROCHORDES. (ACROCHORDUS. Horns.)

Se distinguent aisément dans cette famille par les petites écailles uniformes qui leur couvrent le corps et la tête en dessus et en dessous.

L'espèce connue, *Oular caron de Java.* (*Acrochordus Javensis.* Lac. II, XI, 2. *Anguis granulatus.* Schn.)

A ses écailles relevées chacune de trois petites arêtes, et ressemblant, lorsque la peau est très-bourrée, à des tubercules isolés. Elle devient fort grande. Hornstedt a avancé à tort qu'elle vit de fruits, ce qui serait bien extraordinaire dans un serpent (1).

Les serpens venimeux à plusieurs dents maxillaires ne sont bien connus que depuis peu de temps, et ont altéré une division qui paraissait fort nette.

Leurs mâchoires sont organisées et armées à peu près comme celles des précédens ; seulement elles ont un moindre nombre de dents

---

chapelet Lac. II. XII. 1. paraissent également identiques, ainsi que le *col. Æsculapii* Jacq. et le *flavescens* Scopol., etc. etc. Quant aux transpositions de synonymes elles sont innombrables.

N. B. Les ENHYDRES de Daud. seraient des couleuvres non venimeuses, à queue comprimée ; mais la seule espèce qu'il cite, *anguis xyphura.* Herm. aff. an. p. 269. et Obs. zool., p. 288, est évidemment un hydrophis ou une pélamide.

(1) Nous n'avons rien pu voir qui ressemblât à l'os particulier que M. Oppel dit avoir observé dans les acrochordes, et qui y remplacerait les crochets à venin, et nous sommes assurés d'ailleurs par le témoignage de M. *Leschenault,* que l'acrochorde n'est point venimeux.

à la rangée extérieure, c'est-à-dire à l'os maxillaire, et la première de ces dents, plus grande que les autres, est percée et conduit le venin dans la plaie, comme dans les venimeux à crochets, dont nous parlerons plus bas.

Ces serpens forment trois genres, distingués comme ceux des deux familles voisines par l'armure de leur ventre et du dessous de leur queue.

LES BONGARES (1). Daud. (PSEUDOBOA. Oppel.)

Ont, comme les boa, des plaques simples partout. Leur tête est courte, couverte de grandes plaques; leur occiput peu renflé; ce qui les caractérise le mieux, c'est que leur dos très-caréné est garni d'une rangée longitudinale d'écailles plus larges que les latérales.

Ces serpens viennent des Indes où on les appelle serpens de roches. Il y en a une espèce qui atteint sept ou huit pieds de longueur (2).

LES TRIMÉRÉSURES. Lac.

Qui ont des plaques entières sous la base de la queue et des doubles plaques sous le reste de sa lon-

---

(1) *Bungarus*, nom barbare, tiré de celui de *Bungarum-pamma* que la plus grande espece porte au Bengale.

(2) Le *Bongare a anneaux*. Daud. V. LXV. *Boa fasciata*. Sch. copié de Russel. III.—ajoutez : le *bong. bleu*. *Boa lineata*. Sh. Russ. I.

gueur. La tête a aussi de grandes plaques; mais les écailles du dos n'ont rien de particulier. Ils viennent également des Indes (1).

LES HYDRES. (HYDRUS. Schn.) (2). (*Hydrophis* et *Pélamides*. Daud.)

Ont la partie postérieure du corps et la queue très-comprimées et très-élevées dans le sens vertical, ce qui leur donnant la facilité de nager en fait des animaux aquatiques. Ils sont fort communs dans certains parages de la mer des Indes. Linnæus avait rangé ceux qu'il connaissait avec les orvets, à cause de leurs écailles presque toutes petites. Daudin les a subdivisés comme il suit :

LES HYDROPHIS (3).

Ont sous le ventre, comme les tortrix et les erpetons, une rangée d'écailles un peu plus grandes que les autres ; leur tête est petite, non renflée, garnie de grandes plaques. On en a trouvé quelques espèces dans les canaux d'eau salée du Bengale, et d'autres plus avant dans la mer des Indes (4).

---

(1) On ne doit ranger ici que le *triméresure petite-tête*. Lacep. Ann. Mus. IV. LVI. 1. Le *triméresure vert*, ib., est un trigonocéphale.

(2) *Hydrus*, nom grec d'un serpent aquatique ; peut-être de notre couleuvre commune ; mais les *hydres marins* d'Ælien sont précisément de ce genre.

(3) *Hydrophis*, serpent d'eau.

(4) Voyez les hydrophis de Russel, serpens de Corom., pl. XLIV., et IIe. partie. pl. VI—X. — L'*ayspisure*, le *leyoselasme*, et le *disteyre*. Lacép., Ann. Mus. IV, rentrent aussi dans le sous-genre

Les Pelamides (1).

Ont aussi ces plaques ; mais leur occiput est renflé à cause de la longueur des pédicules de leur mâchoire inférieure, qui est très-dilatable, et toutes les écailles de leur corps sont égales, petites, et rangées comme des pavés.

L'espèce la plus connue (*Anguis platurus*. L.) *Hydrus bicolor*. Schn. Séb. II, LXXVII, 1. Russel, XLI.

Quoique fort venimeuse, se mange à Otaïti.

J'ajoute à ces deux sous-genres celui

Des Chersydres (Chersydrus. Cuv.) (2).

Dont la tête et tout le corps sont également couverts de petites écailles. Tel est l'*oular-limpé*, (*acrochordus fasciatus*. Sh. Amph. pl. CXXX.) serpent très-venimeux, qui habite le fond des rivières de Java (3).

Les serpens venimeux par excellence, ou à crochets isolés, ont une structure très-particulière dans leurs organes de la manducation.

Leurs os maxillaires supérieurs sont fort petits, portés sur un long pédicule, analogue à l'apophyse ptérygoïde externe du sphénoïde, et très-mobiles ; il s'y fixe une dent

---

des hydrophis. Ce sont également des serpens de la mer des Indes. Ajoutez l'*hydrus curtus*. Sh.—l'*hydrus spiralis*. id. pl. 125.

(1) *Pelamis*, nom grec et latin d'un poisson du genre des scombres.

(2) Χερσύδρος, nom grec de la couleuvre à collier.

(3) L'*Hydrus granulatus* Schn. doit en être voisin.

N. B. Les *Hydrus caspius*, *enhydris*, *rhynchops*, *piscator* et *palustris* Schn. ne sont que des couleuvres ou des viperes ordinaires. Son *hydrus colubrinus* est le *plature à bandes*.

aiguë, percée d'un petit canal, qui donne issue à une liqueur secrétée par une glande considérable située sous l'œil. C'est cette liqueur qui, versée dans la plaie par la dent, porte le ravage dans le corps des animaux, et y produit des effets plus ou moins funestes selon l'espèce qui l'a fournie. Cette dent se cache dans un repli de la gencive quand le serpent ne veut pas s'en servir; et il y a derrière elle plusieurs germes destinés à se fixer à leur tour pour la remplacer si elle se casse dans une plaie. Les naturalistes ont nommé les dents venimeuses *crochets mobiles*, mais c'est proprement l'os maxillaire qui se meut; il ne porte point d'autres dents, en sorte que dans cette sorte de serpens malfaisans l'on ne voit, dans le haut de la bouche, que les deux rangées de dents palatines.

Toutes ces espèces venimeuses, dont on connaît bien la reproduction, font des petits vivans, parce que leurs œufs éclosent avant d'avoir été pondus. C'est ce qui leur a valu le nom général de vipères, contraction de vivipares (1).

Les serpens venimeux, à crochets isolés,

---

(1) Notez que plusieurs couleuvres non venimeuses, sont égale-

présentent des caractères extérieurs à peu près de même nature que ceux des précédens. Mais le plus grand nombre a les mâchoires très-dilatables et la langue très-extensible. Leur tête large en arrière a généralement un aspect féroce qui annonce en quelque sorte leur naturel. Il en existe surtout deux grands genres, les *crotales* et les *vipères*, autour desquels s'en groupent quelques petits.

LES CROTALES (1). (CROTALUS. Lin.) Vulgairement Serpens à sonnettes.

Sont célèbres par dessus tous les autres serpens pour l'atrocité de leur venin. Ils ont, comme les boa et les bongares, des plaques transversales simples sous le corps et sous la queue, mais ce qui les distingue le mieux, c'est l'instrument bruyant qu'ils portent au bout de la queue, et qui est formé de plusieurs cornets écailleux emboîtés lâchement les uns dans les autres, qui se meuvent et résonnent légèrement quand l'animal rampe ou quand il remue la queue. Il paraît que le nombre de ces cornets augmente avec l'âge, et qu'il en reste un de plus à chaque mue. Le museau de ces serpens est creusé d'une petite fossette arrondie derrière chaque na-

---

ment vipipares; nommément la *vipérine*, le *demi-collier*, etc. Plusieurs *boa* sont aussi vivipares. Nous nous en sommes assurés pour l'*anacondo*.

(1) Crotale, de κρόταλον (cresselle).

rine (1). Toutes les espèces dont on connaît bien la patrie, viennent d'Amérique. Elles sont d'autant plus dangereuses que la contrée ou la saison sont plus chaudes ; mais leur naturel est en général tranquille et assez engourdi.

Le serpent à sonnettes rampe lentement, ne mord que lorsqu'il est provoqué, ou pour tuer la proie dont il veut se nourrir.

Quoiqu'il ne grimpe point aux arbres, il fait cependant sa nourriture principale d'oiseaux, d'écureuils, etc. On a cru long-temps qu'il avait le pouvoir de les engourdir par son haleine, ou même de les charmer, c'est-à-dire de les contraindre par son seul regard à se précipiter dans sa gueule. Il paraît qu'il lui arrive seulement de les saisir dans les mouvemens désordonnés que la frayeur de son aspect leur inspire (2).

La plupart des espèces ont sur la tête des écailles semblables à celles du dos.

L'espèce la plus commune aux Etats-Unis, (*Crotalus horridus*. L.) Catesb. II, XLI.

Est brune, avec des bandes transversales irrégulières noirâtres.

Celle de la Guiane (*Crotalus durissus*). (3) Lacép. II, XIII, 2.

A des taches en losange, bordées de noir, et quatre

---

(1) Voyez *Russel* et *Home*, Trans. Phil. de 1804, pl. III, p. 76.

(2) Voyez BARTON, *Mémoire sur la faculté de fasciner, attribuée au serpent à sonnettes*, Philad. 1796.

(3) Ces deux noms de *durissus* et d'*horridus* ont été diversement échangés entre ces deux espèces par les naturalistes.

lignes noires le long du dessus du col. Toutes deux sont également redoutées, et peuvent faire périr en quelques minutes. Elles parviennent l'une et l'autre à six pieds et plus de longueur.

Les autres ont la tête garnie de grandes plaques.

Tel est le *Millet.* (*Crotalus miliaris.*) Catesb. II, XLII.

Il paraît qu'il y a aux Indes quelques serpens venimeux, à plaques entières sous le corps et sous la queue. Leur tête est couverte d'écailles semblables à celles du corps; mais ils n'ont aucun des autres attributs des serpens à sonnettes. Ils manquent nommément des fossettes derrière les narines. On peut leur réserver le nom de SCYTALES. Latr. (1).

Les ACANTHOPHIS. Daud. N'ont des plaques doubles que sous le petit bout de la queue, qui est terminée par un aiguillon très-pointu. Il n'y a de grandes plaques que sur le devant de leur tête, et point de fosses derrière les narines. Leur occiput

---

(1) Ils se réduisent au *Sc. zic-zac* Daud. V, LXX. (*boa horatta.* Sh.) copié de Russel serp. de Corom. II, et peut-être au *Sc. krail.* id. Rien ne prouve que le *Sc. noir*, (*col. cacodæmon*, Sh.) et le *Sc. piscivore*, (*col. aquaticus*, Sh.) Catesb. Carol. II, XLIII et XLIV, aient des plaques simples sous la queue. Il ne paraît même pas, quoiqu'en dise Catesby, que le *piscivore* soit venimeux. Du moins sa figure montre des dents de couleuvre. Quant au *Sc. ammodyte*, Séb. II. LXXVI. 1. (*Col. alecto.* Sh.) c'est le même que le *Sc. catenatus* Latr. LACHESIS Daud. ou *Crotalus mutus* L.; mais ses plaques sont doubles. Enfin le *Scytale à groin* Latr. (*Boa contortrix* L.,) Catesb. II, LVI, ou le CENCHRIS *mokeson* Daud. est une couleuvre que je m suis assuré n'être pas venimeuse.

Σκυτάλη, nom grec d'un serpent qui, d'après la description de Nicandre, devait être l'érix ture.

très-renflé sur les côtés, a des écailles pareilles à celles du dos (1).

Les LANGAHA. Brug. Ont derrière l'anus des plaques qui entourent toute la queue, comme des anneaux, et le bout de la queue garni seulement de petites écailles. Leur tête est garnie de grandes plaques, et leur museau long et pointu. On n'en connaît qu'un. (*Langaia nazuta*. Sh.) Brug. journ. de phys. 1784, février. Cop. Lacép. II. XXII. 1 (2).

LES VIPÈRES. (VIPERA. Daud.)

Sont, en n'ayant égard qu'aux tégumens, des couleuvres venimeuses, car elles ont, comme les couleuvres, des plaques entières sous le ventre, et divisées en deux sous la queue. Aussi Linnæus et Lacépède ne les ont-ils point séparées des couleuvres.

Les espèces sont très-nombreuses, mais M. Oppel distingue d'abord de la foule,

---

(1) L'*Acanthophis cerastin*. Merrem. II, III. (*Boa palpebrosa* Sh.) et une espèce nouvelle.

(2) *Langáha*, nom de ce serpent à Madagascar, selon Bruguières.

N. B. Le genre CLOTHONIE Daud. ne résulte que d'un mal entendu ; ce naturaliste a cru voir dans la description du *boa anguina* par Schn. des crochets venimeux.

Son genre CENCHRIS tient à une double erreur ; il a cru le *serpent à groin de cochon* Catesb. Carol. II, LVI, venimeux, ce qu'il n'est sûrement pas ; et il a jugé que les plaques simples qu'un individu a pu avoir à la base de la queue donnaient un caractère constant, tandis que ce n'était qu'un accident très-rare. Ce serpent est une couleuvre, et n'est point comme le croit Daud. synon. du *mokeson* ou *mokasin* des Anglo-Américains, lequel devient beaucoup plus grand.

Les Trigonocéphales.

Qui ont des fossettes derrière les narines, comme les serpens à sonnettes, qu'ils égalent presque par la force de leur venin. Leur queue se termine souvent par un petit aiguillon corné. Leur occiput est fort élargi par l'écartement des mâchoires.

Dans les uns, la tête est couverte d'écailles pareilles à celles du dos (1).

Dans d'autres, elle est seulement garnie d'écailles granulées comme du chagrin. Tels sont

La *Trigonocéph. jaune*, *Vipère jaune des Antilles*, ou *Fer de lance*. (*Vip lanceolata.*) Lacép. II, v, I. *Col. Megæra*. Sh.

Le plus dangereux serpent de nos îles à sucre. Il atteint six pieds.

Le *Trigon. à losanges*. (*Crotalus mutus*. L. *Colub. Alecto*. Sh. *Scytale ammodyte*. Latr.) Séb. II, LXXVI, I.

Remarquable parce que le petit bout de sa queue n'a en dessous que de petites écailles, comme en dessus (2).

Le *Trig. verd.* (*Triméresure verd.* Lac.) Ann. Mus. IV, LVI, 2.

A quelquefois deux ou trois plaques entières sous l'origine de sa queue; mais ce n'est qu'un accident individuel (3).

---

(1) *Vipera Weigelii* — *la vipère à tête triangulaire*. Lac. II. v. 2.

(2) C'est de ce serpent que Daud a fait son genre Lachesis, mais je me suis assuré que ses plaques sous-caudales sont doubles. Ajoutez *vipera atrox* L. Mus. ad. fred. II, XXII. 2.

(3) Nous avons vu des individus avec et sans ces plaques. Ce serpent est le même que le *boodro-pam*. Russel., serp. Corom. IX.

Dans quelques-uns encore elle est couverte de grandes plaques (1).

Un autre caractère a déterminé M. Latreille à séparer

LES PLATURES.

Qui ont la queue comprimée, la tête couverte de plaques, et vivent dans les eaux de la mer des Indes, comme les hydrophis et les pélamides. Tel est

Le *plature à bandes* (*Col. laticaudatus.* L. ou *Hydrus Colubrinus.* Schn.) Daud. VII, LXXXV.

Bardé en travers de blanc et de noirâtre.

On pourrait distinguer encore, selon nous, des vipères, les naia et les élaps.

LES NAIA *Laurenti* (2).

Elargissent en disque la partie de leur corps la plus voisine de leur tête, en redressant et tirant en avant les côtes qui la soutiennent; leur tête est couverte de grandes plaques.

L'espèce la plus célèbre est

Le *Serpent à lunettes.* (*V. Naia. Col. Naja.* L.) Lacép. II, III, 1.

Ainsi nommé d'un trait noir en forme de lunette, dessiné sur la partie élargie. On le trouve aux Indes; il est très-venimeux; mais l'on prétend que l'ophiorhiza mungos est le spécifique de sa morsure. Les bateleurs en apprivoisent, qu'ils savent faire jouer et danser, pour étonner le peuple, après toutefois qu'ils leur ont arraché les dents (3).

On fait le même usage en Egypte d'une autre espèce: l'*Haje* (*Vip. Haje.* Geoff. *Col. haje.* L.), Geoff. Eg. rept. pl. VII, dont le cou s'élargit un peu moins, et qui est verdâtre bardée de brunâtre. Les jongleurs de ce pays-là savent,

(1) Les espèces m'en paraissent nouvelles.

(2) *Naia, Noia*, nom de ce serpent dans l'Inde.

(3) Voyez Kœmpfer amæn. exot. p. 565.

en lui pressant la nuque avec le doigt, mettre ce serpent dans une espèce de catalepsie qui le rend roide et immobile (*le change en verge* ou *bâton*). L'habitude qu'a l'haje de se redresser quand on en approche, avait fait croire aux anciens Egyptiens qu'il gardait les champs qu'il habitait; ils en faisaient l'emblème de la divinité protectrice du monde, et c'est lui qu'ils sculptaient sur le portail de tous leurs temples, des deux côtés d'un globe. C'est incontestablement le serpent que les anciens ont décrit sous le nom d'*aspic* (1).

LES ELAPS. Schn. (2).

Ont aussi de grandes plaques sur la tête; mais non-seulement ils ne peuvent dilater leurs côtes, leurs mâchoires même ne peuvent presque s'ecarter en arriere, à cause de la brièveté de leurs os tympaniques, et surtout de leurs ós mastoïdiens, d'où il résulte que leur tête, comme celle des tortrix et des amphisbènes, est tout d'une venue avec le corps; ils se rapprochent donc à cet égard des rouleaux.

L'espèce la plus commune

Elaps lemniscatus. (*Colùber lemniscatus.* L.) Séb. I, x, ult. et II, LXXVI, 3.

Est marquée d'anneaux noirs rapprochés trois à trois sur un fond blanc. Le bout de son museau est noir. Elle est de la Guiane, où on la redoute beaucoup, et où elle fait redouter aussi, quoique innocens, le *tortrix scytale*,

---

(1) Ajoutez *Col. niveus*. L. probablement le même que le *vip. melanura*. Daud. Séb. II, XV, 1, mais décrit sur un individu décoloré.

(2) M. Schneider comprenait parmi ses Elaps tous les serpens qu'il supposait manquer d'un os mastoïdien séparé; mais il n'en jugeait qu'à l'extérieur par le peu de renflement de l'occiput; aussi ce caractère ne se trouve-t-il vrai que dans les tortrix d'Oppel. Il n'avait d'ailleurs égard ni aux écailles ni au venin. Ἔλαψ, ἔλοψ sont des noms grecs d'un serpent non venimeux.

et le *coluber Æsculapii.* L., parce qu'ils lui ressemblent par leur forme, leur grandeur et leurs couleurs. Il y a au reste, dans les deux Continens, plusieurs élaps à peu près des mêmes couleurs (1).

Après ces séparations, il resterait les VIPÈRES ordinaires, que l'on pourrait encore diviser à peu près comme les trigonocéphales en

Celles qui ont toute la tête couverte d'écailles imbriquées et carénées (ou les COBRA de Laurenti), espèces étrangères, dont l'occiput est élargi comme celui des trigonocéphales, et qui ne leur cèdent point pour la force du venin (2).

Celles qui ont la tête couverte d'écailles granulées, comme

La *Vipère commune.* (*Col. berus.* L.) (3).

Brune; une raie noire en zig-zag le long du dos, et une rangée de taches noires de chaque côté; le ventre ardoisé. C'est celle qui s'était si fort multipliée ces dernières années dans la forêt de Fontainebleau. Il y en a des individus où le zig-zag est interrompu, ce qui leur fait quatre séries de taches alternatives. C'est alors le *col.*

---

(1) Tels sont *Elaps anguiformis.* Schn.—*la vip. Psyché.* Daud. VIII, c. 1.—*Col. lacteus.* L. Mus. ad. fr. XVIII, 1, et mieux Séb. II, XXXV, 2.—*El. nob. Surinamensis.* Séb. II, VI, 2, et LXXXVI, 1.—*Col. Latonius* Merrem. I, II, et Séb. II, XXXIV, 4, et XLIII, 3, le même que le *C. lubricus.*—*Col. fulvius.*

(2) Tels sont l'*aspic* de Lacép. II, II, 1, (*vip. ocellata* Latr.) espèce étrangère, et fort voisine de l'*Atropos.* L. Mus. Ad. Fr. XIII, 1;—le *vip. Clotho.* Séb. II, XCIII, 1;—le *vip. Lachesis*, id. XCIV, 2;—la *daboie.* Lacép. II, XIII, 2, la même que la *Brasilienne.* id. ib. IV, 1;—la *vip. à courte queue.* Cuv. Séb. II, XXX, 1;—la *vip. élégante* Daud. Russel. VII.

(3) *Berus* est un nom de serpent, employé seulement par les auteurs du moyen âge, tels qu'*Albert*, *Vincent de Beauvais*, et pour une espèce aquatique, probablement la couleuvre à collier.

redi de Laur. et de Gm. (*Col. aspis*. L.) (1). D'autres où les angles externes du zig-zag se prolongent en demi-bandes transverses très-noires, sur un fond plus roux; c'est cette variété qu'on a nommée *aspic* (2). D'autres sont presque entièrement noires.

La *Vipère à museau cornu*. (*V. ammodytes* (3). Jacq. Coll. IV. pl. 24 et 25. *Vip. Illyrica* d'Aldrov. *Col. Aspis*. Gmel.)

A peu près semblable à la précédente pour les couleurs et leur distribution ; seulement un peu plus foncée; se distingue par une petite corne molle et couverte d'écailles sur le bout du museau. On la trouve dans le midi de l'Europe.

Le *Céraste*. (*V. Cerastes*.) Lacép. II, 1, 2.

Grisâtre ; portant sur chaque paupière une corne pointue et solide. D'Egypte (4).

Celles qui ont sur le milieu de la tête trois plaques un peu plus grandes, comme

La *Vipère rouge* ou *Æsping* des Suédois. (*V. Chersæa* (5). *Col. chersæa*. L.) *Coluber berus*, de Laurenti et de Daudin.

Presque semblable à la vipère commune, et s'en distinguant principalement par les trois plaques en question.

---

(1) La vipère représentée par Charas, dont Laurenti a aussi voulu faire une espèce, ne diffère point de celle que cet auteur nomme vipère de Redi, qui n'est elle-même qu'une variété de la commune.

(2) Aspic, ἀσπὶς, serpens d'Egypte dont il y avait plusieurs sortes; d'après ce que l'on dit du renflement de son cou, et de la facilité que l'on avait à la charmer : l'une de ces espèces devait être l'*haje*. Voyez ci-dessus, p. 82.

(3) Ammodytes, nom grec et latin d'un serpent vivant dans le sable, et analogue à la vipere.

(4) Κεράστης, cornu. Les anciens connaissaient bien cette espèce.

(3) Χερσαία, terrestre, épithète de l'une des espèces d'aspic. Æsping est probablement une corruption d'aspic.

Elle habite le nord de l'Europe. Il y en a des individus tous noirs, qu'on a nomme *Vipère noire.* (*Col prester.* L.) (1).

Enfin, celles qui ont le dessus de la tête tout garni de plaques, comme

L'*Hemachate* de Perse et des Indes. (*Col. hæmachates.* Gm.) Lacép. II, III, 2. Séb. LVIII, 1, 3 (2).

Brun-roux, marbré de blanc.

La troisième et dernière famille des ophidiens

Ou les SERPENS NUDS,

Ne comprend qu'un genre très-singulier, et que plusieurs naturalistes croient devoir reporter parmi les batraciens, quoique l'on ignore s'il est soumis à des métamorphoses. C'est celui des

CÉCILIES. (CŒCILIA. (3). L.)

Ainsi nommé parce que ses yeux excessivement petits sont à peu près cachés sous la peau. Celle-ci est lisse, visqueuse, et paraît nue comme dans les anguilles; à peine y aperçoit-on, quand elle est desséchée, des vestiges d'écailles; mais elle offre des plis transverses sur les côtés. La tête des cécilies est déprimée; leur anus rond et à peu près au bout du corps; leurs côtes sont beaucoup trop courtes pour

---

(1) *Prester*, πρηστὴρ, nom grec d'un serpent que plusieurs auteurs disent le même que le *dipsas*. De πρήθειν, brûler.

(2) Aj. le *col. V. nigrum*, Scheuchz. phys. sacr. IV, DCCXVII, 1.

(3) *Cæcilia*, traduction de τύφλωψ et nom latin de l'orvet, que l'on appelle encore *aveugle* dans plusieurs pays d'Europe, quoiqu'il ait de fort beaux yeux.

entourer leur tronc; l'articulation des corps de leurs vertèbres se fait par des facettés en cône creux, remplies d'un cartilage gélatineux, comme dans les poissons et dans quelques-uns des derniers batraciens; et leur crâne s'unit à la première vertèbre par deux tubercules, aussi comme dans les batraciens, dont les seuls amphisbènes approchent un peu à cet égard parmi les ophidiens; les os maxillaires couvrent l'orbite qui n'y est percé que comme un très-petit trou, et ceux des tempes couvrent la fosse temporale, de sorte que la tête ne présente en dessus qu'un bouclier osseux continu. Leurs dents maxillaires et palatines aiguës et recourbées en arrière, ressemblent cependant à celle des serpens proprement dits; mais leur mâchoire inférieure n'a point de pédicule mobile, attendu que l'os tympanique est enchâssé avec les autres os dans le bouclier du crâne.

L'oreillette du cœur de ces animaux n'est pas divisée assez profondément pour être regardée comme double; leur deuxième poumon est encore fort petit. Il paraît qu'ils pondent des œufs à écorce demi-membraneuse et réunis en longues chaînes. Leur oreille n'a pour tout osselet qu'une petite plaque sur la fenêtre ovale.

Les espèces dont on sait bien la patrie viennent de la Guiane; il y en a d'assez grandes, et d'autres qui surpassent à peine un ver de terre. Leurs mœurs sont peu connues (1).

---

(1) *Cæcilia glutinosa*. Séb. II, xxv, 2. — *Cæcilia tentaculata*. Lacep.

LE QUATRIÈME ORDRE DES REPTILES.

LES BATRACIENS (1).

N'ont au cœur qu'une seule oreillette et un seul ventricule. Ils ont tous deux poumons auxquels se joignent, dans le premier âge, des branchies plus ou moins analogues à celles des poissons, portées aux deux côtés du col par des arceaux cartilagineux qui tiennent à l'os hyoïde. La plupart perdent ces branchies et l'appareil qui les supporte en arrivant à l'état parfait. Deux genres seulement, les *sirènes* et les *protés* les conservent toute leur vie.

Tant que les branchies subsistent, l'aorte en sortant du cœur, se partage en autant de rameaux, de chaque côté, qu'il y a de branchies. Le sang des branchies revient par des veines qui se réunissent vers le dos en un seul tronc artériel, comme dans les poissons; c'est de ce tronc, ou immédiatement des veines qui le forment que naissent toutes les artères qui nourrissent le corps, et même celles qui conduisent le sang pour respirer dans le poumon.

II, xxi, 2.—La *cécilie à ventre blanc*. Daud. VII, xcii, 1.—La *céc. lombroïcide*. id. ib. 2.

(1) De βάτραχος (grenouille), animaux analogues aux grenouilles.

Mais dans les espèces qui perdent leurs branchies, les rameaux qui s'y rendent s'oblitèrent, excepté deux, qui se réunissent en une artère dorsale, et qui donnent chacun une petite branche au poumon. C'est une circulation de poisson métamorphosée en une circulation de reptile.

Les batraciens n'ont ni écailles, ni carapaces, ni ongles aux doigts; une peau nue revet leur corps (1).

L'enveloppe de leurs œufs est simplement membraneuse; le mâle dispose sa femelle à les pondre par des embrassemens très-longs, et dans plusieurs espèces il ne les féconde qu'à l'instant de leur sortie.

Ces œufs s'enflent beaucoup dans l'eau après avoir été pondus. Le petit ne diffère pas seulement de l'adulte par la présence des branchies; ses pieds ne se développent que par dégrés, et dans plusieurs espèces il a encore un bec et une queue qu'il doit perdre, et des intestins d'une forme différente.

---

(1) M. Schneider a constaté que la grenouille écailleuse de Wallbaum, n'avait paru telle que par accident, quelques écailles de lézards gardés dans le même bocal, s'étant attachées à son dos. (*Schn. Hist. Amphib.* Fasc. I, p. 168.)

Les Grenouilles. (Rana. L.)

Ont quatre jambes et point de queue dans leur état parfait. Leur tête est plate, leur museau arrondi, leur gueule très-fendue; leur langue molle ne s'attache point au fond du gosier, mais au bord de la mâchoire et se reploie en dedans. Leurs pieds de devant n'ont que quatre doigts; ceux de derrière ont quelquefois le rudiment d'un sixième.

Leur squelette est entièrement dépourvu de côtes. Une plaque cartilagineuse à fleur de tête tient lieu de tympan, et fait reconnaître l'oreille par dehors. L'œil a deux paupières charnues, et une troisième cachée sous l'inférieure, transparente et horizontale.

L'inspiration de l'air ne se fait que par les mouvemens des muscles de la gorge, laquelle en se dilatant reçoit de l'air par les narines, et en se contractant pendant que les narines sont fermées au moyen de la langue, oblige cet air de pénétrer dans le poumon. L'expiration au contraire s'exécute par les muscles du bas-ventre. Aussi quand on ouvre le ventre de ces animaux vivans, les poumons se dilatent sans pouvoir s'affaisser, et si on en force un à tenir sa bouche ouverte, il s'asphyxie parce qu'il ne peut plus renouveler l'air de ses poumons.

Les embrassemens du mâle sont très-longs. Ses pouces ont un renflement spongieux qui grossit au temps du frai et qui l'aide à mieux serrer sa femelle. Il féconde les œufs au moment de la ponte. Le petit être qui en sort se nomme têtard. Il est d'abord pourvu d'une longue queue charnue, d'un petit bec de corne, et n'a d'autres membres apparens, que de petites franges aux côtés du col. Elles disparaissent au bout de quelques jours, et Swammerdam assure qu'elles ne font alors que s'enfoncer sous la peau, pour y former les branchies. Celles-ci sont des petites houppes tres-nombreuses, attachées à quatre arceaux cartilagineux, placés de chaque côté du cou, adhérens à l'os hyoïde, et enveloppées dans une tunique membraneuse, recouverte par la peau générale. L'eau qui arrive par la bouche et en passant dans les intervalles des arceaux cartilagineux, en sort tantôt par deux ouvertures, tantôt par une seule, percée, ou dans le milieu, ou au côté gauche de la peau extérieure selon les espèces. Les pates de derrière du têtard se développent petit à petit et à vue d'œil; celles de devant se développent aussi, mais sous la peau qu'elles percent ensuite. La queue est resorbée par degrés. Le bec tombe et laisse paraître les véritables mâchoires qui étaient d'abord molles et cachées sous la peau. Les branchies s'anéantissent et laissent les poumons exercer seuls la fonction de respirer qu'ils partageaient avec elles. L'œil que l'on ne voyait qu'au travers d'un endroit transparent de la peau du têtard se découvre avec ses trois paupières.

Les intestins, d'abord très-longs, minces, contournés en spirale, se raccourcissent et prennent les renflemens nécessaires pour l'estomac et le colon. Aussi le têtard ne vit-il que d'herbes aquatiques, et l'animal adulte que d'insectes et autres matières animales. Les membres des têtards se régénèrent presque comme ceux des salamandres. L'époque de chacun de ces changemens particuliers varie selon les espèces. Dans les pays tempérés et froids, l'animal parfait s'enfonce pendant l'hiver sous terre, ou sous l'eau dans la vase, et y vit sans manger et sans respirer; mais pendant la belle saison, si on l'empêche de respirer quelques minutes, en l'empêchant de fermer la bouche, il périt.

Les Grenouilles proprement dites. (Rana.)

Ont le corps effilé, et les pieds de derrière très-longs, très-forts, et toujours parfaitement palmés; leur peau est lisse; leur mâchoire supérieure est garnie tout autour d'un rang de petites dents fines, et il y en a une rangée transversale interrompue, au milieu du palais. Les mâles ont de chaque côté, sous l'oreille, une membrane mince, qui se gonfle d'air quand ils crient. Ces animaux nagent et sautent très-bien.

La *Grenouille commune* ou *verte*. (*Rana esculenta.* L.) Rœsel. Ran. pl. XIII, XIV.

D'un beau vert, tacheté de noir; trois raies jaunes sur le dos; le ventre jaunâtre. C'est l'espèce si commune dans toutes les eaux dormantes, et si incommode en été par la continuité de ses clameurs nocturnes. Elle fournit un aliment sain et agréable. Elle répand ses œufs en paquet dans les mares.

La *Grenouille rousse*. (*Rana temporaria.* L.) Rœsel. Ran. pl. I, II, III.

Brun-roussatre, tacheté de noir; une bande noire partant de l'œil et passant sur l'oreille.

C'est l'espèce qui paraît la première au printemps;

elle va plus à terre que la precédente, et coasse beaucoup moins. Son têtard grandit un peu moins avant la métamorphose.

Parmi les grenouilles étrangères on peut distinguer

La *Jakie.* (*Rana paradoxa.* L.) Séb. I, LXXVIII. Merian. Surin. LXXI. Daud. Gren. XXII, XXIII.

De toutes les espèces du genre, celle dont le têtard grandit le plus avant sa métamorphose complète. La perte d'une énorme queue, et des enveloppes du corps, fait même que l'animal adulte a moins de volume que le têtard, ce qui a donné à croire aux premiers observateurs que c'était la grenouille qui se métamorphosait en têtard, ou (comme ils disaient) en poisson. Cette erreur est aujourd'hui complétement réfutée.

La jakie est verdâtre, tachetée de brun, et se reconnaît surtout à des lignes irrégulières, brunes, le long de ses cuisses et de ses jambes. Elle habite à la Guiane.

La *Grenouille taureau. Bull-Frog* des Anglo-Américains. (*Rana taurina.* Cuv. *R. pipiens.* Daud.) Catesb. II, LXXI. Daud. XVIII.

Une des plus grandes espèces. Verte, marbrée de noirâtre; une ligne jaune le long du dos.

Les Rainettes. (Hyla.)

Ne diffèrent des grenouilles que parce que l'extrémité de chacun de leurs doigts est élargie et arrondie en une espèce de pelotte visqueuse, qui leur permet de se fixer aux corps et de grimper aux arbres. Elles s'y tiennent, en effet, tout l'été, et y poursuivent les insectes; mais elles pondent dans l'eau, et s'enfoncent dans la vase en hiver, comme les autres grenouilles. Le mâle a sous la gorge une poche qui se gonfle quand il crie.

La *Rainette commune.* (*Rana arborea.* L.) Rœs. Ran. pl. IX, X, XI.

Verte dessus, pâle dessous, une ligne jaune et noire le long de chaque côté du corps. Elle ne produit qu'à l'âge de quatre ans, et s'accouple à la fin d'avril. Son têtard achève sa métamorphose au mois d'août.

Les rainettes étrangères sont assez nombreuses; il y en a plusieurs de jolies. La plus remarquable est

La *Rainette à tapirer.* (*Rana tinctoria.*)

Dont le sang, imprégné dans la peau des perroquets aux endroits où on leur a arraché quelques plumes, fait revenir, dit-on, des plumes rouges ou jaunes, et produit sur l'oiseau cette panachure qu'on appelle *tapiré.* On assure que c'est une espèce brune, à deux bandes blanchâtres, réunies en travers en deux endroits. (Daud. pl. VIII.)

LES CRAPAUDS. (BUFO.)

Ont le corps ventru, couvert de verrues ou papilles, d'où suinte une humeur fétide; un gros bourrelet derrière l'oreille; point du tout de dents; les pates de derrière peu allongées. Ils sautent mal, et se tiennent plus généralement eloignés de l'eau. Ce sont des animaux d'une forme hideuse, dégoûtante, que l'on accuse mal à propos d'être venimeux par leur salive, leur morsure, leur urine, et même par l'humeur qu'ils transpirent.

Le *Crapaud commun.* (*Rana Bufo.* L.) Rœs. Ran. XX.

Gris-roussâtre ou gris-brun; quelquefois olivâtre ou noirâtre; le dos couvert de beaucoup de tubercules arrondis, gros comme des lentilles. Le ventre garni de tubercules plus petits et plus serrés. Les pieds de derrière demi-palmés. Il se tient dans les lieux obscurs et étouffés, et passe l'hiver dans des trous qu'il se creuse. Son accouplement se fait dans l'eau, en mars et avril; lorsqu'il a lieu sur terre, la femelle se traîne à l'eau en portant son mâle : elle produit des œufs petits et innombrables, réunis par une gelée transparente en deux cordons, souvent longs de vingt et trente pieds, que le mâle tire avec ses pates de derrière. Le têtard est noirâtre, et de tous ceux de notre pays, c'est celui qui est encore le plus petit, lorsqu'il prend des pieds et perd sa queue. Son ouverture branchiale est à gauche. Le crapaud commun vit plus de quinze ans et produit à quatre. Son cri a quelque rapport avec l'aboiement d'un chien.

Le *Crapaud des joncs*. (*Rana bufo calamita*. Gm.) Rœs. XXIV. Daud. XXVIII, I.

Olivâtre; des tubercules comme au précédent; mais pas de si grands bourrelets derrière les oreilles; une ligne jaune longitudinale sur l'épine; une rougeâtre dentelée sur le flanc : les pieds de derrière sans aucune membrane. Il répand une odeur empestée de poudre à canon; vit à terre; ne saute point du tout, mais court assez vite; grimpe aux murs pour se retirer dans leurs fentes, et a pour cela deux petits tubercules osseux sous la paume des mains; ne va à l'eau que pour l'accouplement, au mois de juin, pond deux cordons d'œufs, comme le crapaud commun; le mâle crie comme celui de la rainette, et a de même une poche sous la gorge.

Le *Crapaud brun*. (*Rana bombina*. γ. Gm. *Bufo fuscus*. Laurenti.) Rœs. XVII, XVIII.

Brun-clair, marbré de brun-foncé ou de noirâtre; les tubercules du dos peu nombreux, gros comme des lentilles; le ventre lisse; les pieds de derrière à doigts allongés et entièrement palmés; il saute assez bien; se tient de préférence près des eaux; répand une forte odeur d'ail lorsqu'il est inquiété. Ses œufs sortent du corps en un seul cordon, mais plus épais que les deux que rend le crapaud commun. Son têtard est de ceux qui n'ont qu'une ouverture branchiale au côté gauche; tarde plus que les autres de ce pays-ci à passer à l'état parfait, et est déjà fort grand, qu'il a encore sa queue, et que ses pieds de devant ne sont pas sortis. Il a même l'air de rapetisser lorsqu'il perd tout-à-fait son enveloppe de têtard. On le mange en quelques lieux, comme si c'était un poisson.

Le *Crapaud à ventre jaune.* (*Rana bombina.* Gm.) Rœs. XXII. Daud. XXVI.

Le plus petit et le plus aquatique de nos crapauds; grisâtre ou brun en dessus; bleu noir, avec des taches aurore en dessous; les pieds complétement palmés, et presque aussi allongés que ceux des grenouilles; aussi saute-t-il presque aussi-bien qu'elles.

Il se tient dans les marais et s'accouple au mois de juin; ses œufs sont en petits pelotons, et plus grands que ceux des espèces précédentes.

Le *Crapaud accoucheur.* (*Bufo obstetricans.* Laur.) Daud. pl. XXXII, f. 1.

Petit, gris; des points noirâtres sur le dos; de blanchâtres sur les côtés. Le mâle aide la femelle à se délivrer de ses œufs, qui sont assez grands, et se les attache en paquets sur les deux cuisses, au moyen de quelques fils d'une matière glutineuse. Il les porte encore, qu'on distingue déjà au travers de leur enveloppe les yeux du têtard qu'ils contiennent. Lorsqu'ils doivent éclore, le crapaud cherche quelque eau dormante pour les y déposer. Ils se fendent aussitôt, et le têtard en sort et nage. Il est fort petit et vit de chair. Cette espèce est commune dans les lieux pierreux des environs de Paris.

On y trouve aussi quelquefois

Le *Crapaud variable.* Crap. vert. Lac. (*Rana variabilis.* Gm.) Pall. Spic. VII, VI, 34. Daud. XXVIII, 2.

Blanchâtre, tacheté de vert, remarquable par les changemens de nuances de sa peau, selon qu'il veille ou dort, est à l'ombre, au soleil, etc.

Parmi les crapauds des pays étrangers, on peut remarquer

A cause de sa grandeur monstrueuse,

Le *Crapaud agua.* (*Rana marina.* Gm.) Daud. XXXVII.

Long de huit ou dix pouces sans les pieds; des verrues grandes comme des fèves; de la Guiane.

A cause de leur figure extraordinaire.

Le *Crapaud cornu.* (*Rana cornuta.* Gm.) Daud. pl. XXXVIII. Séb. I, LXXII, 1, 2.

A tête et gueule très-larges; un tubercule conique au-dessus de chaque œil.

Le *Crapaud perlé.* (*Rana margaritifera.* Gm.) Daud. pl. XXXIII. Séb. I, LXXI, 6, 7.

Une crête droite, roide et arrondie, derrière chaque œil.

On doit, à l'exemple de Laurenti, séparer des crapauds, et même de tout le grand genre des grenouilles,

Les Pipa.

Qui se distinguent par leur corps aplati horizontalement; par leur tête large et triangulaire; par l'absence de toute langue; par un tympan caché sous la peau; par de petits yeux placés vers le bord de la mâchoire supérieure; par des doigts de devant fendus chacun au bout en quatre petites pointes; enfin, par l'énorme larynx du mâle, fait comme une boîte osseuse triangulaire, au dedans de laquelle sont deux os mobiles qui peuvent fermer l'entrée des bronches (1).

---

(1) C'est ce que M. Schneider a décrit sous le nom de *cista sternalis.*

N. B. Nous ne donnons pas ici l'énumération des espèces de *grenouilles*, de *rainettes*, de *crapauds* et de *pipas*, parce que nous trouvons celle de Daud., rept. tome VIII., assez bonne. Il faut y joindre son ouvrage in-4°. sur ces trois genres, en se souvenant que les planches en sont presque toutes coloriées d'après des individus altérés.

La seule espèce connue

(*Rana pipa.* L.) Séb. I, LXXVII. Daud. XXXI, XXXII.

Vit à Cayenne et à Surinam, dans les endroits obscurs des maisons. Lorsque les œufs sont pondus, le mâle les place sur le dos de la femelle et les y féconde de sa laite; alors la femelle se rend à l'eau, la peau de son dos se gonfle, et forme des cellules dans lesquelles les œufs éclosent. Les petits y passent leur état de têtard, et n'en sortent qu'après avoir perdu leur queue et développé leurs pates. C'est là l'epoque où la mère revient à terre.

LES SALAMANDRES. (SALAMANDRA. Brongn.)

Ont le corps allongé, quatre pieds et une longue queue, ce qui leur donne la forme générale des lézards; aussi Linnæus les avait-il laissées dans ce genre: mais elles ont tous les caractères des batraciens.

Leur tête est aplatie; l'oreille cachée entièrement sous les chairs, sans aucun tympan, mais seulement avec une petite plaque cartilagineuse sur la fenêtre ovale; les deux mâchoires garnies de dents nombreuses et petites; deux rangées longitudinales de pareilles dents au palais; la langue comme dans les grenouilles; point de troisième paupiere; un squelette avec de très-petits rudimens de côtes, mais sans sternum; un bassin suspendu à l'épine par des ligamens; quatre doigts devant, cinq derriere. Dans l'état adulte, elles respirent comme les grenouilles et les tortues. Leurs têtards respirent d'abord par des branchi s en forme de houppes au nombre de trois de chaque côté du cou, qui s'oblitèrent ensuite; elles sont suspendues à des arceaux cartilagineux dont il reste des parties à l'os hyoïde de l'adulte ; un opercule membraneux recouvre ces ouvertures; mais les houppes ne sont jamais revêtues d'une tunique et flottent au dehors ; les pieds de devant se développent avant ceux de derrière. Les doigts poussent aux uns et aux autres successivement.

LES SALAMANDRES TERRESTRES. (SALAMANDRA. Laur.)

Ont, dans l'état parfait, la queue ronde ; ne se tiennent dans l'eau que pendant leur état de têtard, qui dure peu, ou quand elles veulent mettre bas. Les œufs éclosent dans l'oviductus.

La *Salamandre terrestre* commune. (*Lacerta Salamandra.* L.) Lac. II.

Toute noire, à grandes taches d'un jaune vif ; sur ses côtés sont des rangées de tubercules, desquels suinte dans le danger une liqueur laiteuse, amère, d'une odeur forte, qui est un poison pour des animaux très-foibles. C'est peut-être ce qui a donné lieu à la fable que la salamandre peut résister aux flammes. Elle se tient dans les lieux humides, se retire dans des trous souterrains ; mange des lombrics, des insectes, de l'humus ; reçoit la semence du mâle intérieurement ; fait ses petits vivans et les dépose dans des mares ; ils ont dans leur premier âge la queue comprimée verticalement.

LES SALAMANDRES AQUATIQUES. (TRITON. Laurenti.)

Conservent toujours la queue comprimée verticalement, et passent presque toute leur vie dans l'eau.

Les expériences de Spallanzani sur leur force étonnante de reproduction, les ont rendues célèbres. Elles repoussent plusieurs fois de suite le même membre quand on le leur coupe, et cela avec tous ses os, ses muscles, ses vaisseaux, etc. Une autre faculté non moins singulière, est celle que leur a reconnue Dufay, de pouvoir être prises dans la glace, et d'y passer assez long-temps sans périr.

Leurs œufs sont fécondés par la laite répandue dans l'eau, et qui pénètre avec l'eau dans les oviductus; ils sortent en longs chapelets; les petits n'éclosent que quinze jours après la ponte, et conservent leurs branchies plus ou moins long-temps selon les espèces. Les observateurs modernes en ont reconnu plusieurs dans notre pays; mais il reste quelque doute dans leurs déterminations, attendu que ces animaux changent de couleur, selon l'âge, le sexe et la saison, et que les crêtes et autres ornemens des mâles ne sont bien développés qu'au printemps. Lorsque l'hiver les surprend avec des branchies, ils les conservent jusqu'à l'année suivante en grandissant toujours.

Les mieux caractérisées sont :

La *Salamandre marbrée.* (*S. marmorata.* Latreille.)

A peau chagrinée, vert pâle en dessus, à grandes taches irrégulières brunes; brune pointillée de blanc en dessous. Peu aquatique. Son mâle est, dit-on,

La *Salamandre crêtée.* (*Sal. cristata.* Latr.)

A peau chagrinée, brune dessus, à taches rondes noirâtres; fauve dessous, tachetée de même; les côtés pointillés de blanc. La crête du mâle decoupée en dentelures aiguës.

La *Salamandre ponctuée.* (*S. punctata.* Latr.)

Peau lisse; dessus brun clair; dessous pâle ou rouge, des taches noires et rondes partout; des raies noires sur la tête; la crête du mâle festonnée; ses doigts un peu elargis.

La *Salamandre palmipède.* (*Sal. palmata.* Latr.)

Dos brun; dessus de la tête vermiculé de brun et de

noirâtre; flancs plus clairs, à taches rondes noirâtres; ventre sans taches.

Le mâle a trois petites crêtes sur le dos, les doigts dilatés et réunis par des membranes, la queue terminée par un petit filet.

Parmi les salamandres aquatiques étrangères, on peut remarquer

La *grande Salamandre de l'Amérique septentrionale.* (*Salamandra gigantea.* Barton.)

Longue de quinze à dix-huit pouces; d'un bleu noirâtre. Elle habite dans les rivières de l'intérieur et dans les grands lacs.

On trouve encore en Amérique des animaux semblables à des larves de salamandres, qui paraissent indiquer l'existence de quelques autres grandes espèces. Tel est

L'*Axolotl* des Mexicains. (*Siren pisciformis.* Shaw.) Gen. Zool., vol. III, part. II, pl. 140.

Long de huit à dix pouces; gris, tacheté de noir; il habite dans le lac qui entoure Mexico, et quelques-uns prétendent qu'il conserve toujours ses branchies (1).

Il en a existé autrefois de bien plus grandes; car on en trouve dans les schistes d'Œningen, près du lac de Constance, le squelette d'une espèce de trois pieds de long,

---

(1) Ajoutez la *Sirène quadrupède*, longue de trois pieds, de la Louisiane, dont parle M. *Barton*. (*Some Account on Siren lacertina*, p. 28.)—La *Sirène operculée.* Beauvois. Trans. phil. de Philadelphie, IV.

Voyez sur l'axolotl, le proteus, et la sirène, mon mémoire inséré dans le premier Vol. des Obs. zoolog. de M. de Humboldt, p. 193 e suivantes.

celui-là même que l'on a cru long-temps être un squelette humain (1).

Les Protées. (Proteus. Laurenti.)

Ce genre, formé jusqu'ici d'une seule espèce, (*Proteus anguinus*. Laur. *Siren anguina*. Schn.) est un animal long de plus d'un pied, gros comme le doigt, à queue comprimée verticalement, à quatre petites jambes dont les antérieures ont trois doigts, les postérieures deux seulement. Outre des poumons intérieurs, il porte, comme les larves de salamandres, trois branchies de chaque côté, en forme de houppes, qu'il paraît conserver toute sa vie. Les arceaux cartilagineux, et l'opercule membraneux sont aussi comme dans ces larves. Son museau est allongé, déprimé; ses deux mâchoires garnies de dents; sa langue peu mobile, libre en avant; son œil excessivement petit et caché par la peau, comme dans le rat taupe; son oreille couverte par les chairs comme dans la salamandre; sa peau lisse et blanchâtre. On ne le trouve que dans les eaux souterraines par lesquelles certains lacs de la Carniole communiquent ensemble.

Son squelette ressemble à celui des salamandres, excepté qu'il a beaucoup plus de vertèbres, et moins de rudimens de côtes; mais sa tête osseuse est toute différente de la leur, par sa conformation générale.

---

(1) Voyez mon mém. sur les reptiles fossiles, dans mes recherches sur les os foss. tome. IV.

Les Sirènes. (Siren. L.)

Autre genre aussi composé d'une seule espèce (*Siren lacertina.* L.), et conservant, comme le *protée*, pendant toute sa vie, trois houppes branchiales libres de chaque côté du cou et sans opercule, en même temps que des poumons à l'intérieur; mais la *Sirène* n'a que les deux pieds de devant divisés chacun en cinq doigts. Elle n'a ni pieds de derrière, ni même aucun vestige de bassin. Son squelette a des vertèbres beaucoup plus nombreuses et autrement figurées que celui de la salamandre (90). Il y a moins de côtes (huit paires). La tête est autrement conformée. L'œil est fort petit, l'oreille cachée, la mâchoire inférieure armée de dents tout autour, et plusieurs rangées des deux côtés du palais; le corps entier ne ressemble pas mal à celui d'une anguille; il approche quelquefois de trois pieds de longueur, et est noirâtre.

La sirène habite les marais de la *Caroline*, et surtout ceux qu'on établit pour la culture du riz. Elle s'y nourrit de vers de terre, d'insectes, etc. (1).

---

(1) M. Barton conteste l'habitude de se nourrir de serpens, et le chant semblable à celui d'un jeune canard, que Garden attribue à la sirène. (Barton, *Some Account on Siren lacertina*, etc.)

LA QUATRIÈME CLASSE DES VERTÉBRÉS, OU

LES POISSONS.

Se compose de vertébrés ovipares, à circulation double, mais dont la respiration s'opère uniquement par l'intermède de l'eau. Pour cet effet ils ont aux deux côtés du cou un appareil nommé branchies, lequel consiste en feuillets suspendus à des arceaux qui tiennent à l'os hyoïde, et composés chacun d'un grand nombre de lames séparées à la file, et recouvertes d'un tissu d'innombrables vaisseaux sanguins. L'eau que le poisson avale s'échappe entre ces lames par des ouvertures nommées ouïes, et agit, au moyen de l'air qu'elle contient, sur le sang continuellement envoyé aux branchies par le cœur, qui ne représente que l'oreillette et le ventricule droits des animaux à sang chaud.

Ce sang, après avoir respiré, se rend dans un tronc artériel situé sous l'épine du dos, et qui fesant fonction de ventricule gauche, l'envoie par tout le corps, d'où il revient au cœur par les veines.

La structure totale du poisson est aussi évidemment disposée pour la natation que celle de l'oiseau pour le vol. Suspendu dans un liquide presque aussi pesant que lui, le premier n'avait pas besoin de grandes ailes pour se soutenir. Un grand nombre d'espèces porte immédiatement sous l'épine une vessie pleine d'air qui, en se comprimant ou en se dilatant, fait varier la pesanteur spécifique et aide le poisson à monter ou à descendre. La progression s'exécute par les mouvemens de la queue qui choque alternativement l'eau à droite et à gauche, et les branchies, en poussant l'eau en arrière, y contribuent peut-être aussi. Les membres étant donc peu utiles, sont fort réduits; les pièces analogues aux os des bras et des jambes sont extrêmement raccourcies, ou même disparaissent en entier; des rayons plus ou moins nombreux soutenant des nageoires membraneuses représentent grossièrement les doigts des mains et des pieds. Les nageoires qui répondent aux extrémités antérieures, se nomment *pectorales*; celles qui répondent aux postérieures, *ventrales*. D'autres rayons placés aux extrémités des apophyses épineuses, soutiennent des nageoires verticales sur le dos, sous la queue et à son extrémité, lesquelles en se redressant ou en s'abaissant, étendent ou rétrécissent au gré du poisson la surface qui choque l'eau. On appelle les nageoires supérieures *dorsales*, les inférieures *anales*, et celle du bout de la queue *caudale*. Les rayons sont de deux sortes; les uns consistent en une seule pièce osseuse, ordinairement dure et pointue, quelquefois flexible et élastique; on les nomme *rayons épineux;* les autres sont composés d'un grand nombre de petites articulations et se divisent d'ordinaire en rameaux à l'extrémité; ils s'appellent *rayons mous*, *rayons articulés*, *rayons branchus.*

On observe autant de variétés que parmi les reptiles pour le nombre des membres. Le plus souvent il y en a quatre; quelques-uns n'en ont que deux; d'autres en manquent tout-à-fait. L'os qui représente l'omoplate est quelquefois retenu dans les chairs comme dans les classes supérieures; d'autrefois il tient à l'épine, mais le plus souvent il est suspendu au crâne. Le bassin adhère bien rarement à l'épine, et fort souvent au lieu d'être en arrière de l'abdomen, il est en avant, et tient à l'appareil claviculaire.

Les vertèbres des poissons s'unissent par des surfaces concaves remplies de cartilage; dans la plupart elles ont de longues apophyses épineuses qui soutiennent la forme verticale du corps. Les côtes sont souvent soudées aux apophyses transverses. On désigne communément ces côtes et ces apophyses par le nom d'arêtes.

La tête des poissons varie plus pour la forme que celle d'aucune autre classe, et cependant elle se laisse presque toujours diviser dans le même nombre d'os. Le frontal y est composé de six pièces; le pariétal de trois; l'occipital de cinq; cinq des pièces du sphénoïde et deux de celles de chaque temporal, restent dans la composition du crâne.

Outre les parties ordinaires du cerveau qui sont placées comme dans les reptiles à la file les unes des autres, les poissons ont encore des nœuds à la base des nerfs olfactifs.

Leurs narines sont de simples fossettes creusées au bout du museau et tapissées d'une pituitaire plissée très-régulièrement.

Leur œil a sa cornée très-plate, peu d'humeur aqueuse, mais un cristallin presque globuleux et très-dur.

Leur oreille consiste en un sac qui represente le vestibule et contient en suspension des os le plus souvent d'une dureté pierreuse, et en trois canaux semi-circulaires membraneux, plutôt situés dans la cavité du crâne qu'engagés dans l'épaisseur de ses parois, excepté dans les chondroptérygiens où ils y sont entièrement. Il n'y a jamais ni trompe, ni osselets, et les sélaciens seuls ont une fenêtre ovale, mais à fleur de tête.

Le goût des poissons doit avoir peu d'énergie, puisque leur langue est le plus souvent osseuse et garnie de dents ou d'autres enveloppes dures.

La plupart ont, comme chacun sait, le corps couvert d'écailles; tous manquent d'organes de préhension; des barbillons charnus accordés à quelques-uns peuvent suppléer à l'imperfection des autres organes du toucher.

L'os intermaxillaire forme dans le plus grand nombre le bord de la mâchoire supérieure et a derrière lui le maxillaire nommé communément os labial ou mystace; une arcade palatine composée du palatin, des deux apophyses ptérigoïdes, du jugal, de la caisse et de l'écailleux, fait, comme dans les oiseaux et dans les serpens, une sorte de mâchoire intérieure, et fournit en arrière l'articulation à la mâchoire d'en bas qui a généralement deux os de chaque côté ; mais ces pièces sont réduites à de moindres nombres dans les chondroptérygiens.

Il peut y avoir des dents à l'intermaxillaire, au maxillaire, à la mâchoire inférieure, au vomer, aux palatins, à la langue, aux arceaux des branchies et jusque sur des os situés en arrière de ces arceaux, tenant comme eux à l'os hyoïde et nommés os pharyngiens.

Les variétés de ces combinaisons ainsi que celles de la forme des dents placés à chaque point, sont innombrables.

Outre l'appareil des arcs branchiaux, l'os hyoïde porte de chaque côté des rayons qui soutiennent la membrane branchiale; un opercule osseux composé de quatre pièces, articulé en arrière à l'arcade palatine, se joint à cette membrane pour former la grande ouverture des ouïes. Plusieurs chondroptérygiens manquent de cet opercule.

L'estomac et les intestins varient autant que dans les autres classes pour l'ampleur, la figure, l'épaisseur et les circonvolutions. Excepté dans les chondroptérygiens, le pancréas est remplacé ou par des cœcums d'un tissu particulier situés autour du pylore, ou par ce tissu même appliqué au commencement de l'intestin.

Les reins sont fixés le long des côtés de l'épine et la vessie comme à l'ordinaire au-devant du rectum.

Les testicules sont deux énormes glandes, appelées communément *laites;* et les ovaires deux grappes à peu près correspondantes aux laites pour la forme et la grandeur. Quelques-uns des poissons ordinaires peuvent s'accoupler et sont vivipares; leurs petits éclosent dans l'ovaire même et sortent par un canal très-court. Les sélaciens seuls ont, outre l'ovaire, de longs oviductus qui donnent souvent dans une véritable matrice, et font ou des petits vivans, ou des œufs enveloppés d'une substance cornée; mais la plupart des poissons n'ont pas d'accouplement, et quand la femelle a pondu, le mâle passe sur ses œufs pour y répandre sa laite et les féconder.

La classe des poissons est de toutes, celle qui offre le plus de difficultés quand on veut la subdiviser en ordres, d'après des caractères fixes et et sensibles. Après bien des efforts, je me suis déterminé pour la distribution suivante, qui dans quelques cas peche contre la précision, mais qui a l'avantage de ne point couper les familles naturelles.

Les poissons forment deux sérics distincte

celle des CHONDROPTÉRYGIENS et celle des POISSONS PROPREMENT DITS.

La première a pour caractère général que les palatins y remplacent les os de la mâchoire supérieure; toute sa structure a d'ailleurs des analogies évidentes que nous exposerons : elle se divise en trois ordres.

Les CYCLOSTOMES, dont les mâchoires sont soudées en un anneau immobile et les branchies ouvertes par des trous nombreux.

Les SÉLACIENS, qui ont les branchies des précédens, mais non leurs mâchoires.

Les STURIONIENS, dont les branchies sont ouvertes comme à l'ordinaire par une fente garnie d'un opercule.

La deuxième série ou celle des POISSONS ORDINAIRES, m'offre d'abord une première division dans ceux où l'os maxillaire et l'arcade palatine sont engrenés au crâne : j'en fais un ordre des PECTOGNATHES, divisé en deux familles : les *gymnodontes* et les *sclérodermes*.

Je trouve ensuite des poissons à mâchoires complètes, mais où les branchies au lieu d'avoir la forme de peignes, comme dans tous les autres, ont celles de séries de petites houppes; j'en forme encore un ordre que je nomme

LOPHOBRANCHES, et qui ne comprend qu'une famille.

Alors il me reste encore une quantité innombrable de poissons auxquels on ne peut plus appliquer d'autres caractères que ceux des organes extérieurs du mouvement. Après de longues recherches, j'ai trouvé que le moins mauvais de ces caractères est encore celui qu'ont employé Rai et Artedi, tiré de la nature des premiers rayons de la dorsale et de l'anale. On divise ainsi des poissons ordinaires en MALACOPTÉRYGIENS, dont tous les rayons sont mous, excepté quelquefois le premier de la dorsale ou les pectorales, et en ACANTHOPTÉRYGIENS, qui ont toujours la première portion de la dorsale, ou la première dorsale quand il y en a deux, soutenus par des rayons épineux, et où l'anale en a aussi quelques-uns et les ventrales au moins chacune un.

Les premiers peuvent être subdivisés sans inconvéniens d'après leurs ventrales, tantôt situées en arrière de l'abdomen, tantôt adhérentes à l'appareil de l'épaule, ou enfin manquant tout-à-fait.

On arrive ainsi aux trois ordres DES MALACOPTÉRYGIENS ABDOMINAUX, des SUBBRACHIENS et des APODES, lesquels comprennent chacun quelques familles naturelles que nous exposerons; le premier est surtout fort nombreux.

Mais cette base de division est absolument impraticable avec les ACANTHOPTÉRYGIENS, et le problême d'y établir d'autre subdivision que les familles naturelles, m'est, jusqu'à ce jour, resté insoluble. Heureusement que plusieurs de ces familles offrent des caractères presque aussi précis que ceux que l'on pourrait donner à de véritables ordres.

Au reste on ne peut assigner aux familles des poissons, des rangs aussi marqués qu'à celles des mammifères par exemple. Ainsi les chondroptérygiens tiennent d'une part aux reptiles par les organes des sens et même par ceux de la génération de quelques-uns; ils tiennent aux mollusques et aux vers par l'imperfection du squelette de quelques autres.

Quant aux poissons ordinaires, si quelque système se trouve plus développé dans les uns que dans les autres, il n'en résulte aucune prééminence assez marquée ni assez influente sur l'ensemble pour qu'on soit obligé de la consulter dans l'arrangement méthodique.

Nous les placerons donc à peu près dans l'ordre où nous venons d'exposer leurs caractères.

LA PREMIÈRE SÉRIE DE LA CLASSE DES POISSONS, OU LES

CHONDROPTÉRYGIENS.

Se fait remarquer par de singulières combinaisons d'organisation.

Leur squelette reste essentiellement cartilagineux, et en général il ne s'y forme point de fibres osseuses : la matière calcaire s'y déposant par petits grains et non par fibres ni par filamens; de là vient qu'il n'y a point de sutures à leur crâne, qui est toujours formé d'une seule pièce, mais où l'on distingue par le moyen des saillies, des creux et des trous, des régions analogues à celles du crâne des autres poissons; il arrive même que des articulations mobiles dans les autres ordres, ne se manifestent point du tout dans celui-ci; par exemple une partie des vertèbres de certaines raies, toutes celles de la lamproye sont unies en un seul corps, et ne se distinguent que par les portions annulaires, et dans la plupart des genres, il disparaît aussi quelques-unes des articulations des os de la face. Cependant le système nerveux et tout ce qui appartient à la nutrition est aussi complet dans ces poissons que dans les autres; plusieurs genres ont même un appareil d'accouplement et de génération tout-à-fait comparable à ceux des reptiles les mieux pourvus à cet égard.

Le caractère général, commun à tous les chondroptérygiens et propre à les distinguer de tous les autres poissons, est de manquer des os maxillaires et intermaxillaires qui portent ordinairement les dents de la mâchoire supérieure ou de ne les avoir qu'en vestige, tandis que leurs fonctions sont remplies par les os analogues aux palatins et même quelquefois par le vomer.

Cette série se divise en deux ordres, savoir, ceux à branchies fixes qui comprennent deux familles, les SUCEURS ou cyclostomes et les SÉLACIENS ou plagiostomes; et ceux à branchies libres qui n'en comprennent qu'une.

LE PREMIER ORDRE DES POISSONS, OU LES

CHONDROPTÉRYGIENS A BRANCHIES FIXES.

Au lieu d'avoir des branchies libres par le bord externe, et ouvrant tous leurs intervalles dans une large fosse commune, comme cela est ordinairement, les a au contraire adhérentes à la peau par ce bord externe, en sorte qu'elles laissent échapper l'eau par autant de trous percés dans cette peau qu'il y a d'intervalles entre elles. Une autre chose particulière à ces poissons consiste en de petits arcs cartilagineux suspendus dans les chairs au bord extérieur des branchies et que nous appellerons côtes branchiales.

La première famille, ou les

SUCEURS, (CYCLOSTOMES. Dumér.)

Sont à l'égard du squelette les plus imparfaits des poissons et même de tous les animaux vertébrés; ils n'ont ni pectorales, ni ventrales; leur corps allongé se termine en avant par une lèvre charnue et circulaire ou demi-circulaire, et l'anneau cartilagineux qui supporte cette lèvre, résulte de la soudure des palatins et des mandibules. Tous les corps des vertèbres sont unis en un seul cordon tendineux rempli intérieurement d'une substance mucilagineuse et revêtu extérieurement d'anneaux cartilagineux à peine distincts les uns des autres. La partie annulaire un peu plus solide que le reste, n'est pas cependant cartilagineuse dans tout son pourtour. On ne voit point de côtes ordinaires, mais les petites côtes branchiales à peine sensibles dans les squales et les raies sont ici fort développées et unies les unes aux autres pour former comme une espèce de cage, tandis qu'il n'y a point d'arcs branchiaux solides. Les branchies, au lieu de former des peignes comme dans tous les autres poissons, présentent l'apparence de bourses résultantes de la réunion d'une des faces d'une branchie avec la face opposée de la branchie voisine Le labyrinthe de l'oreille de ces poissons est enfermé dans le crâne ; leurs narines sont ouvertes par un seul trou au devant duquel est l'orifice d'une cavité aveugle (1). Leur canal intestinal est droit et mince.

• LES LAMPROYES. (PETROMYZON. L.) (2).

Se reconnaissent aux sept ouvertures branchiales qu'elles ont de chaque côté. La peau se relève au dessus et au dessous de la queue en une crête longitudinale qui tient lieu de nageoire, mais où les rayons ne s'aperçoivent que comme des fibres à peine sensibles.

---

(1) C'est ce que les auteurs nommaient mal à propos évent. Voyez en général sur cette famille : Duméril, Diss. sur les Poiss. Cyclostomes.

(2) *Lamproye, Lampreda, Lamprey* noms corrompus de *Lampetra*, qui lui-même est moderne et vient à ce que croyent quelques-uns *à lambendo petras*. *Petromyzon* en est la traduction grecque faite par Artédi. Il est singulier que l'on soit incertain du nom ancien d'un poisson estimé et commun dans la Méditerranée.

LES LAMPROYES proprement dites. (PETROMYZON. Dum.)

Leur anneau maxillaire est armé de fortes dents, et des tubercules revêtus d'une coque très-dure et semblables à des dents, garnissent plus ou moins le disque intérieur de la lèvre, qui est bien circulaire. Cet anneau est suspendu sous une plaque transverse, qui paraît tenir lieu des intermaxillaires, et aux côtés de laquelle on voit des vestiges de maxillaires. La langue a deux rangées longitudinales de petites dents, et se porte en avant et en arrière comme un piston; ce qui sert à l'animal à opérer la succion qui le distingue. L'eau parvient de la bouche aux branchies par un canal membraneux particulier, situé sous l'œsophage, et percé de trous latéraux, qu'on pourrait comparer à une trachée-artère. Il y a une dorsale en avant de l'anus, et une autre en arrière, qui s'unit à celle de la queue. Ces poissons ont l'habitude de se fixer par la succion aux pierres et autres corps solides; ils attaquent par le même moyen les plus grands poissons, et parviennent à les percer et à les dévorer.

La *grande Lamproye*. (*Petromyzon maximus*. L.) Bloch. 77. Les dents mieux. Lac. I, 1, 2.

Longue de deux ou trois pieds; marbrée de brun sur un fond jaunâtre; la première dorsale bien distincte de la seconde; deux grosses dents rapprochées au haut de l'anneau maxillaire. Elle remonte au printemps dans les embouchures des fleuves. C'est un manger très-estimé.

La *Lamproye de rivière, Pricka, Sept-Œil*, etc. (*Petromyzon fluvialis*. L.) Bl. 78, 1.

Longue d'un pied à dix-huit pouces; argentée, noirâtre ou olivâtre sur le dos; la première dorsale bien distincte de la seconde; deux grosses dents écartées au haut de l'anneau maxillaire. On la trouve dans toutes les eaux douces.

La *petite Lamproye de rivière*, *Sucet*, etc. (*Petr. planeri*. Bl.) Gesner. 705.

Longue de huit ou dix pouces ; les couleurs et les dents de la précédente ; les deux dorsales contigues ou réunies. Elle habite aussi nos eaux douces (1).

LES AMMOCÈTES. (AMMOCŒTES. Dumér.)

Ont toutes les parties qui devraient constituer leur squelette, tellement molles et membraneuses, qu'on pourrait les considérer comme n'ayant point d'os du tout. Leur forme générale et leurs trous extérieurs des branchies, sont les mêmes que dans les lamproyes, mais leur lèvre charnue n'est que demi-circulaire, et ne couvre que le dessus de la bouche ; aussi ne peuvent-ils se fixer comme les lamproyes proprement dites. On ne peut leur apercevoir aucune dent, mais l'ouverture de leur bouche est garnie d'une rangée de petits barbillons branchus. Ils n'ont point de trachée particulière, et leurs branchies reçoivent l'eau par l'œsophage, comme à l'ordinaire. Leurs dorsales sont unies entre elles et à la caudale, en forme de repli bas et sinueux. Ils se tiennent dans la vase des ruisseaux, et ont beaucoup des habitudes des vers, auxquels ils ressemblent tant par la forme (2).

---

(1) *N. B.* La fig. du *planeri*, Bl. 78, 3, n'est qu'un jeune *pricka*. En revanche je pense que les *petrom. Sucet*. Lac. II, 1, 3.—*Sept-œil*, IV, xv, 1.—*Noir*, ib. 2, ne sont que des variétés du *planeri*.— Mais la fig. I, II, 1, sous le nom de *Lamproyon* (*petrom. branchialis*), représente une espèce particulière de ce genre et non un *ammocète*. Je ne vois pas de différence certaine entre le *petrom. argenteus*, Bl. 415, 2, et le *fluviatilis*.

(2) Voyez *Omalius de Hallois*, Journ. de phys., mai 1808.

N. B. Le *petrom. rouge*, Lac. II, 1, 2, est de ce genre ; peut-être ne diffère-t-il pas essentiellement du *lamprillon commun*.

Nous en avons un nommé

Lamprillon, *Lamproyon*, *Civelle*, *Chatouille*, etc.
(*Petrom. branchialis*. L.)

Long de six à huit pouces, gros comme un fort tuyau de plume, que l'on a accusé de sucer les branchies des poissons, peut-être parce qu'on le confondait avec le *petrom. planeri*. On l'emploie comme appât pour les hameçons.

Les Gastrobranches. (Gastrobranchus. Bl. Myxine. L.)

N'ont qu'une seule dent au haut de l'anneau maxillaire, qui lui-même est tout-à-fait membraneux, tandis que les dentelures latérales de la langue sont fortes et disposees sur deux rangs de chaque côté, en sorte que ces poissons ont l'air de ne porter que des mâchoires latérales comme les insectes ou les néréïdes, ce qui les avait fait ranger par Linnæus dans la classe des vers; mais tout le reste de leur organisation est analogue à celle des lamproyes (1): leur langue fait de même l'effet d'un piston; et leur épine du dos est aussi en forme de cordon. Seulement les intervalles de leurs branchies, au nombre de six, au lieu d'avoir chacun son issue particuliere au dehors, donnent dans un canal commun pour chaque côté, et les deux canaux aboutissent à deux trous situés sous le cœur vers le premier tiers de la longueur totale. La bouche est cir-

(1) Voyez le mémoire d'Abildgaardt, Ecrits de la soc. des nat. de Berlin, tome X, p. 193.

culaire, entourée de huit barbillons et à son bord supérieur est percé un évent qui communique dans son intérieur. Le corps est cylindrique et garni en arrière d'une nageoire qui contourne la queue. L'intestin est simple et droit, mais large et plissé à l'intérieur; le foie a deux lobes. On ne voit point de trace d'yeux. Les œufs deviennent grands. Ces singuliers animaux répandent par les pores de leur ligne latérale une mucosité si abondante qu'ils semblent convertir en gelée l'eau des vases où on les tient. Ils attaquent et percent les poissons comme les lamproyes.

On en connaît un de la mer du Nord,

Myxine glutinosa. L. *Gastrobranchus cæcus.* Bl. 413.

Et un de la mer du Sud, le

Gastrobranche dombey. Lacép. I, XXIII, 1.

La deuxième famille, ou les

SÉLACIENS. (PLAGIOSTOMES. Dumér.)

Compris jusqu'à présent sous trois genres, (les CHIMÈRES, les SQUALES et les RAIES) ont beaucoup de caractères communs.

Leurs palatins et leurs postmandibulaires, seuls armés de dents, leur tiennent lieu de mâchoires, et les os ordinaires n'existent qu'en vestige; un seul os suspend ces mâchoires apparentes au crâne et représente à la fois le tympanique, le jugal et le temporal (et même dans les chimères le postmandibulaire s'articule immédiatement au crâne, et les autres os sont suspendus aux côtés de la bouche). L'os hyoïde s'attache au pédicule unique dont nous venons de parler, et porte des rayons comme dans les poissons ordinaires ; il est de même suivi des arcs branchiaux. Ces poissons ont des pectorales et des ventrales; celles-ci sont situées en arrière de l'abdomen. Leur labyrinthe membraneux communique avec l'extérieur par une sorte de fenêtre ovale ; le pancréas est encore sous forme de glande conglomérée, et non divisée en tubes ou cœcums distincts. Le canal intestinal est court à proportion, mais une partie de l'intestin est garnie en dedans d'une lame spirale qui prolonge le séjour des alimens.

Il se fait une intromission réelle de semence ; les femelles ont des oviductus très-bien organisés, qui tiennent lieu de matrice à ceux dont les petits éclosent dans le corps ; les autres font des œufs revêtus d'une coque dure et cornée, à la production de laquelle contribue une grosse glande qui entoure chaque oviductus. Les mâles se reconnaissent à de certains appendices placés au bord interne des ventrales, souvent très-grands et très-compliqués, et dont l'usage général n'est pas encore bien connu.

Les Squales. (Squalus. L.) (1).

Forment un premier grand genre qui se distingue par un corps allongé, une queue grosse et charnue et des pectorales de grandeur médiocre, en sorte que leur forme générale se rapproche des poissons ordinaires; les ouvertures de leurs branchies se trouvent ainsrrépondre aux côtés du cou, et non au-dessous du corps. Leurs yeux sont également aux côtés de la tête. Leur museau est soutenu par trois branches cartilagineuses qui tiennent à la partie antérieure du crâne, et l'on reconnaît aisément dans le squelette les rudimens de leurs maxillaires, de leurs intermaxillaires et de leurs prémandibulaires.

Leurs omoplates sont suspendues dans les chairs en arrière des branchies, sans s'articuler ni au crâne ni à l'épine. Plusieurs sont vivipares. Les autres produisent des œufs revêtus d'une corne jaune et transparente. Leur chair généralement coriace n'alimente que les pauvres. Leurs petites côtes branchiales sont bien marquées, et ils en ont aussi de petites le long des côtés de l'épine : celle-ci est entièrement divisée en vertèbres.

---

(1) *Squalus*, nom latin de poisson, employé par quelques auteurs sans que l'on puisse déterminer l'espèce qui le portait; c'est Artédi qui l'a appliqué à ce genre. On trouve aussi *squalus* pour *squatina* qui est l'ange.

Ce genre est nombreux, et peut fournir beaucoup de sous-genres.

Nous séparons d'abord

LES ROUSSETTES. (SCYLLIUM. Cuv.) (1).

Qui se distinguent des autres squales par leur museau court et obtus, par leurs narines percées près de la bouche, continuées en un sillon qui règne jusqu'au bord de la lèvre, et plus ou moins fermées par un ou deux lobules cutanés. Leurs dents ont une pointe au milieu, et deux plus petites sur les côtés; elles ont toutes des évents et une anale. Leurs dorsales sont fort en arrière, la première n'étant jamais plus avant que les ventrales; leur caudale est allongée, non fourchue, tronquée au bout; leurs ouvertures des branchies sont en partie au-dessus des pectorales.

Dans les unes, l'anale répond à l'intervalle des deux dorsales; telles sont les deux espèces de nos côtes, souvent confondues ou mal distinguées.

La *grande Roussette.* (*Sq. canicula.* L.) Bl. 114. Rondel. 380. Lacép. I, x, 1.

A petites taches nombreuses. Et

La *petite Roussette* ou *Rochier.* (*Sq. catulus* et *Sq. stellaris.* L.) (2) Rond. 383. Lacép. I, IX, 2.

A taches plus rares et larges.

---

(1) *Scyllium,* un des noms grecs de la roussette.

(2) Ajoutez le *sq. d'Edwards* (Edw. 289), sous le faux nom de *greater cat fish,* qui indiquerait la roussette et que l'on cite mal à propos sous le prétendu *sq. stellaris.* C'est probablement le même que le *sq. africanus* ou *galonné* de Broussonnet (Shaw. nat. misc. 346.) *N. B.* que le mot *longitudinalibus* ajouté gratuitement au caractère par Gm. n'est pas juste.—Le *sq. dentelé*, Lac. I, XI, 1. (*sq. tuberculatus* Schn.)—Le prétendu *sq. canicula*, Bl. 112, qui est une espèce étrangère et distincte.

Nous en possédons encore une troisième à taches noires et blanches.

Dans d'autres roussettes, toutes étrangères, l'anale est placée en arrière de la deuxième dorsale; les évents sont extraordinairement petits; la cinquième ouverture branchiale est souvent cachée dans la quatrième, et les lobules de leurs narines sont généralement prolongés en barbillons (1).

Sous le nom de SQUALES proprement dits

Nous comprenons toutes les espèces à museau proéminent, sous lequel sont des narines non prolongées en sillon, ni garnies de lobules; leur nageoire caudale a en dessous un lobule qui la fait plus ou moins approcher de la forme fourchue. On peut y conserver l'ancienne distribution, d'après la présence ou l'absence des évents et de l'anale; mais pour la rendre naturelle, il faut y multiplier les divisions.

Espèces sans évents, pourvues d'une anale.

LES REQUINS. (CARCHARIAS. Cuv.) (2).

Tribu nombreuse et la plus célèbre, ont les dents tranchantes, pointues, et le plus souvent dentelées sur leurs bords; la première dorsale bien avant les ventrales, et la deuxième à peu près vis-à-vis l'anale. Ils manquent d'évents; leur museau déprimé a les narines sous son milieu, et les derniers trous des branchies s'étendent sur les pectorales.

---

(1) Le *sq. pointillé*, Lac. II, IV, 3, qui me paraît le même que le *sq. barbillon*, Brouss. (*sq. barbatus*, Gm.) et que le *sq. punctatus*, Schn. parra. pl. 34, fig. 2.—Le *sq. tigre*, Lac. ou *sq. fasciatus*, Bl. 113. (*sq. tigrinus*, et *sq. longicaudus*. Gm.) — Le *sq. lobatus*, Schn. Phil. voy. pl. 43, p. 285.—Le *bokee sorra*, Russel. Corom XVI.

(2) *Carcharias*, nom grec de quelque grand squale, synonyme de *lamia*.

Le *Requin proprement dit* ou plutôt *Requiem.* (*Sq. carcharias.*) Bélon, 60 (1).

Atteint jusqu'à vingt-cinq pieds de longueur, et se reconnaît à ses dents en triangle à peu près isocèle, à côtés rectilignes et dentelées, arme terrible, qui en fait l'effroi des navigateurs. Il paraît qu'on le trouve dans toutes les mers; mais on a souvent donné son nom à d'autres espèces à dents tranchantes.

Nous prenons encore sur nos côtes

La *Faux* ou *Renard.* (*Sq. vulpes.*) Rondel. 387.

Reconnaissable au lobe supérieur de sa queue, aussi long que tout son corps.

Le *Bleu.* (*Sq. glaucus.*) Bl. 86. (2).

A corps grêle, d'un bleu-d'ardoise en dessus.

LES LAMIES ou TOUILLES. (LAMNA. Cuv.) (3).

Ne diffèrent des requins que par leur museau pyramidal, sous la base duquel sont les narines, et parce que leurs trous des branchies sont tous en avant des pectorales.

---

(1) *N. B.* Cette figure de Bélon est la seule bonne. La plupart des autres sont fausses. Bl. 119, est une espèce très-différente qui paraît plus voisine des leiches.—*Gunner.* mém. de Dronth. II, pl. X et XI, le même qu'a décrit Fabr. Groënl. 127, est une autre espèce, aussi voisine des leiches.—Rondelet 390, copié Aldrov. 383, est le *nez*, aussi-bien que Aldrov. 388, où seulement l'anale est arrachée, et que les mâchoires id. 382. — Je ne parlerai pas de la fig. monstrueuse de Gesner 173, copiée Will. B. 7.—Lacép. I, VIII, 1, est le *sq. ustus.*

(2) Ajoutez le *sq. ustus*, Dum. (*sq. carcharia minor* Forsk.) Lac. I, VIII, 1.—Le *sq. glauque*, Lac. I, IX, 1, qui est différent de celui de Bl. —Le *sq. ciliaris*, Schn. pl. 31, dont les cils marquent seulement l'extrême jeunesse. —Probablement le *sq. cinereus* ou perlon à sept évents.

(3) *Lamna*, l'un des noms grecs de la lamie. Je n'ai pu employer celui de *lamia* que Fabricius a appliqué à un genre d'insectes.

Celle qu'on connaît dans nos mers. (*Sq. cornubicus.* Schn.) Le *Squale nez.* Lac. I, II, 3. (1).

A une carène saillante de chaque côté de la queue, et les lobes de sa caudale presque égaux. Sa grandeur l'a souvent fait confondre avec le requin (2).

LES MARTEAUX. (ZYGÆNA. CUV.)

Joignent aux caracteres des requins une forme de tête dont le règne animal n'offre point d'autre exemple; aplatie horizontalement, tronquée en avant, ses côtés se prolongent transversalement en branches, qui la font ressembler à la tête d'un marteau; les yeux sont aux extrémités des branches, et les narines à leur bord antérieur.

L'espèce de nos mers. (*Sq. Zygæna.* L.) Will. B. I.

A quelquefois jusqu'à douze pieds de long (3).

Espèces réunissant des évents et une anale.

LES MILANDRES. (GALEUS. CUV.) (4).

Sont à peu près en tout de la forme des requins; mais en

(1) Le *lamia* Rondelet 399. Le *carcharias* Aldrov. 383 et 388, ne sont autre chose que le *sq. nez*, qui devient tres-grand, quoiqu'en dise Bloch, éd. de Sch. p. 132. Les mâchoires prétendues de carcharias données par Aldrov. 382, sont aussi celles du nez. Il paraît plus commun que le vrai requin dans la Méditerranée.

(2) Ajoutez le *beaumaris* (*sq. monensis* Sh.) qui a le museau plus court et les dents plus aiguës.

(3) Ajoutez l'espèce représentée par Bl. 117, reconnaissable à ses narines placées bien plus près du milieu (*z. nob. Blochii*). Sa deuxième dorsale est aussi bien plus près de la caudale. — L'espèce à large tête, donnée sous le nom de *pantouflier*, Lac. I, VII, 3. C'est le *pantouflier* de Risso, p. 35. — Le vrai *pantouflier* (*sq. tiburo.* L.) Margr. 181, reconnaissable à sa tête en forme de cœur.

N. B. Que la queue de la fig. de Bl. est tordue, ce qui a occasionné l'erreur de l'éd. de Schn. p. 131, *caudæ inferiore lobo longiore.*

(4) *Galeus*, nom grec générique pour les squales.

diffèrent parce qu'ils ont des évents. On n'en connaît qu'un dans nos mers, de taille médiocre, et reconnaissable à ses dents, dentelées seulement à leur côté extérieur. C'est le *Sq. Galeus*. L.) Bl. 118. Duham. sect. IX, pl. XX, fig. 1 et 2. (1).

LES EMISSOLES. (MUSTELUS. Cuv.) (2).

Offrent toutes les formes des requins et des milandres; mais outre qu'elles ont des évents comme ces derniers, elles se distinguent par des dents en petits pavés.

Nos mers en produisent deux, confondues sous le nom de *Sq. Mustelus*. L. (3).

LES GRISETS. (NOTIDANUS. Cuv.) (4).

Diffèrent des milandres seulement par l'absence de la première dorsale.

L'espèce de nos mers. (*Squalus griseus*. L. et *Sq. vacca*. Schn.) Augustin Scilla, pl. XVII (5).

Est très-remarquable par ses six ouvertures branchiales et par ses dents triangulaires en haut, dentelées en scie en bas.

---

(1) C'est aussi le *lamiola* Rondel. 377. cop. Aldrov. 394 et 393. Salv. 130. I. cop. Will. B. 6-1. Si on lui a attribué quelquefois une taille énorme, c'est pour lui avoir rapporté les mâchoires et les dents représ. Lacép. I, VII, 2, et Hérissant, ac. des sc. 1749, mais qui viennent d'une espèce étrangère non encore décrite, dont on ne sait pas si elle a des évents, et par conséquent si on doit la ranger parmi les *milandres* ou parmi les *requins*.

(2) *Mustelus*, traduction latine de γαλεος et générique pour les squales.

(3) L'*Emissole commune*, Rondel. 375. Salv. 136, f. 2. cop. Will. B. 5-2, fig. 1, et mal à propos cité sous le milandre.

L'*Emissole tachetée de blanc* ou *lentillat*. (Rondelet 376. Bel. 71, cop. Aldr. 393.)

(4) Νωτιδανὸς (dos sec), nom grec de quelque squale dans Athénée.

(5) Les dents y sont bien représentées, mais le poisson très-mal.

LES PÉLERINS. (SELACHE. Cuv.) (1).

Joignent aux formes des requins et aux évents des milandres, des ouvertures de branchies assez grandes pour leur entourer presque tout le cou, et des dents petites, coniques et sans dentelures; aussi l'espèce connue

(*Sq. maximus.* L.) Blainville. Ann. du Mus. tom. XVIII, pl. VI, f. 1.

N'a rien de la férocité du requin, quoiqu'elle le surpasse en grandeur, aussi-bien que tous les autres squales. Il y en a des individus de plus de trente pieds. Elle habite les mers du Nord, mais nous en voyons quelquefois sur nos côtes par les vents forts du nord-ouest (2).

LES CESTRACIONS. Cuv.

Ont avec les évents, l'anale, les dents en pavé des émissoles, une épine en avant de chaque dorsale, comme les aiguillats, et de plus, leurs mâchoires pointues avancent autant que le museau, et portent au milieu des dents petites, pointues, et vers les angles d'autres fort larges, rhomboïdales, dont l'assemblage représente certaines coquilles spirales.

On n'en connaît qu'un de la Nouvelle-Hollande. (*S. Philippi.* Schn.) Phil. Voy. pl. 283, et les dents : Davila, Cat. I, XXII.

Espèces sans anale, mais pourvues d'évents.

LES AIGUILLATS. (SPINAX. Cuv.)

Joignent, comme les milandres et les émissoles, à tous

---

(1) *Selache*, Σελάχη, nom grec commun à tous les cartilagineux.

(2) Voyez son anatomie par M. Blainville, loc. cit. *N. B.* Les différences remarquées entre les figures et les descriptions de Gunner, Dronth. III, II, 1, de Pennant, Brit. Zool. n°. 41, de Home, Phil. Trans. 1809, et de Shaw, Gen. Zool. pourraient tenir à la difficulté de bien observer de si grands poissons, et ne pas suffire pour établir des espèces.

les caractères des requins, celui de la présence des évents, et se distinguent en outre par l'absence d'anale, par de petites dents tranchantes sur plusieurs rangs, et par une forte épine en avant de chacune de leurs dorsales.

L'un des squales les plus communs dans nos marchés est le *Sq. acanthias*. L. Bl. 85. Brun dessus, blanchâtre dessous. Les jeunes sont tachetés de blanc. (Edw. 288.) (1).

LES HUMANTINS. (CENTRINA. Cuv.) (2).

Joignent aux épines, aux évents et à l'absence d'anale des aiguillats, la position de leur seconde dorsale sur les ventrales, et une queue courte qui leur donne une taille plus ramassée qu'aux autres espèces. Leurs dents inférieures sont tranchantes et sur une ou deux rangées; les supérieures gréles, pointues et sur plusieurs rangs. Leur peau est très-rude.

L'espèce la plus commune sur nos côtes est le *Sq. centrina*. L. (Bl. 115.) (3).

LES LEICHES. (SCYMNUS. Cuv.) (4).

Ont tous les caractères des humantins, excepté les épines aux dorsales. Nous en avons aussi une sur nos côtes.

La *Leiche* ou *Liche*. Brouss. nommée *Sq. Americanus* par méprise (5).

---

(1) Ajoutez le *sagre* Brouss. (*sq. spinax* L.) Gunner, mém. de Dronth. II. pl. VII.

(2) Κεντρίνη, nom de ce poisson ou de l'aiguillat en grec, de κέντρον, aiguillon.

(3) Ajoutez l'*écailleux*, Brouss. (*sq. squammosus* Gm.) que je crois représenté, mais sans ses épines ni ses écailles, sous le nom de liche. Lacép. I, X, 3.

(4) *Scymnus*, nom grec de la roussette ou de quelque espèce voisine.

(5) Parce que Gmel. a confondu le cap Breton près de Bayonne avec le cap Breton près de Terre-Neuve. Le *sq. nicéen* Risso, est le même poisson mal représenté.

Il y en a une dans les mers du Nord aussi terrible que le requin (1).

Des espèces, d'ailleurs semblables aux leiches, ont la première dorsale sur les ventrales, et la deuxième plus en arrière (2).

Le deuxième genre ou celui

Des ANGES. (SQUATINA. Dumér.) (3).

A des évents et manque d'anale comme la troisième subdivision des squales ; mais il diffère de tous les squales par sa bouche fendue au bout du museau et non dessous, et par ses yeux situés à la face dorsale et non sur les côtés. Leur tête est ronde, leur corps large et aplati horizontalement ; leurs pectorales grandes et se portant en avant, mais restant séparées du col par une fente où sont percées les ouvertures des branchies ; leurs deux dorsales en arrière des ventrales et leur caudale attachée également au-dessus et au-dessous de la colonne.

Nous en avons un dans nos mers qui devient assez grand, *Squatina lævis* nob. (*Squalus squatina*. L.) Bl. 116.

LES SCIES. (PRISTIS. Lath.) (4).

Unissent à la forme allongée des squales en général un corps aplati en avant et des branchies

---

(1) C'est le prétendu *sq. carcharias* de Gunner. Dronth. II, x et xi, et de Fabr. Groenl. 127, et peut-être aussi celui de Bl. 119.

(2) Le *sq. bouclé* Lac. I, III, 2. (*sq. spinosus* Schn.)

(3) Ῥίνη en grec, *squatina* et *squatus* en latin ; noms anciens de ce poisson, conservés jusqu'à ce jour en Italie et en Grèce.

(4) Πρίστις, scie, nom grec de ce poisson.

Espèces : *pristis antiquorum*—*pr. pectinatus* — *pr. cuspidatus* —

percées en dessous comme dans les raies. Mais leur caractère propre consiste en un très-long museau déprimé en forme de bec, armé de chaque côté de fortes épines osseuses, pointues et tranchantes, implantées comme des dents. Ce bec, qui leur a valu leur nom, est une arme puissante avec laquelle ces poissons ne craignent point d'attaquer les plus gros cétacés. Les vraies dents de leurs mâchoires sont en petits pavés, comme dans les émissoles.

L'espèce commune. (*Pristis antiquorum.* Lath. *Squal. pristis.* L.)

Atteint à une longueur de douze à quinze pieds.

LES RAIES. (RAIA. Lin.) (1).

Forment un genre non moins nombreux que celui des squales. Elles se reconnaissent à leur corps aplati horizontalement et semblable à un disque, à cause de son union avec des pectorales extrêmement amples et charnues, qui se joignent en avant l'une à l'autre, ou avec le museau, et qui s'étendent en arrière des deux côtés de l'abdomen jusque vers la base des ventrales; les omoplates de ces pectorales sont articulées avec l'épine derrière les branchies; les yeux et les évents sont à la face dorsale du disque, les narines, la bouche et les ouvertures des branchies à la face ventrale. Les nageoires dorsales sont pres-

---

pr. microdon—prist. cirrhatus. Voyez Lath. Trans. de la soc. Linn. vol. II, p. 282, pl. 26 et 27.

(1) Raia en latin, *βατὶς* et *βατὸς* en grec, sont les noms anciens de ces poissons.

que toujours sur la queue. Leurs œufs sont bruns, coriaces, carrés, avec les angles prolongés en pointes. Nous les subdivisons comme il suit :

LES RHINOBATES. (RHINOBATUS. Schn.)(1).

Lient les raies aux squales par leur queue grosse, charnue, et garnie de deux dorsales et d'une caudale bien distinctes; le rhomboïde formé par leur museau et leurs pectorales, est aigu en avant, et bien moindre à proportion que dans les raies ordinaires. Ils ont du reste tous les caractères des raies; leurs dents sont serrées en quinconce, comme de petits pavés plats.

Dans les unes, la première dorsale est encore sur les ventrales (2).

Dans d'autres, elle est beaucoup plus en arrière.

Telles sont l'espèce de la Méditerranée. (*R. rhinobatus.* L.) Will. D. 5, f. 1.

Et celle du Brésil, qui participe aux propriétés de la Torpille. (*R. electricus.* Schn.) Marg. 152. (3).

LES RHINA. Schn.

Ne me paraissent différer des rhinobates que par un museau court, large et arrondi (4).

---

(1) Ῥινόβατος, que Gaza traduit par *squatino raia*, est le nom grec de ces poissons que les anciens croyaient produits par l'union de la raie et de l'ange.

(2) *Rhin. lævis* Schn. 71, et *Rh. Djiddensis*, Forsk. 18, qui ne font probablement qu'une espèce. C'est à elle que se rapporte la fig. de *Rhinobate*, Lac. V, VI, 3, et celle de Duham. part. II, sect. IX, pl. XV.

(3) Ajoutez *raia halavi* Forsk. 19. *N. B.* La *R. Thouin*, Lac. I. 1-3, paraît une variété du rhinobate ordinaire.

(4) *Rhina ancylostomus.* Schn. 72.—L'éditeur y joint mal à propos la *raie chinoise* Lac. I, II, 2, qui, autant qu'on en peut juger par une figure chinoise, se rapproche plutôt des torpilles.

LES TORPILLES. (TORPEDO. Dum.) (1).

Ont la queue courte et encore assez charnue; le disque de leur corps est à peu près circulaire, le bord antérieur étant formé par deux productions du museau qui se rendent de côté pour atteindre les pectorales; l'espace entre ces pectorales et la tête et les branchies, est rempli de chaque côté par un appareil extraordinaire, formé de petits tubes membraneux, serrés les uns contre les autres comme des rayons d'abeille, subdivisés par des diaphragmes horizontaux en petites cellules pleines de mucosité, animés par des nerfs abondans qui viennent de la huitième paire. C'est dans cet appareil que réside la vertu électrique qui a rendu ces poissons si célèbres, et qui leur a valu leur nom; ils peuvent donner à ceux qui les touchent des commotions violentes, et se servent probablement aussi de ce moyen pour étourdir leur proie. Leur corps est lisse, leurs dents petites et aigues.

Nous en avons plusieurs espèces, confondues par Linnæus et la plupart de ses successeurs, sous le nom de *Raia torpedo* (2).

LES RAIES proprement dites. (RAIA. Cuv.)

Ont le disque de forme rhomboïdale, la queue mince, garnie en dessus, vers sa pointe, de deux petites dorsales, et quelquefois d'un vestige de caudale; les dents menues et serrées en quinconce sur les mâchoires. Nos mers en fournissent beaucoup d'espèces encore assez mal déterminées

---

(1) *Torpedo*, *νάρκη*, noms anciens de ces poissons, dérivés de leur faculté engourdissante.

(2) La *torpille vulgaire à cinq taches. Torpedo narke* Riss. Rondel. 358 et 362.

Torpedo unimaculata, Riss. pl. III, f. 3.

T. marmorata, id. ib. f. 4. Rondel. 362.

T. galvanii, id. ib. f. 5. Rondel. 363, f. 1.

par les naturalistes. Leur chair se mange, quoique naturellement dure et ayant besoin d'être attendrie.

La *Raie bouclée*. (*Raya clavata*. L.)

L'une des plus estimées, se distingue par son âpreté et par les tubercules osseux, garnis chacun d'un aiguillon recourbé, qui hérissent irrégulièrement ses deux surfaces.

La *Raie ronce*. (*R. rubus*. L.) Lac. I, v.

Se reconnaît aux aiguillons crochus placés sur le devant et sur l'angle des ailes dans le mâle, et sur leur bord postérieur dans la femelle. Les appendices des mâles sont d'ailleurs très-longs et très-compliqués (1).

La *Raie blanche* ou *cendrée*. (*R. batis*. L.) *R. oxyrinchus major*. Rondel. 348.

A le dessus du corps âpre, mais sans aiguillons, et une seule rangée d'aiguillons sur la queue. C'est l'espèce qui atteint les plus grandes dimensions; on en voit qui pèsent plus de 200 livres. Elle est tachetée dans sa jeunesse, et prend avec l'âge une teinte plus pâle et plus uniforme (2).

---

(1) *N. B.* Le *R. batis* Penn. Brit. Zool. n°. 30, n'est autre chose que ce *rubus* Lac. Le *rubus* de Bl. 84, qui est le *R. clavata* de Will.' est sinon une espèce du moins une variété, remarquable par par quelques boucles éparses en dessus et en dessous. Il y en a aussi une variété marquée d'un œil sur chaque aile. C'est le *R. oculata aspera*. Rondel. 351.

(2) Ajoutez la *raie ondee*, (*R. undulata*.) Lac. IV, XIV, 2, qui diffère peu ou point de la *mosaïque*, id. ib. XVI, 2.—La *R. chardon* (*R. fullonica* L.) Rondel. 356, représentée sous le nom d'oxyrhinchus, Bl. 80 et Lac. I, IV, 1. — La *R. radula* Laroche, An. Mus. XIII, 321, en est fort voisine. La *R. lentillat* (*R. Oxyrhinchus*) Rondel. 347, dont *la raie bordée* Lac. V. XX, 2, ou le *R. rostellata* Risso, pl. I et 2. *Lævirgia* Salv. 142, est une espèce très-voisine.—*R. aste*

On a observé dans quelques espèces de raies, des individus portant, sur le milieu du disque, une membrane relevée en forme de nageoire. Telle était (dans l'espèce de *R. aspera*) *la raie Cuvier*. Lac. I, VII, 1. J'en ai vu aussi dans l'espèce de la *bouclée*.

LES PASTENAGUES. (TRYGON. Adans.) (1).

Se reconnaissent à leur queue armée d'un aiguillon dentelé en scie des deux côtés, jointe à leurs dents, toutes menues, serrées en quinconce. Leur tête est enveloppée, comme dans les raies ordinaires, par les pectorales, qui forment un disque en général très-obtus.

Les unes ont la queue grêle et sans aucune nageoire. Telle est

La *Pastenague commune*. (*R. pastinaca*. L.) Bl. 82.

A disque rond et lisse; elle se trouve dans nos mers, où son aiguillon passe pour venimeux, parce que ses dentelures rendent dangereuses les blessures qu'il fait (2).

---

rias Rondel. 350, et Laroche, Ann. Mus. XIII. pl. XX. f. 1.—*R. miraletus* Rondel. 349.—*R. aspera*, Rond. 356.

Notez qu'il ne faut avoir aucun égard à la synonymie donnée par Artédi, Linnæus et Bloch, attendu qu'elle est dans une confusion complète, ce qui vient surtout de ce qu'ils ont employé comme principal caractère le nombre des rangées d'aiguillons à la queue, lequel varie selon l'âge et le sexe, et ne peut servir à distinguer les espèces. Celui des dents aiguës ou mousses n'est pas sûr non plus, et il est souvent douteux dans l'application.

(1) *Pastinaca*, τρύγων ou tourterelle, noms anciens de ces poissons.

(2) Ajoutez le *coucou* Lac. IV. 672, qui diffère de la pastenague par des dents aiguës;—l'*aiereba* (*r. orbicularis* Sch.) Marg. 175;—la *tuberculée* Lac. II, IV, 1. (fig. où l'on a oublié l'aiguillon dentelé);—*R. uarnac* Forsk. 18, et les espèces ou variétés qu'il indique p. IX;—l'espèce dont la queue est représ. Gesn. 88 et Aldrov. 427, qui est probablement le *pastinaca aspera* de Bélon et de Fabius Columna. Will. D. 5, fig. 3;—*R. imbricata* Schn.

D'autres ont la queue garnie en dessous d'une membrane qui devient, dans quelques-unes, une caudale considérable (1).

Il y en aurait enfin où la queue porterait une dorsale en avant de l'aiguillon (2).

LES MOURINES. (MYLIOBATIS. Dumér.) (3).

Ont la tête saillante hors des pectorales, et celles-ci plus larges transversalement que dans les autres raies, ce qui leur donne quelque apparence d'un oiseau de proie qui aurait les ailes étendues, et les a fait comparer à l'aigle. Leurs mâchoires sont garnies de larges dents plates, assemblées comme les carreaux d'un pavé, et de proportions différentes, selon les espèces; leur queue, extrêmement grêle et longue, se termine en pointe, et est armée, comme celle des pastenagues, d'un fort aiguillon dentelé en scie des deux côtés, et porte en dessus, vers sa base, une petite dorsale.

L'*Aigle de mer. Mourine*, *Ratepenade*, *Bœuf, Pesce ratto*, etc. (*Raia aquila*. L.) Duham. part. II, sect. IX, pl. X, et les dents. Juss. Ac. des Sc. 1721, pl. 17 (4).

Se trouve dans la Méditerranée et dans l'Océan; il devient fort grand, son museau est saillant et parabolique; les plaques du milieu de ses mâchoires sont beau-

(1) *R. lymna* Forsk. p. 17. C'est au moins une espèce extrêmement voisine qui est représentée, mais sans aiguillon, sous le nom de torpille. Lac. I, VI, 1.—*N. B.* La *lymna*, id. I, IV, 2 et 3, n'est qu'une pastenague ordinaire.—*R. sephen*. Forsk. ib.—*R. jamaïcensis*, Cuv. Sloane Jam. pl. 246, fig. 1.

(2) Tel serait le prétendu *R. aquila*, Bl. 81.

(3) Μυλιοβατος de *μύλη* (*meule*) à cause de la forme de leurs dents. *Mourine* est leur nom provençal.

(4) *N. B.* La fig. de Bl. 81, n'est nullement celle de l'aigle. C'est une pastenague à laquelle on a ajouté une nageoire devant l'aiguillon.

coup plus larges que longues, sur un seul rang. Les latérales à peu près en hexagone régulier, sur trois rangs (1).

LES CÉPHALOPTÈRES. (CEPHALOPTERA. Dum.) (2).

Ont la queue grêle, l'aiguillon, la petite dorsale et les pectorales étendues en largeur des mourines; mais leurs dents sont plus menues encore que celles des pastenagues, finement dentelées. Leur tête est tronquée en avant, et les pectorales, au lieu de l'embrasser, prolongent chacune leur extrémité antérieure en pointe saillante, ce qui donne au poisson l'air d'avoir deux cornes.

On en pêche quelquefois dans la Méditerranée une espèce gigantesque. (*Raia cephaloptera.* Schn.) *Raie giorna.* Lac. V, xx, 3. (3).

A dos noir, bordé de violâtre.

LES CHIMÈRES. (CHIMÆRA. L.) (4).

Montrent le plus grand rapport avec les squales

---

(1) Ajoutez *R. narinari* L. Margr. 75, et sous le nom d'*aigle*, Lacep. I, VI, 2, et les dents, Trans. Phil. vol. XIX, n°. 232, p. 673. On la trouve dans les deux hémisphères.—*R. flagellum* Schn. 73. Son *R. nieuhowii* Will. app. X, n'en diffère que parce que l'aiguillon était tombé. Les dents sont comme dans l'*aquila*;— une espèce nouvelle des côtes d'Egypte, à museau échancré, à dents hexagones presque égales;—l'espèce inconnue à dents du milieu plus larges que longues, sur trois rangées. Juss. Ac. des Sc. 1721, pl. IV, f. 12.

(2) *Céphaloptère*, tête ailée, à cause des productions de leurs pectorales.

(3) La *mobular* Duham. IIe. part. sect. IX, pl. 17, et la *fabronienne* Lac. II, V, 1-2, ne sont probablement que des individus mutilés de la *giorna*.—Quant aux *R. banksienne* Lac. II, V, 3,— *manatia* Vill. app. IX, 3, il est fâcheux qu'elles ne reposent pas sur des documens bien authentiques.

Ajoutez le *céphaloptère massena*. Riss., p. 15.

(4) Ce nom leur a été donné à cause de leur figure bizarre, qui

par leur forme générale et la position de leurs nageoires; mais toutes leurs branchies s'ouvrent à l'extérieur par un seul trou apparent de chaque côté, quoiqu'en pénétrant plus profondément on voie qu'elles sont attachées par une grande partie de leurs bords, et qu'il y a réellement cinq trous particuliers aboutissant au fond du trou général. Elles ont cependant un vestige d'opercule caché sous la peau; leurs mâchoires sont encore plus réduites que dans les squales, car les palatins et les tympaniques sont aussi de simples vestiges suspendus aux côtés du museau, et la mâchoire supérieure n'est représentée que par le vomer. Des plaques dures et non divisibles garnissent les mâchoires au lieu de dents. Le museau soutenu comme celui des squales, saille en avant et est percé de pores disposés sur des lignes assez régulières; la première dorsale, armée d'un fort aiguillon, est placée sur les pectorales: les mâles se reconnaissent comme ceux des squales, à des appendices osseux des ventrales, mais qui sont divisés en trois branches, et ils ont de plus deux lames épineuses situées en avant de la base des mêmes ventrales; enfin ils portent entre les yeux un lambeau charnu terminé par un groupe de petits aiguillons. L'intestin des chimères est court et droit, cependant on y voit à l'intérieur une valvule spirale comme dans les squales. Elles produisent de très-grands œufs coriaces, à bords aplatis et velus.

---

augmente encore quand on les a desséchés avec peu de soin, comme les premiers individus représentés par *Clusius Aldrovande*, etc.

Dans les CHIMÈRES proprement dites. (CHIMÆRA. Cuv.)

Le museau est simplement conique; la deuxième dorsale commence immédiatement derrière la première, et s'étend jusque sur le bout de la queue, qui se prolonge en un long filament, et est garnie en dessous d'une autre nageoire semblable à la caudale des squales.

On n'en connaît qu'une espèce.

La *Chimère arctique.* (*Chimæra monstrosa.* L.) Bl. 124 et Lac. I, XIX, 1, la femelle. Vulg. *Roi des Harengs;* dans la Méditerranée *Chat.*

Longue de deux ou trois pieds, de couleur argentée, tachetée de brun. Elle habite nos mers, où on la pêche, surtout à la suite des poissons voyageurs.

Dans les CALLORINQUES. (CALLORYNCHUS. Gronov.)

Le museau est terminé par un lambeau charnu, comparable pour la forme à une houe. La deuxième dorsale commence sur les ventrales, et finit vis-à-vis le commencement de celle qui garnit le dessous de la queue.

On n'en connaît aussi qu'une espèce.

La *Chimère antarctique.* (*Chimæra callorynchus.* L.) Lac. I, XII, 2, la femelle. Des mers Méridionales.

LE DEUXIÈME ORDRE DES POISSONS.

LES STURIONIENS OU LES CHONDROPTERYGIENS A BRANCHIES LIBRES.

Ont les ouïes très-fendues, garnies d'un opercule, mais sans rayons à la membrane. On n'en connaît que deux genres.

LES ESTURGEONS. (ACIPENSER. L.) (1).

Poissons dont la forme générale est la même que celle des squales, mais dont le corps est plus ou moins garni d'écussons osseux, implantés sur la peau en rangées longitudinales; leur tête est de même très-cuirassée à l'extérieur; leur bouche, placée sous le museau, est petite et dénuée de dents; l'os palatin soudé aux maxillaires, en forme la mâchoire supérieure, et l'on trouve les intermaxillaires en vestige dans l'épaisseur des lèvres. Portée sur un pédicule à trois articulations, cette bouche est plus protractile que celle des squales. Les yeux et les narines sont aux côtés de la tête. Sous le museau pendent des barbillons. Le labyrinthe est tout entier dans l'os du crâne, mais il n'y a point de vestige d'oreille externe; la dorsale est en arrière des ventrales et a l'anale sous elle. La caudale est comme dans les squales. A l'intérieur on trouve encore la valvule spirale de l'intestin, et le pancréas uni en masse des sélaciens; mais il y a de plus une très-grande vessie natatoire communiquant par un large trou avec l'œsophage.

Les esturgeons remontent en abondance de la mer dans certaines rivières et y donnent lieu aux pêches les plus profitables; leur chair est agréable. On fait le caviar de leurs œufs, et la colle de poisson de leur vessie natatoire.

---

(1) *Acipenser* est leur ancien nom latin; *Sturio*, d'où est venu *esturgeon*, est moderne, probablement leur nom allemand, Stoer, latinisé.

Nous avons dans toute l'Europe

L'*Esturgeon ordinaire.* (*Acipenser sturio.* L.) Bl. 88.

Reconnaissable à ses cinq rangées longitudinales de grands boucliers pyramidaux. C'est un de nos plus grands poissons; sa chair, assez semblable à celle du veau, était en singulière estime chez les Romains. Il fait un des moyens principaux d'existence des Cosaques des bords du Don et du Jaïk.

Les rivières de Russie produisent

Le *petit Esturgeon* ou *Sterlet.* (*Acipenser Ruthenus.* L.) Bl. 89.

Où les boucliers des rangées latérales sont plus nombreux, carénés, et ceux du ventre plats. Il passe pour délicieux, et son caviar est réservé pour la cour.

On pêche dans le Danube et les autres rivieres qui se jettent dans la mer Noire et la Caspienne,

Le *Hausen* ou *grand Esturgeon.* (*Acipenser huso.* L.) Bl. 129.

Dont les boucliers latéraux sont plus petits, le museau et les barbillons plus courts qu'à l'esturgeon ordinaire; la peau plus lisse. Il atteint quelquefois vingt-quatre pieds de longueur, et plus de douze cents livres de poids. C'est avec sa vessie natatoire que l'on fait la meilleure colle de poisson.

LES POLYODONS. Lacép. (SPATULARIA. Sh.)

Se reconnaissent sur-le-champ à une énorme prolongation de leur museau à laquelle ses bords élargis donnent la figure d'une feuille d'arbre. Leur forme générale et la position de leurs nageoires rappellent d'ailleurs les esturgeons; mais leurs ouïes sont encore plus ouvertes et leur opercule se prolonge en une pointe membraneuse qui règne jusque vers le milieu du corps. Leur gueule est très-fendue et garnie de beaucoup de petites dents; la mâchoire supérieure est formée de l'union des palatins aux maxillaires et le pédicule a deux articulations. L'épine du dos est en forme de corde, comme celle de la lamproye. On trouve dans l'intestin la valvule spirale commune à presque tout cet ordre et au précédent; mais le pancréas commence à se diviser en cœcums. Il y a une vessie natatoire.

On n'en connaît qu'une espèce du Mississipi.

Le *Polyodon feuille*. Lac. I, XII, 3. (*Squalus spatula*. Mauduit, Journ. de Phys. nov. 1774, pl. II.)

LA DEUXIÈME SÉRIE DES POISSONS, OU LES

POISSONS OSSEUX.

Montre constamment la même structure essentielle quand on l'oppose aux chondroptérygiens, et principalement à ceux à branchies fixes. Leur squelette, quoique variant en dureté, est toujours fibreux; leur crâne se divise toujours par des sutures; leur oreille est en grande partie dans la cavité intérieure du crâne; elle n'a jamais de fenêtre ovale; les osselets en sont toujours pierreux; le mécanisme de la respiration dépend toujours d'organes et de pièces semblables, tels qu'opercules, rayons, etc.

LEUR PREMIER ORDRE, QUI EST LE TROISIÈME DE TOUS LES POISSONS, OU

LES PLECTOGNATHES.

Peut être placé après les chondroptérygiens dont il se rapproche un peu par l'imperfection des mâchoires, et par le durcissement tardif du squelette; cependant ce squelette est fibreux, et en général toute sa structure est celle des poissons ordinaires. Le principal caractère distinctif tient à ce que l'os maxillaire est soudé ou attaché fixement sur le côté de l'intermaxillaire qui forme seul la mâchoire, et à ce que l'arcade palatine s'engrène par suture avec le crâne, et n'a par conséquent aucune mobilité. Les opercules et les rayons sont en outre cachés sous une peau épaisse, qui ne laisse voir à l'extérieur qu'une petite fente branchiale. On ne trouve que de petits vestiges de côtes. Les vraies ventrales manquent. Le canal intestinal est ample, mais sans cœcums (1), et presque tous ces poissons ont une vessie natatoire considérable.

---

(1) Bloch suppose à tort des cœcums aux diodons.

Cet ordre comprend deux familles très-naturelles, caractérisées par la manière dont leurs mâchoires sont armées : les GYMNODONTES et les SCLÉRODERMES.

La première famille

Ou les GYMNODONTES.

A, au lieu de dents apparentes, les mâchoires garnies d'une substance d'ivoire, divisée intérieurement en lames, dont l'ensemble représente comme un bec de perroquet, et qui, pour l'essentiel, sont de véritables dents réunies, se succédant à mesure de la trituration (1). Leurs opercules sont petits ; leurs rayons au nombre de cinq de chaque côté, et les uns et les autres fort cachés. Ils vivent de crustacés, de fucus ; leur chair est généralement muqueuse et peu estimée ; plusieurs même passent pour empoisonnés au moins dans certaines saisons.

Deux de leurs genres, les *tetrodons* et les *diodons*, vulgairement les *boursouflus*, ou les *orbes*, peuvent se gonfler comme des ballons, en avalant de l'air et en remplissant de ce fluide leur estomac, ou plutôt une sorte de jabot

(1) Voyez mes leçons d'an. comp. tom. III., p. 125.

très-mince et très-extensible qui occupe toute la longueur de l'abdomen en adhérant intimement au péritoine, ce qui l'a fait prendre tantôt pour le péritoine même, tantôt pour une espèce d'épiploon. Lorsqu'ils sont ainsi gonflés, ils culbutent; leur ventre prend le dessus, et ils flottent à la surface sans pouvoir se diriger; mais c'est pour eux un moyen de défense, parce que les épines qui garnissent leur peau se relèvent ainsi de toute part (1). Ils ont en outre une vessie aérienne à deux lobes; leurs reins placés très-haut ont été pris mal à propos pour des poumons (2). On ne leur compte que trois branchies de chaque côté, exception peut-être unique parmi les poissons. Ils font entendre, quand on les prend, un son qui provient sans doute de l'air qui sort de leur estomac. Leurs narines sont garnies chacune d'un double tentacule charnu.

---

(1) Voyez Geoffroy-St.-Hilaire, descr. des poissons d'Egypte, dans le grand ouvrage sur l'Egypte.

(2) C'est ainsi que je crois pouvoir expliquer l'erreur de Schœpf. écrits des nat. de Berlin. VIII, 190, et celle de Plumier, Schn. 513, et sans doute aussi celle de Garden. Lin. syst. ed. XII, I, p. 348, in not. Quant aux organes celluleux dont parle Broussonnet, ac. des sc. 1780, dernière page, il n'existe rien qui puisse y avoir donné lieu. Il est de fait que ces poissons ne different en rien des autres pour la respiration.

Les Diodons. (Diodon. L.) Vulg. *Orbes épineux*.

Se nomment ainsi, parce que leurs mâchoires indivises ne présentent qu'une pièce en haut et une en bas. Derrière le bord tranchant de chacune est une partie ronde, sillonnée en travers, qui forme un puissant instrument de mastication (1). Leur peau est armée de toute part de gros aiguillons pointus, en sorte que quand ils sont enflés, ils ressemblent au fruit du maronnier.

Les espèces se trouvent dans les mers des pays chauds, et ne sont pas encore suffisamment caractérisées par les naturalistes (2).

Les Tétrodons. (Tetraodon. L.)

Ont les mâchoires divisées dans leur milieu par une suture, de manière a présenter l'apparence de quatre dents, deux dessus, deux dessous. Leur peau n'est garnie que de petites épines peu saillantes. Plusieurs especes passent pour être venimeuses.

Le plus anciennement connu est celui du Nil,

Fahaca des Arabes, *Flasco psaro* des Grecs, etc. (*Tetrao don lineatus*. L.) *Tet. physa*. Geoffr. Poiss. d'Egypt. I, 1. Rondel. 419.

A dos et flancs rayés longitudinalement de brun et de

---

(1) Les mâchoires de ce genre ne sont pas tres-rares parmi les pétrifications.

(2) Parce qu'on a voulu employer la forme du corps et ce qui paraît de la base des épines, deux circonstances dépendantes du plus ou moins de gonflement de chaque individu.

blanchâtre. Le Nil en jette beaucoup sur les terres dans les inondations, et ils servent alors de jouet aux enfans (1).

Quelques-uns ont le corps comprimé latéralement et le dos un peu tranchant; ils doivent se gonfler moins que les autres. L'un d'eux est électrique (2).

Je sépare des tétraodons et même de tous les orbes ou boursouflus.

LES MOLES. (ORTHAGORISCUS. Schn. CEPHALUS. Sh.) Vulgt. *Poissons-lunes.*

Qui ont les mâchoires indivises, comme les dio-

---

(1) Aj. *Tetr. lineatus*, Bl. 141, très-différent de celui de Lin. — *Tetr. reticularis.* Schn. 306, n°. 12. — *Tetr. hispidus*, Bl. 142, également différent de celui de Linnæus, qui n'était lui-même que le *fahaka.*—*Tetr. hispidus*, Lacép. I, XXIV, 2, différent des deux précédens, mais probablement le même que celui de Geoff., poiss. d'Eg. I, 2. — *Tetr. meleagris*, Commers. Lac. I, 505. — *Tetr. testudineus.* L. Amæn. ac. I, XIV, 3, et Catesb. II, XXVIII. C'est le *geometricus.* Schn. — *Tetr. testudineus*, Bl. 139, et Will. ap. 8, f. 3, très-différent du précéd. — *Tetr. commersoni*, Schn., ou *tetr. moucheté*, Lac. I, XXV, 1, qui ne paraît point différer du *punctatus*, Schn., ni même du *nigropunctatus*, id. — *Tetr. immaculatus*, Lac. I, XXIV, 1. — *Tetr. ocellatus*, Bl. 145, avec lequel on confond mal à propos le *fu-rube*, Kœmpf. jap. pl. XI, qui est encore une autre espèce. — *Tetr. spengleri*, Bl. 144. — *Tetr. honkenii*, Bl. 143. — *Tetr. oblongus*, Bl. 146. — *Tetr. psittacus*, Schn. 95, dont le *tetr. fasciatus*, id. Séb. XXIV, 1, est au moins bien voisin. — *Tetr. lagocephalus*, L. Will. I, 2, évidemment le même que Lin. a reproduit depuis sous le nom de *Lævigatus*. — *Tetr. lunaris*, Schn. 505, n°. 11. — *Tetr. lagocephalus*, Pennant, Brit. zool., Bl. 140, différent de celui de Linnæus. — *Tetr. plumieri*, Lac. I, XX, 3, *N. B.* que ce qui est pris pour une proéminence dorsale, n'est que la nageoire de l'autre côté. *Voy.* Schn., p. 509.

(2) *Tetr. electricus*, Paters. trans. phil., vol. 76, pl. 3. Il est au moins très-voisin du *tetr. rostratus*, Bl. 146, 2.

dons, mais dont le corps comprimé et sans épines n'est pas susceptible de s'enfler et dont la queue est si course et si haute verticalement, qu'ils ont l'air de poissons dont on aurait coupé la partie postérieure, ce qui leur donne une figure très extraordinaire et bien suffisante pour les distinguer. Leur dorsale et leur anale, chacune haute et pointue, s'unissent à la caudale. Ils manquent de vessie natatoire ; leur estomac est petit et reçoit immédiatement le canal cholédoque.

On en trouve dans nos mers une espèce quelquefois longue de plus de quatre pieds, et pesant plus de trois cents livres ; d'une belle couleur argentée. (*Tetrodon mola.* L.) Bl. 128 (1).

La deuxième famille des PLECTOGNATHES,

Ou les SCLÉRODERMES.

Se distingue aisément par le museau conique ou pyramidal prolongé depuis les yeux, terminé par une petite bouche armée de dents distinctes en petit nombre à chaque

---

(1) Aj. *Ort. oblongus*, Schn. 97. — *Ort. varius*, Lac. I, XXII, 2. — *Ort. hispidus*, nov. comm. Petr. X, VIII, 2 et 3.

N. B. *L'ovoïde fascé*, Lac. I, XXIV, 2. *Ovum Commersoni*, Schn. 108, avait été décrit et représenté par Commerson, d'après un individu bourré, qu'il soupçonnait lui-même d'être un *tétraodon mutilé.*

Le *sphéroïde tuberculé* a été donné sur un dessin de Plumier, qui ne représente qu'un *tétraodon*, vu de face, dont on ne peut voir les nageoires verticales. Conf. Schn., index, LVII.

Ainsi je ne crois pas pouvoir admettre ces deux genres.

mâchoire. Leur peau est généralement âpre ou revêtue d'écailles dures ; leur vessie natatoire ovale, grande et robuste.

LES BALISTES. (BALISTES. L.) (1).

Ont le corps comprimé, huit dents sur une seule rangée à chaque mâchoire, le plus souvent tranchantes. La peau écailleuse ou grenue, mais non absolument osseuse ; une première dorsale composée d'un ou plusieurs aiguillons articulés sur un os particulier, tenant au crâne et leur offrant un sillon où ils se retirent ; une deuxième dorsale molle, longue, placée vis-à-vis d'une anale à peu près semblable. Bien qu'ils n'aient pas de ventrales, on observe dans leur squelette un véritable os du bassin, suspendu à ceux de l'épaule.

On les trouve en grand nombre dans la Zone Torride, près des rochers à fleur d'eau, où ils brillent, comme les chétodons, de couleurs éclatantes ; leur chair, en général peu estimée, devient, dit on, dangereuse à l'époque où ils se nourrissent des polypes des coraux ; je n'ai trouvé que des fucus dans ceux que j'ai ouverts.

LES BALISTES proprement dits.

Ont le corps entier revêtu de grandes écailles très-dures, rhomboïdales, qui, n'empiétant point les unes sur les autres,

---

(1) *Balistes*, nom donné à ces poissons par Artédi, d'après leur nom italien *pesce balestra*, qui vient lui-même de quelque ressemblance qu'on a cru voir entre le mouvement de leur grande épine dorsale et celui d'une arbalète.

ont l'air de compartimens de la peau; leur première dorsale a trois aiguillons, dont le premier est de beaucoup le plus grand; le troisième très-petit et plus écarté en arrière; l'extrémité de leur bassin est toujours saillante et hérissée, et derrière elle sont quelques épines engagées dans la peau qui, dans les espèces longues, ont été considérées comme des rayons des ventrales.

Les uns n'ont point d'armure particulière à la queue, et parmi eux il en est qui n'ont point derrière les ouïes d'écailles plus grandes que les autres. Telle est une espèce que nous possédons dans la Méditerranée.

Le *Balistes capriscus*. L. Salv. 207. et Will. I, 19. *Pourc, pesoc balestra*, etc.

D'un gris-brunâtre, tacheté de bleu ou de verdâtre; sa chair est peu estimée (1).

D'autres, avec cette queue non armée, ont derrière les ouïes des écailles plus grandes (2).

Le plus grand nombre a les côtés de la queue armés d'un certain nombre de rangées d'épines courbées en avant, et tous ceux de cette division que nous connaissons, ont derrière les ouïes des écailles plus grandes (3).

---

(1) *N. B.* Je soupçonne le *b. maculatus*, Bl. 151, de n'être que le *capriscus*. Je suis même tenté d'y rapporter le *b. buniva*, Lac. V, XXI, 1. — Aj. *bal. stellaris*, Schn. Lac. I, XV.

(2) *Bal. forcipatus*, Will. I, 22. — *Bal. vetula*, Bl. 150. — *Bal. punctatus*, Gm. Will, app. 9, f. 4. — *Bal. fuscus*, Schn. ou *b. grande tache*, Lac. I, 378, remarquable par ses joues nues et garnies de rangées de tubercules. — *Bal. noir*, Lac. I, XV, remarquable par ses dents supérieures latérales prolongées en canines et les grandes fourches de sa queue. *N. B.* Le *niger* Schn. ne diffère point du *ringens*.

(3) Espèce à deux rangées. *Bal. lineatus*, Schn. 87. Renard, 217.

Espèces à trois rangées. *Bal. cendré*, Lac. *B. arcuatus*, Schn.

Les Monacanthes. Cuv.

N'ont que de très-petites écailles, hérissées de scabrosités roides et serrées comme du velours; l'extremité de leur bassin est saillante et épineuse, comme dans les balistes proprement dits, mais ils n'ont qu'une grande épine dentelée à leur première dorsale, ou du moins la seconde y est déjà presque imperceptible.

Dans les uns, l'os du bassin est très-mobile, et tient à l'abdomen par une sorte de fanon extensible (1).

D'autres se distinguent parce que les côtés de leur queue sont hérissés de soies rudes (2).

D'autres enfin manquent de ces deux caractères (3).

---

journ. de phys. juillet 1774. — *Bal. aculeatus*, L. Bl. 149, Lac. I, XVII, 1. Renard, I, 28, f. 154, et II, 28, f. 136. — *Bal. verrucosus*, L. mus. ad. f. XXVII, 57, le même que le *b. pralin*, Lac. I, 363, et le *b. viridis*, Schn.

Espèces à quatre rangées. *Bal. écharpe*, Lac. I, XVI, 1. *Bal. rectangulus*, Schn. — *Bal. conspicillum*, Schn. Renard, I, 15, f. 88, et Lac. I, XVI, 3. — *B. viridescens*, Schn.

Espèces à six ou sept rangées. *Bal. armé*, Lac. I, XVIII, 2. *N. B.* Ce n'est ni l'*armatus* de Schn., ni, comme il le croit, son *chrysopterus*. — *Bal. ringens*, Bl. 152, 2.

Espèces à douze, quinze rangées. *Bal. bursa*, Schn. *B. bourse*, Lac. III, 7. Renard, I, 7.

Espèces dont les aiguillons sont peu sensibles et réduits à de petits tubercules. *Bal. bridé*, Lac. I, XV, 3.

(1) *Balistes chinensis*, Bl. 152, 1. — *Bal. tomentosus*, id. 148, qui n'est pas celui de Linnæus, mais bien le *pira a ca*, Margr. 154.

(2) *Bal. tomentosus*, L. Seb. III, XXIV, fig. 18. *Gronov.* mus. VI, f. 5. — *B. à brosses*, *bal. scopas*, Commers. Lac. I, XVIII, 3, conforme à la description que Lin. donne de l'*hispidus*, mais non au caractère ni à la fig. de Seba qu'il cite.

(3) *Bal. hispidus*, L. Seb. III, XXXIV, 2. — *Bal. longirostris*, Schn. Seb. III, XXIV, 19. — *Bal. papillosus*, L. ? Lac. I, XVII, 3,

Les Alutères. Cuv.

Ont le corps allongé, couvert de petits grains serrés à peine sensibles à la vue; une seule épine à la première dorsale; et ce qui fait leur caractère particulier, le bassin entièrement caché sous la peau, et ne faisant point cette saillie épineuse qu'on voit dans les autres balistes (1).

Les Triacanthes. Cuv.

Se distinguent de tous les autres balistes, parce qu'ils ont des espèces de ventrales, soutenues chacune par un seul grand rayon épineux, adhérentes à un bassin non saillant. Leur première dorsale, après une très-grande epine, en a trois ou quatre petites. Leur peau est garnie de petites écailles serrées; leur queue s'allonge plus que dans les autres sous-genres. On n'en connaît qu'un, de la mer des Indes (2).

Les Coffres. (Ostracion. L.)

Ont, au lieu d'écailles, des compartimens osseux et réguliers, soudés en une sorte de cuirasse inflexible qui leur revêt la tête et le corps, en sorte qu'ils n'ont de mobile que la queue, les nageoires, la bouche et une sorte de petite lèvre qui garnit le bord de leurs ouïes, toutes parties qui passent par des trous de cette cuirasse. Aussi le plus grand nombre de leurs vertèbres sont-elles soudées en-

---

sous le nom de *monoceros*, Clus. exot. lib. VI, cap. XXVIII. — *Bal. villosus*, n. — *Bal. guttatus*, n.

(1) *Bal. monoceros*, L. Catesb. 19. — Le *monoceros* de Bl., qui est différent, 147. — *Bal. lœvis*, Bl. 414. — *Acaramuca*, Margr. 163, encore différent des trois précédens. — *Bal. kleinii*, Klein. miss. III, pl. III, f. 11.

(2) *Bal. biaculeatus*, Bl. 148, 2.

semble; leurs machoires sont armées chacune de dix ou douze dents coniques. On ne voit à leurs ouïes qu'une fente garnie d'un lobe cutané; mais à l'intérieur elles montrent un opercule et six rayons. L'os du bassin manque aussi bien que les ventrales, et il n'y a qu'une dorsale et une anale, petites l'une et l'autre.

Ils ont peu de chair, mais leur foie est gros et donne beaucoup d'huile. Leur estomac est membraneux et assez grand. Quelques-uns ont aussi été soupçonnés de poison.

On peut les diviser d'après la forme de leur corps et les épines dont il est armé; mais il n'est pas encore bien certain qu'il n'y ait pas à cet égard des différences entre les sexes (1).

---

(1) 1°. A corps triangulaire sans épines. *Ost. triqueter*, Bl. 130. — *Ost. concatenatus*, Bl. 131.

2°. Triangulaire armé d'épines en arriere de l'abdomen. *Ost. bicaudalis*, Bl. 132. — *Ost. trigonus*, Bl. 135.

3°. Triangulaire armé d'épines au front et derrière l'abdomen. *Ost. quadricornis*, Bl. 134.

4°. Triangulaire armé d'épines sur les arêtes. *Ost. stellifer*, Schn. 97; le meme qu'*ost. bicuspis*, Blumenb. Abb. 58.

5°. A corps quadrangulaire sans épines. *Ost. cubicus*, Bl. 137. — *Ost. punctatus* et *lentiginosus*, Schn. Séb. III, XXIV, 5; Lac. I, XXI, 1, ou *meleagris*, Sh. gen. zool. V, part. II, pl. 172. — *Ost. nasus*, Bl. 138, Will. I, 11. — *Ost. tuberculatus*, Will. I, 10.

6°. A corps quadr. armé d'épines au front et derrière l'abdomen. *Ost. cornutus*, Bl. 133.

7°. A corps quadr. armé d'épines sur ses arêtes. *Ost. diaphanus*, Schn. p. 501. — *Ost. turritus*, Bl. 136.

8°. A corps comprimé, l'abdomen caréné, des épines éparses. *Ost. auritus*, Sh. nat. miscell. IX, n°. 338, et gen. zool. V, part. II, pl.

Nous venons maintenant aux poissons ordinaires à mâchoires complètes, c'est-à-dire, où le maxillaire et l'arcade palatine jouissent chacun d'une mobilité distincte.

Nous parlerons d'abord de

L'ORDRE DES LOPHOBRANCHES, qui est le quatrième des Poissons.

Très-remarquable par ses branchies, qui, au lieu d'avoir, comme à l'ordinaire, la forme de dents de peigne, se divisent en petites houppes rondes disposées par paires le long des arcs branchiaux, structure dont aucun autre poisson n'a encore offert d'exemple. Elles sont enfermées sous un grand opercule attaché de toute part par une membrane qui ne laisse qu'un petit trou pour la sortie de l'eau, et ne montre, dans son épaisseur, que quelques vestiges de rayons. Ces poissons se reconnaissent en outre à leur corps cuirassé d'une extrémité à l'autre par des écussons qui le rendent presque toujours anguleux. Ils

173; le même que le *coffre quatorze piquants*, Lacép. Ann. Mus. IV, LVIII, 1, et quelques espèces voisines.

N. B. L'*ost. arcus*, Séb. III, XXIV, 9, n'est peut-être qu'une variété du *cornutus*, et le *gibbosus*, Aldrov. 561, ne me paraît qu'un *triqueter* mal dessiné.

sont généralement de petite taille et presque sans chair. Leur intestin est égal et sans cœcums ; leur vessie natatoire mince, mais assez grande à proportion.

LES SYNGNATHES. (SYNGNATHUS. L.) (1).

Forment un genre nombreux dont le caractère consiste en un museau tubuleux, formé comme celui des bouches en flûte par le prolongement de l'ethmoïde, du vomer, des tympaniques, des préopercules, des sous-opercules, etc., et terminé par une bouche ordinaire, mais fendue presque verticalement sur son extrémité. Le trou de la respiration est vers la nuque. Ils manquent de ventrales. Leur génération a cela de particulier, que leurs œufs se glissent et éclosent dans une poche qui se forme par une boursouflure de la peau, dans les uns sous le ventre, dans les autres sous la base de la queue, et qui se fend pour laisser sortir les petits.

LES SYNGNATHES proprement dits, vulg. *Aiguilles de mer.*

Ont le corps très-allongé, très-mince, et peu différent en diamètre sur sa longueur. On en trouve plusieurs espèces dans toutes nos mers. Il y en a qui, outre leurs pectorales, ont une dorsale, une caudale et une anale (2).

---

(1) De σὺν et γνάθος (mâchoires réunies), nom composé par Artédi qui croyait le tube du museau de ces poissons formé par la réunion de leurs mâchoires.

(2) *Syngnathus typhle*, L. Bl. 91, 1.—*Syng. acus*, L. Bl. 91, 2.

D'autres manquent d'anale (1).

D'autres d'anale et de pectorales (2).

Quelques-uns, enfin, n'ont d'autre nageoire que la dorsale (3).

LES HIPPOCAMPES. (HIPPOCAMPUS. Cuv.) Vulg. *Chevaux marins*.

Ont le tronc comprimé latéralement, et notablement plus élevé que la queue; en se courbant après la mort, ce tronc et la tête prennent quelque ressemblance avec l'encolure d'un cheval en miniature. Les jointures de leurs écailles sont relevées en arêtes, et leurs angles saillans en épines. Leur queue n'a point de nageoires.

Il s'en trouve dans nos mers une espèce à museau plus court, pointillée de blanc. (*Syng. hippocampus.* L.) Bl. 109, fig. 3. Et une autre à museau plus long, Will. I. 25, f. 4, qui n'ont toutes deux que quelques filamens sur le museau et sur le corps.

La Nouvelle-Hollande en produit un plus grand et très-singulier par les appendices, en forme de feuilles, qui ornent diverses parties de son corps. (*Syng. foliatus.* Shaw. Gen. Zool. V, 11, pl. 180. Lacép. Ann. du Mus. IV.)

LES SOLÉNOSTOMES (4). Séb. et Lacép.

Diffèrent principalement des syngnathes par de très-grandes ventrales en arrière des pectorales, unies ensemble et avec le tronc en une espèce de tablier, qui sert peut-être

---

(1) *Syng. pelagicus,* Risso, p. 63.—*Syng. Rondeletii,* Laroche, Ann. Mus. XIII, 5, 5. *Viridis*, Riss. 65. Rondel. 229, 1.

(2) *Syng. æquoreus,* L. (Montagu. soc. Werner. I, 4, f. 1.)

(3) *Syng. ophidion,* L. Bl. 91,3.—*Syng. papacinus,* Risso, IV, 7. — *Syng. fasciatus,* id. ib. 8.

(4) *Solénostome, bouche en tuyau*, de σωλὴν, tube, et στόμα, bouche.

à retenir leurs œufs, comme la poche des syngnathes. Ils ont aussi une dorsale de peu de rayons, mais élevée, située près de la nuque; une autre tres petite sur l'origine de la queue, et une graude caudale pointue; leur trou de respiration est vers la gorge; du reste, ils ressemblent beaucoup à l'hippocampe.

On n'en connaît qu'une espèce de la mer des Indes, *Fistularia paradoxa.* (Pall. Spic. VIII, IV, 6.)

Les Pégases. (Pegasus. L.)

Ont un museau saillant formé des mêmes pièces que les précédens; mais la bouche, au lieu d'être à son extrémité, se trouve sous sa base; elle rappelle un peu celle de l'esturgeon par sa protractilité, mais elle se compose des mêmes os que dans les poissons ordinaires. Le corps de ces pégases est cuirassé comme dans les hippocampes et les solénostomes; mais leur tronc est large, déprimé; le trou des branchies sur le côté, et il y a deux ventrales distinctes en arrière des pectorales qui sont souvent fort grandes, ce qui a donné occasion au nom que porte ce genre. La dorsale et l'anale sont vis-à-vis l'une de l'autre. L'intestin étant logé dans une cavité plus large et plus courte qu'aux syngnathes, fait deux ou trois replis.

Il s'en trouve quelques espèces dans la mer des Indes (1).

---

(1) *Pegasus draco.* L. Bl. 209.—*Pegas. natans.* Bl. 121.—*Peg. volans.* L.

Après avoir ainsi séparé tous les ordres de poissons qui offraient des caractères essentiels dans quelque organe intérieur, nous en venons au grand nombre de ceux qui ne diffèrent plus que par les organes extérieurs du mouvement.

La première division, ou celle des

MALACOPTERYGIENS.

Contient trois ordres, caractérisés d'après la position des ventrales.

LE CINQUIÈME ORDRE DES POISSONS, OU CELUI DES

MALACOPTERYGIENS ABDOMINAUX.

Est le plus nombreux des trois; il contient la plupart des poissons d'eau douce; nous le subdivisons en cinq familles.

La première famille, celle

Dse SALMONES.

Ne formait, dans Linnæus, qu'un grand genre nettement caractérisé par une première dorsale à rayons mous, suivie d'une seconde petite et adipeuse, c'est-à-dire formée simplement d'une peau remplie de graisse et non soutenue par des rayons.

Ce sont des poissons écailleux à nombreux

cœcums, pourvus d'une vessie natatoire; presque tous remontent dans les rivières et ont la chair agréable. Ils sont d'un naturel vorace. La structure de leurs mâchoires varie étonnamment.

Ce grand genre

Des SAUMONS, (SALMO. L.)

Doit être subdivisé comme il suit :

LES SAUMONS proprement dits, ou plutôt les TRUITES. (SALMO. CUV.)

Ont une grande partie du bord de la mâchoire supérieure formée par les maxillaires, une rangée de dents pointues aux maxillaires, aux intermaxillaires, aux palatins et aux mandibulaires, et deux rangées au vomer, sur la langue et sur les pharyngiens, en sorte que ce sont les plus complétement dentés de tous les poissons. Tout le monde connaît leur forme; leurs ventrales répondent au milieu de leur première dorsale et l'adipeuse à l'anale. Leurs rayons branchiaux sont au nombre de dix ou environ. Leur estomac étroit et long fait un repli, et est suivi de très-nombreux cœcums; leur vessie natatoire s'étend d'un bout de l'abdomen à l'autre, et communique dans le haut avec l'œsophage. Ils ont presque toujours le corps tacheté, et leur chair est généralement très-bonne.

Ils remontent dans les rivières pour frayer, sautent même au-dessus des cataractes, et l'on en trouve jusque dans les ruisseaux et les petits lacs des plus hautes montagnes.

Les trois espèces les plus généralement répandues sont

Le *Saumon.* (*Salmo salar.* L.) Bl. 20, la femelle; 98, le mâle.

La plus grande du genre, à chair rouge, à taches irrégulières brunes, qu'il perd promptement dans l'eau douce; la mâchoire inférieure finissant en crochet dans le mâle, qui en prend le nom de *bécard*. De toutes les mers arctiques, d'où il entre en grandes troupes dans les rivières, au printemps. Sa pêche est très-importante dans tous les pays septentrionaux, où l'on en sale et en fume beaucoup.

La *Truite saumonée*. (*Salmo trutta*. L.) Bl. 21.

Marquée de taches brunes, dont les supérieures sont entourées d'un cercle plus clair; beaucoup de ces taches sur les opercules et l'adipeuse; la chair rougeâtre. C'est une des plus grandes espèces après le saumon; les ruisseaux d'eau claire qui se jettent immédiatement dans la mer, sont les eaux où l'on pêche les meilleures; mais il en monte à toutes les hauteurs.

La *Truite*. (*Salmo fario*. L.) Bl. 22.

Plus petite, à taches brunes sur le dos, rouges sur les flancs, entourées d'un cercle clair; une grande tache sur l'opercule, aucune sur l'adipeuse; à chair blanche; commune dans tous les ruisseaux dont l'eau est claire et vive.

A mesure qu'on se rapproche des montagnes, on en trouve des espèces plus nombreuses; ainsi, les grands lacs du pied des Alpes nourrissent

Le *Huche*. (*S. Hucho*. L.) Bl. 100.

Qui approche presque du saumon pour la taille, et est tout couvert de petites taches brunes; sa chair est blanche, et moins agréable que celle des précédens.

La *Truite de montagne*. (*S. Alpinus*. L.) Bl. 104.

Semblable à la commune, mais àtaches plus petites et sans bordure, et d'un goût encore meilleur. Se trouve jusques au pied des neiges perpetuelles, au mont Cenis, etc.

L'*Ombre Chevalier.* (*S. Umbla.* L.) Bl. 101.

Est du petit nombre des espèces sans taches ; sa chair plus grasse approche de celle de l'anguille. Celui du lac de Genève est célèbre (1).

LES EPERLANS. (OSMERUS. Artéd.)

Ont deux rangs de dents écartées à chaque palatin, mais leur vomer n'en a que quelques-unes sur le devant. Du reste, leurs formes sont celles des truites, mais leur membrane des ouïes n'a que huit rayons. Leur corps est sans taches, et leurs ventrales répondent au bord anterieur de leur première dorsale. On les prend dans la mer et à l'embouchure des grands fleuves.

On n'en connaît qu'un petit, brillant des plus belles teintes d'argent et de vert-clair, et excellent à manger. (*S. Eperlanus.* L.) Bl. 28. 2.

LES OMBRES. (COREGONUS. Art.)

Ont la même structure de mâchoires que les truites ; mais leur bouche est très-peu fendue, et leurs dents si petites, qu'on les aperçoit à peine ; ils en manquent même tout-à-fait au palais et à la langue, et souvent à la mâchoire inférieure ; leurs écailles plus grandes les distinguent encore ; d'ailleurs, ils ont à peu près les habitudes des truites, leurs viscères et leur bon goût. Leur estomac est un sac très-épais ; leurs ouïes ont sept ou huit rayons.

---

(1) Bloch donne encore en Europe la *truite brune. S. fario sylvaticus,* Bl. 24. — *S. salvelinus,* 99. — *S. gædenii,* 102, trois espèces ou variétés bien voisines de la truite commune. — *S. schiefermülleri,* 103. — *S. erythrinus,* Georg. Voy. I, 1, 1. — *S. lacustris.* — *S. salmarinus* ; sans parler des espèces indiquées par Pallas ; le pechin, Oth. Fabricius, etc. : mais il s'en faut beaucoup que tous ces poissons aient été suffisamment comparés. Ajoutez le *salmone rille*, Lac. V, v, 3, déjà gravé sous le faux nom de *Parr* ou *jeune gade grêlin.* Penn. Brit. Zool. pl. LXVI, fig. 2.

L'*Ombre commun.* (*Salmo thymallus.* L.) Bl. 24.

Se distingue par sa première dorsale, plus longue et plus haute; il est brunâtre, rayé en long de noirâtre; et d'un excellent goût.

Les différens lacs de l'Europe en produisent encore quelques espèces, confondues jusqu'à présent sous les noms de *Lavaret*, de *Marène*, d'*Ombre bleu*, de *Besole*, d'*Albula*, pour lesquelles on n'a point encore de meilleurs caractères que pour les truites (1).

Quelques espèces d'*ombres* se distinguent par un museau mou, pointu et proéminent (2).

---

(1) Il est clair que le *lavaret* Rondel. Lacustr. 162, et Bél. 186, n'a rien de commun avec celui de *Bloch*, 25. C'est un corégone à museau court et obtus, aussi-bien que la *grande marene*, Bl. 27. L'*ombre bleu* (*S. Wartmanni*), id. 105. La *besole*, Rondel. 163. La *ferra*, id. 164, et le *vangeron*, id. 56, poissons auquels se rapportent aussi les *albula* de Gesner, pisc. 37, 38 et 39, et le *gravans* ou *gravranche*, la *palée*, etc. etc. Nous devons désirer que les naturalistes suisses mettent de l'ordre dans ce genre, en donnant avec de bonnes figures une liste exacte des noms que chaque poisson porte dans les différens lieux. Je me suis assuré que le vrai *lavaret* du lac du Bourget ou de Rondelet et Bélon, est absolument le même poisson que la *grande marène* de Bl. 27, reconnaissable à sa lèvre supérieure qui paraît comme retroussée, à cause de deux tubercules des maxillaires. La plus distincte de ces espèces est ensuite le *S. maræmula*, ou *S. albula*, Bl. 28, 3. Ascan. XXIX, par sa mâchoire inférieure plus longue.—Ajoutez le *S. silus*, Ascan. XXIV.

(2) Tel est le poisson de la mer du Nord, auquel Schœneueld a transporté mal à propos le nom d'*albula nobilis*, et Artédi et Linnæus celui de *lavaret*, en quoi ils ont été suivis par Bl. 25. Je ne doute pas que ce ne soit le même que le *S. oxyrhynchus* L. ou le *houting* des Hollandais et des Flamands.

N. B. Rondelet ayant donné, fluvial. 195, une figure de ce *houting* ou *hautin*, auquel on avait mis, je ne sais par quelle erreur, trois nageoires dorsales, cette figure a donné lieu au genre *tripteronote*, Lacép.

Ajoutez le *lavaret large*. Bl. 26. Ascan. pl. XXX.

LES ARGENTINES. (ARGENTINA. L.)

Ont la bouche petite et sans dents aux mâchoires, comme les ombres, mais cette bouche est déprimée horizontalement; la langue est armée, comme dans les truites et les eperlans, de fortes dents crochues, et il y en a une rangée transversale de petites en avant du vomer. Il y a six rayons aux ouïes; les intestins diffèrent peu de ceux des truites.

On n'en connaît qu'une espèce de la Méditerranée

(*Argentina sphyræna.* L.) Cuv. Mém. du Mus. I, XI.

Dont la vessie natatoire est très-épaisse, et singulièrement chargée de cette substance argentée si remarquable dans les poissons; elle s'emploie pour colorer les perles. Son estomac est singulier par sa couleur noire (1).

Artédi, et plusieurs de ses successeurs, ont réuni sous le nom de

CHARACINS. (CHARACINUS.)

Tous les salmones qui n'ont pas plus de quatre ou cinq rayons aux ouïes; mais leurs formes, et surtout leurs dents, varient encore assez pour donner lieu à plusieurs subdivisions. Cependant je trouve à tous, les nombreux cœcums des salmones précédens, avec la vessie divisée par un étranglement des cyprins. Aucun n'a les dents sur la langue des truites.

---

(1) Ce poisson, qui est bien sûrement l'*argentina* de Will. 229, et par conséquent celle d'Artédi et de Linnæus, a constamment une seconde dorsale adipeuse, comme l'a bien observé Brunnich, Icht. mass. 79. On aurait donc dû le ranger parmi les salmo. L'*argentina machnata* Forsk. n'est autre que l'*elops saurus*. Il en est probablement de même de l'*argentina carolina* de Linnæus, quoique Catesby, dans la fig. citée, Car. II, XXIV, ait oublié la dorsale. Gronovius n'a donné pour son argentina qu'un anchois; et Pennant qu'une *scopèle* (serpe de Risso). Quant à l'*argentina glossodonta* Forsk. elle m'est inconnue; je suppose que c'est un nouveau genre.

Les Curimates. Cuv.

Ont toute la forme extérieure des ombres; leur petite bouche, la première dorsale au-dessus des ventrales, etc. Quelques-uns même ressemblent à certains ombres par l'absence de dents visibles, et n'en diffèrent que par le nombre de leurs rayons branchiaux (1). Mais la plupart ont encore quelque singularité à leurs dents.

Les uns ont celles de la rangée supérieure petites, tranchantes et denticulées, comme celles des acanthures par exemple (2).

D'autres ont, à chaque mâchoire, une rangée de dents dirigées obliquement en avant, tranchantes, les antérieures plus longues, comparables en un mot à celles des balistes (3).

Les Anostomes. (Anostomus. Cuv.)

Ont, avec la forme des ombres et une rangée de petites dents en haut et en bas, la mâchoire inférieure relevée au-devant de la supérieure, bombée, en sorte que la petite bouche a l'air d'une fente verticale sur le bout du museau (4).

Les Serra-Salmes. Lacép.

Ont été déjà distingués par M. de Lacépède, à cause de leur corps comprimé, haut verticalement, et de leur ventre tranchant et dentelé en scie, caractères auxquels il faut ajouter celui de leurs dents triangulaires, tranchantes, dentelées et disposees sur une rangée aux intermaxillaires

---

(1) *Salmo edentulus*, Bl. 380.—et probablement *S. cyprinoïdes*, Gron. zooph. n°. 378.

(2) *S. unimaculatus*, Bl. 381, fig. 3, que cet auteur croit le même que le *curimata*, Margr. 156.

(3) *Salmo fasciatus*, Bl. 379.—*S. Fridericii*, id. 378.

(4) *Salmo anostomus* L. Gronov. Mus. VII, 2.

et à la mâchoire inférieure seulement. Le maxillaire, sans dents, traverse obliquement sur la commissure.

On n'en connaît qu'un, des rivières de l'Amérique méridionale. Le *Piraya*, Marg. 165. (*Salmo rhombeus*. L.) Bl. 383. Il poursuit les canards, et même les hommes qui se baignent, et avec ses dents tranchantes leur emporte la peau.

LES PIABUQUES. CUV.

Avec la forme allongée ou oblongue, la petite tête, la bouche peu fendue des curimates, ont un corps comprimé, la carène du ventre tranchante, l'anale très-longue, et les dents tranchantes et dentelées des serra-salmes. Leur première dorsale répond aussi au commencement de leur anale.

Ceux qu'on connaît habitent les mêmes rivières, et montrent dans leur petitesse ce même appétit pour la chair et le sang (1).

LES TÉTRAGONOPTÈRES. (TETRAGONOPTERUS. Artédi.)

Ont la forme élevée, la longue anale, et les dents tranchantes et dentelées des serra-salmes; le maxillaire sans dents traverse de même obliquement sur la commissure, mais leur bouche est peu fendue; il y a deux rangs de dents à leur mâchoire supérieure, et le ventre n'est ni caréné, ni dentelé (2).

LES RAIIS. (MYLETES. CUV.)

Sont remarquables par des dents bien singulières, en prisme triangulaire, court, arrondi aux arêtes, et dont la face supérieure se creuse par la mastication, en sorte que les trois angles y font trois pointes saillantes. La bouche, peu fendue, a deux rangs de ces dents aux intermaxillaires, et

(1) *Salmo argentinus*, Bl. 382, 1. *Piabucu*, Margr. 170.—*S. bimaculatus*, Bl. 16. *Piaba*, Margr. ib.—Probablement aussi le *S. gibbosus*, Gron. Mus. L. 4, et le *S. melanurus*. Bl. 381, 2.

(2) *Tetragonopterus argenteus*, Arted. ap. Sebam. III, pl. XXXIV, f. 3, ou *coregonoïdes amboinensis*, Art. spec. 44, que l'on a confondu mal à propos avec le *salmo bimaculatus*.

un seul à la mâchoire inférieure, avec deux dents en arrière; mais la langue et le palais sont lisses.

Quelques-uns ont la forme élevée, les nageoires verticales en faux, l'épine couchée en aavnt, et même le ventre tranchant et dentelé des serra-salmes, avec lesquels on les réunirait volontiers sans leurs dents. L'on en trouve en Amérique de fort grands, qui sont bons à manger (1).

D'autres ont simplement la forme allongée. Leur première dorsale répond à l'intervalle des ventrales et de l'anale. On n'en connaît qu'un d'Egypte (2).

LES HYDROCYNS. (HYDROCYNUS. Cuv.)

Ont le bout du museau formé par les intermaxillaires; les maxillaires commençant près ou en avant des yeux, et complétant la mâchoire supérieure. Leur langue et leur vomer sont toujours lisses, mais il y a des dents coniques aux deux mâchoires. Un grand sous-orbitaire mince et nu comme l'opercule couvre la joue.

Les uns ont encore une rangee serrée de petites dents aux maxillaires et aux palatins; leur première dorsale répond à l'intervalle des ventrales et de l'anale (3). Ils viennent des rivières de la Zône-Torride; leur goût ressemble à celui de la carpe (4).

D'autres ont une double rangée de dents aux intermaxillaires et à la mâchoire inférieure, une rangée simple aux maxillaires, mais leurs palatins n'en ont pas. Leur première dorsale est au-dessus des ventrales (5).

---

(1) Les espèces sont nouvelles. J'en connais trois.

(2) Le *raii du Nil*, qui est le *cyprinus dentex*, Mus. ad fr. et Linn. XIIme. éd. ou le *salmo dentex* d'Hasselquist, et le *S. niloticus* de Forskahl, et qui se trouve ainsi deux fois dans Gmelin et ses successeurs.

(3) C'est ce qui les a fait ranger parmi les osmères par M. de Lacépède.

(4) *Salmo falcatus*, Bl. 385.—*S. odoe*, id. 386.

(5) Espèce nouvelle du Brésil (*hydroc. brasiliensis*, Cuv.)

D'autres encore n'ont qu'une simple rangée aux maxillaires et à la mâchoire inférieure ; les dents y sont alternativement très-petites et très-longues, surtout les deux secondes d'en bas, qui passent au travers de deux trous de la mâchoire supérieure, quand la bouche se ferme. Leur ligne latérale est garnie d'écailles plus grandes ; leur première dorsale répond à l'intervalle des ventrales et de l'anale (1).

Une quatrième sorte a le museau très-saillant, pointu, les maxillaires très-courts, garnis, ainsi que la mâchoire inférieure et les intermaxillaires, d'une seule rangée de très-petites dents serrées ; leur première dorsale répond à l'intervalle des ventrales et de l'anale. Tout le corps est garni de fortes écailles (2).

D'autres enfin n'ont absolument de dents qu'aux intermaxillaires et à la mâchoire inférieure ; elles y sont en petit nombre, fortes et pointues. Leur première dorsale est au-dessus des ventrales. On n'en connaît qu'un du Nil (3).

Les Citharines. (Citharinus. Cuv.)

Se reconnaissent à leur bouche déprimée, fendue en travers au bout du museau, dont le bord supérieur est formé en entier par les intermaxillaires, et où les maxillaires, petits et sans dents, occupent seulement la commissure. La langue et le palais sont lisses, la nageoire adipeuse est couverte d'écailles, ainsi que la plus grande partie de la caudale. On les trouve dans le Nil.

Les uns ont de très-petites dents à la mâchoire supérieure seulement, le corps élevé comme aux serra-salmes, mais le ventre sans tranchant ni dentelures (4).

---

(1) Autre espèce du Brésil (*hydroc. scomberoïdes*, Cuv.)

(2) Autre espèce nouvelle du Brésil (*hydroc. lucius*, Cuv.)

(3) Le *Roschal* ou chien d'eau, Forsk. 66, ou *characin dentex*, Geoffr. poiss. d'Eg. pl. 14, f. 1, mais qui n'est point, comme l'a cru Forskahl, le *salmo dentex* d'Hasselquist. Celui-ci est le *raï*.

(4) Le *serrasalme citharine* ou *astre de la nuit* des Arabes, Geoffr. poiss. d'Eg. pl. 5, f. 2 et 3.

D'autres ont, aux deux mâchoires, un grand nombre de dents serrées sur plusieurs rangs, grêles et fourchues au bout; leur forme est plus allongée (1).

LES SAURUS. (SAURUS. Cuv.)

Ont le museau court; la gueule fendue jusque fort en arrière des yeux ; le bord de la mâchoire supérieure, formé en entier par les intermaxillaires; beaucoup de dents très-pointues le long des deux mâchoires, des palatins, et sur toute la langue, mais aucune sur le vomer; huit ou neuf, et souvent douze ou quinze rayons aux ouïes. La première dorsale un peu en arrière des ventrales, qui sont grandes ; de grandes écailles sur le corps, les joues et les opercules; leurs viscères ressemblent à ceux des truites. Ce sont des poissons de mer très-voraces; on en trouve un dans la Méditerranée. (*S. Saurus.* L.) Salv. 242 (2).

LES SCOPÈLES. (SCOPELUS Cuv.) Serpes de Risso (3).

Ont la gueule et les ouïes extrêmement fendues; les deux mâchoires garnies de très-petites dents; le bord de la supérieure entièrement formé par les intermaxillaires; la langue et le palais lisses. Leur museau est très-court et

---

(1) Le *characin nefasch*, id. ib. fig. 1, ou *salmo œgyptius* Gm. C'est le *salmo niloticus* d'Hasselquist, très-différent de celui de Forskahl qui est le raii.

(2) Ajoutez *S. saurus*, Bl. 384, qui me paraît différent de celui de la Méditerranée. —*Salmo fœtens*, Bl. 384, 2. — *S. tumbil*, Bl. 400.— L'osmère galonné, Lac. V, VI, 1.—Le *salmone* varié, id. V, III, 3.— *L'osmère à bandes*, Risso, p. 326.

N. B. Qu'une partie de ces espèces pourraient être des doubles emplois; et que l'*esox synodus*, Gron. Zooph. VII, 1. *synodus synodus*, Schn. Synode fascié, Lac. ne paraît qu'un *saurus* qui avait perdu son adipeuse ; sa petitesse fait qu'elle disparaît aisément par le frottement, ou la dessiccation.

(3) Σκόπελος, nom grec d'un poisson inconnu.

obtus : on leur compte neuf ou dix rayons aux ouïes ; et outre la dorsale ordinaire, qui répond à l'intervalle des ventrales et de l'anale, il y en a en arrière une très-petite, où l'on aperçoit des vestiges de rayons.

On les pêche dans la Méditerranée, mêlés avec les anchois, et ils s'y nomment *mélettes*, comme d'autres petits poissons. L'un d'eux, la *Serpe Humbolt* (Risso, pl. x, f. 38), est remarquable par le brillant des points argentés disposés le long de son ventre et de sa queue (1).

Les Aulopes. (Aulopus. Cuv.) (2).

Réunissent des caractères de gades à des caractères de saumons. Leur gueule est bien fendue; leurs intermaxillaires, qui en forment tout le bord supérieur, sont garnis, ainsi que les palatins, le bout antérieur du vomer et la mâchoire inférieure, d'un ruban étroit de dents en carde; mais la langue n'a que quelque âpreté, ainsi que la partie plane des os du palais. Les maxillaires sont grands et sans dents, comme dans le grand nombre des poissons. Leurs ventrales sont presque sous les pectorales, et ont leurs rayons externes gros et seulement fourchus. La première dorsale répond à la première moitié de l'intervalle qui les sépare de l'anale. Il y a douze rayons aux branchies; de grandes écailles ciliées couvrent le corps, les joues et les opercules.

La Méditerranée en produit une espèce. (*Salmo filamentosus*. Bl.) Berl. Schr. X, IX, 2.

Les Serpes. Lacép. (Gasteropelecus. Bl.)

Ont le ventre comprimé et saillant, parce qu'il est sou-

---

(1) Je crois ce poisson, le même que le prétendu *argentina sphyræna* de Pennant, Brit. Zool, n°. 156 ; ainsi on le trouverait aussi dans notre Océan.—Ajoutez la *serpe crocodile*, Risso, p. 357.—Mais la *serpe microstome*, p. 356, est sûrement d'un autre genre, et de la famille des brochets.

(2) Αὐλωπός, nom grec d'un poisson inconnu.

tenu par des côtes qui aboutissent au sternum. Leurs ventrales sont fort petites et fort en arrière ; leur première dorsale sur l'anale, qui est longue ; leur bouche est dirigée vers le haut ; à leur mâchoire supérieure sont des dents coniques ; à l'inférieure des dents tranchantes et dentelées.

On n'en connaît qu'une petite espèce (1).

Les Sternoptix. Herm.

Ont le corps comprimé, très-haut verticalement ; l'abdomen tranchant, et remontant en avant, en sorte que la bouche est dirigée vers le ciel. Ils n'ont point de nageoires ventrales, mais on voit un pli festonné de chaque côté du tranchant abdominal, sous les pectorales. Leur dorsale est petite, au milieu du dos ; son premier aiguillon est une forte épine en avant de laquelle tient encore une membrane. Derrière cette nageoire se voit une petite saillie qui représente peut-être la nageoire adipeuse des saumons. Les ouïes ne paraissent fermées que par une simple membrane sans opercules ni rayons.

On n'en connaît qu'un, que l'on croît des Antilles, (*Sternoptix diaphana.*) Herm. Naturforscher, seizième cah. pl. 8 (2).

La deuxième famille, ou celle
Des Clupes.

Se reconnaît aisément en ce que n'ayant point d'adipeuse, sa mâchoire supérieure est formée comme dans les truites, au milieu par des intermaxillaires sans pédicules, et sur les côtés par les maxillaires ; leur corps est

---

(1) Gasteropelecus sternicla, Bl. 97, 3.

(2) *N. B.* Ce n'est qu'avec doute que nous plaçons ici ce poisson que nous n'avons pas vu.

toujours bien écailleux. Tous ont une vessie natatoire, et la plupart de nombreux cœcums. Il n'y en a qu'une partie qui remonte dans les rivières.

LES HARENGS. (CLUPEA. L.)

Ont deux caractères bien marqués dans leurs intermaxillaires étroits et courts, qui ne font qu'une petite partie de la mâchoire supérieure dont les maxillaires complètent les côtés, en sorte que ces côtés seuls sont protractiles, et dans le bord inférieur de leur corps qui est comprimé et où les écailles forment une dentelure comme celle d'une scie. Les maxillaires se divisent en outre en trois pièces. Les ouïes sont très-fendues : aussi dit-on que ces poissons meurent à l'instant où on les tire de l'eau. Les arceaux de leurs branchies sont garnis, du côté de la bouche, de longues dents comme des peignes. L'estomac est en sac allongé; la vessie natatoire longue et pointue, et les cœcums nombreux. Ce sont de tous les poissons ceux qui ont les arêtes les plus nombreuses et les plus fines.

LES HARENGS proprement dits. (CLUPEA. CUV.)

Ont les maxillaires arqués en avant, divisibles longitudinalement en plusieurs pièces ; l'ouverture de la bouche médiocre, non entièrement garnie de dents, souvent même entièrement édentée (1). Leur dorsale est au-dessus des

---

(1) *N. B.* Les passages entre les clupées et les clupanodons Lac. sont tellement insensibles, que je n'ai pas cru pouvoir conserver cette distinction.

ventrales. On en pêche plusieurs dans nos mers, assez difficiles à distinguer par la ressemblance de leur forme et de leur couleur argentée.

Le *Hareng commun.* (*Clupea Harengus.* L.) Bl. 29, 1.

Le plus généralement connu; sa longueur est d'environ dix pouces; il a quelques petites dents sur le devant des deux mâchoires, et seize à dix-sept rayons à l'anale.

Ce poisson fameux arrive tous les ans en été et en automne, sur les côtes occidentales de l'Europe, en commençant par le nord, en légions innombrables, ou plutôt en bancs serrés d'une étendue incalculable. Des flottes entières s'occupent de sa pêche, qui entretient des milliers de pêcheurs, de saleurs et de commerçans.

Le *Pilchard* des Anglais, ou le *Célan* de nos matelots. (*Cl. Pilchardus.*) Bl. 406.

Se pêche plus tôt, surtout sur les côtes occidentales de l'Angleterre; il est de la taille du hareng, mais ses écailles sont plus grandes, ses dents insensibles, sa dorsale un peu plus avancée, et son anale a un ou deux rayons de plus.

La *Sardine.* (*Clupea sprattus.* L.) Bl. 29, 2.

Est plus petite, plus étroite que le hareng. On lui attribue aussi un ou deux rayons de plus à l'anale; sa chair est plus délicate. On la pêche en abondance dans le golfe de Gascogne, et encore plus dans la Méditerranée (1).

---

(1) Nos pêcheurs de la Manche prétendent encore distinguer plusieurs petites espèces, sous les noms d'*eprots*, de *blanquets* et autres; mais les naturalistes n'ont pas examiné ces poissons d'assez près pour les placer dans le système. Il en est de même des *nadelles*, des *mélettes*, etc. de la Méditerranée.

L'*Alose*. (*Cl. alosa*. L.)

Qui devient beaucoup plus grande et plus épaisse que les harengs, et atteint jusqu'à trois pieds de longueur, se distingue par une tache noire vers les ouïes, suivie, pendant le premier âge, de quatre ou cinq autres. Elle remonte au printemps dans les rivières, et est alors un excellent manger. Quand on la prend en mer, elle est sèche et de mauvais goût (1).

Les Mégalopes. (Megalops. Lacép.)

Sont des harengs proprement dits, où le dernier rayon de la dorsale se prolonge en un filament. Il y en a une espèce dans les mers des pays chauds (*Cl. cyprinoïdes*, Bl. 403), qui atteint jusqu'à douze pieds de longueur (2).

Quelques-uns ont le museau plus saillant que les mâchoires; mais la forme de celles-ci les distingue toujours des anchois (3).

Les Anchois. (Engraulis. Cuv.) (4).

Diffèrent des autres harengs, parce que leur ethmoïde

---

(1) La feinte et la rousse de la Manche, l'alachie de la Méditerranée, etc. n'ont pas été non plus suffisamment comparées à l'alose. L'alose de Bl. 30, 1, me paraît une feinte.

Aj. *Clup. chinensis*, Bl. 405. — *Clup. africana*, Bl. 407.

N. B. Le *clupea dorab*, Gm. *Cl. dentex* Schn. Forsk. 72, n°. 108, est l'*esox chirocentre*, Lac. ou mon genre chirocentre.

(2) Le *mégalope filamenteux*, Lacép. V, 290, est décrit sur une note de Commerson, qui se rapporte au dessin gravé, ib. V, XIII, 3, sous le nom de *clupea apalike*, et qui est le *clupea cyprinoïdes*, Bl. 403; ainsi c'est bien le même poisson. — Aj. *clupea thrissa*, Bl. 404, ou le *cailleu-tassard* des Antilles.

(3) *Clupea nasus*, Bl. 429.

(4) *Encrasicholus* (qui a le fiel dans le crâne), nom fondé sur une opinion bizarre des anciens touchant ce poisson; *engraulis*, autre nom du même.

et leurs naseaux forment une pointe saillante au-dessous de laquelle leurs très-petits intermaxillaires sont fixes ; tandis que leurs maxillaires sont droits et très longs, leur gueule très-fendue, leurs deux mâchoires bien garnies de dents, et leurs ouïes encore plus ouvertes qu'aux harengs ordinaires.

Les uns ont la dorsale vis-à-vis des ventrales, et l'anale courte.

L'*Anchois vulgaire.* (*Cl. encrasicholus.* L.) Bl. 30, 2.

Long d'un empan, le dos brun, les flancs et le ventre argentés ; on le pêche en quantité innombrable dans la Méditerranée et jusqu'en Hollande, et on le sale, après lui avoir ôté la tête et les intestins, pour l'employer en assaisonnemens (1).

---

(1) A cette subdivision appartiennent aussi les stoléphores, Lac. et nommément le *stoléphore commersonien*, Lacép. V, XII, f. 1, p. 382, qui est le même que le *clupée raie d'argent*, id. p. 458. Ce petit poisson a été décrit sous beaucoup de noms. C'est le *mèlet* de la Méditerranée. Duhamel, IIe. part. sect. VI, pl. III, f. 1. L'*atherina brownii*, Gm. Brown, Jam. pl. 45, fig. 3, copié dans l'Encycl. méth. fig. 103, sous lé faux nom de poisson d'argent (ather. menidia). C'est enfin le *pittingua*, Margr. 159, qui n'est pas le véritable *Esox hepsetus* de Linn., et l'*ather.* de John. White. Voy. à Bot. Bay, p. 296, f. 1. — Nous plaçons encore dans cette subdivision, malgré sa grandeur, le *poisson banane* des Antilles, *albula plumieri*, Schn. 86, 1. Le même dessin de plumier est gravé dans Lac. V, XIV, 1, sous le nom de *clupée macrocéphale*, et un autre dessin du même poisson laissé par Commerson, ib. VIII, 2, sous celui de *synode renard.* C'est à ce dessin que se rapporte la note sur laquelle repose le genre *butirin*, Lac. V, p. 45, et par conséquent le *butirin banane* est toujours ce même poisson Au reste il ne serait pas impossible que ce fut encore lui que représentat la pl. 30 de Catesby, seul renseignement sur lequel repose le synode renard.

D'autres ont leur dorsale placée plus en arrière que les ventrales, ou même vis-à-vis le commencement de l'anale, qui est longue (1).

LES THRISSES. (THRISSA. Cuv. MYSTUS. Lac.)

Ont pour caractère particulier des os maxillaires bien dentés, se prolongeant en pointes libres, au-delà de la mâchoire inférieure (2).

LES ODONTOGNATHES. Lacép. (GNATHOBOLUS. Schn.)

Ont ces mêmes maxillaires prolongés des thrisses tellement mobiles, qu'ils peuvent faire presque un demi-cercle, et portent alors leurs pointes en avant, comme deux cornes. La dorsale est très-petite, et placée fort en arrière; on ne leur a point aperçu de ventrales.

On n'en connaît qu'une espèce, des côtes de la Guiane. L'*Odontognathe aiguillonné*, Lac. II, p. 221, pl. VII, f. 2.

LES PRISTIGASTRES. (PRISTIGASTER. Cuv.)

Sont aussi un sous-genre sans ventrales, mais à corps très-comprimé et élevé, à ventre saillant, fortement dentelé, à mâchoires comme dans le hareng.

Nous en possédons un des mers d'Amérique.

LES NOTOPTÈRES. Lacép.

Long-temps placés parmi les gymnotes, se rapprochent davantage des harengs; leurs opercules et leurs joues sont

---

(1) *Clupea atherinoides*, Bl. 408, 1. — *Clup. malabarica*, 432.

(2) *Clupea mystus*, Lin. amæn. ac. IV, III, 12. — *Clup. setirostris*, Brouss. I, pl. X. — *Clup. mystax*, Sch. 83.

écailleux; leurs sous-orbitaires, le bas de leurs préopercules et leurs interopercules, deux arêtes de leur mâchoire inférieure, et la carène de leur ventre, dentelés; leurs palatins et leurs deux mâchoires armées de dents fines, et la supérieure en grande partie formée par le maxillaire; leur langue, garnie de fortes dents crochues; deux ventrales presque imperceptibles sont suivies d'une très-longue anale, qui s'unit, comme dans les gymnotes, à la nageoire de la queue; et sur le dos, vis-à-vis du milieu de cette anale, est une petite dorsale molle.

On n'en connaît qu'un de la mer des Indes. (*Gymnotus notopterus*. Pall. Spic. VI, pl. VI, f. 2. *Clupea synura*. Schn. 426 (1).

LES ELOPES. (ELOPS. L.)

Ont les mâchoires exactement constituées comme les harengs proprement dits, auxquels ils ressemblent aussi par la forme générale et par la disposition des nageoires; mais on leur compte trente rayons et plus à la membrane des branchies, et leur ventre n'est point tranchant ni dentelé. Les bords de leurs mâchoires et leurs os palatins sont garnis de dents en velours; une épine plate arme le bord supérieur et l'inférieur de leur caudale. Selon Forskahl, ils n'auraient point de cœcums, et leur vessie natatoire régnerait tout du long de l'abdomen.

On en trouve dans les deux hémisphères (2).

---

(1) C'est bien la *tanche de mer* de Bontius, ind. 78, mais non pas le *capirat* ou *pangais*, Ren. feuille 16, fig. 90.

(2) Le *lak* des nègres, selon Adanson, ou l'*elops saurus* de Bl. 393, vient d'Afrique et est assez différent de celui de Linné, qui est dit de Caroline. Il ressemble au contraire beaucoup à l'*argentina mach-*

LES CHIROCENTRES. (CHIROCENTRUS. CUV.)

Ont, comme les harengs, le bord de la mâchoire supérieure formé au milieu par les intermaxillaires, sur les côtés par les maxillaires qui leur sont unis; les uns et les autres sont garnis, ainsi que la mâchoire inférieure, d'une rangée de fortes dents coniques, dont les deux du milieu d'en haut et toutes celles d'en bas sont extraordinairement longues. Leur langue et leurs arcs branchiaux sont hérissés de dents en cardes, mais ils n'en ont point aux palatins ni au vomer. Au dessus de chaque pectorale est une longue écaille pointue et les rayons pectoraux sont fort durs; leur corps est allongé, comprimé, tranchant en dessous, leurs ventrales extrêmement petites et leur dorsale plus courte que l'anale, vis-à-vis de laquelle elle est placée. L'estomac est un long sac grêle et pointu, le pylore près du cardia, la vessie natatoire longue et étroite. Je ne trouve pas de cœcums.

On n'en connaît qu'un, argenté, de la mer des Indes (1).

---

nata; peut-être n'en diffère-t-il meme pas pour l'espece. M. Schneider aurait pu ajouter que l'*argentina Carolina*, L. y appartient certainement aussi d'après la description, bien que la fig. de Catesb. II, XXIV, manque de dorsale.

N. B. Le *saurus maximus*, Sloane, 251, 1, que l'on cite d'ordinaire sous l'*elops saurus*, est d'un tout autre genre. C'est l'*esox synodus*, L. ou ce qui revient au même le *salmo saurus* à qui l'on a oublié de marquer sa nageoire adipeuse.

(1) L'*ésoce chirocentre*, Lacép. V, VIII, 1, *sabre* ou *sabran* de Commerson, qui est le même poisson que le *clupea dentex*, Schn. p. 428, Forsk. p. 72, ou que le *clupea dorab*, Gm. C'est probablement aussi le *parring* ou *chnees* des Moluques, Ren. VIII, 55.

LES ERYTHRINS. (ERYTHRINUS. Gronov.)

Ont aussi de petits intermaxillaires et les maxillaires faisant une grande partie des côtés de la mâchoire supérieure ; une rangée de dents coniques occupe les bords de chaque mâchoire, et parmi celle de devant, il en est quelques-unes plus grandes que les autres. Les palatins ont des dents en velours. Il n'y a que cinq rayons larges aux ouïes. La tête est ronde, mousse, garnie d'os durs et sans écailles. Les sous-orbitaires couvrent toute la joue. Le corps est oblong, peu comprimé, revêtu de larges écailles comme dans les carpes. La dorsale répond aux ventrales. L'estomac est un large sac et il y a beaucoup de petits cœcums. La vessie natatoire est très-grande.

Ces poissons habitent les eaux douces dans les pays chauds, et leur chair est agréable (1).

LES AMIES. (AMIA. L.)

Ont beaucoup de rapport avec les Erythrins, par leurs mâchoires, leurs dents, leur tête couverte de

---

(1) *Esox malabaricus*, Bl. 392. — *Synodus erythrinus*, Schn. Gron. Mus. VII, 6. — *Syn. tareira*, Schn. pl. 79, Margr. 157. — *Syn. palustris*, Schn. *maturaque*, Margr. 169. — Probablement aussi l'*esox gymnocephalus*, Lin.

N. B. Je soupçonne le *synodus vulpes*, connu seulement par Catesb. II, xxx, d'être le même que le poisson *banane* et du genre des anchois, et je crois que le *synodus synodus*, Schn. que l'on ne connaît que par une figure de Gronovius, Zooph et Mus. VII, 2, n'est qu'un *salmo saurus* qui avait perdu la seconde dorsale. L'*esox synodus*, Lin., autant qu'on en peut juger par sa courte description, n'est pas le même.

pièces osseuses et dures, leurs grandes écailles, les rayons plats de leurs ouïes. Mais ces rayons sont au nombre de douze. Entre les branches de leurs mâchoires inférieures est une sorte de bouclier osseux ; derrière leurs dents coniques en sont d'autres en petits pavés, et leur dorsale qui commence entre les pectorales et les ventrales s'étend jusques près de la caudale. L'anale au contraire est courte. Les narines ont chacune un petit appendice tubuleux. L'estomac est ample et charnu ; l'intestin large et fort, sans cœcums, et ce qui est bien notable, la vessie natatoire est celluleuse comme un poumon de reptile.

On n'en connaît qu'une, des rivières de Caroline, où elle vit d'écrevisses. (*Amia calva.* L.) Schn. 80 (1). Elle se mange rarement.

LES VASTRÈS. (SUDIS. CUV.) (2).

Sont encore des poissons d'eau douce qui ont tous les caractères des érythrins, excepté que leur dorsale et leur anale, placées vis-à-vis l'une de l'autre et à peu près égales entre elles, occupent le dernier tiers de la longueur du corps.

On en possède un à museau court, rapporté du Sénégal par Adanson, et un autre de très-grande taille, à museau oblong, à grandes écailles osseuses, à tête singulièrement rude, du Brésil (3).

---

(1) *N. B.* L'*amia immaculata* Schn., parra. XXXV, 1, 3, 5, doit être d'un autre genre.

(2) *Sudis*, nom employé par Pline, comme syn. de *sphyrena*.

(3) Ils ne sont pas encore décrits.

LES LÉPISOSTÉES. Lacép. (LEPISOSTEUS.)

Ont un museau formé de la réunion des intermaxillaires, des maxillaires et des palatins, au vomer et à l'ethmoïde; la mâchoire inférieure l'égale en longueur; et l'un et l'autre, hérissés sur toute leur surface intérieure de dents en rape, ont le long de leur bord une série de longues dents pointues. Leurs ouïes sont réunies sous la gorge par une membrane commune qui a trois rayons de chaque côté. Ils sont revêtus d'écailles d'une dureté pierreuse, la dorsale et l'anale sont vis-à-vis l'une de l'autre et fort en arrière. Les deux rayons extrêmes de la queue et les premiers de toutes les autres nageoires sont garnis d'écailles qui les font paraître dentelés. Leur estomac se continue à un intestin mince, deux fois replié, ayant au pylore beaucoup de cœcums courts; leur vessie natatoire est celluleuse comme à l'amia, et occupe la longueur de l'abdomen.

On les trouve dans les rivières et les lacs des parties chaudes de l'Amérique (1). Ils deviennent grands et sont bons à manger (2).

---

(1) Je ne crois pas que le poisson des Indes Orientales, Renard VIII, f. 56. Valent. III, 459, soit comme le veut Bloch, l'*esox osseus*; c'est plutôt une espèce d'orphie.

(2) Le caïman, *esox osseus* L. Bl. 390.—Le *lépisostée spatule*, Lacép. V, VI, 2.

N. B. Sous le nom d'*esox viridis*, Linnæus paraît avoir réuni une description de l'*orphie* envoyée par Garden, avec la fig. du *caïman* donnée par Catesby, II, XXX.

Les Bichirs. (Polypterus. Geoff.)

Ont les bords de la mâchoire supérieure immobiles et formés au milieu par les intermaxillaires, et sur les côtés par les maxillaires; une pièce osseuse chagrinée comme celles du reste de la tête couvre toute leur joue; ils n'ont aux ouïes qu'un rayon plat; leur corps allongé est revêtu d'écailles pierreuses comme aux lépisostées, et, ce qui les distingue au premier coup-d'œil de tous les poissons, le long de leur dos règnent un grand nombre de nageoires séparées, soutenues chacune par une forte épine qui porte quelques rayons mous, attachés sur sa face postérieure. La caudale entoure le bout de la queue, l'anale en est fort près; les ventrales très en arrière; les pectorales portées sur un bras écailleux un peu allongé. Autour de chaque mâchoire est un rang de dents coniques, et derrière, des dents en velours ou en rape. Leur estomac est très-grand; leur canal mince, droit, avec une valvule spirale et un seul cœcum; leur vessie natatoire double, à grands lobes, surtout celui du côté gauche, communique par un large trou avec l'œsophage.

On n'en connaît qu'une espèce, découverte dans le Nil par M. Geoffroy. (*Polypterus bichir.*) Geoffr. Ann. Mus. I, v.

Sa chair est bonne à manger.

La troisième famille, ou celle

Des Esoces.

Manque aussi d'adipeuse, mais sa mâchoire

supérieure a son bord formé par l'intermaxillaire, ou du moins quand il ne le forme pas tout-à-fait, le maxillaire est sans dents et caché dans l'épaisseur des lèvres. Ils sont voraces; leur intestin est court, sans cœcums; plusieurs remontent dans les rivières; tous ont une vessie natatoire.

Linnæus les réunissait dans son genre des

BROCHETS. (ESOX. L.)

Que nous divisons comme il suit :

LES BROCHETS proprement dits. (ESOX. CUV.)

Ont de très-petits intermaxillaires au milieu de la mâchoire supérieure, hérissés, aussi-bien que le vomer, les palatins, la langue, les pharyngiens et les arceaux des branchies, de dents en cardes; sur les côtés de la mâchoire inférieure est en outre une série de longues dents pointues, mais les maxillaires n'ont pas de dents. Leur museau est oblong, obtus, large et déprimé. Ils n'ont qu'une dorsale, vis-à-vis de l'anale. Leur estomac, ample et plissé, se continue avec un intestin mince et sans cœcums, qui se replie deux fois. Leur vessie natatoire est très-grande.

Nous en avons un en Europe. (*Esox lucius*. L.) Bl. 32. Connu de tout le monde comme l'un des poissons les plus voraces et les plus destructeurs, mais dont la chair est agréable et d'une digestion facile.

LES GALAXIES. (GALAXIAS. CUV.)

Ont le corps sans écailles apparentes, la bouche peu fendue, des dents pointues et médiocres aux palatins et aux deux mâchoires, dont la supérieure a presque tout son bord formé par l'intermaxillaire ; enfin quelques fortes dents crochues sur la langue.

Les côtés de leur tête offrent des pores, et leur dorsale répond à l'anale, comme dans les brochets, dont ils ont aussi les intestins (1).

LES MICROSTOMES. (MICROSTOMA. Cuv.)

Ont le museau très-court, la mâchoire inférieure plus avancee, garnie ainsi que les petits intermaxillaires de dents très-fines ; trois rayons larges et plats aux ouïes ; l'œil grand, le corps allongé, la ligne latérale garnie d'une rangée de fortes écailles ; une seule dorsale peu en arrière des ventrales ; les intestins des brochets.

On n'en connaît qu'un de la Méditerranée, la *Serpe microstome*. (Risso, pag. 356.)

LES STOMIAS. Cuv.

Ont le museau extrêmement court, la gueule fendue jusque près des ouïes, les opercules réduits à de petits feuillets membraneux et les maxillaires fixés à la joue. Les intermaxillaires, les palatins et les mandibules armés d'un petit nombre de dents longues et crochues, et des petites dents semblables sur la langue. Leur corps est allongé, leurs ventrales tout-à-fait en arrière, et leur dorsale opposée à l'anale, sur l'extrémité postérieure du corps.

On ne connaît qu'une espèce de ces singuliers poissons, découverte par M. Risso dans la Méditerranée, noire, et ornée tout le long de son ventre de plusieurs rangées de points argentés. C'est l'*Esox boa*. (Risso, pl. x, f. 34.)

LES CHAULIODES. (CHAULIODUS. Schn.)

Autant qu'on en peut juger par une figure (Catesb. Supp. pl. IX. Schn. pl. 85.), ont beaucoup de rapport avec les

---

(1) *Esox truttaceus* Cuv. espèce nouvelle, ou peut-être l'*es. argenteus* Forst. ?

stomias par la tête et les mâchoires. Deux dents à chaque mâchoire croisent sur la mâchoire opposée quand la gueule se ferme. La dorsale répond à l'intervalle des pectorales et des ventrales, qui sont bien moins reculées qu'aux stomias, et le premier rayon de cette dorsale s'allonge en filament.

On n'en a encore trouvé qu'un près de Gibraltar (*Chauliodus sloani*, Schn. pl. 85. *Esox stomias*, Sh. V, part. I, pl. III), long de quinze ou dix-huit pouces, et d'un vert foncé.

Les Salanx. Cuv. .

Ont la tête déprimée, les opercules se reployant en dessous, quatre rayons plats aux ouïes les mâchoires pointues, garnies chacune d'une rangée de dents crochues, la supérieure formée presque en entier par des intermaxillaires sans pédicules; l'inférieure un peu allongee de la symphyse par un petit appendice qui porte des dents; leur palais et le fonds de leur bouche sont entièrement lisses. On ne leur voit pas même de saillie linguale (2).

Les Orphies. (Belone. Cuv.)

Ont les intermaxillaires formant tout le bord de la mâchoire supérieure qui se prolonge, ainsi que l'inférieure, en un long museau; l'une et l'autre est garnie de petites dents; leur bouche n'a point d'autres dents; celles de leur pharynx sont en pave. Leur corps est allongé, et revêtu d'écailles peu apparentes, excepté une rangée longitudinale carénée de chaque côté, près du bord inférieur. Leurs os sont bien remarquables par leur couleur d'un beau vert (3). Elles diffèrent peu des brochets par les intestins.

---

(1) *Salanx*, nom grec d'un poisson inconnu.

(2) Il n'y en a qu'une espèce, encore nouvelle.

(3) Cette couleur est inhérente aux os, et ne dépend ni de la

Nous en avons une près de nos côtes, longue de deux pieds, vert dessus, blanc dessous, qui donne un bon manger, malgré la prévention qu'inspire la couleur de ses arêtes. (*Esox belone*, L.) Bl. 33. Il paraît qu'on en trouve dans toutes les mers, mais que l'on n'en a pas assez distingué les espèces. On dit que quelques-unes ont jusqu'à huit pieds de long, et la morsure venimeuse (1).

Les Scombrésoces. (Lacép.)

Ont la même structure de museau que les orphies, et à peu près le même port et les mêmes écailles, avec la rangée carénée le long du ventre, mais les derniers rayons de leur dorsale et de leur anale sont détachés en fausses nageoires, comme dans les maquereaux.

On n'en connaît qu'un de la Méditerranée et de l'Océan. (Le *Scombresoce campérien*, Lac. V, VI, 3. *Esox saurus*, Schn. LXXVIII, 2.)

Les Demi-Becs. (Hemi-Ramphus. Cuv.)

Ont les intermaxillaires formant le bord de la mâchoire supérieure, qui, ainsi que le bord de l'inférieure, est garni de petites dents, mais la symphyse de celle-ci se prolonge en une longue pointe ou demi-bec sans dents. Du reste, par leur port, leurs écailles et leurs viscères, ils ressemblent encore aux orphies.

On en trouve dans les mers chaudes des deux hémisphères; leur chair, quoique huileuse, est agréable au goût (2).

---

cuisson ni de la moëlle épinière, comme le croit Bl. éd. de Schn., p. 391.

(1) Renard, II, pl. XIV, f. 65.

(2) *Esox brasiliensis* L. Bl. 391.—*Es. marginatus*, Lacép. V, VII, 2.

N. B. M. de Lac. réunit l'*ésox hepsetus* de Linn. à l'*es. margi-*

LES EXOCETS. (EXOCETUS. L.) (1).

Se reconnaissent sur-le-champ parmi les abdominaux à l'excessive grandeur de leurs pectorales, assez étendues pour les soutenir quelques instans en l'air. Du reste leur tête et leur corps sont écailleux; une rangée longitudinale d'écailles carénées leur forme une ligne saillante au bas de chaque flanc, comme aux orphies, aux hémiramphes, etc. (2). Leur tête est aplatie en dessus et par les côtés; leur dorsale est placée au-dessus de l'anale, leurs yeux grands, leurs intermaxillaires sans pédicules et faisant seuls le bord de la mâchoire supérieure; leurs deux mâchoires sont garnies de petites dents pointues et leurs os pharyngiens de dents en pavé.

On compte dix rayons à leurs ouïes; leur vessie natatoire est très-grande, et leur intestin droit et sans cœcums. Le lobe supérieur de la caudale est le plus court. Leur vol n'est jamais bien long; s'élevant pour fuir les poissons voraces, ils retombent

---

natus; mais l'*esox hepsetus* est un composé de deux poissons : l'un, le *piquitinga* de Marg. 159. (le *mœnidia* de Brown, Jam. XLV, 3), est un anchois. L'autre, amœn. ac. I, p. 321, me paraît indéterminable, mais ce ne peut pas être un *hémiramphe.*

(1) Ἐξώκοιτος, couchant dehors, nom grec d'un poisson qui, au dire des anciens, venait se reposer sur le rivage. C'était probablement quelque gobie ou quelque blennie, comme l'ont pensé Rondelet et d'autres. On ne comprend pas comment Artédi a pu associer nos poissons actuels à ces blennies : Linnæus les en a séparés en leur conservant ce nom d'*exocet* qui ne leur appartenait point.

(2) On ne doit pas confondre, comme l'a fait Bloch, cette carène avec la ligne latérale qui est à sa place ordinaire, quoique souvent peu marquée.

bientôt, parce que leurs ailes ne leur servent que de parachutes; les oiseaux les poursuivent dans l'air comme les poissons dans l'eau. On en trouve dans toutes les mers chaudes et tempérées.

Nous en avons un assez commun dans la Méditerranée, reconnaissable à la longueur de ses ventrales, placées plus en arrière que le milieu du corps. C'est l'*Exocetus exiliens*. Bl. 497. Les jeunes individus ont des bandes noires sur leurs nageoires (1). L'espece la plus commune dans l'Océan, *Ex. volitans*. Bl. 398, a les ventrales petites et placées avant le milieu (2).

Il paraît que les mers d'Amérique en produisent avec de longs barbillons (3).

Nous plaçons, à la suite de la famille des ésoces, un genre qui en diffère peu, mais qui a les intestins plus longs et deux cœcums. C'est celui des

MORMYRES. (MORMYRUS. L.) (4).

Poissons à corps comprimé, oblong, écailleux, à queue mince à sa base, renflée vers la nageoire, dont

(1) Tel était le petit individu de la Caroline décrit par Linnæus, mais le deuxième *pirabebe* de Pison, 61, est le *volitans*.

(2) Je vois par les dessins de Commerson et par celui de Whyte, Botan. Bay, app. p. 266, que l'on en trouve des deux formes dans la Mer pacifique.

N. B. L'*exiliens* et le *mesogaster* Bl. 399, se ressemblent beaucoup. Il n'est pas aisé de les distinguer dans les relations et les figures des voyageurs.—L'*evolans* de Linn. ne paraît qu'un *volitans* dont les écailles étaient tombées.

(3) Mitchill. trans. of New-York, I, v, 1, 2.

(4) *Μόρμυρος*, nom grec d'un poisson de mer littoral et varié en couleur. Probablement le *sparus mormyrus* L. Il a été appliqué assez mal à propos par Linnæus à des poissons d'eau douce d'une couleur uniforme.

la tête est couverte d'une peau nue et épaisse, qui enveloppe les opercules et les rayons des ouïes, et ne laisse pour leur ouverture qu'une fente verticale, ce qui leur a fait refuser des opercules par quelques naturalistes, quoiqu'ils en aient d'aussi complets qu'aucun poisson, et a fait réduire à un seul leurs rayons branchiaux, quoiqu'ils en aient cinq ou six. L'ouverture de leur bouche est fort petite, presque comme aux mammifères nommés fourmiliers; les maxillaires en forment les angles. Des dents menues et échancrées au bout garnissent les intermaxillaires et la mâchoire inférieure, et il y a sur la langue et sous le vomer une longue bande de dents en velours. L'estomac est en sac arrondi, suivi de deux cœcums et d'un intestin long et grêle, presque toujours enveloppé de beaucoup de graisse. La vessie est longue ample et simple. On compte les *mormyres* parmi les meilleurs poissons du Nil.

Les uns ont le museau cylindrique, la dorsale longue (1).

D'autres ont le museau cylindrique, la dorsale courte (2).

On peut croire, ainsi que le pense M. Geoffroy, que

---

(1) Le *morm. d'Hasselquist*, Geoff. poiss. du Nil, pl. VI, f. 2.— *Mormyrus caschive*, Hasselq. 398, qui me paraît différent du précédent par plusieurs traits essentiels, à en juger par sa description.— Le *morm. oxyrinque*, Geoff. pl. VI, f. 1, qui est le *centriscus niloticus* Schn. pl. 30.—*Mormyrus cannume*, Forsk. 74, dont la description ne me paraît non plus pouvoir s'accorder avec aucun des précédens.

(2) Le *morm. de Dendera* ou *anguilloïdes* L. Geoffr. pl. VII, f. 2, mal à propos confondu avec le *caschive* d'Hasselquist par Linnæus, mais qui est le *hersé* Sonnini, voy. en Egyp., pl. XXII, f. 1.

c'est dans l'une ou l'autre de ces subdivisions que l'on doit chercher l'*oxyrinquè*, révéré des anciens Égyptiens.

D'autres encore ont le museau court, arrondi, la dorsale courte (1).

Enfin, il en est où le front fait une saillie bombée, en avant d'une bouche reculée (2).

La quatrième famille, ou celle

Des Cyprins.

Manque encore d'adipeuse et se reconnaît à une bouche peu fendue, à des mâchoires faibles, le plus souvent sans dents, et dont le bord est formé par les intermaxillaires; à des pharyngiens fortement dentés, qui compensent le peu d'armure des mâchoires; à des rayons branchiaux peu nombreux; leur corps est écailleux et leur intestin sans cul-de-sac à l'estomac, et sans cœcums; ce sont les moins carnassiers des poissons.

Les Carpes. (Cyprinus. L.)

Forment un genre très-nombreux et fort naturel, aisé à distinguer à sa petite bouche, à ses mâchoires sans aucunes dents et aux trois rayons plats de ses ouïes. Leur langue, leur palais sont lisses, mais leur

(1) Le *morm. de Salheyeh*, *m. labiatus*, Geoffr pl. VII, f. 1.—Le *m. de Belbeys*, *m. dorsalis*, id. pl. VIII, f. 1, qui est le *kaschoué*, Sonn. pl. XXI, f. 3.

(2) Le *morm. bané*, ou *m. cyprinoïdes* L. Geoffr. pl. VIII, f. 2.

pharynx offre un puissant instrument de mastication ; savoir, de grosses dents adhérentes aux os pharyngiens inférieurs, et pouvant presser les alimens entre elles et un bourrelet gélatineux, qui tient à une plaque osseuse soudée sous la premiere vertèbre, bourrelet que l'on connaît vulgairement sous le nom de langue de carpe. Ces poissons n'ont qu'une dorsale et leur corps est couvert d'écailles le plus souvent fort grandes; ils habitent les eaux douces, et sont peut-être les moins carnassiers de tous les poissons, vivant en grande partie de graines, d'herbe et même de limon. Leur estomac se continue à un intestin court et sans cœcums, et leur vessie est divisée en deux par un étranglement.

Nous les subdivisons en sous-genres comme il suit :

LES CARPES proprement dites. (CYPRINUS. Cuv.)

A dorsale longue, ayant, ainsi que l'anale, une épine dentelée pour deuxième rayon.

Les unes ont des barbillons aux angles de la mâchoire supérieure.

Telle est la *Carpe vulgaire.* (*Cyprinus carpio.* L.) Bl. 16. (1).

Poisson connu de tout le monde, d'un vert-olivâtre, jaunâtre en dessous, vivant dans nos eaux tranquilles, où il atteint jusqu'à quatre pieds de long. Il s'eleve aisément

---

(1) Les cyprins, *Anne-Caroline*, Lacép. V, XVIII, 1.—*Rouge-brun*, id. ib. XVI, 1.—*Mordoré*, ib. 2.—*Vert-violet*, ib. 3. Tous connus seulement d'après des peintures chinoises, se rapprochent beaucoup de la carpe.

dans les viviers, les étangs, et est généralement de bon goût.

On en voit assez souvent des individus monstrueux, à front très-bombé et à museau tres-court; l'on en élève une race à grandes écailles, dont certains individus ont la peau nue par places, ou même entièrement. On la nomme

Reine des Carpes, Carpe à miroir, Carpe à cuir, etc. (*Cyprinus rex cyprinorum.* Bl. 17.)

D'autres espèces manquent de ces appendices. Telle est

La *Dorade de la Chine.* (*Cypr. auratus.* L.) Bl. 93.

Poisson aujourd'hui répandu par toute l'Europe, à cause de l'éclat et des varietés de ses couleurs, qui font l'ornement de nos bassins; d'abord noirâtre, il prend par degré ce beau rouge doré qui le caracterise; mais il y en a d'argentés et de variés de ces trois nuances. Il y en a aussi des individus sans dorsale; d'autres à dorsale très-petite; d'autres dont la caudale est très-grande et divisée en trois ou quatre lobes; d'autres dont les yeux sont énormément gonflés, et tous ces accidens, produits de l'éducation domestique, peuvent se combiner diversement (1).

LES BARBEAUX. (BARBUS. CUV.)

Ont la dorsale et l'anale courtes, une forte épine pour second ou troisième rayon de la dorsale, et quatre barbillons, dont deux sur le bout, et deux aux angles de la mâchoire supérieure.

---

(1) Tels sont le *cypr. macrophtalmus*, Bl. 410, ou le *gros-yeux*, Lacép. V, XVIII, 2;—le *c. quatre-lobes*, Lacép. ib. 5, et les variétés de la dorade Bl. 93, 94, etc. Voyez la collection de dorades de la Chine, par Sauvigny et Martinet.

Le *Barbeau commun.* (*Cyprinus barbus.* L.) Bl. 18.

Reconnaissable à sa tête oblongue, et très-commun dans les eaux claires et vives, où il atteint quelquefois plus de dix pieds de long (1).

LES GOUJONS. (GOBIO. Cuv.)

Ont la dorsale et l'anale courtes, sans épines à l'une ni à l'autre, et des barbillons.

Nous en avons un, à nageoires piquetées de brun, qui, malgré sa petitesse, est estimé par son bon goût. (*Cypr. gobio.* L.) Bl. 8, f. 2. Il vit en troupes dans nos eaux douces, et ne passe guère huit pouces de longueur.

LES TANCHES. (TINCA. Cuv.)

Joignent aux caractères des goujons, celui de n'avoir que de très-petites écailles; leurs barbillons sont aussi très-petits.

Nous en avons une, la *Tanche vulgaire.* (*Cypr. tinca.* L.) Bl. 14. Courte et grosse, d'un brun-jaunâtre, qui n'est bonne que dans certaines eaux, et qui prend quelquefois une belle couleur dorée. (*Cypr. tinca auratus.*) Bl. 15. Elle habite de préférence les eaux stagnantes.

LES CIRRHINES. Cuv.

Ont la dorsale plus grande que les goujons, et leurs barbillons sur le milieu de la lèvre supérieure (2).

---

(1) Ajoutez les barbeaux de la Mer Caspienne: *cyprinus capoëta*, Guldenstedt. nov. comm. Petrop. XVII, pl. XVIII, f. 1, 2; — *c. mursa*, id. ib. f. 3—5; — *c. bulatmai*, Pall.; — et le barbeau du Nil. (*cyprinus binny.* Forsk. 71, Sonnini, voy. pl. XXVII, f. 3, ou *cypr. lepidotus*, Geoffr. poiss. du Nil, pl. X, f. 2.)

N. B. Bruce après avoir rapporté l'histoire du vrai binny, y ajoute par mégarde la figure et la description d'un *polynème* qu'il aura dessiné dans la Mer rouge.

(2) *Cyp. cirrhosus*, Bl. 411.

Les Brêmes. (Abramis. Cuv.)

N'ont ni épines ni barbillons; leur dorsale est courte, placée en arrière des ventrales, et leur anale est longue. Nous en avons deux :

La *Brême commune.* (*C. brama.* L.) Bl. 13.

La plus grande espèce de cette subdivision; elle a vingt-neuf rayons à l'anale, et toutes les nageoires obscures. C'est un bon poisson, fort abondant, et qu'on multiplie aisément.

La *Bordelière* ou *petite Brême.* (*C. blicca. C. latus.* Gm.) Bl. 10.

A pectorales et ventrales rougeâtres, à vingt-quatre rayons à l'anale; peu estimée, et ne servant guère qu'à nourrir les poissons dans les viviers (1).

Les Labéons. (Labeo. Cuv.)

Ont la dorsale longue, comme les carpes proprement dites, mais les épines et les barbillons leur manquent, et leurs lèvres charnues sont d'une épaisseur remarquable. Ils sont tous étrangers (2).

Les Ables. (Leuciscus. Klein.) Vulg. *Poissons blancs.*

Ont la dorsale et l'anale courtes, et manquent d'épines et de barbillons. C'est une subdivision nombreuse en espèces, mais dont la chair est peu estimée. On leur applique assez indistinctement, dans nos diverses provinces, les

---

(1) Ajoutez deux poissons qui remontent de la Baltique dans les fleuves qui s'y jettent : la sope (*c. ballerus*), Bl. 9, et la serte. (*c. vimba* L.), Bl. 4.

(2) *C. niloticus*, Geoff. poiss. du Nil, pl. IX, f. 2.—*C. fimbriatus*, Bl. 409.

noms de *Meunier*, *Chevanne*, *Gardon*, etc. (1). Les plus communs ici sont :

Le *Meunier*. (*Cyprinus dobula*. L.) Bl. 5.

A tête large, à museau rond, à pectorales et ventrales rouges.

La *Rosse*. (*Cyprinus rutilus*. L.) Bl. 2.

A corps comprimé, argenté; toutes les nageoires rouges; la dorsale vis-à-vis des ventrales.

La *Vandoise*. (*C. Leuciscus*.) Bl. 97, fig. 1.

A Corps étroit, à nageoires pâles, à museau un peu proéminent.

L'*Ablette*. (*Cypr. alburnus*. L.) Bl. 8, f. 4.

A corps étroit, argenté, à nageoires pâles, la mâchoire inferieure un peu plus longue. C'est un des poissons dont la nacre sert à fabriquer les fausses perles.

Le *Véron*. (*Cypr. phoxinus*. L.) Bl. 8, f. 5.

Tacheté de noiratre ; la plus petite espèce de ce pays (2).

---

(1). *N. B.* Bloch et ses successeurs n'ont point suivi l'usage des environs de Paris dans l'application de ces noms français, qu'ils ont repartis presque au hasard.

(2) Ajoutez les *cypr. erythroptalmus*, Bl. 1;—*nasus*, Bl. 3;—*jeses* Bl. 6;—*idus*, Bl. 36;—*buggenhagii*, Bl. 95;—*aspius*, Bl. 7;— *bipunctatus*, Bl. 8, f. 1;—*amarus*, Bl. 8, f. 3;—*aphya*, Bl. 97, f. 2;— *Chalcoïdes*, Guldenst. nov. comm. Petr. 1772, pl. XVI;—*cultratus*, Bl. 37;—*americanus*, Lac. V, XV, 3;—*commersonii*, id. III, XI, 3; —*falcatus*, Bl. 412, etc...Le *cyprinus orfus*, Bl. 93, ne serait-il point une variété de *rutilus*?

N. B. Je ne crois pas que l'on puisse décidément placer, ni même établir comme espèces distinctes, plusieurs des cyprins de Linneus et de Pallas dont on n'a point de bonnes figures.

LES GONORHINQUES. (GONORHYNCHUS. Gronov.)

Ont le corps et la tête allongés et couverts, ainsi que les opercules, et même la membrane des ouïes, de petites écailles; le museau saillant, au-dessus d'une petite bouche sans dents et sans barbillons; trois rayons aux ouïes, et une petite dorsale sur les ventrales.

On n'en connaît qu'un, du Cap. (*Cyprinus gonorynchus.* Gm.) Gron. Zooph. pl. x, fig. 2. (1).

LES LOCHES, ou DORMILLES. (COBITIS. L.) (2).

Ont la tête petite, le corps allongé, revêtu de petites écailles et enduit de mucosité; les ventrales fort en arrière, et au dessus d'elles une seule petite dorsale; la bouche au bout du museau, peu fendue, sans dents, mais entourée de lèvres propres à sucer, et de barbillons; les ouïes peu ouvertes, à trois rayons seulement. Leurs os pharyngiens inférieurs sont assez fortement dentés, il n'y a point de cœcums à leur intestin, et leur très-petite vessie natatoire est enfermée dans un étui osseux, bilobé, adhérent à la troisième et à la quatrième vertèbres (3). Nous en avons trois espèces dans nos eaux douces.

La *Loche franche.* (*Cobitis barbatula.* L.) Bl. 31, 3.

Petit poisson de quatre ou cinq pouces, nuagé et pointillé de brun, sur un fond jaunâtre, à six barbillons; commun dans nos ruisseaux, et de fort bon goût.

---

(1) Mal copié. Schn. 78.

(2) Κωβῖτις, nom grec d'un petit poisson mal déterminé.

(3) Voy. Schneider, *syn. pisc. arted.* p. 5, et 337.

La *Loche d'étang*, MISGURN. LAC. (1). (*Cobitis fossilis*. L.) Bl. 31, 1.

Longue quelquefois d'un pied, avec des raies longitudinales brunes et jaunes, et dix barbillons. Elle se tient dans la vase des étangs, où elle subsiste long-temps même lorsqu'ils sont gelés ou desséchés. Quand le temps est orageux, elle vient à la surface, l'agite, et trouble l'eau; quand il est froid, elle se retire plus soigneusement dans la vase: elle avale sans cesse de l'air, qu'elle rend par l'anus, après l'avoir échangé en acide carbonique, selon la belle observation de M. Ehrman. Sa chair est molle et sent la vase.

La *Loche de rivières*. (*Cobitis tœria*. L.) Bl. 31, 2.

A six barbillons, à corps comprimé, orangé, marqué de séries de taches noires, se distingue des deux autres par un aiguillon fourchu et mobile, que le sous-orbitaire forme en avant de l'œil. C'est la plus petite des trois. Elle se tient dans les rivières, entre les pierres, et est peu recherchée.

LES ANABLEPS. (ANABLEPS. Bl.) (2).

Long-temps et mal à propos réunis aux *loches*, ont des caractères fort particuliers; d'abord leurs yeux très-saillant sous une voute formée de chaque côté par le frontal, ont la cornée et l'iris partagés en deux portions par des bandes transverses, en sorte qu'ils ont deux pupilles et paraissent doubles quoiqu'ils n'aient qu'un crystallin, un vitré et une

(1) *N. B.* Je ne separe pas les *misgurns* des *loches*, parce que leur organisation ne diffère en rien, et que les premiers n'ont pas plus de dents que les autres aux mâchoires; j'ai cherché inutilement celles qu'y décrit Bloch.

(2) D'ἀναβλέπω, lever les yeux: nom donné par Artédi.

rétine(1), ce dont il n'y a pas d'autre exemple parmi les animaux vertébrés. Ensuite les organes de la génération et la vessie du mâle ont leur canal excréteur dans le bord antérieur de la nageoire anale, lequel est gros, long, revêtu d'écailles; son extrémité est percée et sert sans doute à l'accouplement. La femelle est vivipare et les petits naissent déjà très-avancés.

Ces poissons ont le corps cylindrique, revêtu de fortes écailles, quatre rayons aux ouïes, la tête aplatie, le museau tronqué, la bouche fendue transversalement au bout, armée aux deux mâchoires de dents en velours; les intermaxillaires sans pédicule et suspendus sous les naseaux qui forment le bord antérieur du museau; les pectorales en grande partie écailleuses et une petite dorsale placée sur la queue et plus en arrière que l'anale. Leurs os pharyngiens sont grands et garnis de beaucoup de petites dents globuleuses; on compte six rayons à leurs ouïes; leur vessie aërienne est très-grande, leur intestin ample, mais sans cœcums.

On n'en connaît qu'un, des rivières de la Guiane. (*Cobitis anableps*. L.) *Anableps tetrophtalmus*. Bl. 361.

Les Pœcilies. (Pœcilia. Schn.)

Ont les deux mâchoires aplaties horizontalement, peu fendues, garnies d'une rangée de petites dents très-fines, le dessus de la tête plat, les opercules

---

(1) Voyez Lacép. Mém. de l'Institut, tom. II, p. 372.

grands, trois rayons aux ouïes, le corps peu allongé, les ventrales peu reculées et la dorsale au-dessus de l'anale. Ce sont de petits poissons des eaux douces d'Amérique.

L'un d'eux (*Pœcilia vivipara.* Schn. 86, 2.) fait des petits vivans (1).

LES LEBIAS. (Cuv.)

Ressemblent aux pœcilies, excepté qu'ils ont cinq rayons aux branchies et que leurs dents sont dentelées (2).

LES CYPRINODONS. (Lacép.)

Ont encore beaucoup de rapports avec les pœlicies; mais leurs dents sont en velours et la rangée antérieure en crochets; ils en ont de coniques, assez fortes au pharynx. On leur compte quatre rayons aux branchies (3).

La cinquième et dernière famille des malacoptérygiens abdominaux, ou celle

DES SILUROÏDES.

Se distingue de toutes les précédentes, parce qu'elle n'a jamais de véritables écailles, mais

---

(1) Ajoutez *cobitis heteroclita* L. ou *pœcilia cœnicola* Schn.;—l'*hydrargire swampine*, Lacep. V, x, 3, dont le *pœcilia fasciata*, Schn. 453, doit être fort voisin;—*pœc. mayalis*, Schn. ib.

Quant au *cobitis pacifica* Forsk., ou *pœc. fusca*, Schn. ib. et au *cobitis japonica* Houtt, je doute que l'on soit encore en état de les classer.

(2) Les espèces sont nouvelles, et j'ignore d'où elles viennent.

(3) Le *cyprinodon varié*, Lac. V, xv, 1.

seulement une peau nue, ou de grandes plaques osseuses. Les intermaxillaires suspendus sous l'ethmoïde forment le bord de la mâchoire supérieure, et les maxillaires sont réduits à de simples vestiges ou allongés en barbillons. Le canal intestinal est ample, replié et sans cœcums ; la vessie grande, et adhérente à un appareil osseux particulier ; presque toujours la dorsale et les pectorales ont une forte épine pour premier rayon, et il y a très-souvent en arrière une adipeuse comme dans les saumons.

LES SILURES. (SILURUS. L.) (1).

Forment un genre nombreux que l'on reconnaît à sa nudité, à sa bouche fendue au bout du museau, et pour le plus grand nombre des sous-genres, à la forte épine qui fait le premier rayon de la pectorale ; elle est tellement articulée sur l'os de l'épaule, que le poisson peut à volonté la rapprocher du corps ou la fixer perpendiculairement dans une situation immobile, ce qui lui donne alors une arme dangereuse, et dont les blessures passent en beaucoup d'endroits pour envenimées, sans doute parce que le tétanos survient à la suite de leurs déchirures.

(1) *Silurus* et *glanis*, deux noms anciens, pris tantôt pour synonymes, tantôt pour différens, et donnés à des poissons du Nil, du Danube, de l'Oronte et de quelques rivières de l'Asie-Mineure. Il n'est guères douteux qu'ils n'appartiennent à ce genre.

Les silures ont en outre la tête déprimée, les intermaxillaires suspendus sous l'ethmoïde, et non protractiles, les maxillaires très-petits, mais se continuant presque toujours chacun en un barbillon charnu auquel s'en joignent d'autres attachés à la mâchoire inférieure ou même aux narines. Le couvercle de leurs branchies manque de la pièce que nous avons appelée *subopercule*; la vessie natatoire robuste et en forme de cœur, adhère par ses deux lobes supérieurs à un appareil osseux particulier, qui tient à la première vertèbre. L'estomac est un cul-de-sac charnu; l'intestin long, ample et sans cœcums (1). Ces poissons abondent dans les rivières des pays chauds. On trouve des grains dans l'estomac de plusieurs espèces.

Dans les SILURES proprement dits. (SILURUS. Lacép.)

Il n'y a qu'une petite nageoire, de peu de rayons sur le devant du dos; mais l'anale est fort longue, et va très-près de celle de la queue.

Les SILURES, plus spécialement ainsi nommés. (SILURUS. Artéd. et Gronov.)

Ont la petite dorsale sans épine sensible; les dents en carde aux deux mâchoires, et derrière la bande intermaxillaire de ces dents, est une bande vomérienne. Tel est

Le *Saluth* des Suisses. (*Silurus glanis*. L.) Bl. 34. *Wels* ou *Scheid* des Allemands; *Màl* des Suédois.

Le plus grand des poissons d'eau douce de l'Europe, et le seul de tout ce grand genre qu'elle possède; lisse, noir-

---

(1) Hasselquist en attribue au *schilbé*, mais je me suis assuré du contraire.

verdâtre, tacheté de noir en dessus, blanc-jaunâtre en dessous, à grosse tête, à six barbillons, quelquefois long de six pieds, et pesant, dit-on, jusqu'a trois cents livres. Il se trouve dans les rivières d'Allemagne, de Hongrie, etc.; se cache dans la vase pour attendre sa proie. Sa chair est grasse, et on emploie en quelques endroits son lard comme celui du porc (1).

LES SCHILBÉ.

Diffèrent de ces silures propres par un corps comprimé verticalement, et par une épine forte et dentelée à leur dorsale. Leur tête petite, déprimée, leur nuque subitement relevée, et leurs yeux placés très-bas, leur donnent une apparence singulière.

On n'en connaît encore que dans le Nil, où leur chair est moins mauvaise que celle des autres silures de ce fleuve. Ils ont huit barbillons (2).

LES MACHOIRANS (3). (MYSTUS. Artéd. et Lin. dans ses premières éditions.)

Sont des silures qui, outre leur première dorsale rayonnée, en ont une seconde adipeuse; ils se composent principalement des *pimelodes* et des *doras*. Lacép.

LES PIMELODES. Lacép.

Ont le corps revêtu seulement d'une peau nue, sans armures latérales.

---

(1) Ajoutez *sil. fossilis*, Bl. 370, 2;—*sil. bimaculatus*, id. 364;—*sil. attu*, Schn. 75;—le *sil. chinois*, Lac. V, II, 1;—*sil. asotus* L. Pallas, nov. act. Petrop. I, XI, 11.—*N. B.* D'après une inspection de l'individu desséché, l'*ompok* siluroïde, Lac. V, 1, 2, pourrait bien être un silure qui aurait perdu sa dorsale.

(2) *Silurus mystus* Hasselq., Geoff. poiss. d'Eg., pl. II, fig. 3 et 4. —*Silurus auritus*, Geoff. ib. f. 1 et 2.

(3) *Machoiran*, nom de ces poissons dans les colonies françaises. Schn. p. 478, le rapporte mal à propos aux balistes.

Nous y distinguons d'abord,

LES SHALS. (SYNODONTIS. Cuv.) (1).

Dont le museau est étroit, et où la mâchoire inférieure porte un paquet de dents très-aplaties latéralement, terminées en crochets, et suspendues chacune par un pédicule flexible, dentition dont il n'y a point d'autre exemple connu. Le casque rude, formé par le crâne de ces poissons, se continue sans interruption, avec une plaque osseuse qui s'étend jusqu'à la base de l'épine de la première dorsale, épine qui est très-forte, aussi-bien que celles des pectorales. Leurs barbillons inférieurs, quelquefois même les maxillaires, ont des barbes latérales. On trouve de ces poissons dans le Nil et dans le Sénégal; leur chair est méprisée (2).

LES PIMELODES proprement dits. (PIMELODUS. Cuv.)

Seront pour nous ceux seulement qui ont des dents en velours aux deux mâchoires, mais où la supérieure n'en a qu'une bande intermaxillaire.

Dans les uns, la plaque de la nuque est distincte et bien marquée (3).

En d'autres elle diminue par degrés, et ne paraît presque plus au dehors; ordinairement leur crâne est moins âpre, et couvert d'une peau plus épaisse (4).

---

(1) *Synodontis*, nom ancien d'un poisson du Nil, indéterminé.

(2) *Silurus clarias*, Hasselquist, très-différent du *clarias* de Gronovius et de celui de Bloch. C'est le même que le *sil. schal*, Schn. Sonnini, voy., pl. XXI, f. 2, ou que le *pimelode scheilan*, Geoff. poiss. d'Eg., pl. XIII, f. 3 et 4. — *Pimelodus synodontes*, Geoff. ib. XII, f. 5. — *Pimelod. membranaceus*. id. ib. f. 1 et 2. *N. B. Schal* est leur nom générique dans la basse Egypte. *Gurgur* dans la haute.

(3) *Silurus clarias* de Bloch, pl. 35, f. 1 et 2, qui n'est pas celui de Linnæus. — *Sil. nodosus*, Bl. 368, 1. — *Sil. hemioliopterus*, Schn. — *Pimelodus biscutatus*, Geoff. poiss. d'Eg., pl. XIV, f. 1 et 2.

(4) *Silurus herzbergii*, Bl. 367. — *Sil. quadrimaculatus*, Bl.

LES BAGRE. Cuv.

Seront ceux où les dents de la mâchoire supérieure sont disposées sur deux bandes transverses et parallèles, une intermaxillaire et une vomérienne. Leur crâne est aussi généralement plus lisse, et leur plaque de la nuque plus petite (1).

On peut encore, si l'on veut, distinguer parmi eux ceux dont le museau s'allonge et s'aplatit, comme aux brochets (2).

LES AGÉNEIORES. Lacép.

Ont tous les caractères des pimelodes, excepté qu'ils manquent de barbillons proprement dits.

Dans les uns, l'os maxillaire, au lieu de se prolonger en un barbillon charnu et flexible, se redresse comme une corne dentelée (3).

Dans d'autres, il ne fait aucune saillie, et reste caché

368, 2. — *Sil. galeatus*, Bl. 369, 1. — *Sil. clarias* de Gronovius et de Linnæus, Seb. III, XXIX, 5, qui me paraît le même que l'*erythrophterus*, Bl. 369, 2. — Le *pimelode moucheté*, Lac. V, V, 1. — *Sil. felis*, L. Seb. III, XXIX, 1. — *Sil. catus*, Catesb. XXIII. — *Sil. vittatus*, Bl. 371, 2. — *Sil. maculatus*, Thunb. act. Stock. 1792, I, 2. *N. B.* Le *tachysure chinois*, Lac. V. V, 2, me paraît un pimelode de cette subdivision à qui le peintre chinois aura donné par inadvertance des rayons à la deuxième dorsale.

(1) *Silurus bayad*, Forsk. Geoff. poiss. du Nil, pl. XV. 1. 2. — *Sil. docmac*, Forsk. Geoff. ib. f. 3. 4. — *Pimelodus auratus*, Geoff. ib. — *Silurus bagre*, Lin. Bl. 363. — *Pimelode commersonien*, Lac. V, III, 1, le même que son *Pim. barbu*, ib. pag. 102. *N. B.* Que l'anale a été oubliée par mégarde dans la figure du Commersonien.

(2) *Sil. fasciatus*, Bl. 366, où les épines dorsale et pectorale ne sont pas assez marquées. — Sil. nob. *Vaillantii*; bagre primus. Margr., p. 173. — *Sil. lima*, Schn. p. 384.

(3) *Silurus militaris*, Bl. 362.

sous la peau ; les épines dorsale et pectorale y sont peu apparentes (1).

Les Doras. Lacép.

Sont des *machoirans*, où la ligne latérale est cuirassée par une rangée de pièces osseuses, relevées chacune d'une épine ou d'une carène saillante. Leurs épines dorsales et pectorales sont très-fortes et puissamment dentelées. Leur casque est âpre, et se continue jusqu'à la dorsale, comme aux *shals*, et leur os de l'épaule fait une pointe en arrière, mais leurs dents sont toutes en velours (2).

Quelques-uns en ont de vomériennes (3).

Les Hétérobranches. (Heterobranchus. Geoffr.)

Ont la tête garnie d'un bouclier âpre, plat, et plus large qu'aucun autre silure, à cause de deux pièces osseuses surajoutées, qui recouvrent l'orbite et la tempe; l'opercule est encore plus petit à proportion qu'aux précédens, et ce qui les distingue même de tous les poissons, c'est la particularité observée par M. Geoffroy, qu'outre les branchies ordinaires, ils ont des appareils ramifiés comme des arbres, adhérens

---

(1) *Sil inermis*, Bl. 363.

N. B. Le *silurus ascita*, L. ad. fr. pl. xxx, f. 2, 2, n'est qu'un pimelode ordinaire sortant de l'œuf et dont le jaune n'est pas encore tout-à-fait rentré dans l'abdomen. Linnæus a pris ce jaune pour un ovaire, et son erreur a été paraphrasée par Bloch. C'est aussi par une faute d'impression que Linnæus place quatre barbillons à la mâchoire supérieure. Ses figures les mettent à l'inférieure.

(2) *Silurus costatus*, L. Bl. 376, et Gronov. V, 1, 2, qui est aussi le *cataphractus americanus*, Catesb. suppl. IX, cité d'ordinaire sous *Sil. cataphractus*. — *Sil. carinatus*, L. qui me paraît le même que Gronov. III, 4 et 5, cité aussi d'ordin. sous *s. cataphractus*, et que le *klip-bagre*, Margr. 174. Ainsi l'espèce du *sil. cataphractus* se réduirait à rien. Il y a encore d'autres espèces non décrites.

(3) L'espèce est nouvelle.

à la branche supérieure du troisième et du quatrième arc branchial, et qui paraissent être une sorte de branchies surnuméraires. Du reste, leurs viscères ressemblent à ceux des autres silures; leur membrane branchiale a de huit ou neuf, à treize ou quatorze rayons. Leur épine pectorale est forte et dentelée, mais il n'y en a point de telle à la dorsale; leur corps est allongé ainsi que leur dorsale, et leur anale est revêtue d'une peau nue. Ceux qu'on connaît ont huit barbillons. Ils viennent du Nil, du Sénégal, et de quelques rivières d'Asie. Leur chair est médiocre ou mauvaise.

Les uns, les Macroptéronotes. Lacép. Clarias, Gronov n'ont qu'une dorsale toute rayonnée.

L'un d'eux, le *Sharmuth* ou *Poisson noir*. (*Silurus anguillaris*. Hasselq. et L.) est commun en Egypte et en Syrie, et forme, en ce dernier pays, un grand article de nourriture (1).

D'autres ont une dorsale rayonnée et une adipeuse (2):

Les Plotoses. Lacép.

Se caractérisent par une seconde dorsale rayonnée, très-longue, aussi-bien que l'anale, et toutes les deux s'unissant à la caudale pour former une pointe comme dans l'anguille. Leurs lèvres sont charnues et pendantes. Leur gueule est armée en avant de dents coniques, derrière lesquelles en sont de globuseuses, qui, à la mâchoire supérieure, appartiennent au vomer. Une peau épaisse enveloppe leur tête comme le reste de leur corps; leur membrane branchiale a neuf ou dix rayons.

---

(1) Aj. *sil. batrachus*, Bl. 370, 1, qui pourrait bien être le même que le *macropteronote brun*. Lac. V, 11, 2. — L'*hexacircine*, id. ib. 3, n'a que six barbillons, mais il n'est tiré que de dessins chinois.

(2) Le halé (*heterobranchus bidorsalis*), Geoff. poiss. du Nil, pl. xvi, f. 2.

Ceux qu'on connaît viennent des Indes Orientales. On leur compte huit barbillons, et derrière l'anus est encore un appendice charnu et ramifié, dont les fonctions doivent être singulières. Les uns ont des épines dorsales et pectorales dentelées et considérables (1). D'autres les ont presque cachées sous la peau (2).

LES CALLICHTES. (CALLICHTYS. Lin. dans ses prem. éd. CATHAPHRACTUS. Lacép.) (3).

Ont le corps presque entièrement cuirassé sur ses côtés, par quatre rangées de pièces écailleuses, et il y a aussi sur la tête un compartiment de ces pièces; mais le bout du museau est nu, ainsi que le dessous du corps; leur deuxième dorsale n'a qu'un seul rayon dans son bord antérieur; leur épine pectorale est forte, mais la dorsale est faible. La bouche est peu fendue et les dents presque insensibles; les barbillons au nombre de quatre; les yeux petits et sur les bords de la tête.

Ces poissons peuvent ramper à sec quelque temps, comme l'anguille.

Les uns ont l'épine pectorale simplement âpre (4).

D'autres l'ont dentelée, comme la plupart des silures (5).

LES MALAPTÉRURES. Lacép.

Se distinguent de tous les vrais silures, parce qu'ils n'ont point de nageoire rayonnée sur le dos, mais seulement une petite adipeuse sur la queue, et qu'ils manquent tout-à-fait d'épine aux pectorales

---

(1) *Platystacus anguillaris*, Bl. 373, 1. Renard, I, fol. 3, f. 19.

(2) Espèce nouvelle rapportée par Péron.

(3) *N. B.* Bloch réunit sous ce nom de cataphractus, les doras t les callichtes.

(4) Silurus callichtys, Bl. 377, 1.

(5) Espèce nouvelle.

dont les rayons sont entièrement mous. Leur tête est recouverte, comme leur corps, d'une peau lisse; leurs dents sont en velours et disposées, tant en haut qu'en bas, sur un large croissant; on leur compte sept rayons branchiaux. Leurs mâchoires et leurs viscères ressemblent à ceux des silures.

On n'en connaît qu'un à six barbillons, à tête moins grosse que le corps, qui est renflé en avant; c'est le fameux *Silure électrique* du Nil et du Sénégal. (*Silurus electricus*. L.) Geoffr. Poiss. d'Eg. pl. XII, f. 1. Brousson. Ac. des Sc. 1782. Le *Raasch* ou *Tonnerre* des Arabes, qui donne, comme la torpille et le gymnote, des commotions électriques. Il paraît que le siège de cette faculté est un tissu particulier situé entre la peau et les muscles, et qui présente l'apparence d'un tissu cellulaire graisseux, abondamment pourvu de nerfs.

LES ASPRÈDES ou PLATYSTES. (ASPREDO. Lin. dans ses édit. quatrième et sixième. PLATYSTACUS. Bl.) (1).

Ont des caractères fort particuliers dans l'aplatissement de leur tête et l'élargissement de leur

(1) Sous ce nom de platystacus, Bloch réunit les *plotoses* et les *asprèdes*. Lacep. laisse les asprèdes avec les silures, mais fait un genre distinct des plotoses.

N. B. On doit éloigner de tout ce grand genre *silure*, 1°. le *silurus cornutus*, Forsk. p. 66, qui a fourni le genre *macroramphose*, Lac. Ce n'est que la bécasse. (*centriscus scolopax*, L.) 2°. Le genre *pogonathe*, Commers. et Lac. La première espèce, *pogonatus courbina*, Lac. V, p. 121, me paraît, d'après la description de Commerson, du genre des pogonias, Lac. II, XVI, 2, et III, p. 138, et par conséquent de la famille des perches. L'autre, *pogonatus auratus* est évi-

tronc, qui résulte surtout de celui des os de l'épaule; dans la longueur proportionnelle de leur queue; dans leurs petits yeux placés à la face supérieure; dans leurs intermaxillaires couchés sous l'ethmoïde, dirigés en arrière et ne portant de dents qu'à leur bord postérieur; enfin et principalement en ce que ce sont les seuls poissons osseux connus, qui n'aient rien de mobile à l'opercule, attendu que les pièces qui devraient le composer sont soudées à la caisse et ne peuvent se mouvoir qu'avec elle. L'ouverture des branchies se fait par une simple fente de la peau, sous le bord externe de la tête, et leur membrane qui a cinq rayons est adhérente partout ailleurs. La mâchoire inférieure est transversale, et le museau avance plus qu'elle. Le premier rayon pectoral est armé de dents plus grosses que dans aucun autre silure; il n'y a qu'une dorsale sur le devant du dos, dont le premier rayon est faible; l'anale au contraire est très-longue et règne sous toute la queue.

On n'en connaît que peu d'espèces, qui ont six ou huit barbillons; ce qui est remarquable, c'est que lorsqu'il y en a huit, il y en a une paire attachee à la base des bar-

---

demment du genre des *ombrines*. — 3°. Le genre *centranodon*, Lac. ou *silurus imberbis*, Houttuyn, act. haarl. XX, 2, 338. Ce n'est dans aucun sens un *silure*, puisqu'il a des écailles, des aiguillons aux opercules, la première dorsale épineuse, etc. — Il est probablement voisin des perches, et c'est fort gratuitement que Bl., ed. de Schn., p. 110, le range parmi les sphyrènes.

billons maxillaires ; les quatre de la mâchoire inférieure sont par paires l'un derrière l'autre (1).

Les Loricaires. (Loricaria. L.)

Ainsi nommées à cause des plaques anguleuses et dures qui cuirassent entièrement leur corps et leur tête, se distinguent d'ailleurs des silures cuirassés, tels que les callichtes et les doras, par leur bouche percée sous le museau. C'est avec celle des schals que cette bouche a le plus d'analogie ; des inter-maxillaires petits, suspendus sous le museau, et des mandibulaires transverses et non réunis, portent des dents longues, grêles, flexibles et terminés en crochet ; un voile circulaire, large, membraneux, entoure l'ouverture ; les os pharyngiens sont garnis de nombreuses dents en pavés. Les vrais opercules sont immobiles comme dans les asprèdes ; mais deux petites plaques extérieures paraissent en tenir lieu. La membrane a quatre rayons. Les premiers rayons de la dorsale et des pectorales et même des ventrales sont de fortes épines. On ne trouve ni cœcums ni vessie aërienne. On peut en faire deux sous-genres.

Les Hypostomes. Lacép.

Ont une deuxième petite dorsale, munie d'un seul rayon comme dans les callichtes. Leur voile labial est simplement papilleux, et porte un petit barbillon de chaque côté. Ils

---

(1) *Silurus aspredo*, L. *Platystacus lœvis*, Bl. Séb. III, XXIX, 9 et 10. — *Platyst. cotylephorus*, Bl. 372. — *Silurus hexadactylus*, Lac. V, p. 82. — Le *platystacus verrucosus*, Bl. 373, 3, differe des autres par une queue et une anale plus courtes.

n'ont point de plaques sous le ventre. Leurs intestins, roulés en spirale, sont grêles comme de la ficelle, et douze ou quinze fois plus longs que tout le corps. On les pêche dans les rivières de l'Amérique Méridionale (1).

LES LORICAIRES proprement dits. (LORICARIA. Lacép.)

N'ont qu'une seule dorsale en avant. Leur voile labial est garni sur ses bords de plusieurs barbillons, et quelquefois hérissé de villosités. Le ventre est garni de plaques en dessous. Leurs intestins sont de grosseur médiocre (2).

LE SIXIÈME ORDRE DES POISSONS,

OU CELUI DES MALACOPTERYGIENS SUBBRACHIENS.

Contient presque autant de familles que de genres.

La première se composera presque entièrement du grand genre.

DES GADES. (GADUS. L.) (3).

Reconnaissable à ses ventrales, attachées sous la gorge et aiguisées en pointe.

---

(1) *Loricaria plecostomus*, L. Bl. 374. — *Loricaria cataphracta*, Schn? (qui n'est pas celle de Lin.) *N. B.* Je ne lui trouve pas de seconde dorsale. Peut-être ai-je encore une troisième espèce nouvelle.

(2) *Loricaria cataphracta*, L. *Cirrhosa*, Schn. et *Setigera*, Lacép., Bl. 375, 3-4. — *Lor. maculata*, Bl. 375, 1, 2.

(3) *Gadus* est dans Athénée le nom grec d'un poisson autrement appelé *onos*. Artédi l'a appliqué à ce genre, afin d'éviter ceux d'o-

Leur corps est médiocrement allongé, peu comprimé, couvert d'écailles molles, peu volumineuses; leur tête bien proportionnée, sans écailles; toutes leurs nageoires molles; leurs mâchoires et le devant de leur vomer armé de dents pointues, inégales, médiocres ou petites, sur plusieurs rangs et faisant la carde ou la rape; leurs ouïes grandes, à sept rayons. Presque tous portent deux ou trois nageoires sur le dos, une ou deux derrière l'anus, et une caudale distincte. Leur estomac est en forme de grand sac, robuste; leurs cœcums sont très-nombreux et leur canal assez long. Ils out une vessie aërienne, grande, à parois robustes, et souvent dentelée sur les côtés.

La plupart de ces poissons donnent d'importans articles de pêche. Leur chair blanche, aisément divisible par couches, est généralement saine et agréable.

On peut subdiviser les gades comme il suit.

LES MORUES.

A trois nageoires dorsales, deux anales; un barbillon au bout de la mâchoire inférieure : ce sont les plus nombreux.

La *Morue* proprement dite, ou *Cabeliau.* (*Gadus Morrhua.* L.) Bl. 64. (1).

Longue de deux et trois pieds, à dos tacheté de jaunâtre

---

nos, d'*asellus*, de *mustela*, employés par les anciens, et que les premiers ichtyologistes modernes out cru, quoique sans preuve, désigner quelques-uns de nos gades, mais qui étant aussi des noms de quadrupèdes, auraient produit de l'ambiguité. *Gadus*, ressemble d'ailleurs au nom anglais de ces poissons, *cod.*

(1) Bélon croit que *morrhue* vient de *merwel*, nom qu'il dit an-

et de brun, habite dans toute la mer du Nord, et se multiplie tellement dans les parages septentrionaux, que des flottes entières s'y rendent chaque année pour la prendre, la saler, la sécher, et en fournir à toute l'Europe. En France, on nomme la morue fraîche *Cabeliau*, d'après le nom hollandais de ce poisson.

L'*Egrefin*. (*Gadus Æglefinus*. L.) Bl. 62.

Ordinairement d'un pied, à dos brun, à ventre argenté, à ligne latérale noire; aussi nombreux que la morue dans les parages du nord, mais d'un goût moins agréable. Quand il est salé, on le nomme *Hadou*, d'après son nom anglais *Hadok* (1).

Le *Dorsch*. (*Gadus callarias*. L.) Bl. 63 (2).

Tacheté comme la morue; mais d'ordinaire beaucoup plus petit, et à mâchoire supérieure plus longue que l'autre. C'est l'espèce la plus agréable à manger fraîche; elle est surtout commune dans la mer Baltique (3).

Les Merlans.

Où le nombre des nageoires est le même que dans les morues, mais qui manquent de barbillons.

---

glais, mais que je ne trouve plus dans les auteurs modernes de cette nation. Ils le nomment *cod*, *cod-fish*.

(1) *Egrefin* ou plutôt *eaglefin*, était autrefois son nom anglais selon Bélon et Rondelet. C'est le *schelfisch* d'Anderson et des Allemands, Danois, etc.

(2) *Dorsch*, nom de ce poisson sur les côtes de la mer Baltique. *Callarias*, *galarias*, *etc.* étaient des noms anciens mal déterminés, mais qui ne convenaient sûrement pas à un poisson étranger à la Méditerranée.

(3) Ajoutez le *tacaud*, *gode*, *mollet* ou *petite morue fraîche* (*g. barbatus*, Bl. 166); —le *capelan* (*g. minutus*, Bl. 67, 1); —la *wachnia*, *g. macrocephalus*, Tiles. Ac. de Petersb. II, pl. XVI.

Le *Merlan commun.* (*Gadus Merlangus.* L.) Bl. 65.

Est connu de tout le monde le long des côtes de l'Océan, à cause de son abondance et de la légèreté de sa chair. On le distingue à sa taille d'environ un pied, à son dos gris-roussâtre-pâle, à son ventre argenté, et à sa mâchoire supérieure plus longue.

Le *Merlan noir, Charbonnier, Colin, Grélin*, etc. (*Gadus Carbonarius.* L.) Bl. 66 (1).

Devient du double plus grand que le merlan; est d'un brun-foncé, et a la mâchoire supérieure plus courte, et la ligne latérale droite. La chair de l'adulte est coriace. On le sale et on le sèche comme la morue.

Le *Lieu* ou *Merlan jaune.* (*G. pollachius.* L.) Bl. 68.

A les mâchoires et presque la taille du précédent; est brun dessus, argenté dessous, et a les flancs tachetés. Il vaut mieux que le colin, et ne cède qu'au merlan et au dorche. Tous ces poissons vivent en grandes troupes dans l'Océan Atlantique (2).

Les Merluches.

Qui n'ont que deux nageoires dorsales, une seule à l'anus, et qui manquent de barbillons comme les merlans.

Le *Merlus* ordinaire. (*Gadus Merluccius.* L.) Bl. 164.

Long d'un à deux pieds, et quelquefois beaucoup plus; à dos gris-brun, à dorsale antérieure pointue, à mâchoire inférieure plus longue. On le pêche en abondance égale dans l'Océan et dans la Méditerranée, où les Provençaux lui donnent le nom de *merlan.* Salé et séché dans le

(1) Son nom ordinaire *colin*, vient de celui qu'il porte dans les langues du Nord, *kohl fisch*, *coal fish*, poisson charbonnier.

(2) Ajoutez le *sey*, *gadus virens*, Ascan. 15.

Nord, il prend celui de *stok-fisch*, qui se donne également à la morue sèche.

Les Lottes.

Qui joignent à deux nageoires dorsales et une anale, des barbillons plus ou moins nombreux.

La *Lingue* ou *Morue longue.* (*Gadus molua.* L.) Bl. 69. (1).

De trois à quatre pieds de long; olivâtre dessus, argentée dessous; les deux dorsales d'égale hauteur; la mâchoire inférieure un peu plus courte, portant un seul barbillon.

Ce poisson, aussi abondant que la morue, se conserve aussi aisément, et fait un article presque aussi important de pêche.

La *Lotte commune* ou *de rivière.* (*Gadus Lota.*) Bl. 70.

Longue d'un et deux pieds; jaune-marbrée de brun; un seul barbillon au menton; les deux nageoires d'égale hauteur. C'est le seul poisson de ce genre qui remonte avant dans les eaux douces. Sa tête un peu déprimée, et son corps presque cylindrique, lui donnent un aspect particulier. On estime fort sa chair, et surtout son foie, qui est singulièrement volumineux.

On pourrait encore distinguer parmi les lottes

les Mustèles,

Dont la dorsale antérieure est si peu élevée, qu'on a peine à l'apercevoir.

---

(1) *Lœnga, lœnge, ling*, nom de ce poison en divers pays du Nord. *Molua*, corruption de *morrhua*, appliqué à cette espèce par Charleton.

La *Mustèle commune.* (*G. Mustela* L.) Bl. 165, sous le nom de *G. tricirrhatus.*

Brun-fauve, à taches noirâtres ; deux barbillons à la mâchoire supérieure ; un à l'inférieure (1).

LES BROSMES.

N'ont même point de première dorsale séparée, mais une seule et longue nageoire, qui s'étend jusque tout pres de la queue.

On n'en connaît que dans le Nord. L'espèce la plus commune (*G. brosme.* Gm.) Penn. Brit. Zool. pl. 34, ne descend pas plus bas que les Orcades. Il paraît qu'il y en a encore en Islande une espèce plus grande. (*G. lub.*) Nouv. Mém. de Stockh. XV, pl. 8. (2).

Ces poissons se salent et se sèchent (3).

LES PHYCIS. Artéd. et Schn. (4).

Ne diffèrent des autres gades que par des ventrales d'un seul rayon, souvent fourchu. D'ailleurs, leur tête est grosse, leur menton porte un barbillon, et leur dos deux nageoires, dont la seconde longue. Nos mers en possèdent quelques espèces.

---

(1) Ajoutez aux mustèles le *gadus cimbricus*, Schn. pl. 9.—*G. quinquecirrhatus*, Penn. Brit. Zool. pl. 33, nommé mal à propos *mustela* par Bloch et Gmel.

(2) On donne aussi aux brosmes, en plusieurs cantons, les noms de *lingues* et de *dorches.*

Voyez Penn. loc. cit. et Olafsen, voy. en Isl. trad. fr. pl. 27 et 28.

(3) Les trois subdivisions des *lotes*, des *mustèles* et des *brosmes*, sont réunies par Schneider dans le genre *enchelyopus.* Ce nom formé originairement par Klein, pour toutes sortes de poissons allongés, signifie *anguilliforme.* Gronovius le réservait au *Blennius viviparus* qui est mon genre zoarcès.

(4) *Phycis*, nom ancien d'un poisson mal déterminé. Rondelet l'a appliqué a notre première espèce dont Artédi avait fait un genre, réuni aux blennies par Linnæus, et rétabli par Bloch. éd. de Schn. p. 56.

La plus commune, dans la Méditerranée, s'y nomme *molle* ou *tanche de mer.* (*Phycis Mediterraneus.* Laroche. *Phycis tinca.* Schn. *Blennius phycis.* L.) Salvian. fol. 230. Sa dorsale antérieure est ronde, et pas plus élevée que l'autre; ses ventrales à peu près de la longueur de sa tête.

Une autre qu'on pêche aussi dans l'Ocean,

Le *Merlus barbu.* Duham. II, pl. XXV, f. 4. (*Phycis blennoïdes.* Schn.) *Gadus albidus.* Gm. *Blennius gadoïdes.* Risso. *Gadus fuscatus.* Penn., etc. Schn. pl. 6.

A sa première dorsale plus relevée, et son premier rayon très-allongé; les ventrales deux fois plus longues que la tête (1).

LES RANICEPS.

Ont la tête plus déprimée que les phycis et que tous les autres gades, et la dorsale anterieure si petite, qu'elle est comme perdue dans l'épaisseur de la peau.

On n'en a encore que de l'Océan (2).

On ne peut rapprocher que des gades les deux genres suivans :

LES GRENADIERS. (LEPIDOLEPRUS. Risso.)

Leurs sous-orbitaires s'unissent en avant entre eux et avec les os du nez, pour former un museau déprimé qui avance au-dessus de la bouche, et sous

---

(1) *N. B.* La fig. de Schn. pl. 6, est rapportée mal à propos au *Phycis tinca,* comme l'a bien remarqué M. de la Roche, Ann. du Mus. XIII, p. 333. J'ai donné les caractères ci-dessus, ayant à la fois les deux poissons sous les yeux. Une troisième espèce est le *batrachoïdes gmelini,* Risso, fig. 16, qui n'est nullement un *batrachoïde.*

Ajoutez le *gad. americanus,* Sohn. ou *Blennius chubs*, nat. de Berl. VII, 143, si ce n'est pas le même que le *gad. albidus.*

(2) Le *gadus raninus*, Müll. Zool. Dan. pl. 45. *Blennius raninus,* Gmel. *Batrachoïdes blennioïdes*, Lacép. *Phycis ranina*, Bl. Schn. 57; — le *gadus trifurcatus,* Penn. Brit. Zool. III, pl. 32. *Phycis fusca*, Schn.

lequel celle-ci conserve sa mobilité. La tête entière et tout le corps sont garnis d'écailles dures et hérissées de petites épines. Les ventrales sont petites et un peu jugulaires ; les pectorales médiocres. La première dorsale est courte et haute. La deuxième dorsale et l'anale, l'une et l'autre très-longue, s'unissent en pointe à la caudale. Les mâchoires n'ont que des dents très-fines et très-courtes. Ils vivent à de grandes profondeurs, et rendent un son comme les grondins quand on les tire de l'eau.

On en connaît deux espèces, des profondeurs de la Méditerranée. *Lepidol. cœlorhynchus* et *trachyrhynchus*. Risso. p. 200, pl. VII, f. 21 et 22.

LES MACROURES. (MACROURUS. Bl.)

Ont, comme les grenadiers, une première dorsale distincte, courte et élevée et les autres verticales, réunies autour d'une longue queue pointue. Leurs ventrales sont bien thoraciques, leurs écailles carénées et rudes ; leurs dents petites et sur plusieurs rangs ; ils portent sous le bout de la mâchoire inférieure un barbillon comme les morrues.

On n'en connaît qu'un, long de trois pieds, des profondeurs de la mer Glaciale. (*Coryphæna rupestris*. Gm.) Bl. 177.

La deuxième famille, vulgairement dite POISSONS PLATS, comprend le grand genre

DES PLEURONECTES. (PLEURONECTES. L.) (1).

Ils ont un caractère unique parmi les animaux

---

(1) *Pleuronectes*, nom composé par Artédi, de πλευρὰ, le flanc,

vertébrés, celui du défaut de symétrie de leur tête où les deux yeux sont du même côté, qui reste supérieur quand l'animal nage et est toujours coloré fortement, tandis que le côté où les yeux manquent est toujours blanchâtre. Le reste de leur corps, bien que disposé en gros comme à l'ordinaire, participe un peu à cette irrégularité. Ainsi les deux côtés de la bouche ne sont point égaux, et il est rare que les deux pectorales le soient. Ce corps est très-comprimé, haut verticalement; la dorsale règne tout le long du dos; l'anale occupe le dessous du corps, et les ventrales ont presque l'air de la continuer en avant, d'autant qu'elles sont souvent unies l'une à l'autre. Il y a six rayons aux ouïes. La cavité abdominale est petite, mais se prolonge en sinus dans l'épaisseur des deux côtés de la queue, pour loger quelque portion des viscères. Il n'y a point de vessie natatoire, et ces poissons quittent peu le fond. Le squelette de leur crâne est curieux, par ce renversement qui porte les deux orbites d'un même côté : cependant on y retrouve toutes les pièces communes aux autres genres, mais inégales.

Les Pleuronectes fournissent le long des côtes dans presque tous les pays une nourriture agréable et saine.

On trouve quelquefois des individus qui ont les

---

et νηκτὴς, nageur; parce qu'ils nagent sur le côté; les anciens leur donnaient des noms différens selon les espèces, comme Passer, Rombus, Buglossa, etc.

yeux placés de l'autre côté que le reste de leur espèce, et que l'on nomme *contournés;* d'autres où les deux côtés du corps sont également colorés, et que l'on appelle *doubles.* Le plus souvent c'est le côté brun qui se répète, mais cela arrive quelquefois aussi au côté blanc (1).

Nous les divisons comme il suit :

LES PLIES. (PLATESSA. Cuv.)

Ont à chaque mâchoire une rangee de dents tranchantes, obtuses, et aux pharyngiens des dents en paves; leur dorsale ne s'avance que jusqu'au-dessus de l'œil supérieur, et laisse, aussi-bien que l'anale, un intervalle nu entre elle et la caudale; leur forme est rhomboïdale; la plupart ont les yeux à droite. On leur observe deux ou trois petits cœcums. Nos mers en nourrissent quelques-unes, telles que

La *Plie franche* ou *Carrelet.* (2). (*Pleur. platessa.* L.) Bl. 42.

Reconnaissable à six ou sept tubercules, formant une ligne sur le côté droit de sa tête, entre les yeux, et aux taches aurore, qui relèvent le brun du corps de ce même côté. C'est l'espèce la plus estimée de ce sous-genre.

Le *Flet* ou *Picaud.* (*Pleur. flesus.* L.) Bl. 44. (Et 50, sous le nom de *Pl. passer.*) (3).

N'a que de petits grains à la ligne saillante de sa tête, et porte tout du long de sa dorsale et de son anale, un

---

(1) Le *rose-coloured flounder*, Shaw. IV, II, pl. 43, est un flet où le côté blanc est double.

(2) *N. B.* Le nom de *carrelet* ou *petit carreau*, a été appliqué par quelques auteurs à la barbue, mais contre l'usage de nos côtes et de nos marchés. Le vrai carrelet est une jeune plie.

(3) Le *pl. passer* d'Artédi et de Linn. n'est point différent du turbot; celui de Bloch n'est qu'un vieux flet tourné à gauche.

petit bouton âpre sur la base de chaque arête. Sa ligne latérale a aussi des écailles hérissées. Il n'a que des taches pâles sur son fond brun. Sa chair est de beaucoup inférieure à celle de la plie. Il remonte fort haut dans les rivières, et beaucoup d'individus, dans cette espèce, sont tournés en sens contraire.

La *Limande*. (*Pl. Limanda*. L.) Bl. 46.

A à la tête du côté droit, une ligne saillante et de grands yeux, et sa ligne latérale éprouve une forte courbure au-dessus de la pectorale. Ses écailles sont plus âpres qu'aux précédens, ce qui lui a valu son nom (de *lima*, *lime*). Le côté des yeux est brun-clair, avec quelques taches effacées, brunes et blanchâtres. Quoique petite, on l'estime plus à Paris que la *plie*, parce qu'elle supporte mieux le transport.

Les Flétans. (Hippoglossus. Cuv.)

Ont avec les nageoires et la forme des plies, les mâchoires et le pharynx armés de dents aigues ou en velours. Leur forme est généralement plus oblongue.

La mer du Nord en produit un qui devient énorme.

Le *Flétan*. (*Pl. Hippoglossus*.) Bl. 47.

Il a les yeux à droite. On le sèche et le vend par morceaux dans tout le Nord.

Il y en a plusieurs petits dans la Méditerranée, dont la plupart ont les yeux à gauche (1).

---

(1) *Pleur. macrolepidotus*, Bl. 190, ou *citharus*, Rond. 314, et *pecten*, Gesn. nom. aq. p. 97, dont Bloch a fait mal à propos un poisson du Brésil, car l'*aramaca*, Margrav. 187, est tout différent.—*Pl. boscii*, Risso, VII, f. 33.—*Pl. limandoïdes*, Bl. 186, ou *citharus asper*, Rondel. 315.

Les Turbots. (Rhombus. Cuv.)

Ont aux mâchoires et au pharynx, comme les flétans, des dents en velours ou en carde; mais leur dorsale s'avance jusque vers le bord de la mâchoire supérieure, et règne, ainsi que l'anale, jusque tout près de la caudale. La plupart ont les yeux à gauche.

Dans les uns, ces yeux sont rapprochés. Telles sont les deux grands espèces de nos côtes, les plus estimées de tout le genre pleuronecte.

Le *Turbot.* (*Pl. maximus.*) Bl. 49.

A corps rhomboïdal, presque aussi haut que long; hérissé du côté brun de petits tubercules, et

La *Barbue.* (*Pl. rhombus.*) Bl. 43.

A corps plus ovale; sans tubercules.

La Mediterranée en a un de quelques pouces, et en apparence sans écailles. (*Pl. nudus.* Risso.) *Diaphanus.* Sh. IV, II, 309. *Arnoglossum.* Rondelet, 324 (1).

En d'autres turbots, les yeux sont fort écartés, et le supérieur reculé. Ils ont un petit crochet saillant sur la base du maxillaire, du côté des yeux, et quelquefois un autre sur l'œil inférieur. La Méditerranée en produit de cette sorte (2).

---

(1) Ajoutez la *barbue à taches noires et rouges*, ou *targeur (pl. punctatus)* Bl. 189; *pl. hirtus*, Abild. Zool. Dan. 103, de la mer du Nord;—*pl. cristatus*, Schn. 153, voisin de la barbue, vulgairement sole à l'Isle-de-France; le *pl. commersonien*, Lac. IV, 656; mais la figure III, XII, 2, est d'une autre espèce et vraiment du sous-genre *sole*.

(2) *Pleur. podas*, Laroche, Ann. du Mus. XIII, XXIV, 14;—*pl. rhomboïdes*, Rondel. 313;—*pleur. mancus*, Brousson. Dec. icht. pl. 3 et 4;—*pleur. argus*, Bl. et *lunatus*, Gm. Bl. 48, ou mieux *Catesb. car*, XXVII.—

Les Soles. (Solea. Cuv.)

Ont, pour caractère particulier, la bouche contournée et comme monstrueuse du côté opposé aux yeux, et garnie seulement de ce côté-là de fines dents en velours serré, tandis que le côté des yeux n'a aucunes dents. Leur forme est oblongue ; leur museau rond, et presque toujours plus avancé que la bouche; la dorsale commençant sur la bouche, et régnant, aussi bien que l'anale, jusqu'à la caudale. Leur ligne latérale est droite; le côté de la tête opposé aux yeux, est généralement garni d'une sorte de villosité. Leur intestin est long, plusieurs fois replié et sans cœcums.

L'espèce commune dans nos mers et connue d'un chacun (*Pl. solea.* L.), Bl. 45, brune du côté des yeux, à pectorale tachée de noir, est un de nos meilleurs poissons.

Nous en avons encore plusieurs autres, surtout dans la Méditerranée (1).

Quelques espèces étrangères n'ont aucune distinction entre leurs nageoires verticales (2).

Nous appellerons Monochires

Des soles qui n'ont qu'une extrêmement petite pectorale du côté des yeux, et où celle du côté opposé est presque imperceptible, ou manque tout-à-fait.

Nous en avons un dans la Méditerranée; le *Lingua-*

(1) La *pole* de Bélon, 143, et de Rondel. 323, qui a les yeux à gauche; mal caractérisé par Lin. sous le nom de *cynoglossus.*—Le *pl. ocellatus,* Sch. 40, le meme que *pl. Rondeletii,* Sh. *solea oculata,* ou Pégouze, Rondel. 322;—la Pégouse, Risso, p. 308;—*pl. lascaris,* Risso, pl. VII, f. 32;—*pl. théophile,* id. p. 313.

(2) *Pl. zebra*, Bl. 187;—*pl. plagiusa,* L. —*pl. orientalis,* Schn. 157; —*pl. commersonien*, Lac. III, XII, 2 : mais la descript. IV, 656, est d'une autre espèce du sous-genre turbot.

tula. Rondelet, 324. (*Pleur. microchirus*. Lar. An. Mus. XIII, 356.) (1).

LES ACHIRES. (ACHIRUS. Lacép.)

Sont des soles absolument dépourvues de nageoires pectorales.

On peut aussi les diviser, selon que leurs nageoires verticales sont distinctes (les ACHIRES (2) proprement dits), ou qu'elles s'unissent à la caudale (les PLAGUSIA. (3) Brown.)

La troisième famille que nous appellerons DISCOBOLES, à cause du disque forme par leurs ventrales, comprend deux genres peu nombreux.

LES PORTE-ÉCUELLE. (LEPADOGASTER. Gouan.)

Sont de petits poissons remarquables par les caractères suivans. Leurs amples pectorales descendues à la face inférieure du tronc, prennent des rayons plus forts, se reploient un peu en avant, et s'unissent l'une à l'autre sous la gorge par une membrane transverse, dirigée en avant : une autre mem-

---

(1) C'est probablement le *pleur. mangilii*, Risso, 310. Il en existe d'autres especes dont quelques-unes sont sans doute confondues parmi les achires des auteurs. Le *pl. trichodactylus* doit aussi y appartenir.

(2) *Pl. achirus*, L. *achire barbu*, Geoff. Ann. du Mus. tome I, pl. XI. Ce n'est pas le même que celui de Lacép. Il est essentiel de remarquer que les barbes ne sont pas des rayons, mais des cils, comme il y en a dans la sole commune, et que l'on retrouve dans plusieurs achires;—*l'ach. marbré*, Lac. III, XII, 3, et IV, p. 660;—l'*ach. fascé*, id. *pl. lineatus*; *sloane*, Jam. pl. 246.

(3) *Pleur. bilineatus*, Bl. 188;—l'*ach. orné*, Lac. IV, p. 663;—*pleur. arel*, Sch. 159, *pl. plagusiæ* aff. Jam. 445, différent du *pl. plagiusa*, L.

brane transverse dirigée en arrière, adhérente au bassin et se prolongeant sur les côtés pour s'attacher au corps, leur tient lieu de ventrales. Du reste leur corps est lisse et sans écailles; leur tête large et déprimée, leur museau saillant et extensible, leurs ouïes peu fendues, garnies de quatre ou cinq rayons; ils n'ont qu'une dorsale molle vis-à-vis d'une anale pareille. Leur intestin est court, droit, sans cœcum; ils manquent de vessie natatoire. Cependant on les voit nager avec vivacité le long des rivages.

Dans les PORTE-ÉCUELLE proprement dits, la membrane qui représente les ventrales règne circulairement sous le bassin, et forme un disque concave; d'un autre côté, les os de l'épaule forment en arrière une légère saillie, qui complète un second disque, avec la membrane qui unit les pectorales. Nos mers en possèdent plusieurs espèces.

Dans les unes, la dorsale et l'anale sont distinctes de la caudale (1).

En d'autres, ces trois nageoires sont unies (2).

LES GOBIÉSOCES. Lacép.

N'ont point ces doubles rebords, et par conséquent l'intervalle entre les pectorales et les ventrales n'y est point divisé en un double disque. Leur dorsale et leur anale sont courtes, et distinctes de la caudale (3).

---

(1) *Lepadog. gouan*, Lac. I, XXIII, 3, 4, ou *lep. rostratus*, Schn.; —*lepad. Balbis*, Risso, pl. IV, f. 9, probablement le même que le *cyclopt. cornubicus*, Sh. ou *jura sucker*, Penn. Brit. Zool. n°. 59; — *lepad. Decandolle*, Risso, p. 76.

(2) *Lepadog. Wildenow*, Risso, pl. IV, f. 10.

(3) *Lepad. dentex*, Schn. Pall. Spic. VII, 1, probablement le même

Les Cycloptères. (Cyclopterus. L.)

Ont un caractère très-marqué dans leurs ventrales, dont les rayons suspendus tout autour du bassin, et réunis par une seule membrane, forment un disque ovale et concave que le poisson emploie comme un suçoir pour se fixer aux rochers; du reste leur bouche est large, garnie aux deux mâchoires et aux pharyngiens de petites dents pointues; leurs opercules petits; leurs ouïes fermées vers le bas et garnies de six rayons; leurs pectorales tres-amples, et s'unissant presque sous la gorge, comme pour y embrasser le disque des ventrales; leur squelette durcit peu, et leur peau est visqueuse et sans écailles. Ils ont un estomac assez grand, beaucoup de cœcums, un long intestin et une vessie natatoire médiocre.

Les Lumps.

Ont une première dorsale plus ou moins visible, à rayons simples, et une seconde à rayons branchus, vis-à-vis l'anale; leur corps est plus épais.

Le *Lump de nos mers*, *Gras-Mollet*, etc. (*Cyclopterus Lumpus*. L.) Bl. 90.

A sa première dorsale tellement enveloppée par une peau épaisse et tuberculeuse, qu'à l'extérieur on la prendrait pour une simple bosse du dos. Trois rangees de gros tubercules coniques le garnissent de chaque côté. Il vit,

---

que le *cyclopterus nudus*, Lin. Mus. ad. fr. XXVII, 1, et que le *gobiésoce testar*, Lac. II, XIX, 1.—*Cyclopterus bimaculatus*, Penn. Brit. Zool. pl. XXII, f. 1.—*Cyclopterus littoreus*, Schn. 199.

surtout dans le Nord, de méduses et autres animaux gélatineux. Sa chair est molle, insipide. Lourd et de peu de défense, il devient la proie des phoques, des squales, etc. Le mâle, dit-on, garde avec soin les œufs qu'il a fécondés (1).

Les Liparis. (Liparis. Artéd.)

N'ont qu'une seule dorsale assez longue, ainsi que l'anale; leur corps est lisse, allongé et comprimé en arrière. Nous en avons un sur nos côtes. (*Cycl. Liparis.* L.) Bl. 123, 3, 4 (2).

Les genres dont nous allons parler pourraient aussi donner lieu, chacun, comme celui des pleuronectes, à l'érection d'une famille nouvelle dans l'ordre des malacoptérygiens subbrachiens.

Les Écheneis. (Echeneis. L.)

Sont remarquables entre tous les poissons, par un disque aplati qu'ils portent sur la tête, et qui se compose d'un certain nombre de lames transversales, obliquement dirigées en arrière, dentelées ou épineuses à leur bord postérieur, et mobiles, de manière que le poisson, soit en fesant le vide entre

---

(1) Le *cycl. pavonius* n'est qu'une variété d'âge du *lump*. Le *cyclopt gibbosus*, Will. V, 10, f. 2, ne paraît qu'un *lump* mal empaillé. — Aj. *cycl. spinosus*, Schn. 46;— *cycl. minutus*, Pall. Spic. VII, III, 7, 8, 9;—*cycl. ventricosus*, id. ib. II, 1, 2, 3?—*Gobius minutus*, Zool. Dan. CLIV, B.

(2) C'est le même que le *gobioide smyrnéen*, Lac. nov. com. Pétrop. IX, pl. IX, f. 4, 6, et probablement que le *cyclopt. souris*, Lac. IV, XV, 3, et peut-être que le *gobius*, Zool. Dan. CXXXIV;—aj. *cyclopt. montagui*, soc. Wern. I, V, 1; — *cyclop. gelatinosus*, Pall. Spic. VII, III, 1;—*gobius*, Zool. Dan. CLIV, A.

elles, soit en accrochant les épines de leurs bords, se fixe aux différens corps, tels que rochers, vaisseaux, poissons, etc., ce qui a donné lieu à la fable que l'Echeneis pouvait arrêter subitement la course du vaisseau le plus rapide.

Ce genre a le corps allongé, revêtu de petites écailles; une seule dorsale molle, vis-à-vis de l'anale; la tête tout-à-fait plate en dessus; les yeux sur le côté; la bouche fendue horizontalement, arrondie, la mâchoire inférieure plus avancée garnie ainsi que les intermaxillaires de petites dents en carde; une rangée très-régulière de petites dents semblables à des cils, le long du bord des maxillaires. On leur compte huit rayons branchiostèges; leur estomac est un large cul-de-sac; leurs cœcums, au nombre de six ou huit; leur intestin ample, mais court; ils manquent de vessie natatoire.

Les espèces n'en sont pas nombreuses; la plus connue, célèbre sous le nom de *Remora* (*Echen. remora.* L.), Bl. 172, est plus courte, et n'a que dix-huit lames à son disque. Une autre espèce, plus allongée (*Ech. naucrates.* L.), Bl. 171, en a 22; et une troisième, la plus longue de toutes (*Ech. lineata.* Schn.), n'en a que dix.

Les Ophicephales. (Ophicephalus. Bl.)

Ont le corps et la tête entière couverts de grandes écailles. Celles du vertex sont irrégulières, et rappellent un peu la forme de celles de la tête des serpens. La tête est déprimée, obtuse et courte de l'avant; la gueule fendue; les dents en rape et quelques-unes grandes et en crochets éparses principalement aux côtés. A leurs os pharyngiens tient un appareil compliqué et propre à arrêter la circulation de l'eau, à peu près comme on en observe dans les muges, les osphronèmes, etc. On compte cinq rayons aux ouïes; la dorsale règne sur la plus grande partie du dos; le corps est à peu près cilindrique et garni de grandes écailles (1).

LE SEPTIÈME ORDRE DES POISSONS, OU CELUI

DES MALACOPTERYGIENS APODES,

Peut être considéré comme ne formant qu'une famille naturelle, qui est celle

DES ANGUILLIFORMES;

Poissons qui ont tous une forme allongée, une peau épaisse, qui laisse peu paraître leurs écailles, peu d'arêtes et qui manquent de cœcums. Presque tous ont des vessies natatoires, lesquelles ont souvent des formes singulières.

Le grand genre des ANGUILLES. (MURÆNA. L.)

Se reconnaît à des opercules petits, entourés concentriquement par les rayons (2), et enveloppés

---

(1) *Ophil. punctatus*, Bl. 358. — *Oph. striatus*, id. 359.

(2) Aucun de ces poissons ne manque d'opercules ni de rayons comme quelques naturalistes l'ont cru. La *murène* commune a sept

aussi bien qu'eux dans la peau qui ne s'ouvre que fort en arrière par un trou ou une espèce de tuyau, ce qui, abritant mieux les branchies, permet à ces poissons de demeurer quelque temps hors de l'eau sans périr. Leur corps est long et grèle; leurs écailles presque insensibles et comme encroutées dans une peau grasse et épaisse; ils manquent tous de ventrales et de cœcums et ont l'anus assez loin en arrière.

On l'a démembré successivement en cinq ou six genres que nous croyons devoir encore subdiviser.

Les Anguilles. (Anguilla. Thunb. et Shaw. Muræna. Bl.)

Se distinguent par le double caractère de nageoires pectorales, et d'ouïes s'ouvrant de chaque côté sous ces nageoires. Leur estomac est en long cul-de-sac. Leur intestin à peu près droit; leur vessie aérienne allongée porte vers son milieu une glande propre.

Les Anguilles proprement dites. (Muræna. Lacép.)

Ont la dorsale et la caudale sensiblement prolongées autour du bout de la queue, et y formant par leur réunion une caudale pointue.

Dans les Anguilles vraies, la dorsale commence à une assez grande distance en arrière des pectorales.

Les unes ont la mâchoire supérieure plus courte; telle est

---

rayons de chaque côté; le *mur. colubrina* en a jusqu'à 25. Ces rayons sont même très-forts dans les *synbranchus*, où l'opercule est d'ailleurs complet, et formé de toutes les pièces qui lui sont ordinaires.

L'*Anguille vulgaire.* (*Mur. Anguilla.* L.) Bl. 73.

Poisson répandu presque par tout le globe; et d'un goût généralement estimé, quoique un peu indigeste. Sa teinte verdâtre en dessus, argentée en dessous, prend plus ou moins de brun ou de jaune, selon les eaux qu'elle habite. Il y en a même des individus tachetés de brun-foncé (1).

D'autres ont la mâchoire superieure plus longue (2).

Dans les CONGRES,

La dorsale commence assez près des pectorales, ou même sur elles; et dans toutes les espèces que l'on connaît, la mâchoire supérieure est la plus longue.

Le *Congre commun.* (*Mur. Conger.* L.) Bl. 155.

Se trouve dans toutes nos mers, et atteint cinq ou six pieds de long, et la grosseur de la jambe. Sa dorsale et son anale sont bordées de noir, et sa ligne latérale ponctuée de blanchâtre. On l'estime peu pour la table. Cependant l'on pourrait en faire des salaisons avantageuses.

Le *Myre.* (*Mur. Myrus.* L.) Rondel. 407 (3).

De la Méditerranée; avec les formes du congre, reste toujours plus petit, et se reconnaît à quelques taches sur

(1) Ajoutez le *lepidope diaphane*, Risso, pl. v, f. 19; c'est une anguille par ses branchies; je ne lui ai pas pu découvrir de ventrales ecailleuses.

(2) *Mur. longicollis*, Cuv. (Lac. II, III, 3, sous le nom de *murœna myrus.*)

(3) *Myrus* était, chez les anciens, un poisson que quelques-uns regardaient comme le mâle de la murène; Rond. l. c l'a appliqué le premier à cette espèce qui est très-distincte, quoique depuis Willughby personne ne l'ait bien décrite que M. Risso, et qu'il n'en existe pas de figure.

le museau, une bande en travers sur l'occiput, et deux rangées de points sur la nuque, de couleur blanchâtre (1).

Les Ophisures. (Ophisurus. Lac.)

Diffèrent des anguilles proprement dites, parce que la dorsale et l'anale se terminent avant d'arriver au bout de la queue, qui se trouve ainsi dépourvue de nageoire, et finit comme un poincon. Leurs intestins sont les mêmes qu'aux anguilles, mais il en pénètre une partie dans la base de la queue, plus en arrière que l'anus.

Dans les uns, les pectorales ont encore la grandeur ordinaire; leurs dents sont aigues et tranchantes.

Le *Serpent de mer*. (*Mur. Serpens.* L.) Salv. 57.

De la Méditerranée; long de cinq à six pieds et plus, et de la grosseur du bras; brun dessus, argenté dessous; le museau grêle et pointu; vingt rayons à la membrane branchiale (2).

En d'autres, les pectorales sont excessivement petites, et ont même échappé quelquefois aux observateurs. Ces espèces lient les anguilles aux murènes; leurs dents sont obtuses (3).

---

(1) La Méditerranée produit encore quelques petites espèces de congres, décrites par MM. de Laroche et Risso, sous les noms de *mur. balearica*, Lar. Ann. du Mus. XIII, xx, 3, ou *mur. Cassini* Risso. — *Mur. mystax*, Lar. ib. XXIII, 10. — *Mur. nigra*, Risso, p. 93. On doit aussi en rapprocher le *mur. strongylodon*, Schn. 91, qui est loin d'être une variété du *myrus*, comme le croit l'auteur.

(2) Ici vient sans doute le *mur. ophis*, Bl. 154. — *Ophisurus guttatus*, Cuv. Espèce nouvelle de Surinam.

(3) *Mur. colubrina*, Bodd. ou *annulata*, Thunb. ou *murenophis colubrin.* Lac. V, xix, 1. — *Mur. fasciata*, Thunb. — *Mur. nob. maculosa*, donné sous le nom d'*ophisurus ophis*, Lac. II, vi, 2.

Les Murènes proprement dites. (Muræna. Thunb. Gymnothorax. Bl. Murænophis. Lacép.) (1).

Manquent tout-à-fait de pectorales; leurs branchies s'ouvrent par de petits trous latéraux; leurs opercules sont si minces, et leurs rayons branchiostéges si grêles, et tellement cachés sous la peau, que d'habiles naturalistes en ont nié l'existence. Leur estomac est un sac court, et leur vessie aérienne petite, ovale, et placée vers le haut de l'abdomen.

M. de Lacépède nomme particulièrement *murénophis*, les espèces qui ont une dorsale et une anale bien visibles.

Les unes ont des dents tranchantes.

La plus célèbre est

La *Murène commune.* (*Mur. helena.* L.) Bl. 153.

Poisson très-répandu dans la Méditerranée, et dont les anciens faisaient un grand cas; ils en élevaient dans des viviers, et l'on a souvent redit l'histoire de Vedius Pollion, qui fesait jeter aux siennes ses esclaves fautifs. Ce poisson atteint trois pieds et plus; il est tout marbré de brun et de jaunatre. Sa morsure est souvent cruelle (2).

D'autres ont des dents obtuses. Leur estomac est beaucoup plus allonge, et leur vessie natatoire encore plus petite (3).

---

(1) *Muræna*, σμυραίνη, noms latin et grec de la murène commune.

(2) Ajoutez : *Mur. reticularis*, Bl. 416. — *Mur. favaginea*, Schn. 105. — *Mur. afra*, Bl. 417. — *Mur. punctata*, Schn. 526. — *Mur. unicolor*, Lar. Ann. Mus. XIII, xxv, 15, la même que *mur. christini*, Risso, 368. — *Murenophis haüy*, Lac. V, xvii, 2. — *Mur. picta*, Thunb., le même que *murenophis pantherine*, Lac. — *Murenophis grise*, Lac. V, xix, 641, 3. — *Mur. meleagris*, Sh.

(3) *Mur. stellata*, Lac. Séb. II, lxix, 1. — *Mur. catenata*, Bl. 415. — *Mur. undulata*, Lac. V, xix, 2. — *Mur. sordida*, Cuv. Séb. lxix, 4.

D'autres les ont simplement menues et serrées. Leur museau est plus pointu et leur gueule plus fendue (1).

M. de Lacépède nomme GYMNOMURÈNES des espèces à dents obtuses, où l'on n'aperçoit pas même une saillie de la peau qui tienne lieu de dorsale ou d'anale, qui sont par conséquent dénués de toutes nageoires apparentes (2); et l'une d'elles, qui jouit en outre de la faculté de repandre beaucoup de mucosité, a donné lieu à son genre MURÉNOBLENNE.

LES SPHAGEBRANCHES. (SPHAGEBRANCHUS. Bl.)

Diffèrent des murènes, principalement en ce que les ouvertures de leurs branchies sont rapprochées l'une de l'autre, sous la gorge. Les nageoires verticales ne commencent, dans plusieurs, à devenir saillantes que vers la queue, et leur museau est avancé et pointu. Ils ont l'estomac en long cul-de-sac, l'intestin droit, et la vessie longue, étroite, et placée en arrière.

Il y en a des espèces absolument sans nageoires pectorales (3).

Et d'autres où l'on en voit de petits vestiges (4).

Il y en a même (les APTERICHTES. Dumér. CÉCILIES. Lacép.) ou l'on n'aperçoit aucunes nageoires verticales, et qui sont, par conséquent, des poissons entièrement sans nageoires (5).

---

(1) *Mur. saga*, Risso, 370.

(2) *Mur. zebra*, Sh. Séb. II, LXX, 3. ou *gymnomurène cerclée*, Lac. V, XIX, 4.

(3) *Sphagebranchus rostratus*, Bl. 419, 2, et le soi-disant *leptocephale spallanzani*, Risso, 85. — Le *monoptère*, Lac. — *Cæcula pterygea*, Vahl. Mém. d'hist. nat. de Copenh. III, XIII, 1, 2.

(4) *Sphageb. imberbis*, Laroche, Ann. Mus. XIII, XXV, 18.

(5) *Muræna cæca*, L. Laroche, Ann. Mus. XIII, XXI, 6.

Les Synbranches. (Synbranchus. Bl. Unibranchaperture. Lac.)

Se distinguent d'abord des sphagebranches, en ce que leurs branchies ne communiquent au-dehors que par un seul trou, percé sous la gorge, et commun aux deux côtés. Ils n'ont aucunes nageoires pectorales, et leurs verticales sont presque entièrement adipeuses. Leur tête est grosse, leur museau arrondi, leurs dents obtuses, leurs opercules en partie cartilagineux; leurs rayons des ouïes forts, et au nombre de six. Leur canal intestinal est tout droit, et l'estomac ne s'en distingue que par un peu plus d'ampleur, et une valvule au pylore. Ils manquent de cœcums, et ont une vessie aérienne longue et étroite. Leur sejour est dans les mers des pays chauds, et il y en a qui deviennent assez grands (1).

Les Alabès. Cuv.

Ont, comme les synbranches, une ouverture commune sous la gorge pour leurs branchies; mais on leur voit des pectorales bien marquées, entre lesquelles est un petit disque concave. On distingue au travers de la peau un petit opercule et trois rayons; les dents sont pointues, et les intestins comme dans les synbranches.

Nous n'en connaissons qu'un petit, de la mer des Indes.

Les Gymnotes. (Gymnotus. L.) (2).

Ont, comme les anguilles, les ouïes en partie fermées par une membrane, mais cette membrane

---

(1) *Synbr. marmoratus*, Bl. 418. — *Synbr. immaculatus*, id. 419, et les espèces indiquées par M. de Lacép. tome V, p. 656 et suivantes. *Dondon. paum*, Russel. xxxv, n'a point de nageoire du tout.

(2) *Gymnotus*, ou plutôt *gymnonotus* (dos-nud), nom donné à ces poissons par Artédi.

s'ouvre au-devant des nageoires pectorales; l'anus est placé fort en avant; la nageoire anale règne sous la plus grande partie du corps, et le plus souvent jusqu'au bout de la queue, mais il n'y en a pas le long du dos.

LES GYMNOTES proprement dits. (GYMNOTUS. Lacép.)

N'ont même aucune nageoire sur le dos, ni au bout de la queue, sous lequel s'étend la nageoire anale.

LES GYMNOTES vrais.

Ont la peau sans écailles sensibles. Leurs intestins, pliés plusieurs fois, n'occupent qu'une cavité médiocre. Ils ont de nombreux cœcums, et un estomac en forme de sac court et obtus, fort plissé en dedans. Une de leurs vessies aëriennes, cylindrique et allongée, s'étend beaucoup en arrière dans un sinus de la cavité abdominale. L'autre, ovale et bilobée, de substance épaisse, occupe le haut de l'abdomen, sur l'œsophage.

Nous n'en connaissons que des rivières de l'Amérique Méridionale. Le plus célèbre est

Le *Gymnote électrique*. (*Gymnotus electricus*. L.) Bl. 156.

A qui sa forme presque tout d'une venue, sa tête et sa queue obtuses ont fait donner aussi le nom d'*Anguille électrique*. Il atteint cinq et six pieds de longueur, et donne des commotions électriques si violentes, qu'il abat les hommes et les chevaux. Il use de ce pouvoir à volonté, et le dirige dans le sens qu'il lui plaît, et même à distance, car il tue de loin des poissons; mais il épuise ce pouvoir par l'exercice, et a besoin, pour le reprendre, de repos et de bonne nourriture (1). L'organe qui produit

(1) Voyez Humboldt, Obs. zool. I, p. 49 et suivantes.

ces singuliers effets, règne tout le long du dessous de la queue, dont il occupe près de moitié de l'épaisseur; divisé en quatre faisceaux longitudinaux, deux grands en dessus, deux plus petits en dessous, et contre la base de la nageoire anale. Chaque faisceau est composé d'un grand nombre de lames membraneuses parallèles très-rapprochées entre elles, et à peu près horizontales, aboutissant d'une part à la peau, de l'autre au plan vertical moyen du poisson; unies enfin l'une à l'autre par une infinité de petites lames verticales et dirigées transversalement. Les petites cellules, ou plutôt les petits canaux prismatiques et transversaux, interceptés par ces deux ordres de lames, sont remplies d'une matière gélatineuse, et tout l'appareil reçoit proportionnellement beaucoup de nerfs (1).

Les Carapes. (Carapus. Cuv.) (2).

Ont le corps comprimé, écailleux, et la queue s'amincissant beaucoup en arrière. Ils vivent aussi dans les rivières de l'Amérique Méridionale (3).

On pourrait peut-être en distinguer les espèces à bec allongé, ouvert seulement au bout (4).

Les Aptéronotes. Lacép. (Sternarchus. Schn.) (5).

Ont leur nageoire anale terminée avant d'arriver au bout de la queue, lequel porte une nageoire particulière; sur le

---

(1) Voyez Hunter, Trans. philos. tome LXV, p. 395.

Ajoutez le *gymnotus æquilabiatus*, Humboldt. Obs. zool. I, pl. x, n°. 2. Il paraîtrait, d'après M de Humboldt, que cette espece n'aurait pas la vessie aérienne posterieure.

(2) *Carapo*, nom de ces poissons au Brésil, selon Margrave.

(3) *Gymnotus macrourus*, Bl. 157, 2; *Carapo*, Gm.—*G. brachiurus* Bl. 157, 1; *fasciatus*, Gm.—*G. albus*, Séb. III, pl. 32, fig. 3.

(4) *Gymnotus rostratus*, Schn. pl. 106.

(5) *Sternarchus* (anus au sternum).

dos est un filament charnu, mou, couché dans un sillon creusé jusque sur le bout de la queue, et retenu dans ce sillon par des filets tendineux, qui lui laissent quelque liberté : organisation très-singulière, dont on n'a pu encore deviner l'usage (1). Leur tête est oblongue, comprimée, nue, et sa peau ne laisse voir au dehors ni les opercules, ni les rayons. Le reste de leur corps est écailleux. Leurs dents sont en velours, et à peine sensibles sur le milieu de chaque mâchoire. Ils viennent d'Amérique, comme les gymnotes propres et les carapes (2).

LES LEPTOCÉPHALES. (LEPTOCEPHALUS. Pennant.)

Diffèrent des anguilles par une fente des ouïes un peu plus grande et ouverte au-devant des pectorales, et par un corps comprimé comme un ruban. Leur tête est extrêmement petite, à museau pointu, les pectorales presqu'insensibles ; la dorsale et l'anale également à peine visibles, s'unissent à la pointe de la queue ; les intestins n'occupent qu'une ligne extrêmement étroite le long du bord inférieur.

On n'en connaît qu'un de nos côtes, et de celles d'Angleterre, *Leptocephalus morrisii.* Gm. (Lac. II, III, 2.)

LES DONZELLES. (OPHIDIUM. L.)

Ont, comme les anguilles, l'anus assez en arrière,

---

(1) J'ai cru m'apercevoir que la séparation est accidentelle, et que c'est proprement un des muscles de la queue qui se détache aisément, parce que la peau est plus faible en cet endroit.

(2) *Gymnotus albifrons*, Pall. Spic. Zool. VII, pl. VI, f. 1 ; Lac. II, VI, 146, 3.

N. B. Le *gymnotus acus*, ou *fierasfer*, va aux donzelles, et le *gymnotus notopterus*, Pall. et Gm. *Notoptère capirat*, Lac. aux harengs.

une nageoire dorsale et une anale qui se joignent à celles de la queue pour terminer le corps en pointe ; ce corps est d'ailleurs allongé et comprimé, ce qui l'a fait comparer à une épée, et recouvert comme celui des anguilles de petites écailles irrégulièrement semées dans l'épaisseur de la peau. Mais ces poissons diffèrent des anguilles par des branchies bien ouvertes, munies d'un opercule large, et d'une membrane à rayons courts. Leurs rayons dorsaux sont articulés mais non branchus.

LES DONZELLES proprement dites.

Portent sous la gorge deux petits barbillons adhérens à la pointe de l'os hyoïde.

L'espèce la plus connue,

La *Donzelle de la Méditerranée.* (*Ophidium barbatum.* Bl. 459.)

Atteint au plus huit à dix pouces. Sa couleur est argentée, et ses nageoires verticales sont liserées de noir. Son estomac est un sac oblong, mince; ses intestins, assez repliés, manquent de cœcums; sa vessie aérienne, ovale, assez grande, et fort épaisse, est supportée par trois pièces osseuses particulières, suspendues sous les premières vertèbres, et dont la mitoyenne se meut par quelques muscles propres. Ce poisson a la chair agréable, et se pêche dans la Méditerranée (1). Il paraît qu'il y a dans la mer du Sud une très-grande espèce de ce genre. *Ophidium blacodes.* Schn. 484.

LES FIERASFERS.

Manquent de barbillon, et leur dorsale est si mince,

---

(1) On y voit encore l'*ophidium vassali*, Risso, pl. V, fig. 12.

qu'elle ne semble qu'un léger repli de la peau. Leur vessie natatoire n'est soutenue que par deux osselets ; celui du milieu leur manque.

On n'en connaît qu'un de la Méditerranée. (*Ophidium imberbe.* L.) (1).

LES EQUILLES. (AMMODYTES. L.)

Ont le corps grêle et allongé comme tous les précédens, et sont pourvues d'une nageoire à rayons articulés mais simples sur une grande partie de leur dos, d'une autre derrière l'anus, et d'une troisième fourchue au bout de la queue; mais ces trois nageoires sont séparées par des espaces libres. Le museau de ces poissons est aigu ; leur mâchoire supérieure susceptible d'extension, et l'inférieure dans l'état de repos plus longue que l'autre. Leur estomac est pointu et charnu ; ils n'ont ni cœcums ni vessie natatoire, et se tiennent dans le sable d'où l'on va les enlever quand la mer se retire. Ils vivent des vers qu'ils y prennent.

On n'en connaît qu'un. (*Ammodytes tobianus.* L.) Bl. 75, f. 2.

Très-commun sur toutes nos côtes; long de huit à dix pouces; d'un gris argenté. Il est bon à manger, et l'on s'en sert aussi pour attacher aux hameçons comme appât.

---

(1) C'est en même temps le *gymnotus acus*, L. et le *notoptère fontanes*, Risso, pl. IV, f. 11. Quant à l'*ophidium imberbe* des Ichtyologistes du nord, tels que Schönefeld, Penn. Brit. zool. ap. pl. et à l'*ophidium viride*, Fabr. Faun. Groënl 148, je les crois des anguilles. Enfin l'*ophidium ocellatum*, Tilesius, Mém. de Pétersb. III, pl. 180, III, 27, me paraît devoir se rapprocher des gonelles.

LES ACANTHOPTERYGIENS.

Forment la seconde et de beaucoup la plus nombreuse division des poissons ordinaires; on les reconnaît aux épines qui tiennent lieu de premiers rayons à leur dorsale, ou qui soutiennent seules leur première nageoire du dos lorsqu'ils en ont deux; quelquefois même au lieu d'une première dorsale ils n'ont que quelques épines libres. Leur anale a aussi quelques épines pour premiers rayons, et il y en a généralement une à chaque ventrale. Les acanthoptérygiens ont entre eux des rapports si multipliés, leurs diverses familles naturelles offrent tant de variétés dans les caractères apparens que l'on aurait pu croire susceptibles d'indiquer des ordres ou d'autres subdivisions, qu'il a été impossible de les diviser autrement que par ces familles naturelles elles-mêmes, que nous portons au nombre de huit, et que nous sommes obligés de laisser ensemble pour former

Le huitième ordre des Poissons.

La première famille des acanthoptérygiens,

Ou celle des Tænioïdes,

Se distingue par un corps extrêmement allongé et aplati, semblable à un ruban, garni d'une nageoire qui règne tout le long du dos.

Elle se subdivise en deux tribus, déterminées d'après la forme des mâchoires.

La première tribu a le museau court, les maxillaires distincts.

Les Rubans. (Cepola, L.) (1).

Ont, outre ce corps allongé et aplati et cette longue dorsale qui leur sont communs avec le reste de la famille, une caudale distincte et une anale très-longue et très-marquée. Il n'y a dans leur dorsale que deux ou trois rayons non articulés, en sorte qu'on pourrait presque les laisser parmi les malacoptérygiens. Leurs ventrales ont, comme à l'ordinaire, plusieurs rayons; mais ce qui les distingue le mieux, c'est leur mâchoire supérieure très-courte, et l'inférieure qui se redresse pour la rejoindre, en sorte que leur tête est obtuse, et l'ouverture de leur bouche dirigée vers le haut. Leurs dents sont fortes et aiguës, peu serrées, et leur cavité abdominale fort courte, ainsi que leur estomac; ils ont quelques cœcums, et une vessie aérienne qui s'étend dans la base de la queue.

---

(1) On les nomme en italien Cepola, parce leur chair se lève par feuillets que l'on a comparés à ceux d'un oignon.

Il y en a une dans la Méditerranée (*cepola rubescens*, L.) Will. I, 7, fig. 1, longue de deux pieds, rougeâtre (1).

LES LOPHOTES. Giorna.

Ont le corps allongé, et finissant en pointe; la tête courte surmontée d'une crête osseuse très-élevée, sur le sommet de laquelle s'articule un long et fort rayon épineux, bordé en arrière d'une membrane, et à partir de ce rayon une nageoire basse à rayons presque tous simples, régnant également jusqu'à la pointe de la queue, qui a une caudale distincte, et en dessous de cette pointe est une très-courte anale. Les pectorales sont médiocres, armées d'un premier rayon épineux, et sous elles on aperçoit avec peine des ventrales de quatre ou cinq rayons excessivement petites. Les dents sont pointues et peu serrées, la bouche dirigée vers le haut, et l'œil fort grand. On compte six rayons aux branchies, la cavité abdominale occupe presque toute la longueur du corps.

On n'en connaît qu'un,

Le *Lophote Lacépède*. (Giorna, Mém. de l'Académie Imp. de Turin, 1805-1808, p. 19, pl. 2.)

Il se trouve, mais rarement, dans la Méditerranée, et devient fort grand (1).

---

(1) Le *cepola tœnia*, L. ne me paraît différer en rien du *rubescens*.

(2) *N. B.* La description de Giorna est incomplète, parce qu'il n'avait qu'un individu mutilé, dont il ignorait l'origine. J'ai fait la mienne sur un individu de plus de quatre pieds, pris à Genes. Voyez Ann. Mus. XX, XVII.

LES RÉGALECS. (REGALECUS. Ascan.) (1).

Ont de petites pectorales, une premiere dorsale à rayons simples, peu étendue, et une seconde régnant sur presque tout le long du corps; mais ils manquent d'anale et de caudale, et leurs ventrales thorachiques se réduisent à de très longs filets.

Le *Régalec* ou *Roi des Harengs du Nord.* (*Regalecus glesne.* Ascan. *Gymnetrus remipes.* Schn. pl.—88.)

A ses longues ventrales terminées chacune par un disque membraneux, et sa première dorsale très-peu élevée; on le trouve dans la mer de Norvège. Si c'est, comme je le crois, le même poisson que le *gymnetrus gryllii.* Lindroth. Nouv. Mém. de Stockh. 1798, pl. VIII, il arriverait à une taille énorme, dix-huit pieds de longueur.

Le *Régalec des Indes.* (*Gymnetrus Russelii.* Shaw. IV, part. II, pl.—28.)

A ses ventrales en simples fils, ainsi que le bout de la queue, et sa première dorsale très-élevée (2).

LES GYMNÈTRES. (GYMNETRUS. Bl.)

Diffèrent des régalecs, en ce qu'ils ne portent qu'une seule nageoire tout le long du dos, et que la queue en a une particulière. Leurs ventrales ont d'ailleurs la forme ordinaire et plusieurs rayons,

---

(1) *Regalecus* (*rex halecum*), roi des harengs, nom donné à l'espèce du Nord par les pêcheurs norvégiens.

(2) Je ne puis encore placer le *gymnetrus haukenii*, Bl. 423, représenté d'apres un dessin que l'on est convenu ensuite être défectueux, au moins par rapport à la queue. Voy. Schn. p. 481.

mais leurs pectorales sont petites. Leur mâchoire supérieure est très-extensible, et ils n'ont que de très-petites dents.

Le *Gymnètre cépédien.* (*G. cepedianus.*) Risso, pl. v, f. 17.

Est un beau et grand poisson de la Méditerranée, argenté avec quelques taches noires et rondes, et les nageoires rouges, qui atteint trois et quatre pieds de longueur (1).

LES SABRES. (TRACHYPTERUS. Gouan.)

Manquent de nageoire anale, comme les trois genres précédens, mais ont des ventrales thorachiques, une caudale distincte, et une dorsale très-longue soutenue par des rayons ronds, et dont les antérieurs sont dentelés en scie; leur ligne latérale est armée d'épines comme celle des Vogmares, et le dessous de leur queue est fortement dentelé en scie. Leurs mâchoires doivent être à peu près comme celle des Gymnètres.

On n'en connaît qu'un, de la Méditerranée.

(*Trachypterus tænia.* Schn. *Cepola trachyptera.* Gm.)

De deux pieds de long, de couleur argentée. On n'en fait point de cas pour la table (2).

---

(1) C'est très-probablement le *tænia altera*, Rondel. 327, quoique les ventrales y soient représentées trop courtes.

(2) *N. B.* Je ne décris ce poisson que d'après M. Gouan, Hist des poiss. pl. 153, qui ne cite d'autre figure que celle de Bélon, aq. 137, copiée par Gesner, 939; mais cette figure ne me paraît représenter autre chose que le gymnètre cépédien.

LES VOGMARES (1). (GYMNOGASTER. Brünnich. BOGMARUS. Schn.)

Ont, comme les gymnètres, une seule nageoire tout le long du dos, une caudale distincte et des petites pectorales. Leur tête et leurs mâchoires paraissent aussi être à peu près semblables à celles des gymnètres, mais ils manquent totalement de ventrales aussi-bien que d'anale. Leurs dènts sont tranchantes et pointues.

On n'en connaît qu'un, des côtes d'Islande,

(*Gymnogaster arcticus.* Brunn. *Bogmarus-Islandicus.* Schn. pl. 101.)

Long de plus de quatre pieds, argenté, à ligne latérale armee vers la queue de petites épines. Comme les corbeaux refusent d'en manger, les Islandais le croient venimeux (2).

La deuxième tribu des TÆNIOÏDES A le museau pointu et la gueule fendue.

LES CEINTURES. (TRICHIURUS. L.)

Ont le corps sans écailles sensibles, allongé et aplati comme un ruban, les mâchoires aiguës armées de dents longues et crochues comme des fers

(1) Vogmar ou Vaagmaer, signifie en islandais la fille ou la jument des Golfes.

(2) C'est probablement ici que devrait venir le *régalec lancéolé*, représenté d'après des dessins faits par des Chinois, Lacep. II, 219. et I, pl. XXII, f. 3.

N. B. N'ayant point vu non plus ce poisson, je ne répondrais pas

de flèche. Leur dorsale s'étend sur toute la longueur de leur corps ; mais ils n'ont ni ventrales ni anale, et leur ventre et le dessous de leur queue sont dentelés en scie ; la queue se termine au lieu de nageoire par un filet grêle. On observe en dedans de chacune de leurs mâchoires un voile membraneux ; leur estomac est allongé et épais, leurs cœcums nombreux, leur intestin droit, leur vessie natatoire grande et simple.

On en pêche un dans les mers d'Amérique.

(*Trichiurus lepturus.*) Bl. 158. (1).

Tout entier de la plus belle couleur d'argent, à mâchoire inférieure plus longue. Il atteint trois pieds de longueur, et est fort vorace.

La mer des Indes en produit aussi un dont les différences ne sont pas encore très-bién assurées. (*Trichiurus indicus.*) L. Will. app. tab. III, n°. 3, et probablement *clupea haumela.* Gm. et Forsk. *Trich. haumela.* Schn. On lui attribue, sans trop de preuves, un pouvoir électrique (2).

---

que l'absence de ventrales ne vint du mauvais état des individus observés par Olafsen et par Brünnich. Il doit être, ainsi que le trachyptère, fort voisin du gymnètre.

(1) C'est l'ubine de Laët, his. am. XV, c. XVII. Laët, éditeur de Margrave, ayant ensuite rapporté par une méprise qu'il indique lui-même, cette figure d'ubine, sous la description du *mucu* de Margrave, on a appliqué à l'ubine, c'est-à-dire à notre trichiure, tout ce que Margrave dit de son *mucu*, qui est toute autre chose, et probablement du genre murène ; ainsi on le fait habiter les fleuves, quoiqu'il soit marin. Voyez Brown, Jam. p. 444.

(2) Il paraît qu'on n'a attribué cette propriété à cette espèce que sur quelques paroles équivoques de Neuhof, rapportées par Willughby ad loc. cit.

LES JARRETIÈRES. (LEPIDOPUS. Gouan.)

Avec le corps allongé et aplati, la longue nageoire dorsale, les mâchoires pointues et les dents fortes et aiguës des trichiures, réunissent une nageoire caudale ordinaire, une anale courte et basse sous l'extrémité de la queue, et portent sous les pectorales deux petites écailles pointues, mobiles, qui leur tiennent lieu de nageoires ventrales, et ont donné lieu à leur nom latin. Leurs intestins ressemblent beaucoup à ceux des trichiures.

On en pêche une dans nos mers, qui atteint plus de quatre pieds de longueur, et est de la plus belle couleur d'argent. Elle a été décrite plusieurs fois, et chaque fois regardée comme une espèce nouvelle (1).

LES STYLEPHORES. (STYLEPHORUS. Shaw.)

Ont le corps très-allongé; sur presque tout leur dos s'étend une nageoire, et sur le dessus du bout de leur queue en est une autre distincte de la première qui est peut-être une vraie caudale; la queue même se termine en un filet plus long que le corps,

---

(1) C'est le *trichiurus caudatus*, Mém. de Stokh. 1788, pl. IX, f. 1.

Le *trich. gladius*, Holten. Mém. de la soc. d'Hist. nat. de Copenh. vol. V, cah. 1, pl. 2.

Le *vandellius lusitanicus*, Shaw. gen. Zool. IV, part. II, p. 199.

Le *ziphotheca tetradens*, Montagu, Wernerian soc. I, pl. 2 et 3.

Le lépidope Péron, Risso, pl. V, f. 18.

N. B. Je ne suis pas encore bien assuré des différences spécifiques entre ce lépidope et celui de Gouan.

et qui serait le dernier rayon de la caudale. Ils ont des pectorales, mais manquent de ventrales et d'anale (1).

On n'en connaît qu'un, du golfe du Mexique,

(*Stylephorus chordatus.*) Sh. General. Zool. vol. IV, part. I, pl. XI.

Long de deux pieds, sans le filet, et de couleur argentée, marbré de brun.

La deuxième famille des acanthoptérygiens,

Ou celle des GOBIOÏDES,

Se reconnaît à ses épines dorsales grêles et flexibles ; tous ces poissons ont à peu près les mêmes viscères, c'est-à-dire, un canal intestinal égal, ample, sans cœcums, et point de vessie natatoire.

LES BLENNIES, ou BAVEUSES. (BLENNIUS. L.)

Ont un caractère très-marqué dans leurs nageoires ventrales, placées en avant des pectorales, et composées seulement de deux rayons. Leur estomac est mince sans cul-de-sac, leur intestin ample mais sans cœcum ; ils n'ont pas de vessie natatoire. Leur corps est allongé, comprimé, et ils ne portent

---

(1) *N. B.* L'individu décrit par M. Shaw avait la tête si mal conservée, que ce naturaliste, dans sa figure aussi-bien que dans sa description, en a fait un monstre indéchiffrable.

qu'une dorsale composée presqu'en entier de rayons simples, mais flexibles. Ils vivent en petites troupes parmi les roches des rivages, nageant, sautant, et pouvant se passer d'eau pendant quelque temps. Leur peau est enduite d'une mucosité qui leur a valu leur nom grec *Blennius*, et leur nom francais BAVEUSES, qui en est une traduction. Plusieurs sont vivipares, et ils ont tous près de l'anus un tubercule qui paraît leur servir pour l'accouplement. Nous les divisons comme il suit.

LES BLENNIES proprement dits.

Dont les dents longues, égales et serrées, ne forment qu'un seul rang bien régulier à chaque mâchoire, terminé en arrière, dans quelques espèces, par une dent plus longue et en crochet. Leur tête est obtuse, leur museau court, leur front vertical; leurs intestins larges et courts.

La plupart ont un tentacule souvent frangé en panache sur chaque sourcil.

Nous en avons plusieurs espèces le long de nos côtes (1).

D'autres n'ont que des panaches à peine visibles aux sourcils, mais portent sur le vertex une proéminence membraneuse, qui s'enfle dans la saison de l'amour (2).

---

(1) *Blennius ocellaris*, Bl. 167, f. 1;—*bl. gattorugine* de Brünnich, fort différent de celui de Linn. Will. H. 2, f. 2;—*bl. cornutus*, L. dont le *tentacularis*, Brünn. n'est qu'une variété;—*bl. fasciatus*, Bl. 162, f. 1, si ce n'est pas un individu desséché du *gattorugine* de Brünn. — *bl. gattorugine* de Bloch, 167, 2, lequel ne ressemble encore à aucun des autres de ce nom;—*bl. palmicornis*, Cuv. (le *gattorugine* de Penn. encore très-différent de ceux de Linn. et de Brünn.)

(2) *Blenn. galerita*, L. — *blenn. pavo*, Risso.

Dans d'autres, enfin (les PHOLIS (1). Artéd.), il n'y a ni panache, ni crête (2).

Nous distinguons de ces blennies proprement dits, sous le nom de SALARIAS, les espèces dont les dents, également sur une seule rangée et fort serrées, sont comprimées latéralement, crochues au bout, d une minceur inexprimable et en nombre énorme. Elles se meuvent, dans l'individu frais, comme les touches d'un clavecin. La tête de ces poissons, fort comprimée en haut, est très-large transversalement dans le bas. Leurs lèvres sont charnues et renflées, leur front tout-à-fait vertical; leurs intestins, roulés en spirale, sont plus minces et plus longs que dans les blennies ordinaires.

On n'en connaît que de la mer des Indes (3).

Nous appellerons

CLINUS (4).

Les espèces à dents courtes et pointues, éparses sur plusieurs rangées, dont la première est plus grande. Leur museau est moins obtus que dans les deux sous-genres précédens; leur estomac plus large, et leurs intestins plus courts.

Dans quelques-uns, les premiers rayons de la dorsale forment une pointe séparée par une échancrure du reste de la nageoire (5). Leurs sourcils sont surmontés de petits panaches.

---

(1) *Pholis*, nom grec d'un poisson toujours enveloppé de mucus.

(2) *Blenn. pholis*, Bl. 71, f. 2;—*bl. cavernosus*, Schn. 37, 2;—*gadus salarias*, Forsk. p. 22.

(3) *Sal. quadripennis*, Cuv. qui est le blennius gattorugine de Forsk. p. 23;—*blenn. simus*, Sujef. act. Petrop. 1779, 11e. part. pl. VI; —l'*alticus* ou *sauteur* de Commers. Lacép. II, pag. 479, et plusieurs espèces nouvelles.

(4) *Clinus*, nom des blennies chez les Grecs modernes.

(5) *Bl. mustelaris*, L.;—*bl. superciliosus*, Bl. 168.

N. B. Le *blennie pointillé*, Lac. II, XII, 3, ne me paraît qu'un individu mal conservé du *superciliosus*;—*blenn. argenteus*, Risso.

Il y en a même où les premiers rayons sont totalement en avant, et semblent former une crête pointue et rayonnée sur le vertex (1).

Dans d'autres, au contraire, la dorsale est continue et égale (2).

LES GONNELLES. (MURÆNOÏDES. Lacép. CENTRONOTUS. Schn.)

Ont les ventrales encore plus petites que tous les blennies, presque insensibles, et souvent réduites à un seul rayon. Leur tête est très-petite, et leur corps allongé en lame d'épée; leur dos est garni tout du long d'une dorsale égale, dont tous les rayons sont épineux. Leurs dents sont comme dans les clinus; leur estomac et leurs intestins d'une venue (3).

LES OPISTOGNATHES. (Cuv.)

Ont les formes des blennies, et surtout leur museau court, et se distinguent par leurs maxillaires très-grands et prolongés en arrière en une espèce de longue moustache plate. Leurs dents sont en rape à chaque mâchoire, et la rangée extérieure plus forte. On leur compte trois rayons aux ventrales, qui sont placées précisément sous les pectorales.

On n'en connaît qu'un, rapporté de la mer des Indes par M. Sonnerat. (*Opistognathus Sonnerati.* Cuv.)

---

(1) Espèces nouvelles.

(2) *Blenn. mustelaris*, Linn. Mus. ad. fred. pl. XXXI, f. 3;—*blenn. spadiceus*, Schn. Séb. III, XXX, 8;—*blenn. acuminatus*, id. Séb. ib. 1; —*blenn. punctatus*, Ott. Fabr. soc. d'Hist. nat. de Copenh. vol. II, cah. 11, pl. X, f. 3.—*Blennius audifredi*, Risso, pl. VI, f. 15.

(3) *Blenn. gunnellus*, L. Bl. 65; — *bl. murenoides*, Sujef. Act. Petrop. 1779, II, VI, 1, qui pourrait bien ne pas différer du *gunnellus ;* c'est le murénoïde, Sujef. Lac. — *centronotus fasciatus*, Schn. pl. 57, f. 1; —*blenn. lumpenus*, Walb. pl. III, fig. 6.

LES ANARRHIQUES. (ANARRHICHAS. L.) (1).

Me paraissent si semblables aux blennies, que je les nommerais volontiers des blennies sans ventrales. La nageoire dorsale, toute composée de rayons simples, mais sans roideur, commence à la nuque, et s'étend, ainsi que l'anale, jusqu'auprès de celle de la queue, qui est arrondie aussi-bien que les pectorales : tout leur corps est lisse et muqueux; leurs os palatins, leurs vomers et leurs mandibules, sont armés de gros tubercules osseux, qui portent à leur sommet de petites dents émaillées, mais les dents antérieures sont plus longues et coniques. Cette dentition lenr donne une armure vigoureuse, qui joint à leur grande taille en fait des poissons féroces et dangereux. Ils ont six rayons aux ouïes, l'estomac court et charnu, le pylore près de son fond, l'intestin court, épais et sans cœcum, et ils manquent de vessie aérienne.

Le plus commun appelé vulgairement

Loup marin, Chat marin. (*Anarr. Lupus.* L.) Bl. 74.

Habite les mers du Nord, et vient assez souvent sur nos côtes; atteint six et sept pieds de longueur, et est brun, avec des bandes nuageuses plus foncées. Sa chair ressemble à celle de l'anguille (2). Il est d'une grande res-

---

(1) *Anarrhichas*, grimpeur, nom imaginé par Gesner (paralipomen. p. 1261), parce que ce poisson grimpe, dit-on, contre les écueils en s'aidant de ses nageoires et de sa queue.

(2) On a cru que ses dents pétrifiées formaient les *bufonites*, mais elles n'en ont ni la forme ni le tissu.

Ajoutez le petit anarrhique, *anarr minor*, Olafsen, voy. en Isl. tr. fr. pl. L.

source pour les Islandais, qui le mangent séché et salé, emploient sa peau comme chagrin, et son fiel comme savon.

Les Gobous, Boulereaux ou Gougeons de mer. (Gobius. L.)

Se reconnaissent sur-le-champ à leurs ventrales thorachiques réunies soit dans toute leur longueur, soit au moins vers leurs bases en un seul disque creux, et formant plus ou moins l'entonnoir. Les épines de leur dorsale sont flexibles, l'ouverture de leurs ouïes pourvue de quatre rayons seulement est généralement peu ouverte, et comme les blennies, ils peuvent vivre quelque temps hors de l'eau; comme eux aussi ils ont un estomac sans cul-de-sac, et un canal intestinal sans cœcum; leurs mâles ont enfin le même petit appendice derrière l'anus, et l'on sait de quelques espèces qu'elles produisent des petits vivans. Ce sont des poissons petits ou médiocres qui se tiennent entre les roches des rivages. La plupart ont une vessie aérienne simple.

Les Gobies, proprement dits. (Gobius. Lacép. et Schn.)

Ont les ventrales réunies sur toute leur longueur, et même en avant, en sorte qu'elles forment un disque concave. Leur corps est allongé, leur tête médiocre, arrondie, leurs joues renflées, leurs yeux rapprochés. Leur dos porte deux nageoires, dont la postérieure assez longue. Nous en avons quelques-uns, dans nos mers, dont les caracteres ne sont pas encore suffisamment établis (1).

(1) Bélon et Rondelet ont voulu reconnaître dans ces poissons les

Le *Boulereau noir.* (*Gobius niger.* L.) Penn. Brit. Zool. pl.—38.

A corps brun-noirâtre, est le plus commun sur nos rivages de l'Océan. Il n'atteint que quatre on cinq pouces. On y trouve aussi en abondance

Le *Boulereau blanc.* (*Gob. minutus.* L.) *Aphia.* Penn. *ib.* pl. —37.

A corps fauve-pâle; à nageoires blanchâtres, rayées en travers de lignes fauves : long de deux à trois pouces.

La mer Méditerranée, qui nourrit peut-être ces deux espèces, en produit plusieurs autres de taille et de couleurs variées (1).

Les Gobioïdes. Lac.

Ne diffèrent des gobies que par la réunion de leurs dorsales en une seule. Leur corps est plus allongé (2).

Les Tœnioïdes. *id.*

Ont avec la dorsale unique des *gobioïdes*, un corps en-

---

gobius des anciens, ce qui n'est pas prouvé, et Artédi a prétendu retrouver dans l'Océan, les espèces mal déterminées par ces deux auteurs dans la Méditerranée. De là une confusion inextricable; pour l'éclaircir il faut recommencer les descriptions et les figures.

(1) Voyez-en les descriptions, mais sans en adopter entièrement la nomenclature, Risso, Icht. de Nice, p. 155 et suivantes.

En espèces étrangères, on peut mettre sans difficulté parmi les gobies : le *gobius plumerii*, Bl. 175, 3 ;—*gobius lanceolatus*, id. 38, 1 ; — *gob. elongatus*, nob. *eleotris lanceolata*, Schn. pl. 15 ;—*gobius lagocephalus*, Pall. VIII, pl. II, f. 6, 7; —*G. boddarti*, id. ib. f. 4, 5 ; —*gobius cyprinoïdes*, id. ib. pl. 1, f. 5 ;—*G. ocellatus*, Brouss. Dec. pl. II. Quant à ceux que je n'ai point vus, et dont on n'a point de bonnes figures, je me dispenserai de les classer.

(2) *Gob. broussonnet,* Lac. II, pl. XVII, f. 1 (*gob. oblongatus,* Schn. add. 548).

core plus allongé. Leurs yeux sont oblitérés ; leur lèvre supérieure porte quelques barbillons (1).

Bloch (édition de Schn. p. 63), sépare avec raison de tout le genre *gobie*,

LES PERIOPHTALMES. (PERIOPHTALMUS. Schn.)

Dont la tête entière est écailleuse, les yeux tout-à-fait rapprochés l'un de l'autre, garnis à leur bord inférieur d'une paupière qui peut les recouvrir, et les nageoires pectorales couvertes d'écailles sur plus de la moitié de leur longueur, ce qui leur donne l'air d'être portés sur une espèce de bras. Leurs ouïes étant plus étroites encore que celles des autres gobies, ils vivent aussi plus long-temps hors de l'eau; et aux Moluques, leur patrie, on les voit souvent ramper sur la vase pour échapper à leurs ennemis, ou pour atteindre les petites crevettes, dont ils font leur principale nourriture.

Les uns ont les ventrales en disque concave des gobies proprement dits (2).

Les autres ont leurs ventrales séparées presque jusqu'à la base (3).

---

(1) J'ai tout lieu de croire que le *tenioide hermannien*, Lac. II, pl. XIV, f. 1, ne différait que par sa mauvaise conservation du *cæpola cæcula*, Schn. pl. 54, lequel appartient évidemment ici.

(2) *Gobius Schlosseri*, Pall. Spic. VIII, pl. I, f. 1-4, auquel il faut joindre le *gobius striatus*, Schn. pl. 16, resté on ne sait pourquoi parmi les *gobies*, car c'est un véritable *périophtalme*.

(3) *Gobius kœhlreuteri*, Pall. Spic. VIII, pl. II, f. 1-3; —*per. ruber*, Schn.—*periopht. papilio*, Schn. pl. 14.

N. B. Soit les gobies, soit les périophtalmes, dont les nageoires ventrales seraient divisées, prendraient dans la méthode de M. Lacép. le nom de *gobiomores*; si avec cette division de ventrales ils ne portaient qu'une dorsale, ce seraient des *gobiomoroïdes*; mais les espèces rangées sous ces deux genres n'en portent pas toutes les caractères. Le *gobiomore gronovien (gob. gronovii*, Gm.*)* Margr. 153, est

Je séparerai aussi, et j'appellerai avec Gronov.

ELÉOTRIS.

Des poissons qui ont, comme les gobies, la première dorsale à filets flexibles, et l'appendice derrière l'anus, mais dont les ventrales thoraciques sont parfaitement distinctes; la tête obtuse, un peu déprimée, les yeux écartés l'un de l'autre, et dont la membrane branchiale porte six rayons.

Leur ligne latérale est insensible, et leurs viscères pareils à ceux des gobies. On en trouve dans les eaux douces de la Guiane, où ils se cachent dans la vase (1).

Il paraît aussi qu'on en trouve dans la vase du Sénégal (2).

---

de la famille des *scombres*; le *dormeur*, Schn. pl. 12, est proboblement un *platycéphale*; de même le *gobiomoroide pison*, *gob. pisonis* Gm. *amore pixuma*, Margr. 166, *eleotris* 1, Gron. Mus. 16, a deux dorsales et dans la figure de Margrave et dans les descriptions de Gronov.

Bl. éd. de Schn. p. 65, sépare des gobies, et fait le genre *eleotris* différent de celui du même nom de Gronov. des espèces dont les ventrales seraient seulement réunies en éventail, sans former l'entonnoir; mais dans celles que j'ai examinées, j'ai trouvé que la membrane qui réunit en avant leurs bords externes est plus courte à proportion, ce qui a empêché de la remarquer.

(1) J'en ai deux que je tiens de M. Levaillant : le premier à queue ronde me paraît l'*amore pixuma* de Margr. 166, et le premier *eleotris* de Gronov. Mus. Icht. p. 16, *gobius pisonis*, Gm.; mais ce n'est pas le *gobiomoroïde pison*, Lac.

L'autre a la queue fourchue, et je le crois nouveau.

L'*amore guazu*, Margr. ib. *truttæ affinis*, etc. Sloane, Jam. troisième *eleotris*, Gron. 17, est un vrai gobie. Selon Pison, de Med. ind. p. 72, tous les amores sont d'eau douce.

(2) Je le juge d'après la note jointe à une peau séchée donnée au Muséum par Adanson, et qui est d'une espèce différente des précédens. Le Muséum en possède deux autres espèces d'origine inconnue; et il faut encore ranger ici le *gobius strigatus*, Broussonnet, Dec. pl. 1, ou *gobiomore taiboa*, Lacép. qui vient de la mer des Indes.

Les Sillago. (Sillago. Cuv.)

Ont deux nageoires sur le dos ; la première courte, mais haute, à rayons flexibles ; la seconde longue et basse. Leur museau un peu allongé se termine par une petite bouche protractile, garnie de levres charnues et de dents en velours, avec un rang de plus fortes à l'extérieur ; leur tête est écailleuse ; leurs opercules armés d'une petite épine ; leurs préopercules légèrement dentelés ; on ne leur trouve que cinq rayons aux ouïes. L'un d'eux,

Le *Pêche-Bicout* de Pondichéry. (*Sillago acuta.* Cuv. *Sciæna Malabarica.* Schn.) Soring. Russel. cxiii.

Long d'au plus un pied, de couleur fauve, passe pour le poisson le plus délicat de la mer des Indes.

Un autre,

Le *Pêche-Madame.* (*Sillago domina.* Cuv.)

Du même pays, se distingue par un premier rayon dorsal aussi long que le corps ; il est aussi d'un excellent goût.

Les Callionymes. (Callionymus. L.) (1).

Ont deux caractères fort marqués, dans leurs ouïes ouvertes seulement par un trou de chaque côté de la nuque, et dans leurs nageoires ventrales placées sous la gorge, et plus larges que les pectorales. Leur tête est oblongue, déprimée, leurs yeux rapprochés et regardant en haut, leurs intermaxil-

(1) *Callionymus* (beau nom), l'un des noms de l'uranoscope chez les Grecs. C'est Linnæus qui l'a appliqué à ce genre-ci.

laires très-protractiles, et leurs préopercules allongés en arrière et terminés par quelques épines. Ce sont de jolis poissons, à peau lisse, dont la dorsale antérieure soutenue par quelques rayons sétacés, s'élève quelquefois beaucoup. La seconde dorsale est allongée ainsi que l'anale, comme dans les précédens; leur estomac n'est point en cul-de-sac, et ils manquent de cœcum et de vessie aérienne.

Nous en avons deux dans nos mers (1).

LES TRICHONOTES. (TRICHONOTUS. Schn.)

Ne paraissent que des callionymes dont le corps est très-allongé, et dont la dorsale unique et l'anale ont une longueur proportionnée. Les deux premiers rayons de la dorsale allongés en longues soies représentent les premières dorsales des callionymes ordinaires. On dit pourtant les branchies des trichonotes bien fendues (2).

LES COMÉPHORES. Lacép.

Ont la première dorsale très-basse, le museau oblong, large, déprimé, les ouïes très-fendues, à sept rayons, de très-longues pectorales, et, ce qui les distingue dans cette famille, ils manquent absolument de ventrales.

On n'en connaît qu'un, du lac Baïkal.

(*Callionymus Baïcalensis*. Pall. Nov. Act. Petr. I, IX, I.)

Long d'un pied, d'une substance molle et grasse, que

---

(1) *Call. dracunculus*, Bl. 162, f. 2;—*call. lyra*, Bl. 161, tous deux de nos côtes; auxquels il faut ajouter *call. orientalis*, Schn. pl. 6; —*call. ocellatus*, Pall. VIII, pl. 4. f. 13;—*call. sagitta*, id. ib. f. 4, 5; —*call. pusillus*, Laroche, Ann. Mus. XIII, pl. 25, f. 16.—*N. B.* Le calliomore indien, *callionymus indicus*, Linn. est probablement le *platicephalus spatula*, Bl. 424.

(2) *Trichonotus setigerus*, Schn. 39.

l'on presse pour en tirer de l'huile. On ne l'obtient que mort, après les tempêtes.

La troisième famille des Acanthoptérygiens,

Ou celle des Labroïdes.

Se reconnaît aisément à son aspect; elle a le corps oblong, écailleux; une seule dorsale soutenue en avant par des épines fortes, garnies le plus souvent chacune d'un lambeau membraneux; les mâchoires couvertes par des lèvres charnues; les pharyngiens au nombre de trois, deux supérieurs appuyés au crâne, un inférieur grand, tous trois armés de dents, tantôt en pavé, tantôt en pointes ou en lames, mais généralement plus fortes qu'à l'ordinaire; un canal intestinal sans ou avec deux cœcums très-petits et une forte vessie natatoire.

Les Labres. (Labrus. L.)

Forment un genre nombreux de poissons très-semblables entre eux par leur forme oblongue, les doubles lèvres charnues, qui leur ont valu leur nom, dont l'une tient immédiatement aux mâchoires et l'autre aux sous-orbitaires, et leurs ouïes serrées à cinq rayons, leurs dents maxillaires coniques, dont les mitoyennes et antérieures plus longues, et leurs dents pharyngiennes cylindriques et mousses, disposées en forme de pavé, les supérieures sur deux grandes plaques, les inférieures sur une seule qui correspond aux deux autres (1). Leur estomac n'est point en cul-de-sac, mais se continue avec un intestin, sans aucuns cœcums, qui après deux replis se termine en un gros rectum. Ils ont une vessie aérienne simple et robuste.

LES LABRES proprement dits.

N'ont aux opercules et aux préopercules, ni épines, ni dentelures. On en pêche beaucoup dans la Méditerranée et dans les parties chaudes de l'Océan; il y en a moins dans le Nord. La plupart des espèces sont peintes de couleurs agréables.

Les uns ont les joues et les opercules couverts d'écailles. Leur ligne latérale est droite ou à peu près. Nous en voyons quelques-uns dans nos mers du Nord, comme

La *Vieille*. (*L. Vetula.*) Bl. 293.

Beau poisson agréablement varié d'orangé et de bleu, qui atteint plus d'un pied de longueur (2).

D'autres ont la tête entièrement lisse et sans écailles; leur ligne latérale est fortement coudée vers la fin de la nageoire dorsale. Nous les nommerons :

GIRELLES. (JULIS. CUV.)

L'un des plus connus est

---

(1) Voyez Ant. de Jussieu, Académ. des Sciences, 1723, pl. XI, p. 210.

(2) Espèces sans pores à la tête : *labrus guttatus*, Bl. 287, 2; — *lab. carneus*, Bl. 289; — *lab.* 5 *maculatus*; — *lab. fasciatus*, 290; — *lab. micro lepidotus*, 292; — *lab. punctatus*, 295; — *lab. melagaster*, 296, 1; — *labre deux croissans*, Lacép. III, pl. 31, f. 2; — *lab. hérissé*, ib. pl. 20, f. 1; — *labre lisse*, ib. pl. 23, f. 2.

Espèces à pores : *labrus tesselatus*, 291; — *labrus maculatus*, 294.

Le *Bodianus bodianus*, Bl. 223, appartient aussi à cette division.

La *Girelle* de la Méditerranée. (*Labrus julis.* L.)
Bl. 287, f. 1.

Petit poisson remarquable par sa belle couleur violette, relevée de chaque côté par une bande en zig-zag d'un bel orangé, etc. (1)

LES CRÉNILABRES.

Que nous séparons des *lutjanus* de Bl. pour les ramener à leur vraie place, ont tous les caractères intérieurs et extérieurs des labres, et ne s'en distinguent que par les bords

---

(1) Girelles sans pores à la tête : *labrus pictus*, Schn. pl. 55 ;—*l. brasiliensis*, Bl. 280 ; — *l. lunaris*, id. 281 ; — *l. viridis*, id. 282 ; — *l. cyanocephalus*, id. 286 ; — *l. chloropterus*, 288 ; —*l. malapterus*, 286, 2 ;—le *lab. malapteronote*, Lacép. III, XXXI, 1 ;—le *labre hébraïque*, Lac. III, pl. 29, f. 3 ;—*l. parterre*, ib. 29, 2 ;—le *spare hémisphère*, Lacep. III, XV, 3 ;—le *labre tenioure*, ib. XXIX, 1, très-voisin du précédent ;—le *spare brachion*, Lacép. III, XVIII, 3.

Girelles à pores marqués : — *labrus bifasciatus*, Bl. 288 ; — *l. bivittatus*, id. 284, 1 ; — *l. macrolepidotus*, id. ib. 2 ; — *l. melapterus*, id. 284.

N. B. Les *coris* établis par M. de Lacép. d'après les dessins de Commerson, se sont trouvés des girelles, où le dessinateur avait négligé d'exprimer la séparation du préopercule et de l'opercule. Le *coris angulé* paraît même n'être que le *labrus melapterus*.

M. de Lacép. a aussi nommé *hologymnoses* des girelles dont les écailles du corps plus petites que de coutume seraient cachées dans l'état de vie par un épiderme épais. Mais les écailles qui ne paraissent point dans le dessin de Commerson gravé, Lacép. III, pl. 1, f. 3, se voient très-bien dans le poisson desséché apporté depuis au Muséum ; ainsi cette espèce rentre dans les girelles, aussi-bien que le *demi-disque*, III, pl. VI, f. 1 ; — l'*annelé*, ib. pl. XXVIII ; — et le *cerclé* qui en sont tous au moins très-voisins.

Autant qu'on a pu en juger par les descriptions de Commerson, les cheilions, Lac. IV, 433, sont des labres à petites écailles, et dont toutes les épines dorsales sont faibles et flexibles. Commers. rapporte lui-même à ce genre le *labre large raie*, Lac. III, 517, pl. XXVIII, 2.

dentelés de leurs préopercules ; leurs joues et leurs opercules sont écailleux.

On en prend quelques-uns dans les mers du Nord ; tels que *Lutjanus rupestris.* Bl. 250. *Lut. bidens.* 251, et *Lut. Norvegicus.* id. 256.

La Méditerranée en fournit un grand nombre des plus jolies couleurs (1). Il y en a aussi beaucoup dans les mers des pays chauds (2), et plusieurs espèces, laissées jusqu'à présent parmi les labres, doivent encore être ramenées ici (3).

LES SUBLETS. (CORICUS. Cuv.)

Joignent aux caractères des crénilabres celui d'une bouche presque aussi protractile que celle des filous (4). On n'en connaît que de petits, de la Méditerranée (5).

LES CHEÏLINES. Lacép.

Sont des labres à tête écailleuse, dont les dernières écailles de la queue s'avancent sur les bases de ses rayons. Leurs dents maxillaires et pharyngiennes, et tout leur intérieur, sont comme dans les labres, mais leur ligne latérale est interrompue vis-à-vis la fin de la dorsale (6).

---

(1) Tels sont nommément tous les lutjans décrits par M. Risso, exceptés l'*anthias* et les deux *sublets.*

(2) *Lutjanus chrysops*, Bl. 248 ;—*l. erythropterus*, id. 249 ;—*lutj. notatus*, ib. — *l. linkii*, 252 ;—*l. virescens*, 254 ;—*lutj. verres*, 255 ;—*l. quinquemaculatus* (rapporté mal à propos aux *labres*), 291, 2.

(3) *Lab. lapina* ;—*l. merula* ;—*l. viridis* ;—*l. melops.*

N. B. Nous laissons le nom de *lutjan* aux espèces qui n'ont ni lèvres charnues, ni grosses dents pharyngiennes, et dont les dents sont aigües. Leur port les fait aisément reconnaître comme appartenant à une autre famille.

(4) Voyez ci-dessous, aux *filous.*

(5) Le *lutjan verdâtre*, et le *lutjan lamarck* de Risso.

(6) *Cheiline trilobé*, Lacép. III, pl. 31, f. 3.—Le *sparus fasciatus*, Bl. 257, est une vraie cheiline. Je me suis assuré qu'il a tous les ca-

On doit retirer du genre des spares, pour les placer auprès des Cheïlines.

LES FILOUS. (EPIBULUS. Cuv.)

Si remarquables par l'extrême extension qu'ils peuvent donner à leur bouche, dont ils font subitement une espèce de tube, par un mouvement de bascule de leurs maxillaires, et en faisant glisser en avant leurs intermaxillaires. Ils emploient cet artifice pour saisir au passage les petits poissons, qui nagent à portée de ce singulier instrument. Les sublets, les zées, les picarels, l'emploient également.

Tout le corps et la tête des filous sont recouverts de grandes écailles, dont le dernier rang empiète même sur la nageoire de l'anus et sur celle de la queue, ainsi que dans les cheïlines. Leur ligne latérale est interrompue de même; ils ont comme elles, et comme les labres, deux dents coniques, plus longues au-devant de chaque mâchoire, et ensuite de petites dents mousses; mais nous n'avons pu observer celles de leur pharynx.

On n'en connaît qu'un de la mer des Indes, de couleur rougeâtre. (*Sparus insidiator.*) Pall. Spic. Zool. fasc. VIII, pl. V, I.

LES GOMPHOSES. Lacép. (ELOPS. Commers.)

Sont des labres à tête entièrement lisse, et dont le museau prend la forme d'un tube, par le prolongement de leurs

---

ractères internes des labres. Je ne doute pas qu'il n'en soit de même du *sparus chlorourus*, Bl. 260, et du *sparus radiatus*, Schn. 56.

N. B. Le *labrus scarus*, L. *cheiline scare*, Lacép. n'avait été établi par Artédi et Linnæus que sur une description équivoque et sans figure de Bélon, Aquat. ed. lat. p. 239, où l'on ne peut pas même voir de quel genre est le poisson dont il veut parler. La fig. et la descrip. de Rondelet, lib. VI, c. II, p. 164, que l'on cite d'ordinaire avec celles de Bélon, appartiennent à un poisson tout-différent et du genre des *sparus*. Quant aux caractères que lui assigne Bélon d'appendices aux côtés de la queue et d'une nageoire unique sur le dos, ils semblent indiquer quelque centronote.

intermaxillaires et de leurs mandibulaires, que les tégumens lient ensemble, jusqu'à la petite ouverture de la bouche (1).

Ils se prennent dans les mers des Indes, et certaines espèces fournissent un aliment délicieux (2).

LES RASONS. (NOVACULA. CUV.)

Sont des poissons semblables aux labres par le corps, mais dont le front descend subitement vers la bouche par une ligne tranchante et presque verticale, formée par l'ethmoïde et les branches montantes des intermaxillaires. Leur corps est couvert de grandes écailles; leur ligne latérale interrompue; leurs mâchoires armées d'une rangée de dents coniques, dont les mitoyennes plus longues, et leur palais pavé de dents hémisphériques; enfin leur canal intestinal est continu, à deux replis sans cœcums ni cul-de-sac stomacal. Ils ont une vessie aérienne assez étendue. Les naturalistes les avaient placés, jusqu'à présent, avec les coryphènes, dont ils diffèrent beaucoup à l'intérieur et à l'extérieur. C'est des labres qu'ils se rapprochent le plus, ne s'en distinguant que par le profil de leur tête (3).

---

(1) *Gomphosus cœruleus*, Lacép. III, pl. v, f. 1.—*G. variegatus*, id. ib. f. 2. — Gomphose, de *γόμφος*, *cuneus*, *clavus*.

(2) Renard, poisson de la mer des Indes, 2e. part. pl. XII, f. 109. Cependant Commers. dit que le *gomphose bleu* est un manger médiocre.

(3) Le tranchant de la tête des coryphènes tient à la crête interpariétale; leurs écailles sont petites et molles; leurs cœcums nombreux.

Le *Rason* ou *Rasoir* de la Méditerranée. (*Coryphæna novacula.* L.) Rondel. 146. Salv. 117.

Est rouge, diversement rayé de bleu. On estime sa chair (1).

LES CHROMIS. CUV. (2).

Ont les lèvres, les intermaxillaires protractiles, les os pharyngiens, les filamens à la dorsale et le port des labres, mais leurs dents sont en velours aux mâchoires et au pharynx. Leurs nageoires verticales sont filamenteuses; souvent même celles du ventre prolongées en longs filets, et leur ligne latérale est interrompue. Leur estomac est en cul-de-sac, mais sans cœcums.

Nous en avons une petite, d'un brun-châtain, que l'on pêche par milliers dans la Méditerranée. C'est le *petit Castagneau.* (*Sparus chromis.* L.) Rondel. 152.

Le Nil en produit une autre, qui atteint deux pieds de long, et passe pour le meilleur poisson d'Égypte : c'est le *bolti* ou *labrus Niloticus.* Hasselq. 346. Sonnini, pl. XXVII, f. 1 (3).

Les PLÉSIOPS, Cuv. sont des chromis à tête comprimée, à yeux rapprochés; à très-longues ventrales.

---

(1) Ajoutez *cor. cœrulea,* Bl. 176. Catesb. 18;—*cor. pentadactyla*, Bl. 173, qui est l'hémiptéronote à cinq taches, Lac.; mais n'a point le caract. assigné aux hémiptéronotes; — *cor. psittacus,* L. —*cor. lineata*, L.

(2) Χρόμις, χρέμις, χρεμη, noms grecs d'un poisson indéterminé.

(3) Ajoutez *sparus saxatilis*, L. qui est le *perca saxatilis*, Bl. 309, *cychla,* Schn.—*labrus punctatus*, Bl. 295, 1; —le *labre filamenteux*, Lac. III, XVIII, 2; — le *labre* 15 *épines*, id. ib. XXV, 1; —*sparus surinamensis*, Bl. 277, 2; — *chætodon suratensis*, Bl. 217?

N. B. La variété du spare sparaillon, Lac. IV, II, 1, me paraît se rapporter au *labrus punctatus.*

Les *hiatules*, Lac. seraient des labres sans nageoire anale, mais

Les Scares. (Scarus. L.) (1).

Sont des poissons remarquables par leurs mâchoires, (c'est-à-dire leurs os intermaxillaires et prémandibulaires) convexes, arrondies, garnies de dents disposées comme des écailles, sur leur bord et sur leur surface antérieure; les dents se succèdent d'arrière en avant, de manière que celles du bord ou du tranchant sont les plus nouvelles et formeront un jour un rang à la surface, quand le rang suivant, qui est caché en arrière, se sera développé. Les naturalistes ont cru à tort que l'os lui-même était à nud. Les mâchoires sont d'ailleurs recouvertes dans l'état de vie par des lèvres charnues; le poisson a la forme oblongue d'un labre, de grandes écailles, et la ligne latérale interrompue; il porte à son pharynx deux plaques en haut et une en bas, garnies de dents comme les plaques pharyngiennes des labres, mais ces dents sont des lames transversales et non des pavés arrondis.

---

on n'en cite qu'un de la Caroline, et seulement d'après une note de Garden qui a besoin d'être confirmée. (*labrus hiatula*, L.) On ne conçoit pas d'après quelle idée Bloch, éd. de Schn. p. 481, a pu le mettre parmi les *trachyptères*.

(1) *Scarus* était chez les anciens, le nom d'un poisson estimé qu'*Elipertius Optatus* transporta, sous le règne de Claude, de la mer de Grèce dans celle de Toscane; ce devait être quelque espèce de spare, car les anciens disent qu'il vivait d'herbes, et le comparent aux animaux ruminans. Aldrovande ayant cru faussement que l'un de nos poissons ci-dessus venait des mers de Crète, et lui ayant appliqué ce nom de *scare*, il a été suivi par *Forskahl*, lequel a le premier détaché les *scares* des *labres*. La vérité est qu'aucune espèce de ce genre n'habite la Méditerranée.

Tout es les espèces viennent des mers des pays chauds. On leur donne communément, à cause de la forme de leurs mâchoires et de l'éclat de leurs couleurs, le nom de poissons perroquets (1).

Quelques-uns ont la base de la mâchoire supérieure armée de pointes saillantes en rayons (2).

Je place, en hésitant, à la fin de cette famille

LES LABRAX. Pall.

Poissons à corps assez long, garni d'écailles ciliées, à tête petite sans armure, à bouche peu fendue, armée de petites dents coniques, inégales, à lèvres charnues, dont la dorsale n'a que des épines minces et s'étend tout le long du dos; leur caractère distinctif est d'avoir plusieurs séries de pores semblables à la ligne latérale, ou comme plusieurs lignes latérales.

Ceux qu'on connaît viennent de la mer de Kamschatka (3).

La quatrième famille des Acanthoptérygiens,

ou celle des PERCHES.

A, comme celle des labres, la dorsale et l'anale peu ou point écailleuses, et soutenues en avant par des épines fortes et piquantes. La partie épineuse de la dorsale

---

(1) Aux scares de Bl. et de Lacép. ajoutez le *sparus abildgaardi*, Bl. 259, et le *sp. holocyaneose*, Lacép. III, XXXIII, 2, qui pourrait bien être le même.

(2) *Scar. croicensis*, Bl. 221, et une espèce nouvelle.

(3) Voyez Pallas et Tilesius. Acad. de Pétersb. Mém. t. II.

peut souvent se replier et se cacher entre les écailles qui bordent les côtés de sa base. Le corps est écailleux, et les écailles le plus souvent assez grandes ; les intestins sont généralement amples et garnis de quelques cœcums ; il y a presque toujours une vessie natatoire, robuste, sans communication avec l'estomac.

Cette famille se divise en deux séries tellement parallèles, que les mêmes caractères se répètent dans l'une et dans l'autre. La première, qu'on peut appeler celle des sparoïdes, n'a qu'une dorsale régnant le long de la plus grande partie du dos ; la seconde en a deux, ou du moins la portion épineuse et la portion molle y sont divisées jusques à leur base. On peut l'appeler plus particulièrement celle des persèques.

La première série, ou celle des perches à dorsale continue, appelées Sparoïdes, peut se distribuer d'après les mâchoires et les dents.

Nous placerons en tête, comme une première tribu, ceux à mâchoires protractiles ; il n'y en a qu'un genre.

Les Picarels. (Smaris. Cuv.)

Ont des mâchoires extensibles en une sorte de tube, à cause des longs pédicules de leurs intermaxillaires et du mouvement de bascule que leur font faire les maxillaires. C'est le même mécanisme que dans les filous et dans les sublets. Ces mâchoires sont garnies chacune d'une rangée de dents fines et pointues, derrière lesquelles il y en a quelques rangées de très-petites. Leur corps, plus étroit, a presque la forme des harengs. On en pêche dans la Méditerranée, quelques espèces qui ont été assez mal déterminées.

La *Mendole*. (*Sparus mæna*. L.) Rondel. p. 138.

D'un gris-argenté, rayé en long de bleuâtre; une tache noire sur chaque flanc.

Le *Picarel* commun. (*Sp. smaris*. L.) Lar. An. Mus. XIII, xxv, 17.

D'un gris-roussâtre argenté; une tache noire sur chaque flanc (1).

Ensuite viendront, comme seconde tribu, ceux à dents tranchantes sur une seule rangée. Il n'y en a aussi qu'un genre.

LES BOGUES. (BOOPS. CUV.)

Mêlés jusqu'ici parmi les spares, se distinguent nettement par leurs mâchoires peu extensibles, pourvues chacune d'une simple rangée de dents tranchantes, tantôt échancrées, tantôt en partie

(1) Ajoutez le *sparus erythrurus*, Bl. 26; — *sparus zebra*, ou le *sp. osbec*, Risso; — le *sp. bilobé*, Risso, qui n'est pas celui de Lacép. — le *sp. alcyon*, Risso, etc....... ; le *labre long museau*, Lacép. III, xix, 1, le même que son *spare breton*, IV, p. 134; — *wodawahah*, Russel. corom. I, 67.

pointues. Leur corps oblong et comprimé est garni d'écailles assez grandes ; la Méditerranée en fournit trois principales espèces.

La *Saupe*. (*Sp. salpa*. L.) Bl. 265 (1).

A les dents supérieures fourchues ; les inférieures pointues ; le corps argenté, et rayé longitudinalement de jaune. C'est un poisson peu estimé.

L'*Oblade*. (*Sp. melanurus*. L.) Rondel. p. 126.

A les dents mitoyennes échancrées, les latérales fines et pointues ; son corps est gris-argenté, rayé en long de brun, et marqué d'une tache noire de chaque côté de la queue.

Le *Bogue ordinaire*. (*Sp. boops*. L.) Rondel. p. 136.

A les incisives supérieures dentelées, les inférieures pointues; son corps d'un gris-argenté, rayé en long de brun, et de doré, à ligne latérale jaune, est plus étroit qu'aux précédens. C'est un bon poisson, et très-abondant.

Puis viennent comme troisième tribu ceux à dents en partie en forme de pavé. Il n'y en a également qu'un genre.

LES SPARES. (SPARUS. CUV.) (2).

Que je réduits aux espèces de l'ancien genre de ce nom, dont les mâchoires peu extensibles sont garnies, sur les côtés, de molaires rondes, semblables à des pavés. Ils vivent généralement de *fucus*. Je les subdivise comme il suit :

---

(1) Les anciens ont parlé du *salpa* comme d'un poisson méprisé ; il se pourrait que ce fût le même qui a conservé ce nom. — Aj. *sparus chrysurus*. Bl. 262.

(2) *Sparus* et *scarus*, noms souvent confondus par les copistes. Le *scarus* que les anciens disent vivre d'herbes et ruminer, doit être de ce genre.

Les Sargues. (Sargus. Cuv.)

Qui ont en avant de grandes dents incisives comparables à celles de l'homme.

La *Sargue ordinaire.* (*Sp. sargus.* L.) Bl. 264.

Commun dans la Méditerranée et le golfe de Gascogne, est argenté, rayé en longueur de jaune, et bardé en travers de noir. Sa chair est médiocre (1).

Les Daurades.

Ont en avant quatre ou six dents coniques sur une seule rangée, et tout le reste en pavé.

La *Daurade ordinaire.* (*Sp. aurata.* L.) Bl. 266.

Remarquable par la grandeur que prennent avec l'âge quelques-unes de ses molaires, est argentée, à dos bleuâtre, avec une tache dorée au sourcil. On la pêche dans toutes les mers; mais surtout dans la Méditerranée. Sa chair est exquise (2).

Les Pagres. (Pagrus. Cuv.)

Ont en avant un grand nombre de petites dents formant brosse, dont celles du premier rang plus grandes.

Le *Pagre ordinaire.* (*Sp. argenteus.* Schn.) Rondel. 142.

Est un beau poisson large nuancé de rose et d'argent.

Le *Pagel.* (*Sp. erythrinus.* L.) Rondel. 144.

Est plus étroit et plus rouge (3).

---

(1) Ajoutez *sp. annularis*, Lar. Ann. du Mus. XIII, pl. 24, f. 13, qui est le *sp. haffara* de Risso; —*sp. acutirostris*, id. ib. f. 12, qui est l'*annularis* de Risso; —*sp. puntazzo*, id. —*sp. ovicephalus.*

(2) Ajoutez *sp. spinifer*, L. —*sp. mylio*, Lac. III, XXVI, 2, le même que le *labre chapelet*, id. III, III, 3; —*sp. mylostomus*, id. —*sparus psittacus*, id. III, XXVI, 3; —*sp. bilobatus*, id. IV, II, 2; — *sp. forsteri*; — *sp. miniatus*; — *sp. berda*; —*sp. grandoculis*; —*sp. harak*; —*sp. sarba*; —*sp. hurta*; — *sp. annularis*, Bl. 271.

Le *sparus bufonites*, Lac. IV, II, 3, ne diffère point de la daurade.

(3) Aj. *Sp. mormyrus*, Rondel. 153; —*sp. bogaraveo*, Rondel. 137; —*sp. pagrus*, Bl. 267, qui ne paraît pas le véritable pagre.

La quatrième tribu sera celle des genres, dont la gueule bien fendue est armée de dents en crochets, peu régulières, en ayant souvent derrière elles, d'autres en velours ou en carde. Les crochets du milieu de la mâchoire supérieure sont généralement plus grands. La membrane des branchies a sept rayons. Ces poissons paraissent avoir tous un estomac en cul-de-sac, des cœcums médiocrement nombreux, une vessie natatoire simple ; leur port très-semblable, les fait aisément reconnaître.

Cette tribu, très-nombreuse en espèces, a été jusqu'à présent répartie selon l'armure des opercules, entre les lutjans, les holocentres, etc. Après l'en avoir retirée, j'employe aussi cette armure pour la subdiviser, et je place en tête ceux qui n'ont ni épines, ni dentelures.

Ce sont les DENTÉS. (DENTEX. CUV.)

Dont les mâchoires sont armées en avant de quelques gros et longs crochets, et sur les côtés d'une rangée de dents coniques. Derrière les crochets de devant sont de petites dents en velours.

Le *Denté ordinaire*. (*Sp. dentex*. L.) Bl. 268.

A huit de ces longues dents; il habite la Méditerranée; son corps est argenté, et ses nageoires jaunes ou rouges. Il devient fort grand, et est assez abondant en quelques parages, pour qu'on en fasse des salaisons (1).

D'autre sont des dentelures au préopercule, et point de piquan s à l'opercule. Ils forment une partie des lutjans de Bl. et de Lac.

Et c'est à eux seulement que je laisse le nom de

LUTJAN. (LUTJANUS.) (2).

---

(1) Ajoutez *sp. anchorago*, Bl. 276;—*sp. cynodon*, 278;—*sp. macrophtalmus*, 272;—*sp. lunatus*.

N. B. Le *harpé bleu-doré*, Lac. IV, 428, pl. VIII, f. 2, paraît, ainsi que l'a pensé M. Shaw, au moins fort voisin du *sp. falcatus* qui doit appartenir ici, si ce n'est pas un labre.

Si l'on s'en rapportait à d'anciennes figures de Plumier, du prince Maurice, etc. il y aurait encore à placer ici plusieurs des *perca* de Bl. des spares de Lacép. tels que les *perca guttata*, Bl. 312;—*maculata*, 313;—*punctata*, 314;—*venenosa*, Catesb. II, V;—*spare atlantique*, Lac. IV, V, 1.

Mais les observateurs immédiats sur lesquels on s'appuie, ayant fait peu d'attention aux piquans et aux dentelures, plusieurs de ces espèces, pourraient bien rentrer dans les bodians, les serrans, etc. et même y être déjà sous d'autres noms.

(2) *Lutjanus*, nom latinisé par Bloch, d'après celui d'*ikan lutjang*, qu'il prétend que sa première espèce porte au Japon; mais ce nom est malais.

Lutjanus lutjanus, Bl. 245;—*l. brasiliensis*, Schn. 64;—*alphestes sambra*, Schn. 51.

N. B. Je trouve, comme M. de Lacép., qu'on ne peut distinguer génériquement dans cette famille les especes à museau nu de celles à museau ecailleux, parce que ce caractere peu important est souvent arbitraire, et que l'on peut être trompé par la petitesse des écailles ou par leur chute. Ainsi je laisse avec ces *lutjans* ceux des *anthias* et des *alphestes* de Bl. qui ont les mêmes dents.

Le plus grand nombre des Lutjans de Bl. et de Lac entrent dans mes *crénilabres* et dans mes *pristipomes*.

Je sépare de ces *lutjans* et j'appelle

DIACOPES. (DIACOPE. Cuv.) (1).

Les espèces dont le préopercule, au milieu de ses dentelures, a une forte échancrure pour l'articulation de l'interopercule (2).

LES CIRRHITES. (CIRRHITES. Lacép.)

Sont très-voisins des Lutjans, par leurs mâchoires, leurs dents, leur préopercule finement dentelé, etc.

Mais ils ont un caractère fort remarquable, en ce que les rayons inférieurs de leurs pectorales, plus gros et un peu plus longs que les autres, et non fourchus quoique articulés, sont libres par leur extrémité. Leurs ventrales sont un peu plus en arrière que dans le reste de la tribu (3).

---

(1) De διακοπὴ, *incisura.*

(2) *Holocentrus bengalensis*, Bl. 246, qui est le même que le *sciæna kasmira*, Forsk. p. 46, et que le *labre* huit *raies*, Lac. III, XXII, 3;—*holocentrus quinquelineatus*, Bl. 239;—le *spare lepisure*, Lac. III, XV;—*lutjanus bohar*;—*lutj. gibbus*;—*lutj. niger*, Schn. Tous les trois sont décrits par Forsk. dans les *sciæna*, et indiqués comme ayant aux opercules la même particularité que son *sc. kasmira*.—*Diac.* nob. *Sebæ*, Seb. III, XXVII, 11, qui est le *botlavoo-champah*. Russ. corom. I, XCIX. — *Antica doondiawah*, id. XCVIII.

(3) Le *cirrhite tacheté*, Lac. V, p. 3, et représenté, III, V, 3, sous le nom de *labre marbre*. — Le *spare panthérin*, Lac. IV, VI, 1, est aussi une espèce de cirrhite. — La mer des Indes en produit encore quelques autres.

Je laisse, avec Bl. et Lacép., le nom de

BODIANS. (BODIANUS.) (1).

Aux espèces dont le préopercule n'est point denté, ou n'a qu'une dentelure imperceptible, mais dont l'opercule a des piquans (2).

LES SERRANS. (SERRANUS. CUV.) (3).

Sont les espèces qui ont à la fois des dentelures à

---

(1) *Budion* en espagnol, *bodiano* en portugais, sont les noms d'un labre. Les Portugais du Brésil, l'appliquèrent à quelques poissons de cette colonie appartenant au genre des labres, et dont l'un (*bodianus bodianus*, Bl. 223) fut mis par Bloch à la tête du genre actuel, parce que ce naturaliste crut remarquer une épine dans un dessin fait anciennement par le prince Maurice de Nassau. Il est aisé de voir, en comparant la gravure de Bloch avec la description de Margrave, bras. 146, que cette épine n'est que le résultat d'un faux trait.

(2) Espèces à trois piquans à chaque opercule : *Bodianus guttatus*, Bl. 224, probablement le même que *cephalopholis argus*, Schn. 61 (par la raison énoncée p. 274, note 2, je laisse les *cephalopholis*, Schn. avec les bodians);—*b. bœnak*, id. 226;—*labre moucheté*, Lac. III, XVII, 2;—*l. léopard*, id. III, XXX, 1;—*perca maculata*, Bl. 313, et mieux Séb. III, XXVII, 6.

Espèce à deux piquans : *bod. argenteus*, Bl. 231, 1.

Espèces à un seul piquant: *bod. aya*, Bl. 227;—*b. apua*, 229;—*bod. fasciatus*, Schn. 65;—*bodian grosse tête*, Lac. III, XX, 2, le même que l'*holocentre gymnose*, id. III, XXVII, 2;—*anthias striatus*, Seb. III, XXVII, 9, et mal représenté Bl. 324.

Le Muséum possède un bodian à trois épines, où l'un des rayons mitoyens de la queue se prolonge autant que le corps.

N. B. Le *bodianus macrolepidotus*, Bl. 230, me paraît un glyphisodon ; et je suis persuadé que le *jaguaraca*, Mar. 147, *bodianus pentacanthus*, Bl. 225, n'est que le *sogo* défiguré. Il faut en général se défier de ces anciennes figures du prince Maurice et du P. Plumier, que Bloch a voulu adapter à son ouvrage.

(3) Serran est leur nom sur plusieurs côtes de la Méditerranée ; il vient sans doute de *serra*, à cause de la dentelure de leur préopercule.

leur préopercule et des piquans à leur opercule. Bloch et M. de Lacépède les avaient réunies aux holocentres d'Artédi (1).

La Méditerranée en produit beaucoup, dont les plus communs s'y confondent sous les noms vulgaires de *perche de mer*, de *serran*, etc., et sont fort remarquables par la vivacité de leurs couleurs, surtout à l'époque de l'amour (2).

Une espèce de la même mer, beaucoup plus grande, et qui atteint plus de 3 pieds, mais dont la couleur est grisâtre, est le *mérou* (*hol. gigas*. Sch.), Duham. Pêches, part. II, sect. IV, pl. IX, f. I.

Une autre espèce remarquable par sa belle couleur rouge, la longueur de ses ventrales, des fourches de sa caudale, surtout de l'inférieure, et du troisième rayon de sa dorsale, est le *barbier* (*Serr. anthias* nob.), Bl. 315, que Rondelet a cru l'anthias des anciens (3).

Les mers des pays chauds produisent beaucoup de serrans assez variés en taille et en couleur (4).

Je sépare des serrans sous le nom de

PLECTROPOMES. Cuv.

Les espèces où le bas du préopercule, au lieu de

---

(1) Je laisse avec les serrans, ceux des *épinelèphes* ou *taies*, Bl. et des *alphestes*, Sch. qui ont les mêmes mâchoires et les mêmes dents. Les *taies*, selon ces naturalistes, différeraient par un museau écailleux, et les *alphestes* par des écailles plus grandes sur l'opercule que sur la joue.

(2) Ils n'ont été bien représentés nulle part.

(3) *N. B.* On le rapporte aux *lutjans* ou aux *anthias*; mais j'ai vérifié que son opercule est épineux. Ainsi ce serait pour Bloch un épinelèphe, et pour Lacép. un holocentre. Bloch l'a reproduit, sans s'en apercevoir, sous le nom de *perca pennanti*, Ecrits de la société des Nat. de Berl. pl. IX, f. 1.

(4) Espèces dont l'opercule ne porte qu'une épine : *hol. cæ-*

fines dentelures, a de grosses dents ou épines dirigées en avant (1).

Je termine enfin cette première section par une cinquième tribu composée des genres dont la bouche n'est garnie que de dents en velours.

Les variétés dans l'armure de leur tête peuvent se comparer à celles qu'on observe dans les précédens, mais les combinaisons en sont plus diverses.

Les Canthères. (Cantharus. Cuv.)

Ont de nombreuses rangées de dents formant velours, le corps ovale, la bouche étroite, le mu-

---

ruleo punctatus, Bl 242, 2; — *h. striatus*, 235, 1; — *h. punctatus*, 241; — *epinelephus afer*, 327; — *perca lunulata*, Parkins. Trans. Linn. soc. III, p. 35. —

Espèces à deux épines : *hol. lanceolatus*, Bl. 242, 1; — *h. maculatus*, 242, 3; — *h. fasciatus*, 240 (c'est peut-être le *marinus* mal colorié); — *épinelephus ruber*, 331; — *ep. striatus*, 330; — *hol. siagonotus*, Lar. Ann. Mus. XIII; XXII, 8, probablement le même poisson que *labrus hepatus*, et même que *labrus Adriaticus*, Gm.

Espèces à trois épines : *hol. virescens*, Bl. 233, qui n'est que le serran le plus commun de la Méditerranée, mais mal colorié; — *hol. ongus*, 234; — *hol. tigrinus*, 237; — *hol. argentinus*, 335, 2; — *epinelephus marginalis*, 328, 1, le même qu'*hol. rosmarus*, Lac. IV, VII, 2, et peut-être que l'*océanique*, id. IV, VII, 3; — *epinelephus brunneus*, 328, 2; — *epin. merra*, 329, 2; — *holocentre salmoide*, Lac. III, XXXIV, 3; — *serran. puncticeps*, nob. Séb. III, XXVII; — *perca tauvina*, Forsk. — *hol. malabaricus*, Schn. 63.

(1) *Holocentrus calcarifer*, Bl. 244; — *bodianus maculatus*, id. 228; — *bodian cyclostome*, Lac. III, XX, 3, le même que le *labre lisse*, id. III, XXIII, 2.

seau peu protractile, et ressemblent du reste aux picarels, n'ayant ni épines ni dentelures aux opercules.

Dans le *Canthère ordinaire.* (*Sp. cantharus.* L.) Bl. 270. (Sous le faux nom de *mœna*, et avec une tache qu'il n'a point.) Les dents de la première rangée sont plus grandes, et celles de la dernière ont la pointe mousse et arrondie, ce qui le lie un peu aux spares; le corps est gris-argenté, rayé en long de jaunâtre (1).

Les Cicles. (Cichla. Schn.)

Ont aussi les dents en velours ou en carde; les opercules sans épines ni dentelures, et la bouche plus protractile. Ce qui les distingue des canthères, c'est que cette bouche est bien fendue (2).

Les Pristipomes. Cuv.

Que je démembre des Lutjans de Bl. et de Lac. ont, avec le corps comprimé, haut, les grandes écailles et la petite bouche des spares, des dents en velours, et le bord du préopercule dentelé. La plupart ont le front élevé et viennent des mers des pays chauds (3).

---

(1) Ajoutez le *sp. brama*, Bl. 269;—le *labre macroptère*, Lac. III, XXIV, 1, le même que le *labre iris*, id. IV, V, 3;—le *labre sparoïde*, Lac. III, XXIV, 2;—*Sp. centrodontus*, Lar. Ann. du Mus. XIII, XXIII, 11.

(2) *Cichla ocellaris*, Schn. 66; —le *labre fourche*, Lac. III, XXI, 1, le même que le *caranxomore sacrestin*, id. V, 682;—le *labre hololépidote*, id. III, XXI, 2?—*perca chrysoptera*, Catesb. II, II, 1?

(3) *Lutjanus hasta*, Bl. 246, 1;—*l. luteus*, 247;—*l. surinamensis*,

Je rapproche de ces pristipomes, sous le nom de

SCOLOPSIS. Cuv.

Des poissons qui, avec la même forme, les mêmes dents, les mêmes écailles, les mêmes dentelures à l'opercule, ont encore le sous-orbitaire dentelé et épineux en arrière (1).

LES DIAGRAMMES. Cuv.

Ont le corps oblong, les écailles petites, le front arrondi, la bouche peu fendue, les dents en velours, le préopercule légèrement dentelé, et six gros pores sous la mâchoire inférieure. Ils viennent de la mer des Indes, et sont ordinairement variés de noir et de blanchâtre (2).

LES CHEILODACTYLES. Lacép.

Ont, comme les cirrhites, les ventrales un peu en arrière des pectorales, et les rayons inférieurs de celles-ci plus gros, plus longs, et en partie sortis de

---

253; —*grammistes furcatus*, Schn. 43; —*sparus virginicus*, L. — *perca unimaculata*, Bl. 308, 1; —*perca juba*, ib. 2; — *lutj. blancor*, Lac. IV, VII, 1? —*labre commersonien*, Lac. III, XXIII, 1; — *lutjan microstome*, id. ib. XXXIV, 2; — *caripe*, Russel. corom. II, 124; —*paikeli*; id. 121; —*guoraca*, id. 132.

La plus grande partie des lutians de Bloch et de Lacép. appartiennent à mes crénilabres.

(1) Les espèces m'en paraissent nouvelles. Aj. le *kurite*, Russ. corom. II, CVI; — *botche*, ib. CV.

(2) *Anthias diagramma*, Bl. 320; — *a. orientalis*, id. 326, 3; — le *macolor*, Renard, pl. 9, f. 60. — *Perca pertusa*, Thunb. nouv. Mém de Stockh. XIV, 1793, pl. VII, f. 1.

la membrane; mais ces rayons sont moins nombreux, leur préopercule n'a point de dentelure, et leurs dents sont toutes en velours (1).

LES MICROPTÈRES. Lacép.

Ont la gueule fendue, les dents en velours, une épine plate à l'opercule; leur caractère particulier consiste en ce que les derniers rayons mous de leur dorsale sont détachés et forment en arrière une petite nageoire à part (2).

Je réserve le nom de

GRAMMISTES. Cuv.

A des poissons à gueule fendue, à dents en velours, dont les écailles sont à peine perceptibles, qui portent deux ou trois piquans à leur préopercule, et autant à leur opercule, et qui, par une distinction fort notable, n'ont point d'aiguillon à leur nageoire anale (3).

LES PRIACANTHES. Cuv.

Sont couverts d'écailles rudes jusqu'au bout du museau; ont la mâchoire inférieure plus avancée,

---

(1) *Cheilodactyle fascié*, Lac. V, 1, 1, qui est le *cynodus* de Gronov. Zooph. fasc. II, p. 64, pl. x, f. 1, ou le *cichla macroptera*, Schn. 342.

(2) Le *microptère dolomieu*, Lac. IV, pl. III, p. 325.

(3) *Grammistes orientalis*, Schn. Séb. III, XXVII, 5, et une autre espèce qui n'a que quatre raies de chaque côté. Le Muséum en possède une qui n'a même que quatre aiguillons à la dorsale.

la bouche obliquement dirigée vers le haut, les dents fesant la carde ou le velours, et sans inégalités. Leur caractère particulier consiste en un préopercule dentelé, et terminé vers le bas par une épine elle-même dentelée (1).

LES POLYPRIONS. CUV.

Ont le corps, la tête et jusqu'aux maxillaires revêtus d'écailles durement ciliées; des dentelures au sous-orbitaire, au préopercule, à toutes les pièces de l'opercule et à une forte écaille sur l'os de l'épaule; une forte arête dentelée, terminée par deux ou trois pointes sous l'opercule; l'épine de leurs ventrales elle-même est dentelée.

Leurs dents sont en velours ou en carde, aux deux mâchoires, au vomer, aux palatins et sur la base de la langue.

On n'en connaît qu'un, assez grand, des mers d'Amérique (2).

LES SOLDADO. (HOLOCENTRUS. Artéd.)

Sont au nombre des mieux armés de tous les poissons. Outre que leurs épines dorsales et anales sont très-fortes, et leurs écailles épaisses, dures et dentelées, ils ont une forte épine au bas de leur préopercule, et leur opercule en a une ou deux

---

(1) L'*anthias macrophtalmus*, Bl. 319.
L'*anthias boops*, Schn. p. 308.

(2) *Amphiprion americanus*, Schn. 205, ou *amph: australe*, id. pl. 47.

autres à son bord supérieur. Leur museau est court, peu extensible, et ils n'ont que de petites dents. La partie molle de la dorsale s'élève au-dessus de la partie épineuse. L'occiput est sans écailles, osseux et strié. Souvent le sous-orbitaire et les quatre pièces operculaires sont dentelées.

Cela est ainsi dans l'espèce la plus connue. (*Holocentrus sogo*. Bl. 232) l'un des plus beaux poissons de la mer, par les lignes d'or et de minium dont il brille; on le trouve dans les deux hémisphères (1).

LES GREMILLES. (ACERINA. CUV.)

Ont la bouche peu fendue, les dents en velours; la tête entièrement dénuée d'écailles, et sa surface creusée de fossettes; le bord du préopercule armé de huit ou dix petites épines ou crochets, une épine pointue à l'opercule et une autre à l'os de l'épaule. Leurs écailles ont le bord dentelé. Celles qu'on connaît vivent dans l'eau douce.

L'espèce la plus commune, *Perche goujonnière, petite Perche*, etc. (*Perca cernua*. L.) Bl. 53, 2.

Est jaune, tachetée quelquefois de noir, et atteint à huit pouces. C'est un bon manger (2).

LES STELLIFÈRES. CUV.

Ont, comme les gremilles, la tête nue et caver-

---

(1) Ajoutez le *labre anguleux*, Lac. III, XXII, 1, très-belle espèce de soldado, brillante du plus vif éclat de l'argent; de la mer des Indes;—l'*holocentre diadème*, id. III, XXXII, 3.

(2) Ajoutez *perca schraitzer*, Bl. 332, 1;—*perca acerina*, nov. Comm. Petrop. XIX, XI.

neuse ; leurs sous-orbitaires, leur préopercule et leur opercule ont des épines ; leur museau est bombé et leurs dents en velours : ils n'ont que quatre rayons branchiaux (1).

LES RASCASSES. (SCORPÆNA. L.)

Ont la tête encore plus hérissée que tous les précédens, au-devant des yeux, au vertex, au préopercule, à l'opercule et à un très-grand sous-orbitaire qui va obliquement sur la joue gagner le bord du préopercule, ce qui leur donne une figure bizarre, souvent même affreuse. Leur gueule est fendue, leurs dents en velours, leurs pectorales très-larges, embrassant une partie de la gorge, leur estomac en cul-de-sac, et leurs cœcums en petit nombre (2).

LES RASCASSES proprement dites. (SCORPÆNA. Schn.)

Ont la tête hérissée d'épines seulement, surtout au-dessus des orbites, de l'occiput et sur la joue. Leur préopercule a trois ou quatre épines, et leur opercule deux, prolongées en arêtes. On ne leur observe point de vessie aérienne.

Nous en possédons quatre ou cinq espèces dans nos mers.

Les deux plus communes. (*Sc. porcus* et *Sc. scrofa*. L.)

---

(1) *Bodianus stellifer*, Bl. 231, 1, du Cap.

(2) *Scorpius, scorpæna*, noms anciens d'un poisson à tête épineuse et de couleur rousse, qui pouvait fort bien être le *scorpæna porcus* ou *scrofa*. Ces poissons portent encore à Marseille le nom de *scorpène*, et à Rome celui de *scrofanello*. Rascasse est aussi leur nom provençal et catalan.

Salv. 198, copié Will. pl. x, 12 (1); habitent la Méditerranée; l'une et l'autre ont des barbillons sous les yeux et le long de la ligne latérale; mais la seconde se distingue par des lambeaux dentelés, attachés à ses joues à l'angle de ses mâchoires et sur ses flancs.

La *Scorpène dactyloptère.* (Laroche, Ann. du Mus. XIII, pl. XXII, f. 9.) (2) de la même mer, et de l'Océan, n'a ni barbillons ni lambeaux; les épines de la tête sont plus simples.

Le *Scorp. gibbosa.* (Schn. 44, et mieux Duham. Pêches, IIe part. Ve sect. pl. III, f. 1.) *Aculeata.* Lacép. ?

De nos côtes de l'Océan et de celles de l'Amérique, manque aussi d'appendices molles; mais a la tête plus monstrueuse encore, parce que chacune des épines a son extrémité fendue en plusieurs pointes. La largeur de ses pectorales, et sa bouche relevée, le rapprochent d'ailleurs beaucoup de la subdivision suivante (3).

LES SYNANCÉES. (SYNANCEIA. Schn.)

Dont la tête est seulement hérissée de tubercules plus ou moins saillans, et dont la gueule et les yeux, diriges vers le ciel, donnent à leur physionomie beaucoup de rapport

---

(1) *N. B.* Cette figure se donne d'ordinaire pour le *scorpène scrofa.* Celle que l'on cite comme représentant le *porcus*, Salv. 201, copié Will. X, 13, n'est que le *dactyloptera.* Les fig. de Bl. 181 et 182, ne sont l'une et l'autre que le *porcus* en différens états de conservation. Je n'en connais point de bonne du *scrofa.*

(2) Je rapporte aussi au *dactyloptera*, le soi-disant *perca marina,* Penn. Brit. Zool. III, pl. XLVIII, f. 2, copié Encyclop. méth. f. 210, et probablement le *cottus massiliensis*, Gm. ou *scorp. massil.* Lac.

(3) Ajoutez *scorp. kœnigii*, Bl. nouv. mém. de Stockh. tome X, 1789, pl. VII, fig. 2;—*sc. plumieri*, id. ib. f. 1;—*perca cirrhosa*, Thunberg. ib. tome XIV, 1793, pl. VII, f. 2;—*sc. malabarica,* Sch. —*cottus australis,* John White, app. 266.

avec celle des uranoscopes; mais les inégalités et les verrues de cette tête, font que l'on ne peut rien se représenter de plus horrible. La vessie aérienne leur manque, comme aux scorpènes proprement dites. Elles vivent dans l'Archipel des Indes (1).

Quelques-unes de ces synancées se distinguent par des rayons libres au bas des pectorales (2).

Nous distinguerons des scorpènes,

Les Ptéroïs. Cuv.

Dont la tête, construite à peu près de même, et portant souvent aussi diverses appendices charnues, est cependant moins hérissée, et dont les rayons de la dorsale et des pectorales très-longs, dépassent de beaucoup les membranes. On leur trouve une vessie aérienne. Ces poissons vivent aux Moluques dans les eaux douces, et ont des couleurs vives et des formes élégantes à quelques égards, en même temps que très-singulières (3).

Les Tænianotes. Lacép.

Sont des scorpènes (4), à corps très-comprimé vertica-

---

(1) *Scorp. horrida*, Bl. 183.—*sc. verrucosa*, Schn. 45, peut-être le même que *sc. brachion*. Lac. III, XII, f. 1;—*scorp. bicirrhata*, Lac. II, XI, f. 3.

(2) *Scorpena didactyla*, Pall. Spic. IV, pl. IV, f. 1, 3;—*trigla rubicunda*, Euphrasen, nouv. mém. de Stock., tome IX, 1788, pl. III;—*scorp. monodactyla*, Schn. p. 195?—*scorp. carinata*, id. p. 193?

(3) *Sc. volitans*, Bl. 184;—*sc. antennata*, Bl. 185.

(4) Le *tænianote triacanthe*, Lacép. IV, p. 306, qui a même aux sourcils des barbillons comme les *scorpènes*;—le *tænianote large raie*, id. IV, pl. III, f. 2;—le *scorpæna spinosa*, Gm. doit aussi être un *tænianote*, ainsi que le *blennius torvus*, Gronov. act. Helv. VII, III, copié Valb. édit. d'Artéd. part. III, pl. II, f. 1.

lement, et où la partie épineuse et la partie molle de la dorsale, non distinguées l'une de l'autre, forment un large ruban vertical étendu tout le long du dos, commençant très-avant, et presque entre les yeux.

La deuxième section de la famille des Perches, ou les Persèques, à dorsale profondément divisée, ou à deux dorsales parfaitement distinctes, se laisse répartir d'après des motifs tous pareils à ceux qui ont servi pour la distribution des précédens où la dorsale est continue; on dirait même que plusieurs des sous-genres établis parmi les uns, ont leurs représentans parmi les autres; cependant il ne se trouve dans les persèques que des dents en velours et en crochets. Au reste, tous ces poissons se ressemblent également par les parties essentielles de l'organisation.

Nous ferons une première tribu des genres où la tête n'a point d'armure particulière, et où les deux dorsales sont bien séparées. Les quatre premiers se distinguent de plus par leurs ventrales placées en arrière des pectorales.

LES ATHERINES. (ATHERINA. L.) (1).

Ont le corps oblong, à peu près comme les *picarels;* les intermaxillaires extensibles de la même manière, garnis de très-petites dents; la machoire inférieure et la langue lisses; cinq rayons aux ouies; la joue et l'opercule écailleux; point de dentelures ni d'épines; deux petites dorsales bien séparées, et des ventrales plus en arrière que les pectorales : leur estomac est ample et se continue avec un intestin sans cœcums.

Celles qu'on connaît, ont de chaque côté du corps une large bande longitudinale, couleur d'argent. La plus commune se nomme, sur nos côtes de la Manche, *roseré, gras d'eau, prestra;* sur celles de la Mediterranée, *sauclet, melet*, etc. (*Atherina hepsetus.* L.) Celle de la mer des Indes (*Ath. sihama.* Forsk.), a les ventrales presque sous les pectorales.

LES SPHYRÈNES. (SPHYRÆNA. Lacép.)

Peuvent être, à quelques égards, rapprochées des dentex. Elles ont le corps allongé, le museau pointu par le prolongement en avant de l'ethmoïde et des sous-orbitaires, la gueule très-fendue, la mâchoire inférieure dépassant la supérieure, et formant, quand la gueule est fermée, comme la pointe d'un cône. Cette mâchoire est armée d'une rangée de dents coniques, dont les deux anté-

---

(1) *Atherina,* nom grec signifiant le rapport des arêtes de ce poisson avec un épi barbu, comme celui de l'orge. Εψετος, autre nom grec.

rieures plus fortes. L'une des deux est ordinairement tombée. Les intermaxillaires ont en avant chacun deux fortes dents, suivies d'une rangée de petites, et il y en a une rangée de fortes à chaque palatin. Le vomer est lisse, et la langue un peu âpre. Les joues et les opercules sont écailleux, mais sans épines ni dentelure. La première dorsale est sur les ventrales, et la seconde sur l'anale. On leur compte sept rayons aux ouïes. Elles ont un estomac long et pointu, beaucoup de petits cœcums, une vessie natatoire épaisse, longue et fourchue dans le haut. Ce sont des poissons très-voraces, que l'on a sur ce point comparés aux brochets, mais qui n'ont avec eux aucun rapport de structure.

Nous en avons une dans la Mediterranée, le *Spet* ou *Brochet de mer.* (*Esox sphyrœna.* L.) Bl. 389, qui atteint trois pieds de longueur, argentée, à dos verdâtre. Sa chair est agréable (1).

LES PARALEPIS. Cv.

Ont à peu près les mâchoires des sphyrènes, mais leurs ventrales ainsi que leur première dorsale sont

---

(1) On la trouve aussi dans l'Océan, car c'est le poisson dessiné par Sonnerat, et gravé Lac. V, VIII, 3, sous le nom de variété de la *sphyrène chinoise.* Il faut remarquer qu'on donne quelquefois au spet quatre aiguillons à la première dorsale, mais qu'il en a toujours cinq.

Ajoutez la *sphyrène bécune*, Lac. V, IX, 3.

N. B. La *sphyrène orverd*, id. ib. 2, donnée d'après un dessin de Plumier, ayant les ventrales sous les pectorales, et manquant de grandes dents, doit être un genre différent.

La *sphyrène aiguille*, id. V, 1, 3, ne me paraît qu'un dessin d'or-

beaucoup plus en arrière, et leur deuxième dorsale est si frèle et si petite qu'on la prendrait presque pour une adipeuse, comparable à celle des truites (1).

Les trois autres genres de cette tribu ont les ventrales sous les pectorales.

LES MULLES OU SURMULETS. (MULLUS L.)

Ont leurs caractères particuliers dans la forme déclive de leur tête, dans deux longs barbillons sous le menton, et dans de larges écailles sur la tête et sur le corps, lesquelles tombent aisément. Leur corps est oblong, leur tête médiocre, leurs yeux rapprochés, leur estomac en cul-de-sac, et leurs cœcums grêles et nombreux. Il n'y a que trois rayons à leur membrane des ouïes; presque tous ceux qu'on connaît ont le corps plus ou moins rouge ou jaune.

Les uns manquent de dents au bord de la mâchoire supérieure; c'est-à-dire aux intermaxillaires.

L'espèce la plus connue (*M. barbatus.* L. Bl. 348, 2.), se nomme *rouget* sur nos côtes de Provence. On la reconnaît au beau rouge de son dos, à l'argent dont brille son ventre. C'est un manger délicieux. Les Romains en avaient de vivans dans de petits ruisseaux qu'ils faisaient passer sous leurs tables, et un de leurs plaisirs était d'observer les nuances variées que ces poissons prenaient en mourant.

Une autre espèce (*M. surmuletus.* L. Bl. 57.), rayée en longueur de jaune, devient un peu plus grande, et remonte plus souvent vers le Nord.

---

phie, où la position du poisson fait paraître une des ventrales comme si c'était une première dorsale.

(1) Le *corégone paralepis* et l'*osmère sphyrénoïde*, Risso, manusc.

D'autres ont des dents aux deux mâchoires, et telles sont la plupart des espèces de la mer des Indes (1).

LES POMATOMES.

Ont les mêmes dorsales écartées, les mêmes écailles larges et tombantes sur la tête et sur le corps que les surmulets. Mais leur museau est très-court et nullement déclive, leurs dents en velours, leur œil d'une grandeur extraordinaire, et leur préopercule plus ou moins échancré. On leur compte sept rayons aux ouïes (2).

LES MUGES OU MULETS. (MUGIL. L.)

Ont des ventrales sous l'abdomen, et deux dorsales, courtes, écartées, et dont la première ou l'épineuse est loin de la nuque et plus en arrière que les ventrales, la seconde répond à l'anale; leur tête déprimée, large et toute écailleuse, a de grands opercules bombés qui l'enveloppent, et servent à renfermer un appareil pharyngien plus compliqué qu'à l'ordinaire, et offrant pour le passage de l'eau des conduits assez tortueux; leur bouche fendue en travers, garnie de lèvres charnues et crénelées, est faite comme un chevron, c'est-à-dire que la mâchoire inférieure a au milieu un angle saillant

(1) Le *mulle auriflamme*, Lac. III, XIII, 1, le *macronème*, ib. 2, et le *barberin*, ib. 3, qui ne font qu'une espèce, mais probablement différente du *m. auriflamma* de Forsk.;—le *mulle rayé* (*m. vittatus*, Forsk.) id. ib. XIV, 1;—le *m. deux bandes*, ib. 2;—le *m. cyclostome*, ib. 3;—le *m. trois bandes*, id. ib. XV, 1.

(2) Le *pomatome télescope*, Risso, pl. IX, f. 31.

qui répond à un angle rentrant de la supérieure. Il n'y a d'autres dents que quelques âpretés sur les côtés de la langue. Le sous-orbitaire est dentelé; il n'y a que trois rayons à la membrane des branchies.

L'estomac de ces poissons est singulier par sa forme de toupie, et l'excessive épaisseur de ses parois charnues : leur canal est d'une longueur extraordinaire, fort replié, avec deux très-petits cœcums au commencement.

Il s'en trouve en grande abondance, dans la Méditerranée, trois espèces qui se ressemblent beaucoup, et y fournissent également une nourriture agréable. Ce sont les céphalo des Italiens; l'une d'elles (*M. Cephalus.* L.) est grise, rayée en long de brunâtre; l'autre (*M. auratus.* Risso ou *M. tang.* Bl.) est rayée de jaune (1).

La seconde tribu comprendra les genres qui ont des dentelures ou des épines, soit à l'opercule, soit au préopercule, ou à quelque autre partie de la tête, mais où la joue n'est pas cuirassée par le sous-orbitaire; leurs deux dorsales sont généralement contiguës.

LES PERCHES. (PERCA. L.)

Ont la gueule fendue et les ventrales thorachiques;

---

(1) Je n'ai pu me procurer encore les muges de la mer Rouge et de la mer des Indes, de Forskahl et de Forster; mais d'après leurs descriptions ils offrent manifestement des caractères génériques.

Je suis également obligé de passer sous silence le mugilomore Anne-Caroline, décrit par M. de Lacép.' d'après M. Bosc, faute de renseignemens assez complets.

leur museau sans écailles ne s'avance point au-delà de leurs lèvres; leur seconde dorsale n'est pas sensiblement plus longue que la première. Je les subdivise comme il suit :

LES PERCHES proprement dites. (PERCA. Cuv.)

A préopercules dentelés, à opercules épineux, comme dans les serrans.

La *Perche commune d'eau douce.* (*Perca fluviatilis.* L.) Bl. 52.

Est connue de tout le monde par son bon goût; son corps est vert-doré, à trois bandes transverses plus foncées; ses nageoires inférieures rouges; elle n'a qu'une épine à l'opercule; la première dorsale plus longue que la seconde, est marquée en arrière d'une tache noire. Elle n'a que trois cœcums.

Le *Loup*, *Spigola* des Italiens. (*Perca labrax.* L.) *Sciœna diacantha.* Bl. 302 (1).

A deux épines à l'opercule, le corps argenté, les nageoires rougeâtres, la première dorsale de même longueur que l'autre. C'est un des poissons les meilleurs et les plus communs de la Méditerranée. Il vient plus rarement sur nos côtes de la Manche. Les anciens avaient rendu sa cruauté célèbre. Il a un grand estomac et cinq petits cœcums.

---

(1) *N. B.* Le *sc. labrax*, Bl. 301, n'est point le vrai loup si commun dans la Méditerranée, mais une autre espèce du même genre.

Ajoutez *sciœna punctata*, Bl. 305;—*sc. lineata*, 304;—*perca septentrionalis*, Schn. 20;—*sc. plumieri*, Bl. 306. Le même dessin a servi pour le cheilodiptère chrysoptère, Lac. III, XXXIII, 1, mais on y a oublié les dentelures.

Les Centropomes. Lacép.

A dents en velours, à préopercules dentelés, mais à opercules sans épines ou à pointes très-aplaties, comme les pristipomes; ils ont le plus souvent le sous-orbitaire dentelé comme les scolopsis. Tel est

Le *Kéchr* ou *Variole*. (*Perca nilotica*. L.) Sonnini. Voy. pl. XXII, f. 3. Geoff. Poiss. du Nil. IX, f. 1.

Le plus grand poisson du Nil, peut-être le *latus* des anciens, nom qu'il conserve même dans la Haute-Égypte, selon M. Geoffroy (1).

Les Enoploses. Lac.

Ne sont que des centropomes qui, par leur hauteur verticale et le prolongement de leurs dorsales, prennent l'apparence extérieure de certains chætodons. Leur sous-orbitaire est aussi dentelé, et leur preopercule non-seulement dentelé, mais épineux vers le bas (2).

Il paraît qu'il y a au contraire des poissons appartenant d'ailleurs à ce genre, où l'on n'apercoit pas même la dentelure du préopercule. Je les nommerai Prochilus (3).

Je distingue des Centropomes

Les Sandres. Cuv.

Qui ont aussi des dentelures au préopercule sans piquans à l'opercule, mais dont la tête entière est dépourvue d'écailles, et la gueule armée de dents pointues et écartées,

---

(1) Ajoutez *sciæna undecimalis*, Bl. 303. — Le *lutjan gymnocéphale*, Lac. III, XXIII, 3. — Le *pandoomenoo*, Russ. corom. II, 130.

(2) *Chætodon armatus*, J. White, rel. de Botany-Bay, App. p. 254. *N. B.* Que ce poisson n'a ni les nageoires écailleuses des chætodons, ni leurs dents si particulières; sous tous les rapports essentiels c'est une perche.

(3) *Sciæna macrolepidota*, Bl. 298; — *sc. maculata*, id. 299, 2.

ce qui leur a fait donner le nom de *lucio perca.* (*Brochet perche.*)

On en trouve une espèce dans les lacs et les fleuves du nord et de l'est de l'Europe (*Perca lucio perca.* Bl. 51), qui pèse jusqu'à vingt livres, et donne un manger excellent. Elle a les deux dorsales d'égale longueur, et dix à douze bandes brunes en travers du dos (1).

Les Esclaves. (Terapon. Cuv.)

Ont le corps et la tête oblongs; le museau obtus; les écailles petites; la bouche peu fendue et peu extensible; une rangée régulière de dents égales et serrées à chaque mâchoire, derrière laquelle en sont d'autres en velours. Leur préopercule est dentelé, et leur opercule épineux; ils ont même de fortes dentelures à l'os de l'épaule, au-dessus de la pectorale. Leur membrane des branchies a six rayons. Entre la partie épineuse et la partie molle de leur dorsale, est un fort enfoncement.

Ils tiennent d'une part aux saupes, et de l'autre aux sciènes (2).

Les Apogons. Lac.

Ont la forme générale, les écailles, et même la couleur des surmulets; mais outre qu'ils en diffèrent au premier coup-d'œil par l'absence des barbillons, qui les avait fait appeler surmulets imberbes, les dentelures de leur préopercule et leurs dents en velours aux deux mâchoires, les rapprochent des perches, aussi-bien que leur museau court, et leurs cœcums très-peu nombreux. Outre le bord

---

(1) Le *sciæna coro*, Bl. 307, 1, et le *sç. mauritii*, id. ib. 2, paraissent au moins très-voisines des sandres, et n'avoir ni écailles ni dentelures. La première aurait un piquant à l'opercule.

(2) *Holocentrus servus*, Bl. 238, 1, et *quadrilineatus*, ib. 2; — *hol. surinamensis*?

dentelé, le préopercule a encore un bord relevé, sans dentelure.

Nous en avons un dans la Méditerranée connu sous le nom de *roi des rougets* (*mullus imberbis*, L.) (1).

Quelques espèces étrangères ont, parmi leurs dents en velours, de longs crochets aigus, écartés l'un de l'autre (2).

Les Sciènes (Sciæna).

Ont le museau écailleux, mousse et plus ou moins proéminent au-devant des mâchoires; ce qui leur donne une physionomie assez différente de celle des perches, et est produit par des nazaux et par des sous-orbitaires renflés et caverneux.

Je les subdivise, comme les *perches*, d'après l'armure de la tête et des mâchoires, et je place en tête du genre,

Les Cingles.

Qui, avec les écailles rudes, les dents en velours, les opercules épineux, les préopercules dentelés des perches ordinaires, ont encore, comme elles, les deux dorsales à peu près égales; mais dont le museau est plus saillant qu'à aucune sciène.

Ceux qu'on connaît vivent dans les eaux douces du midi de l'Allemagne. Leurs viscères ressemblent à ceux de la perche commune (3).

---

(1) *Apogon ruber*, Lac. *amia* Gronov. Zooph. IX, 2; *corvulus*, Gesner, Pisc. 1273; *perca pusilla*, Laroche, Ann. du Mus. XIII, p. 318; *centropome rouge*, Spinola, Ann. Mus. X, XXVIII, 2; probablement aussi le *perca pusilla* de Brün. ou persèque brunnich de Lac. *N. B.* La fig. de l'*ostorhinque fleurieu*, Lac. III, XXXII, 2, ainsi que celle du *dipterodon exacanthe*, id. ib. pl. XXX, fig. 2, se rapportent à ce genre, sinon même à cette espèce. Voy. Cuv. Mém. du Mus. I, pl. II, f. 2, p. 236.

(2) *Cheilodiptère rayé*, Lacép. III, XXXIV, 1.

(3) *Perca zingel*, L. Bl. 106;—*perca asper*, id. 107.

Les Ombrines. (Umbrina. Cuv.)

Ont le museau moins saillant que les cingles, et leur seconde dorsale est bien plus longue que la première, mais leur préopercule est dentelé de même; elles ont les dents en velours, et sous leur mâchoire inférieure sont quelques pores enfoncés très-marqués. Ce sont des poissons de mer.

L'*Ombrine barbue*, de la Méditerranée (*Sciæna cirrhosa*. L.) Bl. 300, est un beau et bon poisson, rayé obliquement de jaune et de bleu, et portant un barbillon court sous le menton.

Il a dix cœcums courts, et une grande vessie aérienne munie de quelques sinus latéraux arrondis (1).

Les Lonchures. Bl.

Ne diffèrent de ces ombrines que par une caudale pointue.

L'espèce connue (*Lonchurus barbatus*.) Bl. 359, a deux barbillons au bout du menton (2).

Les Sciènes proprement dites. (Sciæna. Lac.)

Ressemblent aux ombrines, si ce n'est que les dentelures de leur préopercule sont presque insensibles. Les épines de leurs opercules sont bien peu marquées aussi; leurs dents s'allongent avec l'âge, et forment une rangée de crochets inégaux. Ce sont également des poissons de mer bons à manger.

---

(1) Le *cheilodiptère cyanoptère*, Lac. III, XVI, 3, est le même poisson que le *sciæna cirrhosa*.—Aj. en espèces à tentacules : *johnius saxatilis*, Schn. ou *sciæna nebulosa*, Mitch. trans. de New-Yorck, I, III, 5. —*Qualar-katchelée*, Russ. poiss. de corom. II, 118; et en espèces sans tentacules : *Sarikulla*, Russ. ib. 122.

Le *johnius serratus*, Schn. p. 76, me paraît aussi être une ombrine; ainsi que le *pogonate doré*, Lac. V, 121.

(2) *N. B.* Je fais un genre à part du *lonchurus ancylodon*, Schn. 25. Voyez ci-dessous *ancylodon*.

Le *Corb* ou *Corbeau.* (*Sciæna umbra.* L.) *Sc. nigra.* Bl. 297.

D'un brun-noiratre, argenté vers le ventre, à nageoires noires; l'un des poissons les plus communs de la Méditerranée.

Le *Fégaro* ou *Maigre, Aigle*, etc. (*Sciæna aquila.* nob.) Duham. Pêches, sect. VI, pl. I, f. 3.

D'un gris-argenté; grand poisson long de plus de trois pieds, quelquefois de plus de cinq, remarquable par sa grande vessie natatoire, qui produit de chaque côté plusieurs prolongemens coniques et branchus, que je suppose contribuer à la sécrétion de l'air qu'elle contient. On le pêche dans la Méditerranée et dans le golfe de Biscaye, mais il s'égare aussi quelquefois sur nos côtes de la Manche. Sa chair est ferme et très-bonne (1).

Je ne séparerai point de ces sciènes les JOHNIUS, que Bl. caractérisait seulement par la longueur de leur seconde dorsale, mais qui ne les ont pas plus longues que plusieurs sciènes (2).

LES POGONIAS. Lacép.

Ressemblent beaucoup aux sciènes; ont, comme elles, le museau obtus, les os de la tête caverneux, les opercules écailleux, mais sans dentelures, les dents en velours, des pores sous la mâchoire inférieure,

---

(1) C'est ce poisson que M. Lacépède nomme *cheilodiptère aigle*; mais la figure qu'on lui en avait envoyée est faite de mémoire et inexacte. (Lac. V, XXI, 3.)

Je ne doute pas que le *leyostome queue jaune*, Lac. IV, X, 1, ne doive aussi être rapproché de ce sous-genre.

Ajoutez *perca undulata*, Catesb. II, III, I.

(2) *Johnius carutta*, Bl. 356. — *J. aneus*, 357. — *J. maculatus*. — *Nalla katchelée*, Russ. II, 115. — *Katchelée*, id. 116. — *Tella katchelée*, id. 117.

la partie épineuse de la dorsale séparée jusqu'à sa base de la molle; leur caractère particulier consiste en de nombreux petits barbillons, adhérens sous la mâchoire inférieure, et rapprochés surtout sous la symphise.

Ils ont aussi les caractères intérieurs des sciènes (1).

LES OTOLITHES. Cuv.

Ont la forme et les nageoires des johnius, les dentelures à peine sensibles des sciènes, mais leur museau n'est pas renflé, leurs dents de la rangée externe sont plus fortes, et il y en a surtout deux longues à la mâchoire supérieure (2).

LES ANCYLODONS. Cuv.

Ont la tête nue, comprimée, armée, dans ceux qu'on connaît, de dentelures et de piquans; la gueule fendue, et les dents, surtout celles d'en bas, en longs crochets, qui sortent de la bouche quand elle est fermée; leur seconde dorsale est longue, et leur caudale pointue, ce qui les avait fait associer aux lonchures (3).

LES PERCIS. Schn.

Forment un genre à corps allongé, à tête déprimée, à dents en crochets, dont la première dor-

---

(1) Le *pogonias fascé*, Lacép. III, 138, et II, xxvi, 2, qui est le même que le *labrus grunniens*, Mitch. Trans. de New-Yorck, I, iii, 3. — *sciæna gigas*, Mitch. ib. v, 10.

(2) *Johnius ruber*, Schn. 17. — *J. regalis*, id. — Le *pêche-pierre* de Pondichéry, ainsi nommé des grosses pierres qu'il a dans les oreilles, comme tout le genre sciæna.

(3) *Lonchurus ancylodon*, Schn. 25.

sale ne compte que quelques rayons, tandis que la seconde, qui n'en est pas très-bien séparée, occupe presque toute la longueur du corps. L'anale n'a aucun aiguillon. L'opercule est muni d'épines, et le préopercule montre quelques dentelures quand il est desséché. On leur trouve un estomac médiocre, trois cœcums courts, et point de vessie aérienne. Ils viennent de la mer des Indes (1).

C'est auprès des percis que doit venir le genre bien connu des

VIVES. (TRACHINUS. L.)

Qui ont la même forme de corps, la même proportion dans les nageoires, mais dont la tête, comprimée latéralement, a ses yeux rapprochés vers le haut. Celles qu'on connaît ont une forte épine à l'opercule, et deux petites devant chaque œil; les os de l'épaule dentelés; leurs ventrales sont fort avancées, aussi-bien que leur anus. Leur estomac, charnu et court, est suivi d'une douzaine de cœcums, et d'un intestin peu allongé. Il n'y a point de vessie aérienne.

Les aiguillons de leur première dorsale passent pour venimeux.

La *Vive ordinaire.* (*Trachinus draco.* L.)

Poisson excellent, ordinairement d'un pied de long, de couleur brun-jaunâtre, à première dorsale noire, de cinq rayons.

Notre troisième tribu comprendra les genres

---

(1) *Sciæna cylindrica*, Bl. 249, 1. — *Percis maculata*, Schn. 38, où la dentelure du préopercule est trop marquée. — *Percis cancellata*, nob. Lacép. II, XIII, 3, (sans description) et peut-être aussi Renard, fol. 6, fig. 42.

à tête cuirassée par l'extension, la solidité et la dureté du sous-orbitaire; leurs dorsales sont tantôt contiguës, tantôt séparées; il y en a dont les ventrales sont jugulaires.

LES URANOSCOPES. (URANOSCOPUS. L.) (1).

Ont la tête grosse, presque cubique, les deux yeux à sa face supérieure, et dirigés vers le ciel, la mâchoire inférieure montant au-devant de l'autre, et la bouche fendue verticalement; les ouïes bien fendues; le préopercule crénelé vers le bas; une forte épine à chaque épaule, les ventrales jugulaires. La première dorsale petite, à rayons striés; la seconde, longue et molle, ainsi que l'anale.

Leur estomac est un sac court; leurs intestins, de longueur médiocre, ont quatorze ou quinze cœcums; ils manquent de vessie aérienne; mais la vésicule du fiel est si grande (2), qu'elle a quelquefois été prise pour elle (3).

LES TRIGLES OU GRONDINS. (TRIGLA. L.) (4).

Sont, de tous les poissons de cette famille, ceux dont la tête est le mieux cuirassée, par d'énormes sous-orbitaires qui, allant s'unir au préopercule,

---

(1) *Uranoscopus*, qui regarde le ciel; c'était son nom chez les anciens, aussi-bien que *callionymus*.

(2) Aristote connaissait déjà fort bien cette extrême grandeur de sa vésicule du fiel.

(3) *Uranoscopus scaber*, Bl. 173, commun dans la Méditerranée. — *Ur. lævis*, Schn. pl. 8, et quelques espèces nouvelles.

(4) Τρίγλη, τρίγλα, que les latins rendent par *mullus*, désignait probablement le surmulet, et quelques espèces voisines. Artédi avait réuni les surmulets et les grondins sous le nom de *trigla*. Quand Linnæus a séparé les premiers sous le nom de *mullus*, celui de *trigla* est resté aux autres.

leur garantissent toute la joue, donnent à cette tête une forme approchant de la cubique, et se portent même souvent par-dessus les mâchoires, pour former en avant un museau saillant. Leur opercule, leur préopercule, leur occiput et leur épaule, se terminent le plus souvent en arrière par une épine. Ces poissons ont de plus les rayons inférieurs de leurs pectorales détachés des autres, ce qui est un des moyens les plus simples de les reconnaître. Leur estomac est en cul-de-sac assez large; leur intestin assez long; leurs cœcums, au nombre de douze environ, et leur vessie aérienne large et bilobée vers le haut. Plusieurs espèces font entendre, quand on les prend, des sons qui leur ont valu le nom de *grondins*, *gronaux*, *corbeaux*, etc.

Dans les TRIGLES proprement dits, les mâchoires sont garnies de petites dents pointues, serrées comme des poils de velours; le corps n'a que de petites écailles; les deux dorsales sont distinctes, et les rayons séparés sous la pectorale libres sur presque toute leur longueur. Le plus commun dans nos marchés, et celui dont la chair vaut le mieux, est le *rouget*, *grondin* ou *coucou* (*Trigla cuculus*. L.) Bl. 59, d'un rouge plus ou moins vif, le museau court, mais un peu échancré, une tache noire à la première dorsale.

Nous voyons aussi de temps en temps,

Le *perlon*, *galline*, etc. (*Tr. hirundo*. L.) Bl. 60.

Brun, à museau peu échancré, arrondi, à pectorales noires, longues comme le tiers du corps.

Le *Gronau*. (*Tr. lyra*. L.) Bl. 350.

Rouge, à museau fortement divisé en deux lobes dentelés (1).

(1) Ajoutez en espèces du pays, *tr. gurnardus*, Bl. 58; — *tr. lineata*,

Quelques espèces étrangères ont des pectorales assez grandes pour s'élancer au-dessus de l'eau (1).

Dans les **Malarmats.** (**Peristedion.** Lacép.) (2).

Le corps est garni de plaques osseuses qui le cuirassent entièrement; la tête, faite comme dans les autres trigles, a les avances des sous-orbitaires plus allongées, et formant un museau fourchu; les mâchoires sont dénuées de dents, et sous l'inférieure pendent des barbillons branchus. Les deux dorsales sont reunies par leur base, mais l'antérieure a les rayons bien plus longs.

L'espèce commune (*Trigla cataphracta.* L.), Bl. 349, est d'un beau rouge de minium, et n'a que deux rayons libres sous les pectorales.

On la trouve dans la Méditerranée, et dans beaucoup de mers des pays chauds.

Dans les **Pirabèbes.** (**Dactylopterus.** Lacép.) (3).
Vulg. *Hirondelles de mer.*

Les rayons, détachés au-dessous de la pectorale, sont nombreux, et unis ensemble par une membrane, en sorte

---

Bl. 354, et quelques autres que l'on ne peut citer faute de bonnes figures ; les caractères donnés par les auteurs ne s'appliquant d'ailleurs que très-imparfaitement.

En espèces étrangères, *tr. pini*, Bl. 355.

(1) *Trigla punctata*, Bl. 353; — *trigla carolina*, Bl. 352, qui me paraît le même que Brown. Jam. pl. 47, cité sous *évolans*. Quant à l'*évolans* de Lin. auquel on attribue trois épines entre les deux dorsales, ce qui a déterminé M. de Lacépède à en faire son genre prionote, ce n'était probablement qu'un individu, où les derniers rayons épineux avaient perdu leur membrane.

(2) *Malarmat*, nom provençal, qu'on leur donne probablement par antiphrase.

(3) *Pirabèbe*, et non pas *pirapède*, est leur nom brasilien. *Dactyloptère*, aile formée par les doigts.

qu'il y a réellement quatre pectorales distinctes, et ce qui est plus remarquable, ces pectorales surnuméraires sont aussi longues que tout le corps, et forment des espèces d'ailes capables de soutenir quelques instans le poisson dans l'air; aussi voit-on souvent les pirabèbes voler au-dessus des eaux, pour échapper aux truites et aux autres poissons voraces; mais ils sont obligés d'y retomber au bout de quelques secondes.

Leur museau, plus court qu'aux précédens, a l'air d'être fendu en bec de lièvre; en revanche, leur occiput et leur préopercule se prolongent en arrière en longues épines. Leurs mâchoires ne sont garnies que de petites dents, arrondies comme des pavés. Ils portent deux dorsales distinctes. Leurs écailles sont toutes carénées.

L'espèce commune (*Trigla volitans*. L.) Bl. 351, s'observe dans toute la Méditerranée, et dans une infinité d'endroits de l'Océan; elle est rougeâtre, et ses grandes ailes sont brunes, tachetées de bleu (1).

Les Céphalacantes. Lacép.

Ont la même forme, et particulièrement la même tête que les pirabèbes, et n'en diffèrent que par l'absence des longues ailes. Toutes leurs nageoires ont d'ailleurs la proportion des poissons ordinaires.

On n'en connaît qu'un petit, de la mer des Indes. (*Gasterosteus spinarella*. L. Mus. ad Fr. pl. XXXII, f. 2.)

Les Lepisacanthes. Lac. (Monocentris. Schn.)

Forment un genre singulier, tenant aux sciènes, aux trigles, aux épinoches, dont le corps court et gros est entièrement cuirassé d'énormes écailles anguleuses, âpres et carénées, où quatre ou cinq

---

(1) Ajoutez *tr. fasciata*, Schn. pl. 3; — *tr. alata*?

grosses épines libres remplacent la première dorsale, et où les ventrales sont composées chacune d'une énorme épine, dans l'angle de laquelle se cachent quelques rayons mous, presque imperceptibles. Leur tête est grosse, cuirassée, leur front bombé, leur bouche grande, leur mâchoire garnie seulement d'un velours très-ras; on leur compte huit rayons branchiaux; et l'on voit quelques apparences de dentelures à leur préopercule.

On n'en connaît qu'un, des mers du Japon. (*Lepisacanthe Japonais.* Lac. *Monocentris carinata.* Schn. pl. 24.) (1).

LES CHABOTS. (COTTUS. L.) (1).

Ont de grands rapports avec les rascasses, par leur tête épineuse, par leurs grandes pectorales, par leurs ventrales thorachiques, et par toute leur structure interne; mais ils se rapprochent des uranoscopes, en ce que leur tête est aplatie horizontalement, et que leur dorsale antérieure ou épineuse, est entièrement distincte de la molle ou postérieure. Leurs intestins et leurs mœurs sont les mêmes; ils vivent sur les bords rocailleux, subsistent quelque temps hors de l'eau, et quand on les irrite, ils renflent encore leur tête en remplissant leurs ouïes d'air.

---

(1) C'est encore le *sciæna cataphracta*, Thunberg, nouv. Mém. de Stockh. XI, pl. III, p. 102, et le *gasterosterus Japonicus*, Houttuyn.

(2) Κόττος était le nom grec de notre *chabot* d'eau douce. *Chabot* est lui-même dérivé de *caput*, à cause de sa grosse tête.

Les espèces d'eau douce ont la tête presque lisse, et seulement une épine au préopercule. Leur dorsale antérieure est très-basse.

Nous avons dans nos ruisseaux,

Le *Chabot commun* ou *Meûnier*. (*Cottus gobio*. L.) Bl. 39, 1, 2.

Petit poisson, dont la dorsale antérieure est très-basse, et qui n'a qu'une épine à son préopercule.

Les espèces marines sont plus épineuses; elles ont deux, souvent trois fortes épines au préopercule, une à l'opercule, deux devant les yeux, souvent plusieurs à l'épaule.

Sur nos côtes se trouve en abondance,

Le *Chabot* ou *Scorpion de mer, Crapaud de mer, Diable de mer, Chaboiseau*, etc. (*Cottus Scorpius*. L.) Bl. 40, qui porte une petite épine au-devant de chaque œil; deux fortes à l'opercule, et deux aux os de l'epaule. Il est marbré de gris et de brun (1).

Il y a des *chabots* où la dorsale épineuse elle-même est divisée en deux, ce qui leur fait trois nageoires sur le dos (2).

LES ASPIDOPHORES. Lacép. (AGONUS. Schn. PHALANGITES. Pall.)

Sont des chabots, dont le corps est enveloppé de plaques écailleuses, serrées comme des pavés, qui le rendent anguleux ou prismatique.

On en trouve un sur les côtes de notre Océan; l'*Aspido-*

---

(1) Ajoutez *cottus quadricornis*, Bl. 108. — *C. bubalis*, Euphrasen. nouv. Mém. de Stockh. VII, pl. IV, f. 2, 3. — *C. diceraus*, Pall. ou *synanceya cervus*, Tiles. Mém. de Pétersb. t. III, pl. XIII, f. 1. — *Cottus hemilepidotus*, id. ib. pl. XI.

(2) *Cottus hispidus*, Schn. pl. 13. — *Cottus acadianus*, Penn. arct. zool. III, 371.

phore armé. Lac. (*Cottus cataphractus.*) Bl. 38, f. 3. Les autres sont étrangers (1).

Quelques espèces, ainsi cuirassées (les ASPIDOPHOROÏDES. Lac.), manquent entièrement de dorsale antérieure, ce qui fait une forte exception aux caractères du genre, et même de la famille (2).

On a distingué avec raison de tous les autres chabots,

LES PLATYCÉPHALES. Bl. éd. de Schn.

Dont la tête plus aplatie, et que ses grands et larges sous-orbitaires font ressembler à une sorte de bouclier ou de disque, est en même temps moins tuberculeuse, mais seulement armee de quelques épines, et dont les ventrales, quoique portées sur un appareil suspendu aux épaules, sont cependant situées manifestement en arrière des pectorales et très-écartées. Leurs intestins sont encore à peu près ceux des *chabots* et des *rascasses*.

L'un des plus remarquables est le *Platycephalus spatula*. Bl. 424, ou *Cott. insidiator* de la mer Rouge, Forsk. p. 25 (3), qui se cache dans le sable pour tendre des embûches aux poissons (4).

---

(1) *Cottus japonicus*, Pall. Spic. VII, pl. v, f. 1-3. — *Agonus decagonus*, Schn. pl. 27. — *Agonus stegophtalmus*, Tiles. — et selon le même, *cottus stelleri*, Schn. p. 63.

(2) *Cottus monopterygius* (*agonus mon.* Schn.) Bl. 178, f. 1-2.

(3) Ce poisson est encore probablement le *callionymus indicus*, Linn. ou *calliomore indien*, Lacép.

(4) Aj. *cott. scaber*, Bl. 180. — *Cott. Madagascariensis*, Commers. ap. Lacép. III, pl. 11, p. 248, si ce n'est pas le même que l'insidiator.

Mais je ne crois pas devoir y placer, comme le fait Bloch, éd. de Schn. p. 59, le *sciena undecimalis*, Bl. 303, et encore moins le *perca saxatilis*, id. 309. Quant au *platycephalus dormitator*, Schn. pl. 12., *gobiomore dormeur*, Lac. la figure et la description qu'on en a d'apres Plumier, ne me paraissent pas suffire pour le classer avec pleine certitude.

LES BATRACOÏDES. Lac. (BATRACHUS. Schn.) (1).

Ont la tête aplatie horizontalement plus large que le corps, la gueule et les ouïes bien fendues, et les opercules épineux; leurs ventrales étroites, sont attachées sous la gorge; leur première dorsale est courte, soutenue de trois rayons épineux, la seconde molle et longue, ainsi que celle de l'anus qui lui répond. Souvent leurs lèvres sont garnies de filamens. Ceux qu'on a disséqués ont l'estomac en sac oblong, des intestins courts, et manquent de cœcums. Leur vessie natatoire est profondément fourchue en avant. Ils se tiennent cachés dans le sable pour tendre des embûches aux poissons. On croit les blessures faites par leurs piquans dangereuses (2).

Je fais une quatrième et dernière tribu, et l'on pourrait faire une famille

Des BAUDROYES. (LOPHIUS. L.) (3).

Qui ont pour caractère général, outre leur squelette cartilagineux, et leur peau sans écailles, des pectorales supportées comme par deux bras, sou-

(1) Βατραχός, grenouille; à cause de leur tête élargie.

(2) Espèces à barbillons : *Batr. tau* (*gadus tau*, L.) Bl. 6, f. 2, 3, de la Caroline. — *Batr. grunniens* (*cottus grunniens*, L.) Bl. 179, du Brésil, mais qui n'est pas, comme on croit, le *niqui* de Margrave, 178. — Espèces sans barbillons : *Batr. Surinamensis*, Schn. pl. 7, qui se rapproche beaucoup du *niqui*; et le *gallus grunniens* des Indes, Will. ap. pl. 4, f. 1, qui a été confondu avec le *cottus grunniens*, et lui a valu son épithète.

(3) *Lophius*, nom fait par Artédi, de λοφιά (*pinna*), à cause des crètes de leur tête. Les anciens les nommaient βατραχος et *rana* (grenouille).

tenus chacun par les deux os comparables au radius et au cubitus, qui, dans ce genre, sont plus allongés qu'en aucun autre ; des ventrales placées fort en avant de ces pectorales ; enfin, des opercules et des rayons branchiostèges, enveloppés dans la peau, et les ouïes ne s'ouvrant que par un trou, percé en arrière de ces mêmes pectorales. Ce sont des poissons voraces, à estomac large, à intestin court, qui peuvent vivre très-long-temps hors de l'eau, à cause du peu d'ouverture de leurs ouïes.

LES BAUDROYES proprement dites. Vulgairement RAIES-PÊCHERESSES. (LOPHIUS. Cuv.)

Ont la tête extrêmement large et déprimée, épineuse en beaucoup de points, la gueule très-fendue, armée de dents pointues, la mâchoire inférieure garnie de nombreux barbillons, deux dorsales distinctes, et quelques rayons libres et mobiles sur la tête; la membrane des ouïes formant un cul-de-sac ouvert dans l'aisselle, soutenu par six rayons très-allongés, mais l'opercule petit. On assure qu'elles se tiennent dans la vase, et qu'en faisant jouer les rayons de leur tête, elles attirent les petits poissons, qui prennent l'extrémité souvent élargie et charnue de ces rayons pour des vers, et qu'elles peuvent aussi en saisir on en retenir dans le sac de leurs ouïes (1).

Leur intestin a deux très-courts cœcums vers son origine; la vessie natatoire manque.

La *Baudroye commune, Raie pêcheresse, Diable de mer, Galanga*, etc. (*Lophius piscatorius*. L.)

Est un grand poisson de nos mers, atteignant quatre et cinq pieds de longueur (2).

---

(1) Geoffroy, Ann. du Mus. X, p. 480.

(2) *N. B.* Je ne vois point de preuves suffisantes, pour distinguer

Les Chironectes. (Antennarius. Commers.).

Ont, comme les baudroyes, des rayons libres sur la tête, dont le premier est grêle, terminé souvent par une houppe, et dont les deux suivans, augmentés d'une membrane, sont quelquefois très-renflés, et d'autres fois réunis en une nageoire. Leur corps et leur tête sont comprimés, leur bouche ouverte verticalement; leurs ouïes, munies de quatre rayons, ne s'ouvrent que par un canal et un petit trou derrière la pectorale : leur dorsale occupe presque tout le dos. Des appendices charnues garnissent souvent tout leur corps. Leur vessie natatoire est grande, leur intestin médiocre et sans cœcums. Ils peuvent, en remplissant d'air leur énorme estomac, à la manière des tédrodons, gonfler leur ventre comme un ballon; à terre, leurs nageoires paires les aident à ramper, presque comme de petits quadrupèdes, les pectorales, à cause de leur position, faisant fonction de pieds de derrière, et ils peuvent vivre ainsi hors de l'eau pendant deux ou trois jours. On les trouve dans les mers des pays chauds (1).

---

comme espèce de la baudroye commune, le *lophius viviparus*, Schn. 32, ou *setigerus*, Wahl. Soc. d'Hist. nat. de Copenh. IV, 215, pl. III, f. 5, 6. — Le *lophius cornubicus*, Shaw. ou *lophius ferguson*, Lacép. Trans. phil. LIII, pl. XIII, n'est qu'une baudroye commune défigurée.

(1) Espèces. *Lophius histrio*, Bl. III; — *lophius lævigatus*, Bosc. qui est l'espèce la plus commune. — Le riquet à la houppe, ou *antennarius antenna tricorni*, Commers. Lacép. I, pl. XIV, f. 1, espèce distincte de l'*histrio*, et probablement la même que *loph. hispidus*, Schn. 142; — *lophius Commersonii*, Lac. ib. f. 3; — *l. chironectes*, id. ib. f. 2; le même que le *lophius variegatus*, Shaw. Nat. Misc. V, pl. 176, f. 1, et Gen. Zool. pl. 167, 1; — *l. striatus*, Shaw. Nat. Misc. V, pl. 175; — *l. marmoratus*, id. ib. 176, 2. (*N. B.* Ces espèces ne sont nullement des variétés de l'histrio, comme l'a cru Bl., éd. de Schn.

Les Malthées. (Malthe. Cuv.)

Ont la tête extraordinairement élargie et aplatie, principalement par la saillie et le volume du sub-opercule; les yeux fort en avant; la bouche sous le museau, médiocre et protractile; les ouïes soutenues par six ou sept rayons, et ouvertes à la face dorsale, par un trou au-dessous de chaque pectorale; une seule petite dorsale molle, ce qui fait encore une exception aux caractères de cet ordre; le corps hérissé de tubercules osseux, des barbillons tout le long de ses côtés, mais point de rayons libres sur la tête. Ils manquent de vessie natatoire et de cœcums (1).

La cinquième famille des Acanthoptérygiens,

Ou celle des Scombéroïdes,

A les écailles petites, souvent même imperceptibles, excepté vers la fin de la ligne latérale où elles forment quelquefois une carène saillante. D'autres fois cette carène est formée par la peau même, indépendamment de la grandeur des écailles, et soutenue par

---

p. 141.) — Le *loph. hérissé*, Lacép. Ann. Mus. IV, LV, 3; — *l. lisse*, id. ib. 4; et plusieurs especes nouvelles.

N. B. Je ne sais ce que peut être le *lophius monopterygius*, Shaw. Nat. Misc. p. 202 et 203.

(1) *Lophius vespertilio*, L. Bl. 110. — *Lophius stellatus*, Wahl. Mém. de la Soc. d'Hist. nat. de Copenh. IV, pl. III, fig. 3 et 4, le même que le *lophie faujas*, Lacép. I, XI, 2 et 5.

les apophyses transverses d'une ou deux vertèbres. La partie molle de leur dorsale et de l'anale est quelquefois un peu épaissie en avant par des écailles, mais jamais complètement encroutée par elles ; au contraire, la membrane qui en unit les rayons en arrière, est le plus souvent très-frèle, et manque même entièrement dans quelques genres, où ces rayons, étant alors isolés, prennent le titre de fausses nageoires.

Les intestins sont amples, l'estomac en cul-de-sac, et les cœcums généralement nombreux.

La première tribu a deux dorsales, dont l'épineuse n'est point divisée.

Les Scombres. (Scomber. L.)

Ont une carène saillante à chacun des côtés de la queue, de petites écailles partout, et une rangée de dents pointues à chaque mâchoire. Leur anale et leur seconde dorsale ont toujours la partie postérieure divisée en fausses nageoires. Ils vivent en grandes troupes, et paraissent à certaines époques dans chaque parage, où ils donnent lieu à d'excellentes pêches.

Nous les subdivisons comme il suit :

Les Maquereaux.

Où la deuxième dorsale est assez éloignée de la première.

Le *Maquereau commun.* (*Sc. scombrus.* L.) Bl. 54.

A dos bleu, marqué de petites raies ondées noires; à cinq petites nageoires, en haut et en bas. Très-abondant en été le long de nos côtes de l'Océan et fournissant à des pêches et à des salaisons presque aussi productives que celle du hareng.

Le *petit Maquereau.* (*Sc. colias.*) Scomb. *Pneumatophorus.* Laroche, Ann. Mus. XIII.

Semblable au précédent, mais plus mince, et pourvu d'une vessie natatoire qui manque à la plupart des autres espèces (1).

LES THONS. (THYNNUS.)

Où la première dorsale se prolonge jusqu'auprès de la seconde, et la touche même souvent.

Le *Thon commun.* (*Sc. thynnus.* L.) Bl. 55.

A dos couleur d'acier, à huit ou neuf fausses nageoires; une des richesses de la Méditerranée, par l'étonnante abondance avec laquelle il s'y pêche et s'y prépare au sel, à l'huile, etc.

La *Bonite.* (*Sc. sarda.* Bl. 334.)

A dos bleu, rayé obliquement de noir; à six ou sept fausses nageoires.

La *Bonite rayée.* (*Sc. pelamys.*) Salv. 123.

A dos bleu, marqué de quelques raies qui se prolongent longitudinalement sur les flancs; huit à neuf petites nageoires.

Le *Bonitol.* (*Sc. Mediterraneus.* Rondel. 248.)

A dos bleu, marqué de larges bandes transverses noirâtres, à six ou sept fausses nageoires; des dents fortes

(1) Le *Guara pucu*, Margr. Bras. 179, paraît encore une très-grande espèce de maquereau, probablement la même que l'*albacore*, Sloan, Jam. Præf. pl. 1, fig. 1. — Aj. le *kanagurta*, Russ. corom. 136.

et pointues, tandis que les précédens n'en ont que de fort petites.

Ces trois dernières espèces, inférieures au thon, vivent dans la Méditerranée, et se rencontrent aussi dans l'Océan (1).

LES GERMONS. (ORCYNUS. Cuv.)

Ne diffèrent des thons que par la longueur de leurs pectorales, qui s'étendent jusques au-delà de l'anus.

L'Océan et la Méditerranée en produisent différentes espèces, confondues par les navigateurs et les naturalistes, sous les noms de *germon*, d'*alalonga*, etc. Le germon de nos côtes donne lieu à de grandes pêches dans le golfe de Gascogne(2).

LES CARANX. (CARANX. Lacép.)

Ont la carène de leur ligne latérale formée par une rangée d'écailles, qui se recouvrent comme des tuiles, et sont chacune armée d'une arête. Au-devant de leur anale est une petite nageoire, soutenue par deux épines. Leurs pectorales sont longues et pointues. Leurs dents sont le plus souvent en velours, mais sur une bande fort étroite. Quelquefois même on a peine à les apercevoir.

Quelques-uns ont, comme les scombres, la deuxième dorsale et l'anale divisées en fausses nageoires (3).

La plupart n'ont point les nageoires divisees. Tel est

Le *Saurel* ou *Maquereau bâtard*. (*Sc. trachurus*. L.) Bl. 56.

Poisson de toutes nos côtes, et que l'on sale dans la

(1) Ajoutez le *sc. Commerson*, Lac. II, XX, 1, qui pourrait bien être le même que le *sc. maculosus*, Sh. nat. misc. pl. XXIII. — Le *Wingeram*, Russ. corom. II, 134. — Le *sc. guttatus*, Schn. pl. 5. — Le *tazard* de Plumier (*sc. regalis*, Bl. 333), le même que le *scomberomore Plumier*, Lac. — Le *sc. maculatus*, Mitch. trans. de New-Yorck, I, VI, 8.

(2) *Scomber germon*, Lac; — *sc. alalonga*, Gm.

(3) *Scomber rottleri*, Bl. 346; — *sc. cordyla*, Gronov. Act. Ups. 1750, très-différent du *guaratereba* de Margr. qu'on lui associe. — *Sc. hippos*, Mitch. New-Yorck, I, v, 5.

Méditerranée. Il est moins bon que le maquereau ; son dos est bleuâtre, son ventre argenté, et il porte de chaque côté plus de soixante très-larges écailles (1).

LES CITULES. (CITULA. Cuv.) (2).

Ne diffèrent de ces derniers caranx, que parce que les premiers rayons de leur dorsale et de leur anale sont allongés en faux ; leurs pectorales sont aussi allongées (3).

LES SÉRIOLES. (SERIOLA. Cuv.) (4).

Diffèrent des caranx, parce que la fin de leur ligne latérale est garnie d'écailles si petites, qu'elles forment à peine une carène. Il y en a une de la Méditerranée.

(*Caranx Dumerili.* Risso, pl. VI, f. 20.)

Grand poisson argenté, à dos violâtre, à nageoires bleuâtres, qui ne s'approche de nos côtes que rarement et isolément (5).

LES PASTEURS. (NOMEUS. Cuv.)

Long-temps placés parmi les gobies, ont de grands rapports avec les sérioles ; mais leurs ventrales, extrêmement grandes et larges, attachées au ventre par leur bord interne, leur donnent un caractère particulier. Ils sont des mers d'Amérique (6).

---

(1) Ajoutez *sc. chloris*, Bl. 339 ;—*carangus*, 340, qui est le vrai *guaratereba* de Margr. —*ruber*, 342 ;—*crumenophtalmus*, 343 ;—*Plumieri*, 344 ; —*Kleinii*, 347, 2 ;—*Daubentoni*, Lac.—*sansun*, Forsk. —*Lactarius*, Schn. appelé à Pondichéry *Pêche-lait* à cause de sa délicatesse.

(2) *Citula*, nom de la dorée à Rome.

(3) L'espèce est nouvelle.

(4) *Seriola*, nom italien de l'espèce de la Méditerranée.

(5) Ajoutez le *sc. fasciatus*, Bl. 341, qui pourrait bien être le même que le *speciosus*, Lac. III, 1, 1.

(6) Tel est *gob. Gronovii*, Gm *gobiomore gronovien*, Lac. *eleotris*

Les Vomer. (Cuv.) (1).

Se distinguent aisément à leur corps très-comprimé, autant ou plus haut qu'il n'est long, et dont les écailles ne sont point sensibles, si ce n'est sur la ligne latérale; à leur front tranchant et extrêmement élevé, à cause de la saillie de leur crête occipitale, qui se continue sur le frontal; leurs mâchoires, peu ouvertes et peu extensibles, ont le bord tranchant et garni de dents si petites, qu'on les sent à peine; le bord inférieur de leur corps, aussi tranchant que leur front, est soutenu par la charpente osseuse, et l'anus avance jusque sous les ventrales.

Ce genre se subdivise comme il suit :

1°. Les Sélènes. Lacép. (2).

Où la dorsale antérieure est courte, ainsi que les ventrales, mais où les premiers rayons de la deuxième dorsale et de l'anale sont prolongés en faux.

Mauritii, Schn. ou le premier *harder* de Margr. Bras. p. 153, qui est aussi le *scomb. zonatus*, Mitch. New-Yorck, I, IV, 3. L'autre *harder*, Margr. Bras. 166, paraît un vrai gobie à queue fourchue. C'est celui-ci que Klein a nommé *cestreus* etc. Miss. V, p. 24, n° 3; mais l'équivoque de ce nom de *harder* ayant fait transporter par Gronovius ce synonyme sous la description de l'autre espèce, son erreur a été copiée par tous ses successeurs.

Harder ou *herder* (berger), est un nom que les matelots hollandais donnent à divers poissons, d'après des idées semblables à celles qui ont fait donner par les nôtres ceux de *conducteur*, *pilote*, etc.

(1) *Vomer*, soc, à cause de la forme tranchante de leur front.

(2) Σελήνη, lune. Plusieurs de ces vomers portent le nom de lune à cause de leur éclat argenté.

On n'en connaît que d'Amérique (1).

LES GALS. (GALLUS. Lacép.) (2).

Qui diffèrent des sélènes par la longueur de leurs ventrales. Celui qu'on connaît vient de la mer des Indes (3).

LES ARGYREÏOSES. Lac.

Qui, avec les ventrales allongées, et la deuxième dorsale et l'anale en faux des gals, ont encore les épines de la première dorsale prolongées en filamens. Il n'y en a qu'un, d'Amérique (4).

A ces trois subdivisions déjà établies par M. de Lacépède, j'en joins une quatrième, à qui je réserve le nom de

VOMERS proprement dits.

Où toutes les nageoires sont courtes et sans prolongement,

---

(1) *Sélène argentée*, Lacép. IV, IX, 2.—*N. B.* La sélene *quadrangulaire*, Lacép. *zeus quadratus*, L. Sloane, Jam. 251, 4, est le même poisson que le *chætodon faber*, ainsi que l'avait déjà remarqué Broussonnet, Dec. Icht. art. chæt. Faber.

(2) *Gal* ou *coq de mer*, en gascon *jau*, est le nom de la *dorée* en Espagne et en Portugal.

(3) *Zeus gallus*, L. Bl. 192, 1, Will. App. pl. 7, f. 1, Séb. III, XXVI, 34, Renard, II, XXVI, 128. Ruisch. Theatr. an. XXXVII, 2.

N. B. Que tous les voyageurs placent le *gal* dans les mers Orientales, et l'*argyreïose* dans celles d'Amérique. Bloch seul prétend avoir copié son *gal* des manuscrits du prince de Nassau et le suppose par conséquent du Brésil.

(1) *Zeus vomer*, L. Bloch, 193, 2, l'*abacatuia*, Marg. 161, et la figure donnée par le même auteur, p. 145, sous le faux nom de *guaperva*, mais la description qui s'y trouve jointe est celle du vrai *guaperva*, ou *chætodon arcuatus*, comme on peut s'en convaincre en la confrontant avec celle de ce même *chætodon*, p. 178. C'est faute d'avoir fait cette remarque que Bl. éd. de Schneider, p. 98, établit son *zeus niger*.

C'est aussi pour avoir mal à propos rapporté l'*abacatuia* au *gallus*, que quelques naturalistes ont crû ce dernier poisson d'Amérique. — Les *zeus rostratus* et *capillaris*, Mitch. New-Yorck, I, II, 1, 2, diffèrent à peine de l'abacatuia.

surtout la première dorsale et les ventrales, qu'on a peine à distinguer. Ils viennent aussi d'Amérique (1).

Je place ici, mais non sans beaucoup de doute,

Les Tétragonurus. Riss.

Ainsi nommés, de crêtes saillantes qu'ils ont vers la base de la caudale, deux de chaque côté, ont le corps allongé, la dorsale épineuse longue, mais très-basse, la molle rapprochée d'elle, plus élevée et courte; l'anale répondant à cette dernière : des ventrales un peu en arrière des pectorales. Les branches de la mâchoire inférieure élevées verticalement, garnies d'une rangée de dents tranchantes, pointues, fesant une espèce de scie, s'emboitant, quand la bouche se ferme, entre celles de la mâchoire supérieure. Il y a de plus une petite rangée de dents pointues à chaque palatin, et deux au vomer. Leur estomac est charnu, replié; leurs cœcums nombreux; leur intestin considérable. Leur œsophage est intérieurement garni de papilles pointues et dures.

L'espèce connue, le *Courpata* ou *Corbeau*, de nos côtes de la Méditerranée, *Tetragonurus Cuvieri*, Risso, ne se trouve que dans les grandes profondeurs. Elle est noire, et a toutes ses écailles profondément striees et dentelées. On dit sa chair venimeuse (2).

---

(1) *Vomer* nob. *Brownii, Rhomboïda alepidota,* etc. Brown, Jam. p. 455, n°. 1. Klein, Miss. IV, pl. XII, f. 1, ou *zeus setapinnis,* Mitch. New-Yorck, I, 1, 9.

N. B. Je soupçonne le prétendu *zeus vomer*, Mus. ad. fréd. pl. XXXI, f. 9, d'offrir encore une cinquième combinaison dans les proportions des nageoires; mais on voit aisément que toutes les différences sont tout au plus spécifiques.

(2) On n'en a que de mauvaises figures; *mugil niger,* Rondel. 423; *corvus niloticus*, Aldrov. pisc. 610, Risso, pl. X, f. 37.

La deuxième tribu a des épines distinctes au lieu de première dorsale.

LES RHYNCHOBDELLES. (RHYNCHOBDELLA. Schn.)

Ont le corps allongé, dépourvu de ventrales; des épines dorsales nombreuses, deux en avant de l'anale.

Dans les MACROGNATHES Lacépède,

Le museau se prolonge en une pointe cartilagineuse aplatie, qui dépasse de beaucoup la mâchoire inférieure; la seconde dorsale et l'anale, vis-à-vis l'une de l'autre, sont distinctes de la caudale (1).

Dans les MASTACEMBLES. (MASTACEMBELUS. Gronov.)

Les deux mâchoires sont à peu près égales, et la dorsale et l'anale presque unies à la caudale (2).

Les uns et les autres vivent dans les eaux douces de l'Asie, et s'y nourrissent de vers, qu'ils cherchent dans le sable. Leur chair est estimée.

LES ÉPINOCHES. (GASTEROSTEUS. L.)

Comprennent dans Linnæus tout le reste de cette tribu, c'est-à-dire, toutes les espèces à épines dorsales libres, qui possèdent des ventrales; nous les divisons comme il suit:

---

(1) *Rhynchobdella orientalis*, Schn. *ophidium aculeatum*, Lin. *macrognathe aiguillonné*, Lacép. Bl. 159, 2;—*rhynchobdella aral.* Schn. 89;—*rhynchobdella-polyacantha*, id. ib. le *macrognate armé*, Lacép. qui pourrait bien ne pas différer du précédent.

(2) *Rhynchobdella halepensis*, Schn. Gron. Zooph. pl. VIII, a. f.

LES ÉPINOCHES proprement dites. (GASTEROSTEUS. Lacép.)

Qui ont des ventrales soutenues chacune par une forte épine, sans autres rayons; et l'os du bassin formant entre elles un bouclier pointu en arrière, et remontant par deux apophyses de chaque côté.

Tel est un petit poisson commun dans nos ruisseaux. (*Gasterosteus aculeatus.* L.) Bl. 53, 3, qui n'a que trois épines sur le dos; ses écailles latérales occupent presque toute la largeur de ses flancs.

Nous en avons un autre, à huit ou neuf épines sur le dos, sans écailles latérales, qui est le plus petit de nos poissons d'eau douce. (*Gasterosteus pungitius.* L.) Bl. 53, 4 (1).

LES GASTRÉS. (SPINACHIA. Cuv.)

Où la ligne latérale est armée comme dans les caranx, mais les ventrales sont placées en arrière des pectorales, et ont une petite membrane et un rayon outre l'épine. Le corps est allongé, et les épines dorsales nombreuses.

On n'en connaît qu'un de nos mers. (*Gasterosteus spinachia.* L.) Bl. 53, 1 (2).

LES CENTRONOTES. (CENTRONOTUS. Lac.)

Ont des ventrales soutenues, comme à l'ordinaire, par quelques rayons, la plupart mous; les côtés de la queue saillans en carène comme dans les scombres. Leur anale est plus courte que la dorsale, et quelquefois elle a en avant de très-petites épines libres.

Une espèce fameuse est le *pilote.* (*Gasterosteus ductor.* L.) Bl. 338; de la taille d'un maquereau; bleuâtre, à

---

(1) Aj. *gaster. biaculeatus* et *quadratus*, Mitch. New-Y. I, 1, 10 et 11.

(2) Il est assez singulier que personne n'ait encore proposé de mettre ce poisson parmi les abdominaux.

larges bandes transverses bleu-foncé, à quatre épines dorsales. Les matelots, et quelques voyageurs, lui attribuent l'habitude de nager au-devant du requin, et de lui indiquer sa proie dans l'espoir de se nourrir de ses excrémens. On l'a observé dans plusieurs mers, et d'autres espèces de cette famille partagent cette habitude avec lui (1).

LES LICHES. (LICHIA. Cuv.)

Ont, comme les centronotes, des ventrales munies de quelques rayons; mais leur ligne latérale n'a ni carène ni armure; au-devant de leur anale sont une ou deux épines libres. Leur corps est généralement plus haut et plus comprimé qu'aux précédens. Souvent la première des épines de leur dos est couchée en avant et immobile; leur estomac est un sac large; ils ont beaucoup de cœcums.

On voit encore dans quelques-unes des divisions à la dorsale et à l'anale, comme en ont les scombres. M. de Lacépède les nomme SCOMBÉROÏDES (2).

Mais le plus grand nombre n'a point les nageoires divisées. Nous en avons quelques espèces, dont la mieux connue est nommée, dans la Méditerranée, la *liche*, *derbis*, *lampugue*, etc. (*Sc. amia.* Bl.) Rondelet, 252 (3).

---

(1) Ajoutez le *nègre*, *gasterosteus niger*, Bl. 337, espèce qui arrive à 10 pieds de longueur.—Le *rudder-perh*. Mitch. Mém. de New-Yorck, I, VI, 7.

Il y en a des espèces où les épines sont si petites qu'on ne les aperçoit qu'en y regardant de près; tel me paraît le *caranxomore plumérien*, Lac. III, II, 1.

(2) *Scomber saliens*, Bl. 335, et Lac. II, XIX, 2;—*sc. aculeatus*, Bl. 336, 1, que Bloch confond mal à propos avec la liche de la Méditerranée;—le *scombéroïde commersonien*, Lac. II, XX, 3, ou le *toloo-parah*, Russ. cor. II, 137, avec lequel le *scomber Forsteri*, Bl. éd. de Schn. a beaucoup de rapports; —*sc. lysan*, Forsk., que je ne crois pas synonyme de la liche; — *tol.-parah*, Russ. 138.

(3) *N. B.* On ne sait ce que c'est que le *sc. amia* d'Artédi et de Linn. aucune des figures qu'ils citent ne répond au caractère qu'ils don-

Les Trachinotes, Lacép. ne diffèrent des liches que par les pointes plus prolongées de leur dorsale et de leur anale (1).

Les Ciliaires. (Blepharis. Cuv.)

Ont le corps encore plus élevé que les liches et trachinotes, en rhombe presque parfait, de sorte que l'angle supérieur et l'inférieur répondent aux commencemens de la deuxième dorsale et de l'anale. Leurs épines dorsales sont très-courtes, mais les premiers rayons mous, ainsi que ceux de l'anale, s'allongent en filamens qui surpassent la longueur du corps. Ils ont d'ailleurs de petites épines libres avant l'anus, et leurs seules écailles sensibles forment une petite carène sur la fin de la ligne latérale.

On n'en connaît que des mers d'Orient (2).

La troisième tribu n'a qu'une dorsale et des dents en velours ou en carde.

Les Dorées. (Zeus. L.)

Ont le corps ovale, comprimé, les dents en ve-

---

nent. L'une, Rondel. VIII, c. IX, est la bonite; les autres, Rondel. l. VIII, c. XVI, et Salv. 121, sont les liches dont nous parlons. C'est à cette dernière espèce que Bloch, éd. de Schneider, p. 34, applique le nom de *sc. amia.*

Ajoutez à ces liches proprement dites : *scomber calcar*, Bl. 336, 2; — *gaster. occidentalis*, Lin. ou *sc. saurus*, Schn. Brown, Jam. XLVI, 2.

(1) *Scomber falcatus*, Forsk. 57, auquel je ne doute pas qu'il ne faille joindre les deux *acanthinions*, Lac. C'est-à-dire les *chætodons rhomboïdes*, Bl. 209, et *glaucus*, id. 210.

Les deux *cæsiomores*, Lacép. savoir : le *cæsiomore baillon*, Lac. III, III, 1, le même que le *caranx glauque*, III, p. 66; et le *cæsiomore, Bloch.* id. III, III, 2, ou *mookalee parah*, Russ. II 154, ne diffèrent aussi en rien de générique des liches et des trachinotes.

(2) *Zeus ciliaris*, Bl 191.

lours, et les deux mâchoires fortement protractiles.

Dans les DORÉES proprement dites,

La partie épineuse est séparée par une forte échancrure de la partie molle, tant à la dorsale qu'à l'anale. Des écailles saillantes ou épineuses y garnissent les bases des nageoires verticales, et le dessous du ventre entre les ventrales et l'anale. On en connaît une dans nos mers.

La *Dorée*, vulgairement *poisson Saint-Pierre*. (*Zeus faber*. L.) Bl. 41.

A grande tête et à large gueule; le corps jaune marqué d'une tache noire sur chaque flanc; des épines fourchues le long de la dorsale et de l'anale; de longs filamens membraneux derrière chaque épine dorsale. A peine un vestige d'armure sur la fin de la ligne latérale.

C'est un très-bon poisson de l'Océan et de la Méditerranée.

Dans les CAPROS, Lacép. la distinction n'a lieu qu'à la dorsale seulement.

Le *Sanglier*. (*Z. aper*. L.) Rondel. 161.

A museau plus étroit; le corps entier couvert d'écailles rudes et ciliées. Petit poisson rare de la Méditerranée.

LES POULAINS. (EQUULA. Cuv.)

Ont le corps comprimé; une seule dorsale continue, dont la partie épineuse est plus saillante; une rangée d'épines accompagnant de chaque côté l'anale et la caudale; le corps garni de petites écailles, excepté vers le bout de la ligne latérale, où elles forment une petite carène; le museau très-protractile, les mâchoires armées de dents en velours; deux épines au-dessus de chaque œil, et le bas du préopercule dentelé. Le crâne forme un triangle allongé qui va gagner la base de la dorsale, et le bassin, une sorte de bouclier concave en avant des ventrales. En avant de l'anale est une carène osseuse un peu saillante.

Ceux qu'on connaît viennent de la mer des Indes (1).

Les Ménés. (Mene. Lacép.) (2).

Ont le corps comprimé, et une seule dorsale, comme les précédens. Ce qui les distingue particulièrement, c'est le développement de leur épaule et de leur bassin, qui donne beaucoup de saillie à la partie inférieure et antérieure de leur tronc. On n'en connaît qu'un, de la mer des Indes (3).

Les Atropus. Cuv.

Ont le corps comprimé, le front descendant, le museau très-court, dépassé par la mâchoire inférieure ; une seule dorsale à deux ou trois épines, et dont une partie des rayons mous sont prolongés en fils, comme dans les ciliaires. La ligne latérale

---

(1) *Zeus insidiator*, Bl. 192, fig. 1 et 2 ;—*centrogaster equula*, Gm. *cæsio poulain*, Lac. qui est le même que le *clupea fasciata*, Lac. ainsi que je m'en suis assuré par la comparaison du dessin laissé par Commerson, mais non gravé, et du poisson laissé par Péron. J'ai même de fortes raisons de croire que le *scomber edentulus*, Bl. 428, *leiognathe*, Lacép. est ce même poisson représenté d'après un individu dont la tête était mal conservée. C'est aussi le *goomorah karah* Russel, LXII. Au reste le *zeus insidiator* et le *centrogaster equula* pourraient même fort bien ne faire qu'une espece. Voy. Cuvier, Mém. du Mus. I, pl. xxviii, p. 462.

Cavalla est le nom portugais du maquereau et *equula* sa traduction.

(2) Μήνη, lune, nom appliqué à ce genre, à cause de sa forme en disque et de sa couleur argentée.

(3) Le *méné Anne-Caroline*, Lac. V, xiv; *zeus maculatus*, Schn. 22; *ambatta kuttée*, Russel. LX.

carénée vers le bout, et deux épines libres avant la dorsale, comme aux caranx (1).

LES TRACHICTES. (TRACHICHTYS. Sh.) (2).

Ils n'ont sur le dos qu'une nageoire courte, élevée et pointue, à laquelle répond l'anale. Leur museau est court et obtus; leurs dents en velours; les côtés et le dessus et le dessous de leur queue sont armés d'écailles fortement carénées, et d'autres écailles semblables forment une grosse dentelure entre les ventrales et l'anale. On compte à leurs branchies quatre rayons, dont les inférieurs ont le bord âpre (3).

LES CHRYSOTOSES. Lacép. (LAMPRIS. Retsius.)

Ont le corps comprimé, ovale, sans écailles sensibles, le front bombé, arrondi, le museau court, la bouche médiocre, sans dents; six rayons aux ouïe; la partie antérieure de la dorsale élevée en pointe, et la partie moyenne presque effacée; les côtés de la queue en carène; les ventrales plus en arrière que les pectorales.

On n'en connaît qu'un, de nos mers,

L'*Opah* ou *Poisson lune*, *Zeus luna*. Gm. *Z. regius*. Penn. Brit. Zool. n°. 101. Duham. IV, pl. XV.

A dos bleu-noirâtre, tacheté d'argent, à nageoires

---

(1) *Brama atropus*, Schn. pl. 23.

(2) *Trachichtys*, poisson âpre.

(3) *Trachichtys australis*, Shaw, Nat. Misc. X, 378, ou *amphiprion carinatus*, Schn. Add. 551.

rouges. Il est fort rare, et on ne l'a guere pris que très-grand. Sa chair a, dit-on, le gout du bœuf (1).

LES ESPADONS. (XIPHIAS. L.)

Sont nommés ainsi à cause de leur museau semblable à une lame d'épée ou à un épieu. Il est formé par les os maxillaires et intermaxillaires soudés ensemble et avec l'ethmoïde, et prolongés bien au-delà de la mâchoire inférieure. De fortes aspérités en garnissent le dessous aussi-bien que la mâchoire inférieure et tiennent lieu de dents Le corps est allongé, arrondi, garni d'écailles à peine sensibles, et la base de la queue porte de chaque côté une carène saillante; les pectorales longues et pointues. Deux ou trois rayons antérieurs de la dorsale sont seuls épineux; encore sont-ils cachés dans le bord de la nageoire.

Toutes les espèces connues deviennent très-grandes, et ont la chair ferme et bonne a manger.

LES ESPADONS proprement dits.

Manquent tout-à-fait de ventrales; leur dorsale commence près de la nuque; d'abord haute et pointue, elle s'abaisse le long du dos, et se termine par une autre pointe plus petite. L'anale a aussi deux pointes, mais l'anus étant fort en arrière, elle a peu de longueur.

Tel est l'*Espadon commun.* (*Xiphias gladius.* L.) Bl. 76.

A museau long aplati et tranchant. L'un des bons poissons de la Méditerranée, et qui s'égare quelquefois jusques dans la Baltique.

---

(1) C'est probablement aussi le prétendu *scomber pelagicus* de Gunner, mém. de Dronth. IV, XII, 1, ou le *scomber Gunneri*, Schn.

Le *Macaira.* (*Xiphias Makaira.* Shaw.) Lac. IV, XIII, 3.

A le museau plus court à proportion, et il semble que sa dorsale soit divisée en deux. On ne l'a encore vu qu'une fois sur nos côtes (1).

LES VOILIERS. Broussonnet. (ISTIOPHORUS. Lac.)

Ont des ventrales composées chacune de deux rayons très-grêles et très-longs, et leur dorsale antérieure, très-longue et très-élevée, forme sur leur dos une sorte de voile verticale, avec laquelle ils prennent le vent quand ils nagent à la surface.

On n'en connaît qu'un, que l'on a observé dans toutes les mers des pays chauds. (*Scomber gladius.* Bl. 345. *Xiphias velifer.* Bl. éd. de Schn. p. 93.) (2).

LES CORYPHÈNES. (CORYPHÆNA. L.)

Se reconnaissent à leur corps allongé revêtu de petites écailles, sans carène à la queue, à leur front tranchant, à cause de la crete de leur crâne, et à la dorsale unique, en partie épineuse, qui règne le long de leur dos.

Dans les CENTROLOPHES. Lac.

Il y a en avant de la dorsale des proéminences épineuses, mais tellement courtes, qu'elles se sentent à peine quand on presse la peau avec les doigts. On ne voit d'ailleurs ni

---

(1) Je n'accorde nulle authenticité au dessin de Duhamel, pêches, IIe. part. IXe. sect. pl. XXVI, f. 2, sur lequel repose le *xiphias imperator*, Schn. Ce poisson aurait des ventrales médiocres, et deux dorsales écartées.

(2) Le museau arrondi, qui vu isolément a donné lieu d'établir l'espèce du *xiphias épée,* Lac. me paraît celui du *voilier.*

carène à la queue, ni épines libres devant l'anale, ni fausses nageoires; leur corps est comprimé, leurs écailles menues, leur tête oblongue, obtuse; leurs dents fines et sur une seule rangée; leur anale plus courte que la dorsale (1).

LES LEPTOPODES. Cuv. (OLIGOPODES. Risso.)

Ont, comme les centrolophes, des proéminences dorsales sensibles seulement au doigt, mais leur dorsale et leur anale s'unissent à la caudale, qui finit en pointe, et il n'y a qu'un rayon aux ventrales.

On n'en connaît qu'un petit, de la Méditerranée : l'*Oligopode noir*. Risso, pl. XI, f. 41.

LES CORYPHÈNES proprement dites. (CORYPHÆNA. Cuv.)

Ont la dorsale étendue depuis la nuque.

Les uns ont la tête tranchante et le front vertical, à cause de la saillie de la crête de leur interpariétal, ce qui à l'extérieur abaisse beaucoup leur œil. Les dents des mâchoires, des palatins, du vomer, sont en cardes ou en velours.

L'espèce la plus célèbre est nommée

Dorade et *dophin* par la plupart des navigateurs. (*Coriphœna hippurus*. L.) Bl. 174.

Longue de trois à quatre pieds, d'un beau bleu-argenté tacheté de jaune; presque toutes ses nageoires jaunes. Elle vit dans toutes les mers tempérées et chaudes, en grandes troupes, poursuivant surtout les poissons volans (2).

---

(1) Le *centrolophe nègre*, Lac. IV, x, 2, et p. 442, qui est le même poisson que le *coryphœna pompylus*, L. Rondel. p. 250;— *coryphœna fasciolata*, Pall. Spic. VIII, III, 2?

(2) Il n'est pas bien constant que le *cor. equiselis* diffère spécifiquement de l'*hippurus*. Le *cor. Plumieri*, Bl. 175, n'est qu'un labre. Voyez Bl. éd. de Schn. p. 299;—le *cor. pompylus*, L. est un centro-

D'autres ont la tête oblongue, comme les poissons ordinaires, mais toujours tranchante en dessus (1).

LES OLIGOPODES. Lac. (PTERACLIS. Gronov.)

Se font remarquer entre tous les poissons par l'énorme hauteur de leur dorsale et de leur anale, et par la longueur de celle-ci, qui égale presque la dorsale, en sorte que l'anus est reporté en avant, jusque sous la gorge, et que les ventrales, qui d'ailleurs sont fort petites et d'un seul rayon, sont placées plus avant que les pectorales. Leur corps est fort comprimé; leurs dents sur une rangée en haut et sur deux en bas; leurs écailles grandes, et échancrées au bord pour recevoir une petite épine de l'écaille suivante.

On n'en connaît qu'un, de la mer des Indes. (*Coryphœna velifera*. Pall. Spic. VIII, III, I.)

Nous ferons une quatrième tribu de quelques genres qui n'ont aussi qu'une dorsale, comme les précédens, mais dont les dents sont tranchantes et sur une seule rangée ; ils tiennent d'assez près aux bogues.

---

lophe;—le *cor. rupestris*, un macroure;—les *cor. novacula, pentadactyla, cœrulea, psittacus* et *lineata,* des rasons Je voudrais que le *cor. branchiostega* reposât sur une autorité meilleure que celle d'Houttuyn. Voy. Cuvier, Mém. du Mus. I, pl. XVI, p. 324.

(1) *Scomber pelagicus,* Mus. ad fred. pl. XXX, f. 3. C'est la coryphène la plus commune dans la Méditerranée. Il faut bien le distinguer du *scomber pelagicus* de Gunner, mém. de Dronth. IV, pl. XII, f. 1, ou *sc. Gunneri,* Schn. qui paraît le chrysotose.—On ne sait ce que c'est que le *cichla pelagica*, Schn. sous lequel sont cités à la fois notre poisson, Mus. ad fr. XXX, 3, et la fig. 3, pl. 1, de Sloane, Jam qui est un thon.

LES SIDJANS. (AMPHACANTUS. Schn.)

Que Forskal et ses successeurs ont laissés parmi les scares, n'ont avec eux que des rapports apparens. Leurs mâchoires sont à la vérité convexes, mais elles n'ont qu'une rangée de petites dents plates, courtes et pointues le long de leur tranchant. Ces poissons ont d'ailleurs pour caractère générique un aiguillon à chaque bord de leurs deux nageoires ventrales, et le bord interne attaché à l'abdomen; leur corps très-aplati par les côtés, n'est couvert que de petites écailles, comme du chagrin. Ils n'ont que quelques cœcums très-petits, mais leur canal est long. La première épine de leur dorsale est couchée comme dans les liches, la pointe en avant.

On les trouve dans la mer Rouge et la mer des Indes, où ils doivent se nourrir principalement de matières végétales (1).

LES ACANTHURES. Bl. (THEUTIS. L. HARPURUS. Forsk.)

Long-temps confondus parmi les chœtodons sont très-voisins des sidjans, et ont comme eux des intestins amples, munis à leur origine de quatre petits cœcums. Leur front est plus vertical; leurs dents

(1) *Scarus siganus*, Forsk. ou *sc. rivulatus*, Gm. ou *amphacanthus stellatus*, Schn.—*scarus stellatus*, Forsk. et Gm. ou *chœtodon guttatus*, Bl. 196. — Le premier paraît encore être le *theuthis javus*, Gm. Gron. 352, et le *sparus spinus*. *Osber*, voy. 273. — *Sidjan* est le nom arabe de ce poisson.

sont sur une seule rangée, et le tranchant de ces dents est lui-même dentelé; chaque côté de la base de la queue est armé d'une forte épine.

Leur peau n'est d'ordinaire munie que de petites écailles comme du chagrin, et qui la rendent si dure qu'on est obligé de les écorcher avant de la faire cuire. Ils sont fort estimés aux Indes (1).

Dans quelques-unes de ces especes (les ASPISURES. Lac.), l'épine de la queue a une pointe en avant et une en arrière; en dehors elle paraît seulement une lame tranchante (2).

Dans d'autres (les PRIONURES, *id.*), il y a plusieurs épines de chaque côté (3).

D'autres, enfin, ne se distinguent que par des écailles plus grandes, qui les rapprochent encore plus que les autres des bogues (4).

LES NASONS. Lacép. (NASEUS. Commers. MONOCEROS. Willughb. et Schn.)

Se rapprochent infiniment des acanthures par leur forme générale, par les petites écailles, en forme de chagrin, qui recouvrent leur peau, par les deux épines qui garnissent chaque côté de leur queue, et par leurs dents serrées sur un seul rang;

---

(1) *Theutis hepatus*, L. Séb. III, XXXIII, 3;—*chœtodon nigricans*, Bl. 203;—*chœtod. chirurgus*, Bl. 208;—*acanthurus velifer*, Bl. 427, 1;—*chœtod. triostegus*, Brouss. Dec. pl. V.

(2) *Chœtodon sohab*, L.—le *chœtodon allongé*, Lacép. IV, VI, 2, *acanthurus carinatus*, Schn.

(3) Nous en avons une au Muséum, rapportée par M. Péron, qui en a jusqu'à six. *Prionure microlepidote*, Lacép. Ann. du Mus. IV, p. 205.

(4) *Chœtodon lineatus*, Schn. 49;—*chœtodon cœruleus*, Catesb II, pl X.

mais ces dents sont simplement coniques, pointues sans dentelures; enfin, (et c'est ce qui les fait plus aisément reconnaître) ils portent en avant des yeux une proéminence plus ou moins saillante formée par l'ethmoïde, qui leur a valu leur nom, et les a fait appeler *licornes de mer*. On les trouve en grand nombre dans la mer des Indes, où ils deviennent assez grands et fournissent une chair de saveur médiocre (1).

La sixième famille des ACANTHOPTÉRYGIENS,

Ou celle des SQUAMMIPENNES.

Est ainsi nommée de ce que la partie molle de ses nageoires dorsale et anale, et souvent aussi leur partie épineuse, est en grande partie recouverte d'écailles qui les encroutent, pour ainsi dire, et les rendent difficiles à distinguer de la masse du corps. C'est leur caractère le plus apparent : ils ont d'ailleurs beaucoup de rapport avec les scombéroïdes, et ont de même des intestins longs, et assez généralement des cœcums nombreux.

La première tribu a les dents en soies ou en velours.

---

(1) Le *nason licornet*, Lac. III, VII, 2 (*chœtodon unicornis*, L.) — le *nazon loupe*, Lac. ib. 3.

LES CHŒTODONS. Lin.

Ainsi nommés de leurs dents semblables à des crins par leur finesse et leur longueur, et rassemblées sur plusieurs rangs serrés, comme les poils d'une brosse, ont de plus le corps très-comprimé, élevé verticalement, et les nageoires dorsale et anale, tellement couvertes d'écailles pareilles à celles du dos, qu'on a peine à distinguer l'endroit où elles commencent. Ces poissons, très-nombreux dans les mers des pays chauds, y sont peints des plus belles couleurs, ce qui en a fait recueillir beaucoup dans les cabinets et dans les collections de figures. Leurs intestins sont longs et amples, et leurs cœcums grèles, longs et nombreux; ils ont une grande et forte vessie aërienne, et fréquentent généralement les rivages rocailleux. Leur chair est bonne à manger.

M. de Lacépède conserve le nom de

CHŒTODONS.

Seulement à ceux qui n'ont ni dentelures ni épines aux opercules.

Nous le restreignons encore plus particulièrement au plus grand nombre d'entre eux, dont le corps est ovale, et les épines dorsales se suivent longitudinalement, sans trop se dépasser. C'est surtout dans cette forme qu'on en voit abondamment dans les mers de l'Orient (1).

---

(1) *Chœtodon striatus*, Bl. 205, 1, qui est le *chœt. zèbre*, Lac. mais la figure III, XXV, 3, est celle de son acanthure zèbre; — *unimaculatus*, Bl. 201, 1; — *collare*, 216, 1; — *octofasciatus*, 215, 1; — *vagabundus*, 204, 2; — *capistatrus*, 205, 2; — *ocellatus*, 211, 2; — *bimaculatus*, 219, 1; — *falcula*, 426, 2; — *Kleinii*, 218, 2; — *baro*, Cuv. Renard. pl. XX, fig. 109.

Les mâles de quelques espèces ont un de leurs rayons mous prolongé en filet isolé (1).

Le museau, généralement un peu saillant, s'allonge, dans quelques-uns, au point de former un bec étroit; les proportions du corps restent les mêmes. Nous les appellerons CHELMONS. Ils ont, comme les TOXOTÈS, l'habitude de lancer des gouttes d'eau contre les insectes qu'ils veulent faire tomber pour s'en nourrir (2).

Dans d'autres chœtodons, les épines dorsales, en petit nombre, sont cachées dans le bord montant de la nageoire, et les premiers rayons mous s'allongent extraordinairement. Leur museau est obtus, et comme la dorsale n'est ni moins longue ni moins pointue que l'anale, le corps est beaucoup plus haut que long. Nous les appellerons PLATAX (3).

Quelques-uns de ces platax n'ont pas les rayons mous aussi allongés, et leurs nageoires verticales, moins élevées, donnent simplement à leur corps une forme approchante de l'orbiculaire (4).

---

(1) *Chœt. setifer*, Bl. 426, 1.—*N. B.* La dentelure indiquée dans les figures de Bloch, au préopercule de ce chœt. et du *falcula*, laquelle a engagé M. de Lacép. à les placer parmi les *pomacentres*, est une faute du graveur, du moins pour le premier dont nous avons observé plusieurs individus. — *Chœt. auriga*, Forsk., p. 60.

(2) *Chœt. rostratus*, Bl. 202, le même qu'*enceladus*, Sh.Nat. micr. II, 67; — *ch. longirostris*, Brousson. pl. 7.

(3) *Chœt. teïra*, ou *pinnatus*, Bl. 199, 1;—et *chœt. vespertilio*, id. ib. 2, qui pourrait bien n'être que la femelle du *teïra*. Il faut toujours se souvenir que l'enluminure de Bl. est souvent fautive pour les poissons étrangers.

(4) Le *chœt. pentacanthe*, Lacép. IV, XI, 2, le même que son *chœt. galline*, pag. 494;—et le *chœt. orbicularis*, Forsk. dont le *chœt. arthrithicus*, Schn. Phil. Trans. 1793, pl. V, pourrait bien ne pas différer.

Une quatrième subdivision des chœtodons a quelques unes de ses premières épines dorsales très-prolongées, et formant comme un long fouet; derrière elles viennent d'autres épines plus courtes, et puis les rayons mous à l'ordinaire. Leur anale ne se prolonge pas dans la même proportion. Nous les nommerons HENIOCHUS (1).

Nous ferons une cinquième subdivision de ceux où les épines dorsales, après s'être élevées plus ou moins, se rabaissent de manière à ce qu'il y ait une échancrure entre la partie épineuse et la partie molle de la nageoire. Nous les appellerons EPHIPPUS.

L'un d'eux (*Chœt. argus*. Bl. 204.), passe pour vivre, de préférence, d'excrémens humains (2).

Quand cette échancrure descend profondément, et fait paraître comme deux dorsales, on a les CHŒTODIPTÈRES Lacép. (3).

M. de Lacépède nomme

HOLACANTHES, ceux des chœtodons de Linné, où le préopercule est dentelé, et armé vers le bas d'un fort aiguillon; et POCAMANTHES, ceux qui, armés du même aiguillon, ont la dentelure insensible. Nous ne les séparerons pas; tous ont les nageoires peu elevées d'abord, et par conséquent le corps ovale; mais dans les uns, la partie

---

(1) *Chætodon macrolepidotus*, Bl. 200, 1, dont le *chœt. acuminatus*, Linn. Mus. ad. fr. XXXIII, n'est que la femelle; — *chœt. cornutus*, Bl. 200, 2, dont le *canescens*, Séb. III, XXV, 7, n'est qu'un jeune individu décoloré. Il n'a point ses cornes dans le premier âge. Ενίοχος, cocher.

(2) Ajoutez *chœt. orbis*, Bl. 202, 2; — *chœt. faber*, 212, 2; — *chœt. tetracanthus*, Lac. III, XXV, 2; — *chœt. falcatus*, Lac. ou *punctatus*, Linn. — *chæt bicornis*, Cuv. Renard, pl. 30, f. 164.

(3) *chœt. plumieri*, Bl. 211, 1. — *Terla*, Russ. corom. I, LXXXI. Ἐφιππος, eques.

molle de la dorsale et de l'anale s'allonge en pointe de faux (1).

Dans le plus grand nombre, elle est simplement anguleuse ou arrondie (2).

LES ACANTHOPODES et MONODACTYLES. Lacép. (PSETTUS. Commers.)

Ont le corps vertical, et toutes les formes des chœtodons proprement dits; mais leurs dents sont seulement en velours, c'est-à-dire plus minces et plus courtes qu'aux chœtodons, et une épine courte remplace chaque ventrale. Ils viennent de la mer des Indes (3).

LES OSPHRONÈMES. (OSPHRONEMUS. Commers.)

Leur tête entière et même leur membrane branchiostège sont écailleuses, aussi-bien que les bases de toutes leurs nageoires verticales; leur

---

(1) *Ch. aureus*, Bl. 193, 1;— *ch. paru*, id. 197;—*ch. ciliaris*, 214; —*ch. arcuatus*, 201;—*ch. Catesbœi*, Cuv. Catesb. Carol. II, XXXI;— *ch. asfur*, Forsk. 61;—*chœt. annularis*, Bl. 214, 1, et mieux Russel. I. LXXXVIII.

(2) *Chœtodon imperator*, Bl. 194;—*chœt. bicolor*, 206, 1;—*ch. tricolor*, 426;—*ch. mesoleucos*, 216, 2;—*ch. dux*, ou *fasciatus*, Bl. 195, le même que l'*acanthopode boddaert*, Lacép. et que le *chœt. diacanthus*, Schn. Bodd. V^e^. lettre;—l'*holac. géométrique*, Lac. IV, XIII, 1, ou *chœtodon nicobareensis*, Sch. pl. 50;—l'*holac. jaune et noir*, Lac. IV, XIII, 2, le même que le *downing-marquis*, Renard, XXV, 135, que Gmel. rapporte mal à propos à l'*annularis*;—l'*holac. lamark*, Lacep. IV, p. 531, ou le *quick steert*, Renard, XXVI, 145, et plusieurs espèces nouvelles.

(3) Le *monodactyle falciforme*, Lac. III, p. 132, et II, pl. III, f. 4,

bouche est petite et leurs dents disposées en velours, mais très-courtes; leur préopercule et leur sous-orbitaire sont finement dentelés sur leurs bords; enfin, et c'est ce qui les fait reconnaître, un des rayons de leurs ventrales forme une soie articulée aussi longue que tout leur corps, et semblable à l'antenne de certains insectes.

LES OSPHRONÈMES proprement dits (1).

Ont plusieurs épines à la dorsale, et une à chaque ventrale en dehors du long brin.

Le *Gorami*, (*Osphr. Olfax.* Commers.) Lac. III, pl. VIII, f. 2.

Est un poisson d'une chair excellente, qui atteint, dit-on, jusqu'à six pieds de longueur, et qui a été transporté de Java dans les rivières de l'Isle-de-France, où il forme aujourd'hui un article important de nourriture.

LES TRICHOPODES. Lac. (TRICHOGASTER. Schn.)

Ne diffèrent des osphronèmes, que par le défaut d'épines

---

et l'*acanthopode argenté*, id. IV, p. 359 (*chœtodon argenteus*, L.) le même que *chœt. rhombeus*, Schn. Séb. III, XXVI, 21, ont les mêmes caractères généraux, les même dents et les mêmes ventrales. Mais le premier est ovale et le second beaucoup plus haut que long. L'*acanthopode boddaert*, Berl. Schr. III, 459, *chœt. boddaerti*, Gm. et *chœt. diacanthus*, Bodd. V^e. lettre, n'est autre chose que le *chœt. fasciatus*, Bl. 195, ou *chœt. dux*, Gm. et appartient aux holacanthes. C'est le même que l'*holacanthe duc*. Lac.

(1) *Osphronème*, d'ὀσφραίνομαι (olfacio), nom imaginé par Commerson, parce qu'il trouvait aux os pharyngiens de ce poisson, qu'il appelait ethmoïdes, une figure compliquée, qu'il supposait servir à l'odorat.

aux nageoires ventrales, qui adhèrent un peu plus en avant.

Certaines espèces ont la dorsale plus courte, et la ventrale plus longue, à proportion (1).

Mais d'autres espèces ont ces deux nageoires à peu près égales (2).

Tous ces poissons viennent de la mer des Indes.

Les Archers. (Toxotès. Cuv.)

Ont le corps comprimé, à grandes écailles, le museau obtus, aplati horizontalement, la bouche fendue, les dents en lime douce, le bord inférieur du préopercule et du sous-orbitaire, finement dentelé, et la dorsale courte, et ne commencant que vis-à-vis du commencement de l'anale.

On n'en connaît qu'un de la mer des Indes.

(*Labrus jaculator.* Sh. IV, part. II, p. 485, pl. 68; et Schlosser, Phil. Trans. LVI, p. 187.)

Remarquable par l'instinct de lancer des gouttes d'eau sur les insectes qui sont à sa portée, afin de les faire tomber dans l'eau et de s'en nourrir. Nous n'avons trouvé que des fourmis dans son estomac. Il est jaunâtre, avec cinq taches brunes sur le dos.

---

(1) Le *trichopode trichoptère,* Lac. (*labrus trichopterus,* L.) Bl. 295, f. 2.

N. B. Qu'il a, outre le long brin, trois petits rayons à chaque ventrale. Ce poisson n'a rien des labres.

(2) *Trichopode mentonnier,* Lac. III, pl. VIII, f. 3; — *trichogaster fasciatus,* Schn. pl. 36.

LES KURTES. (KURTUS. Bl.)

Appartiennent manifestement ici, malgré la finesse que leurs écailles ont quelquefois. Leur tête et leur corps sont très-comprimés; leur dorsale beaucoup plus courte que l'anale et placée plus en avant; leurs dents en velours : ils viennent des mers orientales (1).

LES ANABAS. CUV.

Confondus encore nouvellement avec les *amphiprions*, ont des dentelures aiguës au sous-orbitraire, à l'opercule, au sous-opercule et à l'interopercule, mais on n'en observe aucunes à leur préopercule; ce qui les distingue au premier coup d'œil. Leur museau est mousse et court; leur tête, ainsi que leur corps, est entièrement garnie de larges écailles; leurs deux mâchoires ont des dents en râpe : il y en a de fortes et coniques au pharynx; à la racine des branchies se trouve un appareil de lames compliquées qui sert apparemment à y retenir l'eau; aussi dit-on qu'une espèce,

---

(1) *Kurtus indicus*, Bl.—et le *sparus compressus*, J. White app. 267, ou *k. argenteus*, Schn.

N. B. On ne peut, faute d'observation, placer le *kurtus palpebratus*, Schn. *sparus palpebratus*, Pall. *bodian œillère*, Lac. IV, IV, 2, poisson très-singulier qui doit sûrement former un genre à part.

Le *Sennal.* (*Perca scandens.* Daldorf. *Anthias testudineus.* Bl. 322.) (1).

Rampe sur le rivage, grimpe le long des troncs des palmiers, et se tient dans l'eau de pluie, amassée entre les bases de leurs feuilles.

Les Cœsio. Commers.

Ont le corps oblong, la mâchoire supérieure un peu protractile, une rangée de petites dents pointues à chaque mâchoire, et derrière des dents en velours à peine sensibles, une dorsale bien écailleuse dans toutes ses parties, qui va en s'abaissant depuis son commencement; l'anale n'ayant que la moitié de sa longueur, également couverte d'écailles; deux longues écailles au côté des ventrales et une entre elles; sept rayons aux branchies; cinq à six cœcums (2).

Les Castagnoles. (Brama. Schn.)

Se font remarquer au premier coup d'œil par un front descendant verticalement, comme si le museau avait été repoussé ou tronqué, ce qui tient à la brièveté des intermaxillaires et à l'extrême hauteur de la crête verticale; la bouche fermée se di-

---

(1) Voyez Schn. add. 570.

(2) *Cœsio azuror*, Lacép. C'est, je crois, le même poisson que le *bodianus argenteus*, Bl. 231, 2.

N. B. Le *cæsio poulain*, Lacép. (*centrogaster equula*, Gm.) est le même poisson que le *clupea fasciata*, Lac. ou notre genre *equula*.

rige vers le haut. Des nageoires dorsales et anales très écailleuses commencent chacune par une pointe saillante, règnent en s'abaissant vers la queue, et n'ont qu'un petit nombre de rayons épineux cachés dans leur bord antérieur. Le corps est assez haut verticalement, la tête couverte d'écailles jusque sur les maxillaires, les dents en crochets, et une de leurs rangées externes plus forte. L'estomac est court, l'intestin peu ample, et les cœcums au nombre de cinq seulement.

Il en existe une espèce, en abondance, dans la Méditerranée.

(*Sparus Raii.*) Bl. 273.

Qui s'égare aussi quelquefois dans l'Océan. C'est un bon poisson, qui devient grand.

La deuxième tribu des SQUAMMIPENNES.

A les dents sur une seule rangée bien régulière, et n'approchant en rien de la forme de crins ou de cheveux : plusieurs de ses genres avaient été cependant laissés dans celui des chœtodons par Linnæus.

LES STROMATÉES. (STROMATEUS. L.)

Ont le plus grand rapport avec les *castagnoles ;* seulement leur bouche est moins verticale ; c'est au contraire quelquefois leur museau qui avance, et ils manquent tout-à-fait de nageoires ventrales. Leurs dents sont très-fines, tranchantes, pointues et sur une seule rangée. Ils viennent pour la plupart de nos mers des pays chauds (1).

Dans

LES FIATOLES. (FIATOLA. CUV.)

La partie antérieure de la dorsale et de l'anale est moins saillante, ce qui leur donne une figure totale plus evale, et les écailles du corps et des nageoires sont si menues qu'on ne les voit que sur la peau desséchée. Cependant on s'aperçoit, à l'épaisseur des nageoires, que ces poissons appartiennent à la famille des squammipennes. Ils n'ont qu'une rangée de très-petites dents pointues; leurs épines dorsales et anales sont aussi cachées dans le bord antérieur des nageoires.

On n'en connaît qu'une, de la Méditerranée.

(*Stromateus fiatola*. L.) Rondel. 157 (2).

Cendré, argenté, à plusieurs taches longitudinales d'un jaune-doré. Il est abondant et bon à manger.

LES SESERINUS.

Avec la forme, les écailles, les dents, les deux

---

(1) *Str. paru*, Bl. 160; — *str. niger*, 422; — *str. argenteus*, 421; — *str. cinereus*, 420? — *str. chinensis*, Euphrasen.

(2) *N. B.* Les deux figures de Rondel. *stromateus*, p. 157, et *fiatola*, p. 257, ne représentent que le même poisson; la première dans l'état frais; la seconde, sur un individu desséché. C'est encore le callichtys de Belon, 153. La premiere figure de Rondelet a donné lieu à l'établissement du genre *chrysostrome*, Lac. IV, 698, parce que sa pectorale droite, ployée vers le bas, et paraissant sous le bord inférieur de la poitrine, a l'air d'y former une ventrale; c'est ce qu'a déjà remarqué M. Schneider, Bl. éd. de Schn. p. 493.

lignes latérales des fiatoles, ont la première épine dorsale et anale couchée en avant, et une épine unique représentant à elle seule les deux ventrales (1).

LES PIMÉLEPTÈRES. Lacép.

Ont le corps ovale, comprimé; une seule rangée de dents égales, tranchantes, obtuses et serrées, dont les bases font une saillie vers la bouche, et que des lèvres membraneuses peuvent recouvrir; leurs nageoires verticales tellement recouvertes d'écailles dans leur partie molle, qu'elles en sont sensiblement épaissies; les pectorales et la membrane branchiostège elle-même, sont aussi garnies d'écailles. Cette membrane n'a que quatre rayons comme dans les chœtodons (2).

LES KYPHOSES. Lacép.

Paraissent peu différer des piméleptères, si ce n'est par une proéminence en avant de la dorsale (3).

---

(1) Je crois que le petit poisson que je rapporte à ce genre est le même que le *seserinus*, Rondel. 257. Je soupçonne que le *chœtodon alepidotus* de L. ou le *rhombe* de Lacép. est aussi, sinon le même, au moins une espèce du même genre.

(2) Le *piméleptère bosquien*, Lac. IV, pl. IX, f. 1.

(3) On ne connaît le kyphose que par un dessin trouvé dans les papiers de Commerson. La note du même naturaliste sur laquelle repose le genre DORSUAIRE, Lacép. V, p. 482, se rapporte à ce dessin, et par conséquent les deux genres sont identiques.

Le caractère attribué aux dents du genre XISTÈRE, Commerson,

LES PLECTORYNQUES. (PLECTORHYNCHUS. Lacép.)

Ont le préopercule dentelé, une rangée de petites dents percant à peine la gencive, et des ventrales plus larges et pourvues de rayons plus nombreux qu'à l'ordinaire.

On n'en connaît qu'un, de la mer des Indes.

Le *Plectorynque chétodonoïde*. Lacép. III, 135, II, XIII, 2.

LES GLYPHISODONS. Lacép.

Sont également ovales, mais leurs nageoires sont moins épaisses; toute leur tête est écailleuse; leurs dents tranchantes et sur une seule rangée, sont souvent échancrées, et leur ligne latérale se termine entièrement vis-à-vis la fin de là dorsale (1).

LES POMACENTRES. Lacép.

Ne diffèrent des glyphisodons que par leur préopercule dentelé. Leur ligne latérale finit aussi vis-à-vis la fin de la dorsale (2).

Lacép. V, p. 484, se retrouve dans celles du *piméleptère*, mais le nombre des rayons branchiaux ne s'accorde pas.

De tous ces genres, quels qu'ils puissent être, nous n'avons encore vu que les *piméleptères*.

(1) *Chætodon maculatus*, Bl. 427;—*ch. saxatilis*, 206, f. 2;—*ch. Bengalensis*, Bl. 213, 2;—*ch. marginatus*, 207; le même que le *ch. sargoïde*, Lacép. IV, X, 3;—le *labre macrogastère*, Lacép. III, XXIX, 3; — le *labre sixbandes*, id. ib. 2, tous poissons qui me paraissent rentrer en partie les uns dans les autres.

(2) *Chætodon pavo*, Bl. 198, 1.

Il y en a où le sous-orbitaire même est dentelé (1).

Les Amphiprions.

Que l'on a confondus avec les lutjans, avec les anthias, avec les sogho, doivent venir ici. Ils ont aussi les dents, la ligne latérale, la forme ovale, la tête obtuse des pomacentres; mais leurs sous-orbitaires et les quatre pièces de leurs opercules sont dentelés (2).

Enfin nous retirons des chœtodons, du sous-genre holocanthe, et nous plaçons ici

Les Premnades. (Premnas. Cuv.) (3).

Qui ont de fortes épines au sous-orbitaire, le

---

(1) *Chœtodon aruanus*, id. 198, 2.

N. B. Les *pomacentres seton* et *faucille*, Lacép. (*ch. setifer* et *falcula*, Bl.) sont de vrais chœtodons, comme je l'ai dit ci-dessus. Je pense de même à l'égard du *pomacentre lunulé*. Quant au *perca miniata* et *summana* de Forsk. (*Pomacentre burdé* et *summan*, Lacép.) comme leur description indique trois épines à l'opercule, quoiqu'il y soit question de dents flexibles, j'hésite à les placer ailleurs que parmi les *serrans*. Je suis dans la même incertitude par rapport au genre *pomadasis* (*sciœna argentea*, Forsk.) En général un des plus grands services que l'on pourrait rendre à l'ichtyologie serait de retrouver et de figurer les poissons indiqués par Forskahl.

(2) *Amph. ephippium*, Bl. 250;—*a. polymnus*, id. 316, 1;—*a. bifasciatus*, id. 316, 2;—*a. marginatus*, nob. id. 316, 3.

N. B. Je place ailleurs (dans la famille des perches) l'*amphiprion sogho*, et l'*amph. americanus*, Schn. 47, ou mon genre polyprion.

Amph. testitudineus et *sennal* sont le même, et forment mon genre *anabas*, Conf. Schn. add. 570.

(3) *Premnas*, nom grec d'un poisson indéterminé.

préopercule et le sous-opercule dentelés : leur tête est très-obtuse, leurs dents fines, courtes, égales et sur une seule rangee; leur ligne latérale se termine aussi avant d'arriver à la queue (1).

Les Squamipennes de la troisième tribu

Ont deux dorsales sans l'épaisseur écailleuse desquelles on pourrait les rapporter à la seconde section de la famille des perches, dont ils offrent la plupart des traits.

Les Temnodons. Cuv.

Ont à chaque mâchoire une rangée de dents espacées, comprimées, tranchantes et pointues; derrière celles d'en haut une autre rangée de petites, et au vomer et aux palatins des dents en velours. Leur corps est oblong et écailleux, ainsi que leur tête, qui n'a ni épines ni dentelures. Leur première dorsale frèle et peu élevée, est soutenue par des rayons très-flexibles. La seconde et l'anale sont écailleuses; leurs ouïes ont sept rayons.

On n'en connaît qu'un, de la mer des Indes (2).

Les Chevaliers. (Eques. Bl.) (3).

Ont le corps allongé, finissant en pointe par l'amincissement du bout de la queue; la tête mousse,

---

(1) *Chœtodon biaculeatus*, Bl. 219, f. 2.

(2) C'est le *cheilodiptère heptacanthe*, Lacép. III, xxi, 3.

(3) *Eques americanus*, Bl. 347. — *Eq. punctatus*, Schn. 3, f. 2.— *Grammistes acuminatus*, Schn. p. 184. Séb. III, xxvi, 33.

et les rayons de la première dorsale prolongés; leurs dents sont en velours; leur vessie natatoire très-grande et très-robuste. Leur estomac médiocre, leurs cœcums courts au nombre de cinq ou six.

Les Polynèmes. (Polynemus. L.) et vulgairement *Poissons mangues*, *Poissons de paradis.*

Ont le museau bombé, la tête toute écailleuse, les préopercules dentelés et les dents en velours (comme les ombrines); mais toutes leurs nageoires verticales, même l'épineuse du dos, sont plus ou moins écailleuses, comme dans les squammipennes.

Leur caractère particulier consiste en plusieurs rayons libres attachés sous les pectorales, et dépassant la longueur du corps dans quelques espèces. On les a toujours placés parmi les abdominaux, parce que leurs ventrales sont un peu en arrière; cependant leurs os du bassin sont suspendus aux os de l'épaule. On en trouve dans toutes les mers chaudes, et leur chair donne partout un excellent manger. Plusieurs espèces remontent dans les rivières (1).

---

(1) Espèces : *polyn. paradiseus*, L. Edw. 208;—*polyn. paradiseus*, Bl. 402, espèce toute différente, probablement le *piracoaba*, Margr. 176, x;—*polyn. quinquarius*, Séb. III, XXVII, 2;—*polyn. plebeius*, Brouss. pl. VIII;—*polyn. plebeius*, Bl. 400, espèce différente, probablement la meme que le *polyn. rayé*, Lacép. V, XIII, 2;—*polyn. decadactylus*, Bl. 401;—*polyn. polydactylus*, Vahl. soc. de Copenh. IV, II, 158;—*polyn. sextarius*, Schn. IV; polydactyle plumier, Lacép. V, XIV, 3.

Il ne serait pas impossible que le *polyn. virginieus*, L. ne fût que

---

La septième et dernière famille des Acanthoptérygiens, ou celle

Des Bouches en flute.

Se caractérise par un long tube formé au-devant du crâne par le prolongement de l'ethmoïde, du vomer, des préopercules, interopercules, ptérygoïdiens et tympaniques, et au bout duquel se trouve la bouche composée comme à l'ordinaire des intermaxillaires, maxillaires, palatins et mandibulaires. Leur intestin n'a point de grandes inégalités, ni beaucoup de replis, et leurs côtes sont courtes ou nulles.

Les uns (les fistulaires) ont le corps cylindrique ; les autres (les centrisques) l'ont ovale et comprimé.

Les Fistulaires. (Fistularia. L.)

Prennent en particulier leur nom du long tube commun à toute la famille. Les mâchoires sont au

---

le *paradiseus* de Bl. ou *piracoaba*, qui aurait été décrit d'après un individu à queue mutilée ;—le *polyn. niloticus*, Schn. ou *binny*, Bruce, voyez pl. XLI, paraît résulter d'une confusion faite par Bruce d'un dessin de *polynemus plebeius* pris dans la mer Rouge, avec des notes relatives à la *carpe binny* du Nil.

bout, peu fendues et dans une direction presque horizontale. Cette tête ainsi allongée, fait le tiers ou le quart de la longueur du corps, qui est lui-même long et mince. On compte six ou sept rayons aux ouïes ; des appendices osseux s'étendent encore en arrière de la tête sur la partie antérieure du corps qu'elles renforcent plus ou moins. La dorsale répond à l'anale; l'estomac en tube charnu se continue avec un canal droit, sans replis, au commencement duquel adhèrent deux cœcums.

Dans les FISTULAIRES proprement dits. (FISTULARIA. Lacép.)

Il n'y a qu'une dorsale, composée en grande partie, ainsi que l'anale, de rayons simples. Les intermaxillaires, et la mâchoire inférieure, sont armés de petites dents. D'entre les deux lobes de leur caudale sort un filament quelquefois aussi long que tout le corps. Le tube du museau est très-long et déprimé; la vessie natatoire excessivement petite; les écailles invisibles. On en trouve dans les mers chaudes des deux hémisphères (1).

Dans les AULOSTOMES. Lacép. (2).

La dorsale est précédée de plusieurs épines libres, et les mâchoires manquent de dents; le corps bien écailleux, moins grêle, est élargi et comprimé, entre la dorsale et l'anale, que suit une queue courte et menue, terminée par une nageoire ordinaire. Le tube du museau est plus court,

---

(1) *Fistularia tabacaria*, Bl. 387, 1 ;—*fistul. serrata*, id. ib. 2, sont d'Amérique, Marg. 148, Catesb. II, XVII ;—*fist. immaculata*, Commers. John White, p. 296, f. 2, est de la mer des Indes.

(2) *Aulostome* (bouche en flûte), de αυλος et ςωμα.

gros et comprimé; la vessie natatoire est très-grande. On n'en connaît qu'un, de la mer des Indes (1).

LES CENTRISQUES. (CENTRISCUS (2). L.) Vulgairement *Bécasses de mer*.

Ont, avec le museau tubuleux de cette famille, un corps non allongé, mais ovale ou oblong, comprimé par les côtés et tranchant en dessous; des ouïes seulement de deux ou trois rayons grèles; une première dorsale épineuse et de petites ventrales en arrière des pectorales. Leur bouche est extrêmement petite et fendue obliquement; leur intestin sans cœcums, replié trois ou quatre fois, et leur vessie natatoire considérable.

Dans les CENTRISQUES proprement dits.

La dorsale antérieure, située fort en arrière, a sa première épine, longue et forte, supportée par un appareil qui tient à l'épaule et à la tête. Ils sont garnis de petites écailles, et ont de plus quelques plaques larges et dentelées sur l'appareil dont nous venons de parler.

(Le *Centriscus scolopax*. L.) Bl. 123 (3).

Est une espèce très-commune dans la Méditerranée, longue de quelques pouces, d'une couleur argentée.

Dans les AMPHISILES. (AMPHISILE. Klein.)

Le dos est cuirassé de larges pièces écailleuses, dont l'épine antérieure de la première dorsale a l'air d'être une continuation.

---

(1) *Fistularia chinensis*, Bl. 388.

(2) *Centriscus*, de κεντες.

(3) C'est aussi le *silurus cornutus* de Forsk., *macroramphose*, Lac.

Les uns ont même d'autres pièces écailleuses sur les flancs, et l'épine en question placée tellement en arrière, qu'elle repousse vers le bas là queue la seconde dorsale et l'anale. Tel est le *Centriscus scutatus.* L. Bl. 123, 2.

D'autres tiennent le milieu entre cette disposition et celle des centrisques ordinaires. Leur cuirasse ne couvre que la moitié du dos. (*Centriscus velitaris.* Pall. Spic. VIII, IV, 8.)

Les uns et les autres viennent de la mer des Indes.

DEUXIEME GRANDE DIVISION DU RÈGNE ANIMAL.

LES MOLLUSQUES (1).

Les mollusques n'ont point de squelette articulé, ni de canal vertébral. Leur système

---

(1) *N. B.* Linnæus réunissait en une seule classe, sous le nom de *vers*, tous les animaux non vertébrés, sans membres articulés; il la divisait en cinq ordres : les INTESTINS embrassant quelques-uns de mes annelides et de mes intestinaux; les MOLLUSQUES comprenant mes mollusques nus, mes échinodermes et une partie de mes intestinaux, et de mes zoophytes; les TESTACÉS comprenant mes mollusques et mes annelides à coquilles; les LITHOPHYTES ou coraux pierreux, et les ZOOPHYTES embrassant le reste des polypes, quelques intestinaux et les infusoires.

La nature n'était point du tout consultée dans cet arrangement; *Bruguières* dans l'Encycl. méthod. chercha à le rectifier. Il établit six ordres de vers, savoir : les INFUSOIRES; les INTESTINS qui comprénaient aussi les annelides; les MOLLUSQUES réunissant à mes vrais mollusques nus plusieurs de mes zoophytes; les ÉCHINODERMES,

nerveux ne se réunit point en une moëlle épinière, mais seulement en un certain nombre de masses médullaires dispersées en différens points du corps, et dont la principale, que l'on peut appeler cerveau, est située en travers sur l'œsophage qu'elle enveloppe d'un collier nerveux. Leurs organes du mouvement et des sensations n'ont pas la même uniformité de nombre et de position que dans les animaux vertébrés, et la variété est plus frappante encore pour les viscères, et surtout pour la position du cœur et des organes respiratoires, et pour la structure et la nature même de ces derniers; car les uns respirent l'air élastique, et les autres l'eau douce ou salée. Enfin la symétrie n'est pas aussi complète dans ces animaux que dans ceux à vertèbres.

---

comprenant seulement les oursins et les astéries; les TESTACÉS, à peu près les mêmes que ceux de Linnæus; et les ZOOPHYTES, nom sous lequel il n'entendait que les coraux. Cette distribution n'était préférable à celle de Linnæus que par un rapprochement plus complet des annelides, et par la distinction d'une partie des échinodermes.

Je proposai un arrangement nouveau de tous les animaux sans vertèbres, fondé sur leur structure interne, dans un mémoire lu à la société d'Histoire naturelle le 21 floréal an III, ou le 10 mai 1795, dont tous mes travaux postérieurs, sur cette partie de l'Histoire naturelle, ont été des développemens.

La circulation des mollusques est toujours double, c'est-à-dire que leur circulation pulmonaire fait toujours un circuit à part et complet. Cette fonction est aussi toujours aidée au moins par un ventricule charnu, placé non pas comme dans les poissons, entre les veines du corps et les artères du poumon, mais au contraire, entre les veines du poumon et les artères du corps. C est donc un ventricule aortique. La famille des céphalopodes seule est pourvue d'un ventricule pulmonaire qui même est divisé en deux. Le ventricule aortique se divise aussi dans quelques genres, comme les *arches* et les *lingules*; d'autres fois, comme dans les autres bivalves, son oreillette seulement est divisée.

Quand il y a plus d'un ventricule, ils ne sont pas accolés en une seule masse comme dans les animaux à sang chaud, mais souvent assez éloignés l'un de l'autre, et l'on peut dire alors qu'il y a plusieurs cœurs.

Le sang des mollusques est blanc ou bleuâtre, et la fibrine y paraît moins abondante en proportion que dans celui des animaux vertébrés. Il y a lieu de croire que leurs veines font les fonctions de vaisseaux absorbans.

Leurs muscles s'attachent aux divers points

de leur peau, et y forment des tissus plus ou moins compliqués et plus ou moins serrés. Leurs mouvemens consistent en contractions dans divers sens, qui produisent des inflexions et des prolongemens ou relâchemens de leurs diverses parties, au moyen desquels ils rampent, nagent et saisissent différens objets, selon que les formes des parties le permettent; mais comme les membres ne sont point soutenus par des leviers articulés et solides, ils ne peuvent avoir d'élancemens rapides.

L'irritabilité est extrême dans la plupart, et se conserve long-temps après qu'on les a divisés. Leur peau est nue, très-sensible, ordinairement enduite d'une humeur qui suinte de ses pores; on n'a reconnu à aucun d'organe particulier pour l'odorat, quoiqu'ils jouissent de ce sens; il se pourrait que toute la peau en fût le siége, car elle ressemble beaucoup à une membrane pituitaire. Tous les acéphales, les brachiopodes, les cirrhopodes, et une partie des gastéropodes et des ptéropodes sont privés d'yeux, mais les céphalopodes en ont d'au moins aussi compliqués que ceux des animaux à sang chaud. Ils sont les seuls où l'on ait découvert des organes de l'ouïe, et dont le cerveau soit entouré d'une boëte cartilagineuse particulière.

Les mollusques ont presque tous un développement de la peau qui recouvre leur corps et ressemble plus ou moins à un manteau; mais qui souvent aussi se rétrécit en simple disque, ou se rejoint en tuyau, ou se creuse en sac, ou s'étend et se divise enfin en forme de nageoires.

On nomme *mollusques nus*, ceux dont le manteau est simplement membraneux ou charnu; mais il se forme le plus souvent dans son épaisseur une ou plusieurs lames de substance plus ou moins dure, qui s'y déposent par couches, et qui s'accroissent en étendue aussi-bien qu'en épaisseur, parce que les couches récentes débordent toujours les anciennes.

Lorsque cette substance reste cachée dans l'épaisseur du manteau, l'usage laisse encore aux animaux qui l'ont, le titre de *mollusques nus*. Mais le plus souvent elle prend une grosseur et un développement tels que l'animal peut se contracter sous son abri; on lui donne alors le nom de *coquille*, et à l'animal celui de *testacé*; l'épiderme qui la recouvre est mince et quelquefois desséché; il s'appelle communément *drap marin* (1).

Les variétés de formes, de couleur, de surface, de substance et d'éclat des coquilles sont infinies; la plupart sont calcaires; il y en a de simplement cornées; mais ce sont toujours des matières déposées par couches, ou transsudées par la peau sous l'épiderme, comme l'enduit muqueux, les ongles, les poils, les cornes, les écailles et même les dents. Le tissu des coquilles diffère selon que cette transsudation se fait par lames parallèles ou par filets verticaux serrés les uns contre les autres.

Les mollusques offrent toutes les sortes de mastication et de déglutition; leurs estomacs sont tantôt simples, tantôt multiples, souvent munis d'armures particulières, et leurs intestins diversement prolongés. Ils ont le plus souvent des glandes salivaires et toujours un foie considérable, mais point de pancréas ni de mésentère, plusieurs ont des sécrétions qui leur sont propres, mais aucun ne produit d'urine.

---

(1) Jusqu'à moi l'on avait fait des testacés un ordre particulier; mais il y a des passages si insensibles des mollusques nus aux testacés, les divisions naturelles groupent tellement les uns avec les autres, que cette distinction ne peut plus subsister. Il y a d'ailleurs plusieurs testacés qui ne sont pas des mollusques.

Ils offrent aussi toutes les variétés de génération. Plusieurs se fécondent eux-mêmes ; d'autres, quoiqu'hermaphrodites, ont besoin d'un accouplement réciproque ; beaucoup ont les sexes séparés. Les uns sont vivipares, les autres ovipares, et les œufs de ceux-ci sont tantôt enveloppés d'une coquille plus ou moins dure, tantôt d'une simple viscosité.

Ces variétés relatives à la digestion et à la génération se trouvent dans un même ordre, quelquefois dans une même famille.

Les mollusques en général paraissent des animaux peu développés, peu susceptibles d'industrie, qui ne se soutiennent que par leur fécondité et la ténacité de leur vie.

DIVISION DES MOLLUSQUES EN SIX CLASSES (1).

La forme générale du corps des mollusques étant assez proportionnée à la complication de leur organisation intérieure, indique leur division naturelle.

Les uns ont le corps en forme de sac ouvert par devant, renfermant les branchies,

---

(1) Cette division des mollusques m'appartient entièrement, ainsi que la plupart de ses subdivisions du second degré.

d'où sort une tête bien développée, couronnée par des productions charnues fortes et allongées, au moyen desquelles ils marchent et saisissent les objets. Nous les appelons Céphalopodes.

En d'autres le corps n'est point ouvert; la tête manque d'appendices ou n'en a que de petits; les principaux organes du mouvement sont deux ailes ou nageoires membraneuses, situées aux côtés du col, et sur lesquelles est souvent le tissu branchial. Ce sont les Ptéropodes.

D'autres encore rampent sur un disque charnu de leur ventre, quelquefois mais rarement comprimé en nageoire, et ont presque toujours en avant une tête distincte : nous les appelons Gastéropodes.

Une quatrième classe se compose de ceux où la bouche reste cachée dans le fond du manteau, qui renferme aussi les branchies et les viscères, et s'ouvre ou sur toute sa longueur, ou à ses deux bouts, ou à une seule extrémité. Ce sont nos Acephales.

Une cinquième comprend ceux qui renfermés aussi dans un manteau, ont la bouche en avant, entourée de deux longs bras charnus et ciliés qu'ils peuvent faire sortir pour saisir les objets. Nous les nommons Brachiopodes.

Enfin il en est qui, semblables aux autres mollusques par le manteau, les branchies, etc., en diffèrent par des membres nombreux, cornés, articulés, et par un système nerveux plus voisin de celui des animaux articulés. Nous en ferons notre dernière classe, celle des CIRRHOPODES.

PREMIÈRE CLASSE DES MOLLUSQUES.

LES CÉPHALOPODES.

Leur manteau se réunit sous le corps, et forme un sac qui enveloppe tous les viscères. Ses côtés s'étendent plus ou moins en nageoires. La tête sort de l'ouverture du sac; elle est ronde, pourvue de deux grands yeux, et couronnée par des bras ou pieds charnus, coniques, plus ou moins longs, susceptibles de se fléchir en tout sens, et très-vigoureux, dont la surface est armée de suçoirs ou ventouses par lesquels ils se fixent avec beaucoup de force aux corps qu'ils embrassent. Ces pieds servent à l'animal à saisir, à marcher et à nager. Il nage la tête en arrière, et marche dans toutes les directions, ayant la tête en bas et le corps en haut. Entre les bases des pieds est percée la bouche dans laquelle sont deux fortes mâchoires de corne, semblables au bec d'un perroquet. Un entonnoir charnu, placé à l'ouverture du sac, devant le col, donne passage aux excrétions.

Les céphalopodes ont deux branchies placées dans leur sac, une à chaque côté, en forme de feuille de fougère très-compliquée; la grande veine cave, arrivée entre elles se partage en deux, et donne dans deux ventricules charnus situés chacun à la base de la branchie de son côté, et qui y poussent le sang.

Les deux veines branchiales se rendent dans un troisième ventricule placé vers le fond du sac, et qui porte le sang dans tout le corps par diverses artères.

La respiration se fait par l'eau qui entre dans le sac et qui en sort au travers de l'entonnoir. Il paraît qu'elle peut même pénétrer dans deux cavités du péritoine que les veines caves traversent en se rendant aux branchies, et qu'elle peut agir sur le sang veineux par le moyen d'appareils glanduleux attachés à ces veines.

Entre les deux mâchoires est une langue hérissée de pointes cornées; l'œsophage se renfle en jabot, et donne ensuite dans un gézier aussi charnu que celui d'un oiseau, auquel succède un troisième estomac membraneux et en spirale, où le foie, qui est très-grand, verse la bile par deux conduits. L'intestin est simple et peu prolongé. Le rectum donne dans l'entonnoir.

Ces animaux ont une excrétion particulière, d'un noir très-foncé, qu'ils emploient à teindre l'eau de la mer pour se cacher. Elle est produite par une glande et réservée dans un sac diversement situé selon les espèces.

Leur cerveau renfermé dans une cavité de la tête, donne deux gros ganglions d'où sortent des nerfs optiques innombrables; l'œil est formé de nombreuses membranes, et recouvert par la peau qui devient transparente en passant sur lui, et forme quelquefois des replis qui tiennent lieu de paupières. L'oreille n'est qu'une petite cavité creusée de chaque côté près du cerveau, sans canaux semi-circulaires et sans conduit extérieur, où est suspendu un sac membraneux qui contient une petite pierre.

Les sexes sont séparés. L'ovaire de la femelle est dans le fond du sac; deux oviductus en prennent les œufs et les conduisent au dehors au travers de deux grosses glandes qui les enveloppent d'une matière visqueuse et les rassemblent en espèces de grappes. Le testicule du mâle, placé comme l'ovaire donne dans un canal déférent qui se termine à une verge charnue située à gauche de l'anus. Une vessie et une prostate y aboutissent également. Il y a lieu de croire que la fécondation se fait par arrosement comme dans le plus grand nombre des poissons. Dans le temps du frai, la vessie renferme une multitude de petits corps filiformes, qui, au moyen d'un mécanisme spécial, crèvent en s'agitant avec rapidité sitôt qu'ils tombent dans l'eau, et répandent une humeur dont ils sont remplis.

Ces animaux sont voraces et cruels; et comme ils ont de l'agilité et beaucoup de moyens de se saisir de leur proie, ils détruisent beaucoup de poissons.

Leur chair se mange; leur encre s'emploie en peinture; on croit que la bonne encre de la Chine en est une espèce.

Les céphalopodes ne comprennent qu'un ordre que l'on divise en genres, d'après la nature de leur coquille.

Ceux qui n'en ont pas d'extérieure ne faisaient même dans Linnæus qu'un seul genre,

LES SEICHES. (SEPIA. L.)

Que l'on divise aujourd'hui comme il suit :

LES POULPES. (OCTOPUS. Lam.) *Polypus* des anciens.

N'ont que deux petits grains coniques de substance cornée, aux deux côtés de l'épaisseur de leur dos, et leur sac n'ayant point de nageoires, représente une bourse ovale. Leurs pieds sont au nombre de huit, tous à peu près égaux, très-grands à proportion du corps, et réunis à leur base par une membrane. L'animal s'en sert également pour nager, pour ramper, et pour saisir sa proie. Leur longueur et leur force en font pour lui des armes redoutables, au moyen desquelles il enlace tous les animaux, et a souvent fait périr des nageurs. Les yeux sont petits à proportion, et la peau se resserre sur eux de manière à les couvrir entièrement quand l'animal le veut. Le réservoir de l'encre est enchâssé dans le foie; les glandes des oviductus sont petites.

Les uns

LES POLYPES d'Aristote.

Ont leurs ventouses alternant sur deux rangées le long de chaque pied.

L'espèce vulgaire (*Sepia octopodia*. L.) à peau légèrement grenue, à bras six fois aussi longs que le corps, garnis de cent vingt paires de ventouses, infeste nos côtes en été, et y détruit une quantité immense de crustacés.

Les mers des pays chauds produisent

Le *Poulpe granuleux*. Lam. (*Sepia rugosa*. Bosc.) Séb. III, 11, 2, 3.

A corps plus grenu; à bras de peu plus longs que le corps, garnis de quatre-vingt-dix paires de ventouses. Quelques-uns croient que c'est l'espèce qui fournit l'encre de la Chine.

D'autres

LES ÉLÉDONS d'Aristote.

N'ont qu'une rangée de ventouses le long de chaque pied.

La Méditerranée en produit un remarquable par son odeur musquée.

(Le *Poulpe musqué*. Lam.) Mém. de la Soc. d'Hist. Nat. *in*-4°. pl. 11. Rondelet, 516 (1).

(1) Ajoutez le *poulpe cirrheux*, Lam. loc. cit. pl. I, fig. 2.

Les Calmars. (Loligo. Lam.) (1).

Ont dans le dos, au lieu de coquille, une lame de corne en forme d'épée ou de lancette; leur sac a deux nageoires vers sa pointe, et outre leurs huit pieds, chargés sans ordre de petits suçoirs portés sur de courts pédicules, leur tête porte encore deux bras beaucoup plus longs, armés de suçoirs seulement vers le bout, qui est élargi. Ils s'en servent pour se tenir comme à l'ancre. Leur bourse à noir est enchâssée dans le foie, et les glandes de leurs oviductus sont très-grandes. Ils déposent leurs œufs attachés les uns aux autres en guirlandes étroites et sur deux rangs.

Nous en avons quatre dans nos mers,

Le *Calmar commun*. (*Sepia loligo*. L.) Rondel. 506. Salv. 169.

A nageoires formant ensemble un rhombe au bas du sac.

Le *grand Calmar*. (*Loligo sagittata*. Lam.) Séb. III, IV.

A nageoires formant ensemble un triangle au bas du sac, à bras plus courts que le corps, chargés de suçoirs, sur près de moitié de leur longueur.

Le *petit Calmar*. (*Sepia media*. L.) Rondel. 508.

A nageoires formant ensemble une ellipse au bas du sac, qui se termine en pointe aiguë.

Le *Sepiole*. (*Sepia sepiola*. L.) Rondel. 519.

A sac court et obtus, à nageoires petites et circulaires. Elle ne passe guères trois pouces de longueur, et sa lame de corne est grêle et aiguë comme un stilet.

---

(1) Calmar, de *theca calamaria* (écritoire), parce qu'il y a de l'encre, et que sa coquille représente la plume.

Les Seiches. (Sepia. Lam.)

Ont les deux longs bras des calmars, et une nageoire charnue régnant tout le long de chaque côté de leur sac. Leur coquille est ovale, épaisse, bombée, et composée d'une infinité de lames calcaires très-minces, parallèles, jointes ensemble par des milliers de petites colonnes creuses, qui vont perpendiculairement de l'une à l'autre. Cette structure la rendant friable, on l'emploie, sous le nom d'*os de seiche,* pour polir divers ouvrages, et on la donne aux petits oiseaux pour s'aiguiser le bec.

Les seiches ont la bourse à l'encre détachée du foie, et située plus profondément dans l'abdomen. Les glandes des oviductus sont énormes. Elles déposent leurs œufs attachés les uns aux autres en grappes rameuses, assez semblables à celles de raisins, et qu'on nomme vulgairement *raisins de mer.*

L'espèce répandue dans toutes nos mers (*Sepia officinalis.* L.), Rondel. 498, Séb. III, III, atteint un pied et plus de longueur. Sa peau est lisse.

La mer des Indes en produit une à peau hérissée de tubercules. (*Sepia tuberculata.* Lam.) Soc. d'Hist. Nat. *in*-4°. pl. I, fig. I.

Linnæus réunissait dans son genre

Des Nautiles. (Nautilus. L.)

Tous les céphalopodes connus pour vivre dans les mers, et portant une coquille chambrée, c'est-à-dire divisée par des cloisons en plusieurs cavités; des observations ultérieures les ont fait diviser comme il suit:

Les Spirules. (Spirula. Lam.)

Ont le corps des seiches, et une coquille intérieure qui, toute différente qu'elle est pour la figure, n'en diffère pas beaucoup pour la formation. Qu'on se représente que les lames successives, au lieu de rester parallèles et rapprochées, sont concaves vers le corps, plus distantes, croissant peu en largeur, et fesant un angle entre elles. On aura un cône très-allongé, roulé sur lui-même en spirale, dans un seul plan, et divisé transversalement en chambres. Telle est la coquille de la spirule, qui a de plus ces caractères, que les tours de spire ne se touchent point, et qu'une seule colonne creuse, occupant le milieu de chaque chambre, continue son tuyau avec ceux des autres colonnes, jusqu'à l'extrémité de la coquille. C'est ce qu'on nomme le *syphon*.

On ne connaît qu'une espèce, dite vulgairement, à cause de sa forme, *cornet de postillon*; (*Nautilus spirula*. L.) List. 550, 2.

LES NAUTILES proprement dits.

Ont une coquille qui diffère des spirules, en ce que les lames croissent très-rapidement, et que les derniers tours de spire, non-seulement touchent, mais enveloppent les précédens.

L'espèce la plus commune (*Nautilus pompilius*. L. List. 551), est très-grande, d'un beau nacre en dedans, couverte en dehors d'une croûte blanche, variée de bandes ou de flammes fauves. Suivant Rumphe, son animal serait en partie logé dans la dernière cellule; aurait le sac, les yeux, le bec de perroquet, et l'entonnoir des autres céphalopodes; mais sa bouche serait entourée de plusieurs cercles de nombreux petits tentacules, sans suçoirs. Un ligament partant du dos parcourrait tout le syphon et l'y fixerait (1). Il est probable aussi que l'épiderme se prolonge sur l'extérieur de la coquille; mais on peut croire qu'il est mince sur les parties vivement colorées.

On en voit des individus (*Naut. pompilius*. β. Gm.) List. 552. AMMONIE. Montf. 74, dont le dernier tour n'enveloppe et ne cache pas les autres, mais où tous les tours, quoique se touchant, sont à découvert, ce qui les rapproche

(1) La figure qu'en donne Rumphius est indéchiffrable.

des ammonites ; néanmoins, ils ressemblent tellement aux autres individus pour tout le reste, qu'on à peine à croire qu'ils n'en soient pas une variété.

Les fossiles nous offrent des nautiles de taille grande ou médiocre, et de formes plus variées que ceux que produit la mer actuelle (1).

Mais l'on en trouve surtout un nombre étonnant d'espèces extrêmement petites, soit dans la mer, parmi le sable, les fucus, etc., soit fossiles, dans les couches sableuses ou pierreuses de certains pays ; il n'est guères douteux que ce ne soient aussi des pièces intérieures d'animaux de la famille des céphalopodes; mais il est singulier que personne n'ait encore observé vivans les animaux des espèces que l'on trouve dans la mer, à l'état de fraîcheur.

Ces petits nautiles microscopiques varient étonnamment pour la forme générale, le nombre des syphons, etc. (2).

Les uns ont, comme le nautile ordinaire, le dernier tour embrassant les précédens. (LES LENTICULINES. Lam.)

Tantôt leur syphon est unique et au milieu des cloisons (3).

Tantôt il est vers le bord anterieur (4).

---

(1) Grandes espèces à un seul syphon : l'ANGULITE, Montf. I, 6 ;— l'AGANIDE, id. 30 ;—le BELEROPHE, id. 50 ;—l'OCÉANIE, id. 58 ;—le CANTROPE, id. 46.

A deux syphons : le BISIPHITE, id. 54.

(2) On peut consulter sur cette matière extrêmement curieuse la *testacéographie* de Soldani ; les *testacea microscopica* de Fichtel et Moll ; et le 1er. volume de la *conchyologie systématique* de Monfort, ou presque toutes les especes et même des variétés sont érigées en genres.

(3) L'ANTENORE, Montf. 70.

(4) *Nautilus vortex*, Fichtel et Mol., *testac. microsc.* pl. II, d. i. (PHONÈME, Montf. 10) ; — *naut. macellus*, b. X. h. i. k. ; ELPHIDE, Montf. 14 ;—*naut. calcar*, XI, XII, XIII (PHARAME, Montf. 34 ; ROBULE, ib. 214 ; PATROCLE, 218 ; CLÉSIPHONTE, 226 ; HÉSIONE, 230. Le RHINOCURE, Montf. 234.)

D'autres fois il y a plusieurs syphons,

Tantôt placés vers le bord (1),

Ou épars (2),

Ou rangés sur une ligne longitudinale (3),

Ou sur une ligne transversale rapprochée de l'avant-dernier tour (4).

D'autres fois, au lieu de syphons, l'on observe une fente

Tantôt longitudinale (5),

Plus souvent transversale, et rapprochée du dernier tour (6).

Il arrive aussi (et l'on commence par-là à être conduit vers les coquilles turbinées), que l'ouverture est placée plus d'un côté que de l'autre, ou même d'un côté seulement. Alors les deux faces de la spirale ne sont pas égales. (Ce sont les ROTALIES. Lam.)

Il y en a même où l'une des deux faces montre ses tours à découvert (7).

D'autres de ces nautiles microscopiques, soit vivans, soit fossiles, montrent tous leurs tours à découvert. (Ce sont les DISCORBES. Lam.)

---

(1) *Naut. costatus*, IV, g. h. i. (SPHINCTÉRULE, Montf. 222.)

(2) *Naut. ambiguus*, IX, d. e. f. (PELORE, Montf. 22.)

(3) *Naut. macellus*, a. X, c. f. g. (GEOPONE, Montf. 18.)

(4) *Naut. faba*, XIX, a. b. c. (CHRYSOLE, Montf. 26); — *naut. crispus*, IV, d. e. f. (THÉMÉONE, Montf. 102.)

(5) *Naut. calcar*, XII, d. e. f. (LAMPADIE, Montf. 242.)

(6) *Naut. strigilatus*, V, c. d. e. (ANDROMÈDE, Montf. 38); — *naut. craticulatus*, V, i. k. (CELLULIE, Montf. 206); — *naut. incrassatus*, IV, a. b. c. (NONIONE, Montf. 210); — *naut. pompiloïdes*, II, a. b. c. (MELONIE, Monf. 66.)

(7) *N. repandus*, III, a. b. c. d. (EPONIDE, Montf. 126); — *naut. farctus*, IX, g. h. i. (POLIXENE, Montf. 138); — *naut. spengleri*, IX, i. k. (TINOPORE, Montf. 146); — *naut. asterisans*, III, e. h. (FLORILE, Montf. 134.) Le CIBICIDE, Montf. 122; — le STORILE, ib. 130; — l'ÉOLIDE, id. 143.

Il y en a, dans le nombre, dont les côtés sont inégaux, et qui conduisent aux coquilles turbinées. Elles varient aussi par la bouche (1).

Cette bouche ne varie pas moins dans celles qui sont symétriques (2), et l'on en observe même dont les tours offrent des renflemens (3).

On en trouve de très-grandes espèces parmi les fossiles ; quand le syphon est vers le bord, ce sont les PLANULITES. Lam. (4).

On doit particulièrement distinguer celles dont la spire, par une variation singulière dans l'accroissement de ses tours, devient elliptique au lieu de ronde. (Les ELLIPSOLITES. Montf. 86.)

Lorsque le syphon est au milieu, ce sont les AMALTÉS. Montf. 90.

Mais les plus remarquables sont celles où le dernier tour prend un très-grand volume, en comparaison du reste de la spire. Elles sont toutes très-petites (5).

Elles conduisent aux LITUUS, Breyn., où le dernier tour ne se recourbe plus, mais s'allonge pour former, avec l'extrémité en spirale, une espèce de crosse,

---

(1) *Nautilus beccarii*, Gm. Planc. conch. min. not. I, 1; — le *charibde*, Montf. 106 ;—le *cidarolle*, id. 110 ;—le *cortale*, id. 114.

(2) *Nautilus acutauricularis*, Ficht. et Moll., XVIII, g. h. i. (ORÉADE, Montf. 94.)

(3) Le *jesite*, Montf. 102.

(4) Il en existe un grand nombre laissés auparavant parmi les cornes d'Ammon.

(5) *Naut. auricula*, Ficht. et Moll, XX, d. e. f. (CANCRIDE, Montf. 266); — *naut. planatus* (PENÉROPLE, Montf. 258.), XVI. a. h.; —*naut. crepidulus*, XIX, g. h. i. (ASTACOLE, Montf. 262) ;—*naut. cassis*, XVII, e. g. (LINTHURIE, Montf. 254) ;—*naut. galea*, XVIII, d. e. f. ;—le SCORTIME, Montf. 250 ;—le PERIPLE, id. 270.

Dont les tours sont tantôt contigus (les LITUITES. Montf.) (1).

Tantôt distincts. (les HORTOLES. Montf.)

On en trouve de grandes espèces de ces deux formes parmi les fossiles (2).

Parmi les microscopiques, on peut remarquer les SPIROLINES. Lam., qui ont plusieurs trous à chaque cloison.

On arrive alors à des espèces microscopiques dont aucune partie n'est en spirale, mais qui sont encore comprimées comme la plupart des précédentes (3).

Enfin, l'on trouve de ces petites coquilles chambrées, toutes droites, grêles, avec un étranglement à chaque cloison. Ce sont les NODOSAIRES. Lam. (4).

Dans quelques-unes, les étranglemens sont si profonds, que le syphon seul réunit les cloisons qui ont l'air d'y être enfilees (5).

Il y en a d'un peu arquées ou même de flexueuses (6), que ce n'est pas la peine de séparer (7).

Les fossiles nous en offrent de grandes espèces (8).

Les mêmes fossiles nous présentent beaucoup de coquilles

---

(1) *Nautilus lituus*, Gm. — *naut. semi-lituus*, Planc. I, X.

(2) Walch. petrif. de Knorr. Suppl. pl. IV, pl. IX, c. etc. Breyn. polythal. pl. II.

(3) *Nautilus legumen*, Gm. Planc. I, VII.

Le CANTHARE, Montf. 298, et le MISILE, id. 294, doivent s'en rapprocher.

(4) *Nautilus raphanistrum*, Gm. —*naut. raphanus*, Planc. I, VI; —*naut. radicula*, id. V; — *naut. fascia*, Gualt. XIX, O.; — *naut. granum*;—*naut. inæqualis*.

(5) *Naut. siphunculus*, Gualt. XIX, R. S.;—*orthoceratites gracilis*, Blumenb. Archæol. tell. II, 6. (Ce sont les MOLOSSES, Montf. 350.)

(6) *Naut. obliquus*, Gualt. XIX, IV.

(7) Le RHOPHAGE, Montf. 330.

(8) Ici doivent venir le RAPHANISTRE Montf. 338; peut-être aussi

droites, ou peu arquées, à test extérieur simple, cylindriques ou coniques, cloisonnées intérieurement et pourvues de syphons, mais sans étranglemens, que l'on ne peut guères s'empêcher de placer encore à la suite des précédentes, quoiqu'elles soient beaucoup plus grandes : les animaux en sont tout aussi inconnus.

Ce sont les ORTHOCERATITES. Breyn. (1).

Tantôt leur syphon est central; tantôt il est latéral.

LES BÉLEMNITES.

Que l'on ne trouve non plus que parmi les fossiles, appartiennent immanquablement aussi aux coquilles intérieures. Elles ont un test mince et double, c'est-à-dire composé de deux cônes réunis par leur base, et dont l'intérieur, beaucoup plus court que l'autre, est divisé lui-même en dedans par des cloisons parallèles, concaves du côté qui regarde la base. Un syphon s'étend du sommet du cône externe à celui du cône interne, et se continue de là, tantôt le long du bord des cloisons, tantôt au travers

---

son ECHIDNE, 354, et son TÉLÉBOÏTE, 366, si toutefois ils sont chambrés intérieurement.

N. B. Soldani donne encore plusieurs espèces microscopiques droites et articulées, dont M. de Montfort a fait ses genres, CANOPE, 290, CÉLIBE, 306, LAGÉNULE, 310, GLANDIOLE, 314; mais qui nous paraissent avoir besoin d'un examen ultérieur.

(1) Breyn. de polyth. pl. III, IV, V, et VI, et Walch. petrif. de knorr. Suppl. IV, b. IV, d. IV, e. Voyez aussi Sage, Journal de phys. brumaire an IX, pl. 1, sous le nom de *Bélemnite*.

de leur centre. L'intervalle des deux cônes testacés est rempli de substance solide, tantôt à fibres rayonnantes, tantôt à couches coniques qui s'enveloppent et dont chacune a sa base au bord d'une des cloisons du cône intérieur. Quelquefois on ne trouve que cette partie solide; d'autrefois on trouve aussi les noyaux des chambres du cône intérieur, ou ce qu'on appelle les alvéoles. Plus souvent ces noyaux et les chambres mêmes n'ont laissé d'autres traces que quelques cercles saillans au dedans du cône interne. En d'autres cas on trouve les alvéoles en plus ou moins grand nombre, et encore empilées, mais détachées du double étui conique qui les enveloppait. Le cône extérieur a généralement une échancrure à l'un des côtés de sa base, se continuant en un sillon longitudinal.

Les bélemnites sont au nombre des fossiles les plus abondans, surtout dans les couches de craie et de calcaire compacte.

La plupart sont allongées en cylindre, et aiguisées seulement au bout.

Il y en a de rétrécies vers leur base, et approchant de la figure d'un fuseau ou d'un fer de lance (1).

---

(1) Voyez Sage, Journal de phys. brum. an IX; mais surtout fructidor an IX. A ce genre se rapportent le *paclite*, Montf. I. 318;—le *thalamule*, 322;—l'*acheloïte*, 358;—le *cetocine*, 370;—l'*acame*, 374;—la *bélemnite*, 382;—l'*hibolite*, 386;—le *porodrague*, 390;—le *pirgopole*, 394, qui sont des étuis de différentes espèces; quant à l'*amimone*, id. 326;—le *callirhoé*, 362;—le *chrisaore*, 378, ils paraissent des noyaux ou piles d'alvéoles détachés de leurs étuis.

LES HIPPURITES. Lam. (CORNU-COPIÆ. Thoms.) (1).

Ont une coquille épaisse, cylindrique ou conique et des cloisons irrégulières, que traversent deux arêtes longitudinales tenant à un des côtés de la coquille. La bouche est fermée par un opercule que quelques-uns regardent comme la dernière cloison. Si cela est, la coquille pourrait bien être intérieure et appartenir encore à un animal de cette classe, sinon rien ne prouverait que ce ne serait pas un bivalve.

On en trouve plusieurs grandes espèces dans les montagnes secondaires les plus anciennes. Les unes sont coniques et plus ou moins arquées; d'antres prennent une forme droite, cylindrique, et s'allongent souvent beaucoup. Ce sont les BATOLITHES. Montf. 334.

LES AMMONITES. Brug. Vulg. *Cornes d'Ammon* (2).

Se distinguent en général des nautiles, par leurs cloisons, qui au lieu d'être planes ou simplement concaves, sont anguleuses et déchiquetées sur leurs bords comme des feuilles d'acanthes. On n'en a encore découvert que parmi les fossiles; les cou-

---

(1) Voyez la description de ces coquilles par M. de la Peyrouse, qui les nomme *orthocératites*. (*Descr. de plusieurs nouvelles espèces d'orthocératites et d'ostracites*, Nuremberg, 1781. fol.) Voyez aussi *Will. Thompson*, Journal de phys., ventose an X, pl. II.

(2) Ce nom vient de la ressemblance de leurs volutes avec celles de la corne d'un bélier.

ches des montagnes secondaires en fourmillent, et l'on en voit depuis la grandeur d'une lentille jusqu'à celle d'une roue de carrosse. Les variations de leurs enroulemens et de leurs syphons se rapportent à celle des nautiles.

On réserve particulièrement le nom d'AMMONITES. Lam. (SIMPLEGADES. Montf. 82.) aux espèces qui montrent tous leurs tours. Leur syphon est placé près du bord (1).

Celles où le dernier tour enveloppe tous les autres, sont les ORBULITES. Lam. ou PELAGURES. Montf. 62. Le syphon y est comme dans les précédentes.

On en voit de toutes droites, sans aucune partie en spirale. (Les BACULITES. Lam.) Les unes sont rondes (2), d'autres sont comprimées (3). Quelquefois on voit à ces dernières un syphon latéral. Enfin, celles de toutes qui sortent le plus des formes ordinaires à cette famille, ce sont les TURRILITES. Montf. 118, où les tours, loin de rester dans le même plan, s'élèvent avec rapidité, et donnent à la coquille cette forme d'obélisque qu'on nomme turriculée. Leur syphon est central (4).

On doit encore, selon toute probabilité, rapporter à la famille des céphalopodes, et considérer comme des coquilles intérieures,

---

(1) Les espèces en ont été recueillies et décrites avec moins de soin que celles des coquilles ordinaires. On peut commencer leur étude par l'article *ammonite* de l'Encycl. méthod. vers. I, 28, et par celui de M. de Roissy, dans le Buffon de Sonnini, mollusques, V, 16.

(2) *Baculites vertebralis*, Montf. 342; Fauj. mont. de St-Pierre, pl. XXI.

(3) Le *Tyrannite*, Montf. 346; Walch. petrif. Suppl. pl. XII.

(4) Montf. Journal de phys. therm. an VII, pl. 1, f. 1.

LES CAMÉRINES. Brug. (NUMMULITES. Lam.) Vulg. *pierres nummulaires, numismales, lenticulaires, etc.*

Qui ne se trouvent également que parmi les fossiles; présentent à l'extérieur une forme lenticulaire, sans aucune ouverture apparente, et à l'intérieur une cavité spirale divisée par des cloisons en une infinité de petites chambres, mais sans syphon. C'est un des fossiles les plus répandus, et qui forme presque à lui seul des chaînes entières de collines calcaires, et des bancs immenses de pierre à bâtir (1).

Les plus communes, et celles qui deviennent les plus grandes, sont tout-à-fait discoïdes, et n'ont qu'un seul rang de chambres par tour de spire (2).

On en trouve aussi quelques espèces très-petites de cette sorte dans certaines mers (3).

D'autres petites espèces, soit fossiles, soit vivantes, ont

(1) Ce qu'on nomme *pierre de Laon*, n'est formé que de camérines. C'est sur de tels rochers que les pyramides d'Egypte sont fondées, et avec des pierres semblables qu'elles sont construites. Les espèces ne sont pas encore assez déterminées; voyez le mémoire de FORTIS sur les discolithes dans ses mémoires sur l'Italie, et celui de M. *Héricart-de-Thury*.

(2) *Nautilus mammilla*, Ficht. et Moll. VI, a. b. c. d.; — *naut. lenticularis*, VI, e. f. g. h. VII, a.-h.

A ce genre se rapportent aussi le LICOPHRE et l'ÉGÉONE, Montf. 158-166, et son ROTALITE, 162, tres-différent des ROTALIES de Lamarck.

(3) *Nautilus radiatus*, Ficht. et Moll, VIII, a. b. c. d;—*naut. venosus*, ib. e. f. g. h.

leur bord hérissé de pointes qui leur donnent la forme d'étoiles. (Les SIDÉROLITHES. Lam.) (1).

D'autres espèces, également microscopiques et marines, ont, avec une forme ronde, plusieurs rangs de chambres, suivant chaque tour de spire (2).

Quelquefois, avec ces rangées nombreuses, la forme n'est pas orbiculaire, mais le dernier tour y forme une saillie anguleuse (3). (Les uns et les autres appartiennent aux RÉNULITES. Lam.)

On pourrait faire un genre de certaines coquilles sans bouche apparente, qui ne sont pas chambrees, mais qui consistent en un grand nombre de tubes ou de syphons, unis pour ainsi dire en un plan qui se serait roulé sur lui-même en augmentant de largeur. M. Lamarck en fait ses MÉLONIES. On ne les trouve que parmi les fossiles.

Quand leur forme extérieure est globuleuse, ce sont les BORÉLIES. Montf. 170, et ses CLAUSULIES, 178. (*Nautilus melo.* Ficht. et Moll. XXIV.)

Quand elle est ellipsoïde, l'enroulement se fesant autour du grand axe, ce sont les MILIOLITHES, *id.* 174.

LES MILIOLES. Lam.

Sont toutes différentes; ce sont de très-petites coquilles elliptiques, enroulées autour du grand axe, divisées seulement en deux ou trois chambres, dont la dernière est percée d'un trou latéral pour toute ouverture.

Elles composent à elles seules des bancs immenses de pierre.

LES POLLONTES. Montf. 246.

Y auraient beaucoup de rapport; mais les chambres se-

---

(1) *Sider. calcitrapoides*, Lam. et Fauj. Mont. de St.-Pierre, pl. XXXIV; Knorr. Suppl. IX, h. fig. 1-4.

(2) *Nautilus orbiculus*, F. et M. XXI;—*naut. angulatus*, id. XXII (les ARCHIDIES et les ILOTES, Montf. 190 et 198.)

(5) *Naut. aduncus*, id. XXIII (l'HÉRÉNIDE, Montf. 194.)

raient percées alternativement vers les deux bouts de la coquille, et la dernière resterait ouverte sur toute sa largeur.

LES ARÉTHUSES. (Montf. 302.)

En doivent aussi être fort voisines; mais les chambres s'y enroulent obliquement, et rendent la coquille turriculée. La dernière seule est percée d'un trou.

LES ARGONAUTES.

Sont des poulpes qui ont la coquille apparente à l'extérieur et nullement cloisonnée. Cette coquille est symétrique, très-mince, et son dernier tour est si grand proportionnellement, qu'elle a l'air d'une chaloupe dont la spire serait la poupe; aussi l'animal s'en sert-il comme d'un bateau, et quand la mer est calme, on le voit naviguant à la surface, employant six de ses tentacules au lieu de rames, et en relevant deux, lesquels, par une disposition qui lui est particulière, ont un grand élargissement membraneux et tiennent lieu de voiles.

Si les vagues s'agitent ou qu'il paraisse quelque danger, l'argonaute retire tous ses bras dans sa coquille, s'y concentre, et redescend au fond de l'eau.

Les anciens connaissaient déjà ce singulier céphalopode et sa manœuvre. C'est leur *nautilus* et leur *pompilus*, Plin. IX, cap. 29.

On en connaît quelques espèces peu différentes entre elles, que Linnæus réunissait sous le nom d'*Argonauta argo*. (Vulgairement *Nautile papiracé.*) Montf. Buff. de de Sonnini. Moll. III, pl. XXXV, XXXVI, XXXVII, etc.

Il paraît qu'il existe parmi les fossiles (1), et parmi les

(1) Les *argonautites* de Montf. loc. cit., pl. XLI, f. 1, 2, 5.

coquilles microscopiques (1), diverses espèces que leur enroulement symétrique, joint au défaut de cloison, fait avec quelque probabilité rapporter aux argonautes.

DEUXIÈME CLASSE DES MOLLUSQUES.

LES PTÉROPODES.

Nagent comme les céphalopodes, dans les eaux de la mer, mais ne peuvent s'y fixer ni y ramper faute de pieds. Leurs organes du mouvement ne consistent qu'en nageoires, placées, comme des ailes, aux deux côtés de la bouche. On n'en connaît que de petites espèces et en petit nombre, toutes hermaphrodites.

Elles se rapportent à deux formes principales qui pourraient constituer deux ordres.

Les unes ont une tête distincte.

LES CLIO. (CLIO. Lin. CLIONE. Pall.)

Ont le corps oblong, membraneux, sans manteau, la tête formée de deux lobes arrondis, d'où sortent de petits tentacules; deux petites lèvres

---

(1) Planc. II, fig. 1. A. B. C. et les fig. de Soldani, copiés Montf. loc. cit., pl. XLII.

N. B. La *carinaire* (*argonauta vitreus* Gm.) appartient au genre *pterotrachœa*; l'*arg. cornu* est une *delphinule*. Quant à l'*arg. arcticus*, autant qu'on en peut juger par la descrip. de Fabr. Groenl. 386, ce doit être un ptéropode.

charnues et une languette sur le devant de la bouche, et les nageoires chargées d'un rézeau vasculaire qui tient lieu de branchies; l'anus et l'orifice de la génération sont sous la branchie droite. Quelques-uns leur attribuent des yeux.

La masse des viscères ne remplit pas à beaucoup près l'enveloppe extérieure : l'estomac est large, l'intestin court, le foie volumineux.

L'espèce la plus célèbre (*Clio borealis*), fourmille dans les mers du Nord, et fait, par son abondance, une pâture pour les baleines, quoique chaque individu ait à peine un pouce de long (1).

Bruguière en a observé une plus grande, et non moins abondante, dans la mer des Indes; elle se distingue par sa couleur rose, sa queue échancrée, et son corps partagé en six lobes par des rainures. Encycl. Méth. pl. des Mollusques, pl. LXXV, f. 1, 2.

LES CLÉODORES. Péron.

Pour lesquelles *Brown* avait créé le genre *clio*, paraissent appartenir de très-près aux précédentes. Elles ont une enveloppe en forme de pyramide triangulaire, d'où elles font sortir deux ailes membraneuses entre lesquelles est la bouche qui est encore garnie d'une petite lèvre ou aile demi-circulaire (2).

---

(1) Le *Clio borealis*, de Pallas (spicil. X, pl. 1, f. 18, 19), le *clio retusa* de Fabricius (*faun. groenl.* L. 334), et le *clio limacina* de Phips (Ellis, Zooph. pl. 15, f. 9, 10.) dont Gmelin fait autant d'espèces différentes, ne paraissent que ce seul et même animal.

(2) L'*archonte*, Montf. (Soldani, I, XXV, S. 132, doit peu s'éloigner des *cléodores*.

Il paraît qu'il faut également placer ici

LES CYMBULIES de *Péron*,

Qui ont une enveloppe cartilagineuse ou gélatineuse en forme de chaloupe ou plutôt de sabot, d'où sort une grande nageoire à trois lobes, dont l'impair est plus petit, et à la base de laquelle sont deux tubercules et une petite barbe charnue. (Ann. du Mus. XV, pl. 3, f. 10 et 11.)

LES LIMACINES, Cuv.

Doivent encore former un petit genre très-voisin de tous les précédens.

Leurs ailes et leur tête sont très-semblables à celles des clio, mais leur corps se termine par une queue contournée en spirale, et se loge dans une coquille très-mince, d'un tour et demi, ombiliquée d'un côté et aplatie de l'autre, où l'impression de la queue fait paraître beaucoup plus de tours qu'il n'y en a. L'animal se sert de sa coquille comme d'un bateau, et de ses ailes comme de rames quand il veut nager à la surface de la mer.

L'espèce connue (*Clio helicina* de Phips et de Gmel. *Argonauta arctica*. Fabric. Faun. Groenl. 387.) n'est guères moins abondante que le *Clio boréal* dans la mer Glaciale, et passe aussi pour un des principaux alimens de la baleine.

LES PNEUMODERMES. (PNEUMODERMON. Cuv.)

Commencent à s'écarter un peu plus des *clio*. Ils ont le corps ovale, sans manteau et sans coquilles, les branchies attachées à la surface, et formées de petits feuillets rangés sur deux ou trois lignes à la partie opposée à la tête; les nageoires petites; la bouche garnie de deux petites lèvres et de deux faisceaux de nombreux tentacules, terminés chacun par un suçoir, a en dessous un petit lobe ou tentacule charnu (1).

L'espèce connue (*Pneumodermon peronii*. Cuv. Ann. du Mus. IV, pl. 59, et Péron. ib. XV. pl. 2) a été prise dans l'Océan par M. Péron. Elle n'a guères qu'un pouce de long.

Les autres ptéropodes n'ont pas de tête distincte et leurs branchies sont attachées en dedans de leur manteau.

On n'en connaît qu'un genre.

LES HYALES. (HYALEA. Lam. CAVOLINA. Abildg.)

Ont deux très-grandes ailes, point de tentacules, un manteau fendu par les côtés, logeant les branchies dans le fond de ses fissures, et revêtu d'une coquille également fendue par les côtés, dont la face ventrale est très-bombée, la dorsale platte, plus longue que l'autre, et la ligne transverse qui les unit en arrière, munie de trois dentelures aiguës. Dans l'état de vie, l'animal fait sortir par les fentes latérales de sa coquille des lanières plus ou moins longues, qui sont des productions du manteau.

L'espèce la plus connue (*Anomia tridentata*, Forskahl; *Cavolina natans*, Abildgaard; *Hyalea cornea*, Lam.) Cuv. Ann. du Mus. IV, pl. 59, et Péron, ib. XV, pl. 3, fig. 13, a une petite coquille jaunâtre, demi-transparente, que l'on trouve dans la Méditerranée et dans l'Océan (2).

---

(1) M. Blainville pense que les nageoires portent le tissu branchial, et que ce que j'ai regardé comme des branchies est une autre sorte de nageoire. En ce cas l'analogie avec les clios serait encore plus grande.

(2) Aj. *Hyal. lanceolata*, Lesueur, Bull. des sc. juin 1813, pl. V, f. 3. — *Hyal. inflexa*, ib. f. 4.

N. B. Le *glaucus*, la *carinaire*, et la *firole*, que M. *Péron* rapporte

TROISIÈME CLASSE DES MOLLUSQUES.

LES GASTÉROPODES.

Constituent une classe très-nombreuse de mollusques, dont on peut se faire une idée par la limace et le colimaçon.

Ils rampent généralement sur un disque charnu placé sous le ventre; le dos est recouvert par le manteau, qui s'étend plus ou moins, prend diverses figures, et produit une coquille dans le plus grand nombre de genres. Leur tête, placée en avant, se montre plus ou moins selon qu'elle est plus ou moins engagée sous le manteau. Elle n'a que de petits tentacules qui sont au-dessus de la bouche et ne l'entourent pas. Leur nombre va de deux à six, et ils manquent quelquefois. Leur usage n'est que pour le tact, et au plus pour l'odorat. Les yeux sont très-petits, tantôt adhérens à la tête, tantôt à la base, ou au côté, ou à la pointe du tentacule. Ils manquent aussi quelquefois. La position, la structure et la nature de leurs organes respiratoires varie et donne lieu à les diviser en plusieurs familles, mais

aussi à la famille des *ptéropodes*, appartiennent à celle des *gastéropodes*; le *philliroé*, du même auteur, y appartient très-probablement aussi; et son *callianire* est un zoophyte.

ils n'ont jamais qu'un cœur aortique, c'est-à-dire placé entre la veine pulmonaire et l'aorte.

La position des ouvertures par lesquelles sortent les organes de la génération et celles de l'anus varient; cependant elles sont presque toujours sur le côté droit du corps.

Plusieurs sont absolument nus; d'autres n'ont qu'une coquille cachée; mais le plus grand nombre en porte qui peuvent les recevoir et les abriter.

Ces coquilles se produisent dans l'épaisseur du manteau. Il y en a de symétriques de plusieurs pièces, de symétriques d'une seule pièce, et de non symétriques, qui dans les espèces où elles sont très-concaves et où elles croissent long-temps, donnent nécessairement une spirale oblique.

Que l'on se représente en effet un cône oblique, dans lequel se placent successivement d'autres cônes, toujours plus larges dans un certain sens que dans les autres, il faudra que l'ensemble se roule sur le côté qui grandit le moins.

Cette partie sur laquelle est roulé le cône, se nomme la columelle, et elle est tantôt pleine, tantôt creuse. Lorsqu'elle est creuse, son ouverture se nomme *ombilic*.

Les tours de la coquille peuvent rester a peu près dans le même plan, ou tendre toujours vers la base de la columelle.

Dans ce dernier cas, les tours précédens s'élèvent au-dessus les uns des autres et forment ce que l'on nomme la *spire*, qui est d'autant plus *aiguë* que les tours descendent plus rapidement et qu'ils s'élargissent moins. Ces coquilles à spire saillante, se nomment *turbinées.*

Quand au contraire les tours restent à peu près dans le même plan, et qu'ils ne s'enveloppent pas, la *spire* est *plate* ou même *concave.* Ces coquilles s'appellent *discoïdes.*

Quand le haut de chaque tour enveloppe les précédens, la *spire* est *cachée.*

La partie de laquelle l'animal semble sortir, se nomme l'ouverture.

Quand les tours restent à peu près dans le même plan, lorsque l'animal rampe, il a sa coquille posée verticalement, la columelle en travers sur le derrière de son dos, et sa tête passe sous le bord de l'ouverture opposée à la columelle.

Quand la spire est saillante, c'est obliquement du côté droit qu'elle se dirige, dans presque toutes les espèces; un petit nombre seulement ont leur spire saillante à gauche, lorsqu'elles marchent, et se nomment *perverses.*

On remarque que le cœur est toujours du côté opposé à celui où se dirige la spire. Ainsi il est ordinairement à gauche, et dans les perverses il est à droite. Le contraire a lieu pour les organes de la génération.

Les organes de la respiration qui sont toujours dans le dernier tour de la coquille, recoivent l'élément ambiant par dessous son bord, tantôt parce que le manteau est entièrement détaché du corps le long de ce bord, tantôt parce qu'il y est percé d'un trou.

Quelquefois le manteau se prolonge en canal pour que l'animal puisse aller chercher l'élément ambiant sans faire sortir sa tête et son pied de la coquille. Alors la coquille a aussi dans son bord, près du bout de la columelle, opposé à celui vers lequel tend la spire, une échancrure ou un canal pour loger celui du manteau. Par conséquent le canal est à gauche dans les espèces ordinaires, à droite dans les perverses.

Au reste l'animal étant très-flexible, fait varier la direction de la coquille, et le plus souvent lorsqu'il y a une échancrure ou un canal, il dirige le canal en avant, ce qui fait que la spire est en arrière, la columelle vers la gauche et le bord opposé vers la droite. Le contraire a lieu dans les perverses. Voilà pourquoi on dit que leur coquille tourne à gauche.

L'ouverture de la coquille et par conséquent aussi le dernier tour sont plus ou moins grands, par rapport aux autres tours, selon que la tête ou le pied de l'animal qui doivent sans cesse en sortir et y rentrer, sont plus ou moins volumineux par rapport à la masse des viscères, qui restent fixes dans la coquille.

Cette ouverture est d'autant plus large ou plus étroite, que ces mêmes parties sont plus ou moins épaisses. Il y a des coquilles dont l'ouverture est étroite et longue; c'est que le pied est mince et se replie en deux pour rentrer.

La plupart des gastéropodes aquatiques à coquille spirale, ont un *opercule*, ou pièce tantôt cornée, tantôt calcaire, attachée sur la partie postérieure du pied, et qui ferme la coquille quand l'animal y est rentré et replié.

Il y a des gastéropodes à sexes séparés, et d'autres qui sont hermaphrodites et dont les uns peuvent se suffire à eux-mêmes, tandis que les autres ont besoin d'un accouplement réciproque.

Leurs organes de la digestion ne diffèrent pas moins que ceux de la respiration.

Cette classe est trop nombreuse pour que nous n'ayons pas dû la diviser en un certain nombre d'ordres, que nous avons tirés de la position et de la forme de leurs branchies.

Les Nudibranches.

N'ont aucune coquille, et portent des branchies de diverses formes à nu sur quelque partie de leur dos. Ils sont tous hermaphrodites, avec accouplement réciproque.

Les Inférobranches.

Semblables d'ailleurs aux précédens, portent leurs branchies sous les rebords de leur manteau.

Les Tectibranches.

Semblables encore aux précédens par l'hermaphroditisme, ont des branchies sur le dos ou sur le côté, couvertes par une lame du manteau qui contient presque toujours une coquille plus ou moins développée.

Les Pulmonés.

Respirent l'air en nature dans une cavité dont ils ouvrent et ferment à volonté l'étroite ouverture. Ils sont hermaphrodites à la manière des précédens; un grand nombre d'entre eux est revêtu de coquilles complètement turbinées; mais ils n'ont jamais d'opercules.

Les Pectinibranches.

Ont les sexes séparés; leurs branchies, presque toujours composées de lamelles réunies en forme de peignes, sont cachées dans une cavité dorsale, largement ouverte au-dessus de la tête.

Ils ont tous des coquilles complètement turbinées, et le plus souvent susceptibles d'être plus ou moins bien fermées par un opercule attaché au pied de l'animal en arrière.

Les Scutibranches.

Ont des branchies analogues à celles des pectinibranches; mais leurs sexes sont réunis de manière qu'ils se fécondent eux-mêmes sans accouplement, comme la classe des acéphales; leurs coquilles sont très-ouvertes, et souvent en bouclier non turbiné : elles n'ont jamais d'opercule.

Les Cyclobranches.

Hermaphrodites à la manière des scutibranches, ont une coquille d'une ou de plusieurs pièces, mais jamais turbinée, ni operculée : leurs branchies sont attachées tout autour de leur pied, sous les rebords de leur manteau, comme dans les inférobranches.

PREMIER ORDRE DES GASTÉROPODES.

LES NUDIBRANCHES.

Ils n'ont aucune coquille ni cavité pulmonaire; mais leurs branchies sont à nu sur quelque partie du dos. Ils sont tous hermaphrodites et marins. La plupart nagent renversés, le pied à la surface, concave comme un bateau, et s'aidant des bords de leur manteau et de leurs tentacules comme de rames.

Les Doris (1). (Doris. Cuv.)

Ont l'anus percé sur la partie postérieure du dos, et les branchies rangées en cercle autour de cet anus, sous forme de petits arbuscules, composant tous ensemble une espèce de fleur. La bouche est une petite trompe située sous le bord antérieur du manteau, et garnie de deux petits tentacules coniques. Deux autres tentacules en forme de massue,

---

(1) Nom employé d'abord par *Linnœus* pour un animal de ce genre, étendu ensuite à presque tous les nudibranches par *Müller* et *Gmelin*; restreint par moi à sa première signification.

sortent de la partie supérieure du manteau. Les organes de la génération ont leurs ouvertures sous son bord droit. L'estomac est membraneux. Une glande entrelacée avec le foie, verse une liqueur particulière, par un trou percé près de l'anus. Les espèces sont nombreuses, et quelques-unes deviennent assez grandes. On en trouve dans toutes les mers. Leur frai est en forme de bandes gélatineuses répandues sur les pierres, les varecs (1).

Les Polycères. (Polycera. Cuv.)

Ont les branchies comme les doris, sur l'arrière du corps, mais plus simples, et suivies de deux lames membraneuses qui les recouvrent dans les momens de danger; en avant de deux tentacules en massues, pareils à ceux des doris, elles en portent quatre et quelquefois six autres, simplement pointus (2).

---

(1) Espèces à manteau ovale, débordant le pied : *doris verrucosa*, L. Cuv. Ann. Mus. IV, LXXIII, 4, 5; —*doris argo*, L. Bohatsch. Anim. Mar. V, 4, 5; — *doris obvelata*, Müll. Zool. dan. XLVII, 1, 2; —*doris fusca*, id. ib. LXVII, 6-9; —*doris stellata*, Bommé, act. Fless. I, III, 4; — *doris pilosa*, Müll. Zool. d. LXXXV, 5-8? —*d. lævis*, id. ib., XLVII, 3-5; —*d. tuberculata*, Cuv. Ann. Mus. IV, LXXIV, 5; —*d. limbata*, id. ib. 3; —*d. solea*, id. ib. 1, 2; —*d. scabra*, id. ib. p. 466; — *d. maculosa*, id. ib. —*d. marginata*, Linn. Trans. VII, VII, p. 84.

Espèces prismatiques, à manteau presqu'aussi étroit que le pied : *doris lacera*, Cuv. Ann. Mus. IV, LXXIII, f. 1 et 2; —*d. atromarginata*, id. ib. LXXIV, 6; — *d. pustulosa*, id. ib. p. 473.

(2) *Doris quadrilineata*, Müll. Zool. dan. I, XVII, 4-6, et mieux ib. CXXXVIII, 5, 6; —*doris cornuta*, ib. CXLV, 1, 2, 3; —*doris flava*, Trans. soc. Linn. VII, VII, p. 84.

Les Tritonies. (Tritonia. Cuv.)

Ont le corps, les tentacules supérieurs et les organes de la génération comme les doris, mais l'anus et l'orifice de la liqueur particulière sont percés à droite, derrière les organes de la génération : les branchies, en forme de petits arbres, sont rangées tout le long des deux côtés du dos, et la bouche garnie de larges lèvres membraneuses est armée en dedans de deux mâchoires latérales, cornées et tranchantes, semblables à des ciseaux de tondeur.

Nous en avons une grande, couleur de cuivre, le long de nos côtes. (*Tritonia hombergii.* Cuv.) Ann. Mus. I, xxxi, 1, 2; et Journ. de Phys. 1785, octob. pl. ii. Il y en a aussi beaucoup de moindres espèces, très-variées dans les formes de leurs branchies (1).

Les Théthys. (Thethys. Lin.) (2).

Ont tout le long du dos deux rangées de branchies en forme de panaches, et sur la tête un très-

(1) Telles sont *tritonia arborescens*, Cuv. Ann. Mus. VI, lxi, et trois autres au moins très-voisines; *doris arborescens*, Strœm. act. Hafn. X, v, 5; *doris frondosa*, Ascan. act. Tronth. V, v, 2, et *doris cervina*, Bommé, act. Fless. I, iii, 1.—Telles sont encore *doris coronata*, Bommé, ib. et *doris pinnatifida*, Trans. Linn. VII, vii, qui en est très-voisin;—*doris fimbriata*, Müll. Zool. dan. cxxxviii, 2, et probablement *doris clavigera*, Müll. ib. XVII, 1-3. Peut-être faut-il encore rapporter à ce genre le *doris lacera*, Zool. dan. cxxxviii, 3, 4.

(2) De θεθυων, nom employé par les anciens pour désigner les ascidies; Linnæus l'a détourné pour ce genre.

grand voile membraneux et frangé, qui se recourbe en se raccourcissant sous la bouche. Celle ci est une trompe membraneuse, sans mâchoires : il y a sur la base du voile deux tentacules comprimés, du bord desquels sort une petite pointe conique. Les orifices de la génération, de l'anus et de la liqueur particulière, sont comme dans la tritonie. L'estomac est membraneux et l'intestin très-court.

Nous en avons, dans la Méditerranée, une belle espèce grise, tachetée de blanc. (*Thethys fimbria.* L.) Cuv. Ann. Mus. XII, XXIV (1).

LES SCYLLÉES. (SCYLLÆA. Lin.)

Ont le corps comprimé, le pied étroit et creusé d'un sillon pour embrasser les tiges des fucus; point de voile; la bouche comme une petite trompe; les orifices et les tentacules comme dans les théthys, et sur le dos deux paires de crêtes membraneuses, portant à leur face interne des pinceaux de filamens qui sont les branchies. Le milieu de l'estomac est revêtu d'un anneau charnu, armé en dedans de lames cornées et tranchantes comme des couteaux.

Il y en a une espèce (*Scyllœa pelagica.* L.) Cuv. Ann. Mus. VI, LXI, 1, 3, 4, commune dans le fucus natans de presque toutes les mers.

---

(1) Je pense que les différences aperçues entre le *thethys fimbria,* Bohatsch. anim. mar. pl. V, et le *thethys leporina*, Fab. column. aq. pl. XXVI, ne tiennent qu'au plus ou moins de conservation des individus.

Les Glaucus. (Glaucus. Forster.)

Ont le corps long et mince, les orifices de l'anus et de la génération comme dans les précédentes, quatre très-petits tentacules coniques, et de chaque côté trois ou quatre branchies formées chacune de longues lanières disposées en éventail, qui leur servent aussi à nager. Ce sont de charmans petits animaux de la Méditerranée et de l'Océan, agréablement peints d'azur et de nacre, qui nagent sur le dos avec beaucoup de vîtesse. On n'en a point encore fait l'anatomie, et les espèces n'en sont pas encore très-bien distinguées (1).

Les Eolides. (Eolidia. Cuv.)

Ont la forme de petites limaces, avec quatre tentacules en dessus, et deux aux côtés de la bouche. Leurs branchies sont des lames ou des feuilles disposées par rangées transversales des deux côtés de leur dos.

Il y en a dans toutes les mers (2).

---

(1) *Doris radiata*, Gm. Dup. Trans. Phil. LIII, pl. III; *scyllée nacrée*, Bosc, Hist. des vers; *glaucus atlanticus*, Blumenb. fig. d'Histoire naturelle, pl. 48, et Manuel, trad. fr. II, p. 22; Cuv. Ann. Mus. VI, LXI, 11; Péron, Ann. Mus. XV, III, 9.

(2) *Doris papillosa*, Zool. dan. CXLIX, 1-4;—*doris bodoensis*, Gunner. act. Hafn. X, 170;—*doris minima*, Forsk. ic. XXVI, H.—*doris fasciculata*, id. ib. G.—*doris branchialis*, Zool. Dan. CXLIX, 5-7;—*doris cœrulea*, Linn. Trans. VII, VII, 84;—*doris peregrina*, Cavolini, pol. mar. VII, 3;—*doris affinis*, id. ib. 4. *N. B.* Ces deux dernières forment le genre Cavoline, Brug. dans l'Encycl. méth.;—*doris longicornis*, Linn. Trans. IX, VII, 114?

Les Tergipes. Cuv.

Avec la forme des éolides, et deux tentacules, portent le long de chaque côté du dos, une rangée de branchies, terminées chacune par un petit suçoir, et pouvant leur servir comme de pieds pour marcher sur le dos. Ceux qu'on connaît sont fort petits (1).

DEUXIÈME ORDRE DES GASTÉROPODES.

LES INFEROBRANCHES.

Ont à peu près la forme et l'organisation des *doris* et des *tritonies*, mais leurs branchies au lieu d'être placées sur le dos, le sont comme deux longues suites de feuillets, des deux côtés du corps sous le rebord avancé du manteau.

Les Phyllidies. (Phyllidia. Cuv.)

Leur manteau nu, et le plus souvent coriace, n'est garni d'aucune coquille. Leur bouche est une petite trompe et porte un tentacule de chaque côté;

---

(1) *Limax tergipes*, Forsk. XXVI, E. ou *doris lacinulata*, Gm. — *doris maculata*, Linn. Trans. VII, VII, 34; — *doris pennata*, Bommé, act. Fless. I, III, 3?

deux autres tentacules sortent en dessus de deux petites cavités du manteau. L'anus est sur l'arrière du manteau, et les orifices de la génération sous le côté droit en avant. Le cœur est vers le milieu du dos; l'estomac est simple, membraneux, et l'intestin court.

On en trouve plusieurs espèces dans la mer des Indes (1).

LES DIPHYLLIDES.

Ont à peu près les branchies des phyllidies, mais le manteau plus pointu en arrière; la tête en demi-cercle, a de chaque côté un tentacule pointu et un léger tubercule : l'anus est sur le côté droit (2).

TROISIÈME ORDRE DES GASTEROPODES.

LES TECTIBRANCHES.

Ont les branchies attachées le long du côté droit ou sur le dos, en forme de feuillets plus ou moins divisés; le manteau les recouvre plus ou moins, et contient, presque toujours dans son épaisseur, une petite coquille. Ils se rappro-

---

(1) *Phyllidia trilineata,* Séb. III, 1, 16; Cuv. Ann. Mus. V, XVIII, 1; —*ph, ocellata,* id. ib. 7;—*ph. pustulosa*, id. ib. 8, et quelques especes nouvelles.

(2) Espèce nouvelle du cabinet de M. Brugmans, à Leyden.

chent des *pectinibranches* par la forme des organes de respiration, et vivent comme eux dans les eaux de la mer; mais ils sont tous hermaphrodites comme les NUDIBRANCHES et les PULMONÉS.

LES PLEUROBRANCHES. (PLEUROBRANCHUS. Cuv.)

Ont le corps également débordé par le manteau et par le pied, comme s'il était entre deux boucliers. Le manteau contient, dans quelques espèces, une petite lame calcaire ovale. Les branchies sont attachées le long du côté gauche dans le sillon entre le manteau et le pied, et représentent une série de pyramides divisées en feuillets triangulaires. La bouche en forme de petite trompe, est surmontée d'une lèvre et de deux tentacules tubuleux et fendus; les orifices de la génération sont en avant, et l'anus en arrière des branchies. Il y a quatre estomacs, dont le second est charnu, quelquefois armé de pièces osseuses, et le troisième garni à l'intérieur de lames saillantes longitudinales; l'intestin est court.

Il y en a diverses espèces dans la Méditerranée aussi-bien que dans l'Océan (1).

LES APLYSIES (2). (APLYSIA. Lin.)

Ont les bords du pied redressés, flexibles et en-

---

(1) *Pleurobranchus Peronii*, Cuv. Ann. Mus. V, XVIII, 1, 2;—*pl. tuberculatus*, Meckel, morceaux d'anat. comp. I, V, 33-40; et trois espèces nouvelles, savoir:—*pleur. balearicus*, Laroche;—*pl. aurantiacus*, id.—*pl. luniceps*, Cuv. — *N. B.* La fig. de Forskahl, pl. XXVIII, A. est probablement le *pleur. Peronii*.

(2) Ἀπλυσια, qui ne peut se nettoyer; nom donné par Aristote à

tourant le dos de toute part, pouvant même se réfléchir sur lui; la tête portée sur un cou plus ou moins long; deux tentacules supérieurs et creusés comme des oreilles de quadrupède, deux autres aplatis au bord de la lèvre inférieure; les yeux au-dessous des premiers. Sur le dos sont les branchies, en forme de feuillets très-compliqués, attachées à un large pédicule membraneux, et recouvertes par un petit manteau également membraneux, qui contient dans son épaisseur une coquille cornée et plate. L'anus est percé en arrière des branchies, la vulve en avant à droite, et la verge sort sous le tentacule droit. Un sillon qui s'étend depuis la vulve jusqu'à l'extrémité de la verge, conduit la semence lors de l'accouplement. Un énorme jabot membraneux mène dans un gézier musculeux, armé en dedans de corpuscules cartilagineux et pyramidaux, que suivent un troisieme estomac semé de crochets aigus, et un quatrième en forme de cœcum. L'intestin est volumineux. Ces animaux se nourrissent de fucus. Une glande particulière verse, par un orifice situé près de la vulve, une humeur limpide que l'on dit fort âcre dans certaines espèces, et des bords du manteau il suinte en abondance une liqueur pourpre foncée, dont l'animal colore au loin l'eau de la mer quand il aperçoit quelque danger.

---

quelques zoophytes. Linnæus en a fait cette fausse application. Les anciens connaissaient très-bien nos animaux sous le nom de *lièvre-marin*, et leur attribuaient plusieurs propriétés fabuleuses.

Il s'en trouve deux ou trois espèces dans nos mers, et les mers plus éloignées en fournissent aussi (1).

LES DOLABELLES. (DOLABELLA. Lam.)

Ne diffèrent des aplysies que parce que leur coquille est calcaire, et que les branchies et ce qui les entoure sont à l'extrémité postérieure du corps, qui ressemble à un cône tronqué. On en trouve dans la Méditerranée et dans la mer des Indes (2).

LES NOTARCHES. (NOTARCHUS. Cuv.)

Ont leur manteau sans coquille et seulement fendu obliquement au-dessus du col, pour conduire aux branchies qui ressemblent à celles des aplysies, ainsi que tout le reste de leur organisation (3). Ils viennent de la mer des Indes.

LES ACÈRES. (AKERA. Müller.)

Ont les branchies couvertes comme les genres précédens; mais leurs tentacules sont tellement raccourcis et élargis, qu'ils paraissent n'en avoir point

---

(1) Les espèces d'*aplysies* ne se distinguant que par la taille et les couleurs, sont difficiles à déterminer avec certitude. Il me paraît que nous pouvons établir l'*apl. fasciata*, Poiret; noire, à bords du manteau rouge; — l'*apl. punctata*, Cuv.; brune, tachetée de blanchâtre; — l'*apl. dèpilans*, Bohatsch.; livide, nuée de noirâtre; etc.

(2) *Dolabella Rumphii*, Cuv. Ann. Mus. V, XXIX, 1. et Rumph. thes. Amb. pl. X, 6, des Moluques; — *dolabella Rondeletii*, Rondel. 520, de la Méditerranée; — *dolabella dolabrifera*, Cuv. de l'Isle-de-France, par M. Mathieu.

(3) L'espèce est nouvelle : de l'Isle-de-France, par M. Mathieu.

du tout ; ils sont remplacés par un grand bouclier charnu et à peu près rectangulaire. Du reste leur hermaphroditisme, la position de leurs deux sexes, la complication et l'armure de leur estomac, la liqueur pourpre que répandent plusieurs de leurs espèces, les rapprochent des aplysies. Leur coquille, dans celles qui en ont une, est plus ou moins roulée sur elle-même, avec peu d'obliquité, sans spire saillante, sans échancrure ni canal ; et la columelle fesant une saillie convexe donne à l'ouverture la figure d'un croissant, dont la partie opposée à la spire est toujours plus large et arrondie.

M. de Lamarck nomme BULLÉES celles où la coquille est cachée dans l'épaisseur du manteau. Elle fait très-peu de tours, et l'animal est beaucoup trop gros pour y rentrer.

L'*Amande de mer.* (*Bullæa aperta.* Lam. *Bulla aperta* et *Lobaria quadriloba.* Gm. *Phyline quadripartita.* Ascan.) Müll. Zool. Dan. III, pl. CI. Planc. Conch. Min. Not. pl. XI. Cuv. Ann. du Mus. t. I, pl. XII, 1-6 (1).

Animal blanchâtre, d'un pouce de long, que le bouclier charnu formé par les vestiges de ses tentacules, les bourrelets latéraux de son pied, et son manteau occupé par sa coquille, semblent diviser en quatre lobes à sa face supérieure. Sa coquille mince, blanche, demi-transparente, est presque toute en ouverture ; son gésier est armé de trois pièces osseuses rhomboïdales très-épaisses. On le trouve dans presque toutes les mers, où il vit sur les fonds vaseux.

M. de Lamarck laisse le nom de BULLES (BULLA (2)),

---

(1) Le *sormet*, Adans. Sénég. pl. I, f. 1, est au moins une espèce très-voisine.

(2) Le genre *bulla* comprenait, selon Linn. non-seulement toutes les *acères*, mais encore les *auricules*, les *agathines*, les *physes*, les

aux espèces dont la coquille, recouverte seulement d'un léger épiderme, est assez considérable pour donner retraite à l'animal. Elle se contourne un peu plus que dans les bullées.

L'*Oublie*. (*Bulla lignaria*. L.) Martini, I, XXI, 194, 95, Cuv. Ann. Mus. XVI, I.

Sa coquille oblongue, à spire cachée, à ouverture ample, très-large par le bas, représente une lame lâchement roulée, et rayée selon la direction des tours. L'estomac de l'animal est armé de deux grandes pièces osseuses en demi-ovale, et d'une petite comprimée (1).

La *Muscade*. (*Bulla ampulla*. L.) Martini I, XXII, 202-204, Cuv. Ann. Mus. XVI, I.

A coquille ovale, épaisse, nuancée de gris et de brun. L'estomac a trois pièces rhomboïdales noires très-convexes.

La *Goutte d'eau*. (*Bulla hydatis*. L.) Chemn. IX, CXVIII, 1019, Cuv. Ann. Mus. XVI, I.

A coquille ronde, mince, demi-transparente; le dernier tour, et par conséquent l'ouverture, s'élevant plus que la spire; le gésier a trois petites pièces en forme d'écussons (2).

---

ovules, les *térébelles*, animaux très-différens entre eux. *Bruguières* a commencé à le débrouiller, en en séparant les *agatines* et les *auricules*, qu'il réunissait avec les *lymnées* au genre *bulime*. M. de *Lamarck* a achevé ce travail en créant tous les genres que nous venons de nommer.

(1) *Gioëni* ayant observé cet estomac isolé, le prit pour une coquille et en fit un genre auquel il donna son nom (le *tricla* de Retzius, le *char* de Bruguières). *Gioëni* alla même jusqu'à décrire les prétendues habitudes de ce coquillage. Draparnaud a le premier reconnu cette erreur mêlée de supercherie.

(2) Aj. *bull. naucum* — *bulla physis*. Müller en a fait connaître des espèces plus petites, comme *akera bullata*, Zool. dan. LXXI; ou *bulla akera*, Gm.

Nous réserverons le nom d'ACÈRES proprement dites, aux espèces qui n'ont point de coquilles du tout, quoique leur manteau en ait la forme extérieure.

Il y en a une petite espèce dans la Méditerranée.

(*Bulla carnosa.* Cuv. Ann. Mus. XVI. I. *Doridium.* Meckel. Morc. d'Anat. Comp. II, VII, 1, 3.

Son estomac n'est pas plus armé que son manteau; elle a un œsophage charnu d'une grande épaisseur.

QUATRIÈME ORDRE DES GASTÉROPODES.

LES PULMONÉS.

Se distinguent des autres mollusques en ce qu'ils respirent l'air élastique par un trou ouvert sous le rebord de leur manteau, et qu'ils dilatent ou contractent à leur gré; aussi n'ont-ils point de branchies, mais seulement un réseau de vaisseaux pulmonaires, qui rampent sur les parois et principalement sur le plafond de leur cavité respiratoire.

Les uns sont terrestres; d'autres vivent dans l'eau, mais sont obligés de venir de temps en temps à la surface ouvrir l'orifice de leur cavité pectorale pour respirer.

Tous ces animaux sont hermaphrodites.

Les Pulmonés terrestres.

Ont presque tous quatre tentacules : deux ou trois seulement, de fort petite taille, n'ont pas laissé voir la paire inférieure (1).

Ceux d'entre eux qui n'ont point de coquille apparente formaient, dans Linnæus, le genre

Des Limaces. (Limax. L.)

Que nous divisons comme il suit :

Les Limaces proprement dites. (Limax. Lam.)

Ont le corps allongé, et pour manteau un disque charnu, serré, qui occupe seulement le devant du corps, et ne recouvre que la cavité pulmonaire. Il contient, dans plusieurs espèces, une petite coquille oblongue et plate, ou au moins une concrétion calcaire qui en tient lieu. L'orifice de la respiration est au côté droit, vers le devant, et l'anus est percé à son bord postérieur. Les quatre tentacules sortent et rentrent en se déroulant comme des doigts de gants, et la tête elle-même peut rentrer en partie sous le disque du manteau. Les organes de la génération s'ouvrent sous le tentacule droit supérieur. Il n'y a à la bouche qu'une mâchoire supérieure en forme de croissant dentelé, qui leur sert à ronger avec beaucoup de voracité les herbes et les fruits, auxquels elles causent beaucoup de dégâts. Leur estomac est allongé, simple et membraneux.

Nous en avons cinq ou six espèces en France, que

---

(2) Les petits bulimes dont Müller a fait ses genres CARYCHIUM et VERTIGO.

l'on rencontre à chaque pas dans les temps humides (1), et quelques autres moins communes.

LES TESTACELLES. (TESTACELLA. Lam.)

Ont l'orifice de la respiration et l'anus à l'extrémité postérieure; leur manteau est fort petit, et placé sur cette même extrémité. Il contient une petite coquille ovale à très-large ouverture, à très-petite spire, qui n'égale pas le dixième de la longueur du corps. Pour le reste, ces animaux ressemblent aux limaces.

On en trouve une espèce assez abondante dans nos départemens méridionaux.

(*Testacella haliotoidea.* Draparn.) Cuv. Ann. Mus. V, XXVI, 6-11.

Elle vit sous terre, et se nourrit principalement de lombrics. M. de Férussac a observé que son manteau se développe extraordinairement lorsqu'elle se trouve dans un lieu trop sec, et qu'il lui donne alors une sorte d'abri (2).

LES PARMACELLES. (PARMACELLA. Cuv.)

Ont un manteau membraneux à bords lâches, placé sur le milieu du dos, et contenant dans sa partie postérieure une coquille oblongue, plate, qui montre en arrière un léger commencement de spire. L'orifice de la respiration et l'anus sont sous le côté droit du milieu du manteau.

On n'en connaît qu'une espèce, de Mésopotamie.

(*Parmacella olivieri.*) Cuv. Ann. Mus. V, XXIX, 12-15.

Dans les pulmonés terrestres à coquille

(1) *Limax ater, lim. rufus, lim. cinereus, lim. agrestis*, etc. Voyez Drap. p. 122 et suivantes.

(2) Ajoutez les espèces peu distinctes dont parle M. de Roissy Moll. V, p. 253.

complète et apparente, les bords de l'ouverture sont le plus souvent relevés en bourrelet dans l'adulte.

Linnæus rapportait à son genre

DES ESCARGOTS. (HELIX. L.)

Toutes les espèces où l'ouverture de la coquille un peu entamée par la saillie de l'avant-dernier tour, prend une circonscription en forme de croissant.

Quand ce croissant de l'ouverture est autant ou plus large qu'il n'est haut, ce sont

LES ESCARGOTS proprement dits. (HELIX. Brug. et Lam.)

Les uns ont la coquille globuleuse. Tout le monde connaît dans ce nombre le *grand Escargot* (*Hel. pomatia.* L.), commun dans les jardins, les vignes, à coquille roussâtre, marquée de bandes plus pâles ; nourriture assez recherchée dans quelques cantons,

Et la *Livrée* ou *petit Escargot* des arbres. (*Hel. nemoralis.* L.)

A coquille diversement et vivement colorée, qui nuit beaucoup aux espaliers dans les temps humides (1).

Il n'est personne qui n'ait entendu parler des curieuses expériences dont leur reproduction a été l'objet (2).

---

(1) Ajoutez les *helix glauca — citrina — rapa — castanea — globulus — lactea — arbustorum — fulva — epistylium — cincta — ligata—aspersa—extensa—nemorensis—fruticum—lucena—vittata—rosacea—itala—lusitanica—aculeata—turturum—cretacea—fuscescens—terrestris—nivea —hortensis—lucorum — grisea — hæmastoma —pulla—venusta—picta*, Gm. sauf les doubles emplois que je n'ai pas eu le courage de rechercher.

(2) Voyez Spallanzani, Schœffer, Bonnet, etc.

D'autres ont la coquille déprimée, c'est-à-dire, à spire aplatie (1).

On doit en remarquer parmi elles quelques-unes, qui ont intérieurement des côtes saillantes (2).

Et surtout celles où le dernier tour se recourbe subitement dans l'adulte, et y prend une forme irrégulière et plissée (3).

LES VITRINES. (VITRINA. Draparn. HELICO-LIMAX. Féruss.)

Sont des escargots à coquille très-mince, aplatie, sans ombilic, et à grande ouverture sans bourrelet; dont le corps est trop grand pour rentrer entièrement dans la coquille; le manteau a un double rebord (4); le rebord supérieur, qui est divisé en plusieurs lobes, peut beaucoup dépasser la coquille, et se replier sur elle pour la frotter et la polir.

Celles qu'on connaît en Europe vivent dans les lieux humides, et sont fort petites (5).

Il y en a de plus grandes dans les pays chauds.

---

(1) *Hel. lapicida—h. cicatricosa—h. œgophtalmos—h. oculus capri—h. albella—h. maculata—h. algira—h. lævipes—h. vermiculata—h. exilis—h. carocolla—h. cornu militare—h. pellis serpentis—h. gualteriana—h. oculus communis—h. marginella—h. maculosa—h. nœvia—h. corrugata—h. ericetorum—h. nitens—h. costata—h. pulchella—h. cellaria—h. obvoluta—h. strigosula—h. radiata—h. crystallina—h. ungulina—h. volvulus—h. involvulus—h. badia—h. cornu venatorium*, etc.

(2) *Hel. sinuata—h. lucerna—h. lychnuchus—h. cepa—h. isognomostoma—h. sinuosa—h. punctata.*

(3) *Hel. ringens,* Chemn. IX, CIX, 919, 920.

On doit encore étudier sur les escargots les planches V, VI, VII et VIII de Draparn. et les descriptions y relatives.

(4) C'est ce que M. de Férussac nomme *une cuirasse et un collier.*

(5) *Helix pellucida*, Müll. et Geoff.—*hel. draparnaldi*, Cuv. *vitrina pellucida*, Drap. VIII, 34-37.

On doit en rapprocher quelques escargots qui, sans avoir de double rebord, ont néanmoins aussi peine à rentrer dans leur coquille (1).

Quand le croissant est plus haut qu'il n'est large, ce qui arrive toujours dans des coquilles à spire oblongue ou allongée, ce sont :

LES BULIMES TERRESTRES de Brug.

Qu'il a fallu encore subdiviser comme il suit :

LES BULIMES proprement dits. (BULIMUS. Lam.)

Ont l'ouverture garnie d'un bourrelet dans l'adulte, mais sans dentelures.

On en trouve dans les pays chauds de grandes et belles espèces ; quelques-unes sont remarquables par le volume de leurs œufs dont la coque est pierreuse ; d'autres, par leur coquille gauche.

Nous en avons ici plusieurs, médiocres ou petites, dont une (*Helix decollata*. Gm.), Chemn. CXXXVI, 1254-1257, a l'habitude singulière de casser successivement les tours du sommet de sa spire. On emploie cet exemple pour prouver que les muscles de l'animal peuvent se détacher de la coquille, car il vient un moment où ce bulime ne conserve plus un seul des tours de spire qu'il avait au commencement (2).

---

(1) *Hel. rufa* et *brevipes*, Féruss. Drap. VIII, 26-33.

(2) Aj. *helix ovalis*, Gm. Chemn. IX, CXIX, 1020, 1021 ;—*hel. oblonga*, ib. 1022, 1023 ;—*h. trifasciata*, id. CXXXIV, 1215 ;—*h. dextra*, ib. 1210-1212 ; — *interrupta*, ib. 1213, 1214 ; — *h.* ib. 1215 ; — *h.* ib. 1224, 1225 ;—*h. perversa*, id. CX et CXI, 928-937 ; —*h. inversa*, ib. 925, 926 ;—*h. contraria*, id. CXI, 938, 939 ; —*h. lœva*, ib. 940, 949 ; — *h. labiosa*, id. CXXXIV, 1234 ;—*h.* ib. 1232 ;—*h.* ib. 1231 ; — *h. cretacea*, id. CXXXVI, 1263 ; —*h. pudica*, id. CXXI, 1042 ;—*h. calcarea*, id. CXXXV, 1226.

Bulla auris malchi, L. Gm. ib. 1037, 1038. V. ib. 1041.

Bulimus columba, Brug. Séb. III, LXXI, 61 ;—*bulimus fasciolatus*,

LES MAILLOTS. (PUPA. Lam.) Autrement BARILLETS, etc.

Ont une coquille à sommet très-obtus, et dont le dernier tour redevient plus étroit que les autres dans l'adulte, ce qui lui donne la forme d'un ellipsoïde, ou quelquefois presque d'un cylindre. L'ouverture est entourée d'un bourrelet, et entamée du côté de la spire par le tour précédent. Ce sont de petites espèces qui vivent dans les lieux humides, parmi les mousses, etc.

Quelquefois il n'y a aucune dentelure (1).

Plus souvent, il y en a une dans la partie de l'ouverture fermée par l'avant-dernier tour (2).

Souvent aussi, il y en a en dedans du bord extérieur (3).

LES SCARABES. Montf.

Ont l'ouverture rétrécie par de grosses dentelures saillantes, tant du côté de la columelle que vers le bord extérieur; ce bord est plus renflé, et comme l'animal le refait après chaque demi-tour, la coquille est plus saillante sur deux lignes opposées, et a l'air comprimée.

Ils vivent sur les herbes, dans les Moluques (4).

Oliv. voy. pl. XVII. f. 5. Pour les petites espèces de ce pays-ci, voyez Draparnaud, Moll. terr. et fluviat. pl. IV, f. 21-32.

(1) *Bulimus labrosus*, Oliv. voy. pl. XXXI, f. 10, A. B.;—*pupa edentula*, Drap. III, 28 et 29;—*pupa obtusa*, ib. 43, 44;—*bul. fusus*, Brug.

(2) *Turbo uva*, L. Martini, IV, CLIII, 1439;—*turbo muscorum*, L. (*pupa marginata*, Drap. III, 36, 37, 38);—*pupa muscorum*, Drap. III, 26, 27 (*vertigo cylindrica*, Féruss.);—*pupa umbilicata*, Drap. III, 39, 40; —*p. doliolum*, ib. 41, 42.

(3) *Hel. vertigo*, Gm. (*pupa vertigo*, Drap. III, 34, 35);—*pupa antivertigo*, ib. 32, 33;—*pupa pygmæa*, ib. 30, 31;—*bulimus ovularis*, Oliv. voy. XVII, 12, a. b.

( ) *Helix scarabæus*, L.

Les Grenailles. (Chondrus. Cuv.)

Ont, comme les derniers maillots, l'ouverture entamée du côté de la spire par le tour précédent, et bordée de lames ou de dents saillantes; mais leur forme est plus ovoïde, et comme aux bulimes ordinaires.

Les uns ont des dents au bord de l'ouverture (1).

D'autres, des lames placées plus profondément (2).

Ici se terminent les espèces terrestres d'helix, à coquille munie d'un bourrelet dans l'adulte.

Les Ambrettes. (Succinea. Drap.) Amphibulimes. Lam.

Ont la coquille ovale, l'ouverture plus haute que large, comme les bulimes, mais plus grande à proportion, sans bourrelet, et le côté de la columelle presque concave. L'animal ne peut y rentrer en entier, et on pourrait presque le regarder comme une testacelle à grande coquille. Il a les tentacules inférieurs fort petits, et vit sur les herbes et les arbustes des bords des ruisseaux, ce qui a fait regarder ce genre comme amphibie (3).

On a dû démembrer du genre Turbo de Lin. et rapprocher des hélices terrestres,

---

(1) *Bulimus zebra*, Ol. XVII, 10;—*pupa tridens*, Drap. III, 57;—*pupa variabilis*, ib. 55, 56.

(2) *Bulimus avenaceus*, Brug. (*pupa avena*), Drap. III, 47, 48;—*p. secale*, ib. 49, 50;—*p. frumentum*, ib. 51, 52;—*bulimus similis*, Brug;—*p. cinerea*, Drap. ib. 53, 54;—*p. polyodon*. IV, 1, 2;—*helix quadridens* (*pupa quadr.* Drap.) ib. 3.

(3) *Succinea amphibia*, Drap. IV, 22, 23 (*helix putris*, L.); —*s. oblonga*, ib. 24;—l'*amphibulime encapuchonné*, Lam. Ann. du Mus. VI, LV, 1, pourra t aussi bien être une testacelle.

LES NONPAREILLES. (CLAUSILIA. Drap.)

Qui ont la coquille grêle, longue et pointue, le dernier tour dans l'adulte rétréci, comprimé et un peu détaché, terminé par une ouverture complète, et bordée d'un bourrelet, souvent dentelée ou garnie de lames.

Le plus souvent on trouve dans le rétrécissement du dernier tour une petite lame légèrement courbée en S, dont on ignore l'usage dans l'animal vivant.

Ce sont de petites espèces qui vivent dans les mousses, au pied des arbres, etc. Un grand nombre sont tournées à gauche (1).

On a dû également séparer des BULLES de Linnæus, et ramener ici

LES AGATINES. (ACHATINA. Lam.)

Dont la coquille ovale ou oblongue, a l'ouverture plus haute que large des bulimes, mais manque de bourrelet, et a l'extrémité de la columelle tronquée, ce qui est le premier indice des échancrures que nous verrons aux coquilles de tant de gastéropodes marins. Ces agatines sont de grands

---

(1) *Turbo perversus*, L. List. 41, 39;—*turbo bidens*, Gm Drap. IV, 5-7; — *turbo papillaris*, Gm. Drap. ib. 13; et les autres clausilies de Drap. représ. sur la même planche;—*bulimus retusus*, Oliv. voy. XVII, 2;—*bul. inflatus*, ib. 3;—*bul. teres*, ib. 6;—*bul. torticollis*, ib. 4, a.b.;—*turbo tridens*, L. Chemn. IX, XII, 957;—*clausilia collaris*, Féruss. List. 20, 16.

escargots, qui dévorent les arbres et les arbustes dans les pays chauds (1).

Montfort en distingue celles où le dernier tour a en dedans un cal ou épaississement particulier (les LIGUUS Montf. (2)); ce tour y est moins haut, à proportion, que dans les précédentes.

Et celles où l'extrémité de la columelle se recourbe vers le dedans de l'ouverture (les POLYPHÊMES. Montf. (3)); le dernier tour y est plus haut.

LES PULMONÉS AQUATIQUES.

N'ont que deux tentacules, comme nous l'avons dit : ils viennent toujours à la surface pour respirer, en sorte qu'ils ne peuvent habiter des eaux bien profondes; aussi vivent-ils la plupart dans les eaux douces ou les étangs salés, ou du moins près des côtes et des embouchures des rivières.

Il y en a sans coquilles, tels que :

LES ONCHIDIES. (ONCHIDIUM. Buchanan.) (4).

Un large manteau charnu, en forme de bouclier,

---

(1) *Bulla zebra*, L. Chemn. IX, CIII, 875, 876; CXVIII, 1014-1016;—*bulla achatina*, ib. 1012, 1013;—*bulla purpurea*, ib. 1018;—*bulla dominicensis*, id. CXVII, 1011;—*bulla stercus pulicum*, CXX, 1026, 1027;—*bulla flammea*, id. CXIX, 1021-2025;—*helix tenera*, Gm. ib. 1028, 1030;—*bulimus bicarinatus*, Brug. List. 37;—*mélanie buccinoïde*, Oliv. voy. XVII, 8.

(2) *Bulla virginea*, L. Chemn. IX, CXVII, 1000-1003; X, CLXXIII, 1682, 3.

(3) *Bulimus glans*, Brug. Chemn. IX, CXVII, 1009, 1010.

(4) ONCHIDIUM, nom donné à ce genre, parce que la première

déborde leur pied de toute part, et recouvre même leur tête quand elle se contracte. Elle a deux longs tentacules rétractiles et deux autres semblables à des lèvres triangulaires et comprimées.

L'anus et l'orifice de la respiration sont sous le bord postérieur du manteau. Près d'eux, à droite, s'ouvre l'organe femelle de la génération; l'organe mâle est au contraire entre les deux tentacules droits, et ces deux ouvertures sont réunies par un sillon qui règne sous tout le bord droit du manteau.

Ces mollusques, dépourvus de mâchoires, ont un gézier musculeux suivi de deux estomacs membraneux. Leurs mœurs paraissent assez voisines de celles de nos limaces, mais plusieurs se tiennent sur les bords de la mer.

Les pulmonés aquatiques à coquilles complètes ont aussi été placés par Linnæus dans ses genres HELIX, BULLA et VOLUTA, dont on a dû les retirer.

Les deux premiers genres étaient compris dans celui des HELIX.

---

espèce (*onchid. typhæ*, Buchan. soc. Linn. Lond. V, 132) était tuberculeuse; j'en connais maintenant une lisse, *onchid. lævigatum*, Cuv. et trois autres tuberculeuses, *onch. Peronii*, Cuv. Ann. Mus. V, 6; —*onchid. Sloanii*, Cuv. Sloane, Jam. pl. 273, 1 et 2; —et *onch. celticum*, Cuv. petite espèce des côtes de Bretagne.

LES PLANORBES. (PLANORBIS. Brug.) (1).

Avaient déjà été distingués des helix par Bruguières, parce que leur coquille roulée presque dans un même plan, a les tours peu croissans, et l'ouverture plus large que haute ; elle renferme un animal à longs tentacules minces et filiformes, dont les yeux sont placés à la base intérieure de ces tentacules ; il exprime des bords de son manteau une liqueur abondante et rouge, mais qui n'est pas son sang. Son estomac est musculeux, et sa nourriture végétale comme celle des lymnées, dont les planorbes sont les compagnons fidèles dans toutes nos eaux dormantes.

LES LYMNÉES. (LYMNÆUS. Lam.) (2).

Ont la spire oblongue et l'ouverture plus haute que large des bulimes ; mais leur bord, comme celui des ambrettes, ne se réfléchit point, et leur columelle a un pli longitudinal qui rentre obliquement dans la cavité. La coquille est mince ; l'animal a deux tentacules comprimés, larges, triangulaires, portant les yeux près de la base de leur bord interne. Ils vivent d'herbes et de graines ; et leur estomac est un gézier très-musculeux, précédé d'un jabot. Hermaphrodites comme tous les pulmonés, ils ont l'organe femelle assez éloigné de l'autre, ce qui

(1) *Hel. vortex—h. cornea—h. spirorbis—h. polygyra—h. contorta—h. nitida—h. alba—h. similis—h. cornu arietis.*

Voyez les citations de Gmel. et ajoutez-y Draparnaud, pl. I, f. 39-51, et pl. II, f. 1-22.

(2) *Hel. stagnalis*, L.—*h. fragilis—h. palustris—h. peregra—h. limosa—h. auricularia.* Voyez Draparn. pl. II, f. 28-42, et pl. III f. 1-7.

les oblige à s'accoupler de manière que celui qui sert de mâle à l'un, sert de femelle à un troisième, et l'on en trouve quelquefois de longs chapelets ainsi disposés.

Ils vivent en grand nombre dans les eaux dormantes.

LES PHYSES. (PHYSA. Drap.)

Qui étaient rangés (mais sans motif) parmi les bulles, ont à peu près la coquille des lymnées, mais sans pli à la columelle comme sans rebord, et très-mince. L'animal, lorsqu'il nage ou qu'il rampe, recouvre sa coquille de deux lobes dentelés de son manteau, et a deux longs tentacules grêles et pointus qui portent les yeux sur leur base interne fortement renflée. Ce sont de petits mollusques de nos fontaines.

Nous en possédons une, tournée à gauche. (*Bulla fontinalis.* L.) (1).

Les deux genres suivans étaient parmi les VOLUTES.

LES AURICULES. (AURICULA. Lam.)

Diffèrent de tous les pulmonés aquatiques qui précèdent, par une columelle marquée de grosses cannelures obliques ; leur coquille est ovale ou oblongue, l'ouverture haute comme aux bulimes et aux

---

(1) Les espèces voisines, *bull. hypnorum*, L. et *physa acuta*, et *scaturiginum*, Drap. auront besoin d'un nouvel examen pour leurs animaux. Vid. Draparn, p. 54 et suivantes.

lymnées; le bord est garni d'un bourrelet. Plusieurs sont assez grandes; on n'est pas bien certain si elles vivent dans les marais comme les lymnées, ou simplement sur leurs bords comme les ambrettes.

Nous n'en avons qu'une en France, des bords de la Méditerranée. L'animal n'a que deux tentacules, et les yeux sont à leur base. (*Auricula myosotis*. Drap. III, 16, 17. *Carychium myosotis*. Féruss.) (1).

LES MELAMPES. Montf. (CONOVULES. Lam.)

Ont, comme les auricules, des plis saillans à la columelle, mais leur ouverture n'a point de bourrelet, et leur levre interne est finement striée, leur coquille a la figure générale d'un cône dont la spire ferait la base. Elles habitentles rivières des Antilles (2).

On est obligé de rapprocher des auricules, à cause de leur forme et du défaut d'opercule, deux genres que l'on croit marins, mais dont les animaux ne sont pas connus. Leur rebord n'a point de bourrelet.

LES ACTÉONS. Montf. (TORNATELLES. Lam.)

Qui ont la coquille elliptique, à spire peu saillante, l'ouverture allongée en croissant, élargie par

---

(1) Aj. *Voluta auris Midæ*, L. Martini, II, XLIII, 436-38; Chemn. X, CXLIX, 1395, 1396; — *vol. auris Judæ*, L. Martini, II, XLIV, 449-51; — *vol. auris Sileni*, Born. IX, 3-4; — *vol. glabra*, Mart. II, XLIII, 447, 448; — *vol. coffea*, Chemn. IX, CXXI, 1044.

(2) *Voluta minuta*, L. Martin. II, XLIII, f. 445, ou *bulimus coniformis*, Brug.; — *bul. monile*, Brug. Martini, ib. f. 444; — *bul ovulus*, Br. Mart. ib. 446.

en bas, et le bas de la columelle marqué d'un ou deux gros plis ou callosités obliques (1).

Et LES PYRAMIDELLES. Lam.

Qui ont la spire turriculée, l'ouverture large, en croissant, le bas de la columelle contourné obliquement et marqué de plis aigus en spirale (2).

CINQUIÈME ORDRE DES GASTÉROPODES.

LES PECTINIBRANCHES.

Forment sans comparaison la tribu la plus nombreuse, puisqu'ils comprennent presque toutes les coquilles univalves en spirale, et plusieurs coquilles simplement coniques. Leurs branchies, composées de nombreux feuillets ou lanières, rangées parallèlement comme les dents d'un peigne, sont attachées sur une, deux ou trois lignes, suivant les genres, au plafond de la cavité pulmonaire qui occupe le dernier tour de la coquille, et qui s'ouvre

---

(1) *Voluta tornatilis* et *bifasciata*, L. Martini, II, XLIII, 442, 443;—*v. sulcata*, et *v. solidula*, ib. 440, 441;—*v. flammea*, ib. 439; —*v. flava*, ib. 444;—*v. pusilla*, ib. 446.

(2) *Trochus dolabratus*, L. Chemn. V, CLXVII, 1603, 1604;—*bulimus terebellum*, Brug. List. 844, 72.

par une grande solution de continuité, entre le bord du manteau et le corps.

Un seul genre, les *cyclostomes*, a, au lieu de branchies, un réseau vasculaire, tapissant le plafond d'une cavité d'ailleurs toute semblable; ils sont les seuls qui respirent l'air en nature, tous les autres respirent l'eau.

Ils ont tous deux tentacules et deux yeux portés quelquefois sur des pédicules, une bouche en forme de trompe, et des sexes séparés. La verge du mâle, attachée au côté droit du cou, ne peut d'ordinaire rentrer dans le corps, mais se réfléchit dans la cavité des branchies; elle est quelquefois très-grosse. La seule paludine la fait rentrer par un orifice percé à son tentacule droit. Le rectum, et l'oviductus de la femelle rampent aussi le long du côté droit de cette cavité, et entre eux et les branchies, est un organe particulier composé de cellules recélant une humeur très-visqueuse, servant à former une enveloppe commune, qui renferme les œufs et que l'animal dépose avec eux.

Les formes de cette enveloppe sont souvent très-compliquées et très-singulières (1).

---

(1) Voyez pour les murex Lister. 881, Baster op. Subs. I, VI, 1, 2, pour les buccins. Bast. ib. V, 2, 3.

Leur langue est armée de petits crochets, et entame les corps les plus durs par des frottemens lents et répétés.

La plus grande différence entre ces animaux consiste dans la présence ou l'absence de ce canal formé par un prolongement du bord de la cavité pulmonaire du côté gauche, et qui passe par un canal semblable ou par une échancrure de la coquille, pour faire respirer l'animal sans qu'il sorte de son abri. Il y a encore entre les genres cette distinction que quelques-uns manquent d'opercule, et les espèces diffèrent entre elles par les filets, franges et autres ornemens que portent leur tête, leur pied ou leur manteau.

On range ces mollusques sous plusieurs familles d'après les formes de leurs coquilles, qui paraissent être dans un rapport assez constant avec celle des animaux.

La première famille des gastéropodes pectinibranches, ou

Les Trochoïdes.

Se reconnaît à sa coquille spirale, dont l'ouverture est entière, sans échancrure ni canal; et garnie d'un opercule.

LES SABOTS. (TURBO. Lin.)

Comprennent toutes les espèces à coquille complètement turbinée et à bouche tout-à-fait ronde. Un examen plus détaillé les a fait beaucoup subdiviser.

LES SABOTS proprement dits. (TURBO. Lam.)

Ont la coquille ronde ou ovale, épaisse, et la bouche complettée du côté de la spire par l'avant-dernier tour. L'animal a deux longs tentacules, les yeux portés sur des pédicules à leur base extérieure, et sur les côtés du pied des ailes membraneuses, tantôt simples, tantôt frangées, tantôt munies d'un ou deux filamens. C'est à eux qu'appartiennent ces opercules pierreux et épais qui se font remarquer dans les collections, et qu'on employait autrefois en médecine sous le nom d'*Unguis odoratus*.

Il y en a d'ombiliqués. (MÉLÉAGRES. Montf.) (1).

Et de non ombiliqués. (TURBO. Montf.) (2).

---

(1) *Turbo pica*, L. List. 640, 30;—*t. argyrostomus*, Chemn. V, CLXXVII, 1758-61;—*t. margaritaceus*, ib. 1762;—*t. versicolor*, List. 576, 29;—*t. mespilus*, Chemn. V, CLXXVI, 1742-43;—*t. granulatus*, ib. 44-46;—*t. ludus*, ib. 48-49;—*t. diadema*, id. p. 145;—*t. cinereus* Born., XII, 25-26;—*t. torquatus*, Chemn. X, p. 295;—*t. undulatus*, id. CLXIX, 1640-41.

(2) *Turbo petholatus*, List. 584, 39;—*t. cochlus*, ib. 40;—*t. chrysostomus*, Chemn. V, CLXXVIII, 1766;—*t. rugosus*, List. 647, 41;—*t. marmoratus*, id. 587, 46;—*t. sarmaticus*, Chemn. V, CLXXIX, 1777-78-1781;—*t. cornutus*, ib. 1779-80;—*t. olearius*, id. CLXXVIII, 1771-72;—*t. radiatus*, id. CLXXX, 1788-89;—*t. imperialis*, ib. 1790;—*t. coronatus*, ib. 1791-93;—*t. canaliculatus*, id. CLXXXI, 1794;—*t. setosus*, ib. 95-96;—*t. spinosus*, ib. 1797;—*t. sparverius*, ib. 1798;—*t. moltkianus*, ib. 99-1800;—*t. spenglerianus*, ib. 1801-2;—*t. castanea*, id. CLXXXII, 1807-1814;—*t. crenulatus*, ib. 1811-12;—*t. sma-*

LES DAUPHINULES. Lam.

Ont la coquille épaisse comme les turbo, mais enroulée presque dans le même plan; son ouverture est complètement formée par le dernier tour, et sans bourrelet.

L'espèce la plus commune (*Turbo delphinus*. L.) List. 608, 45, prend son nom d'épines rameuses et contournées qui l'ont fait comparer à un poisson desséché (1).

On doit probablement placer ici

LES VERMETS. Adanson.

Dont l'animal et l'ouverture ressemblent à ceux des turbo, mais dont les tours ne se touchent pas, et sont en partie irrégulièrement courbés comme les tubes des serpules (2).

LES TURRITELLES. (TURRITELLA. Lam.)

Ont la même ouverture que les turbo proprement dits, mais leur coquille est mince, et loin d'être enroulée dans le même plan, sa spire s'allonge en obélisque (*turriculée*).

On en trouve plusieurs parmi les fossiles (3).

LES SCALAIRES. (SCALARIA. Lam.)

Ont, comme les turritelles, la spire allongée en pointe; et, comme les dauphinules, la bouche complètement formée par le dernier tour; cette bouche est de plus entourée d'un bourrelet que l'animal répète d'espace en espace, a mesure que sa coquille croît, de manière à y former comme des échelons. L'animal a les tentacules et la verge longs et grêles.

---

ragdulus, ib. 1815-1816;—*t. cidaris*, Chemn. V. CLXXXIV;—*t. helicinus*, Born. XII, 23-24.

(1) Ajoutez *turbo nodulosus*, Chemn. V, CLXXIV, 1723-24;—*t. carinatus*, Born. XIII, 3-4;—*argonauta cornu*, Fichtel et Moll. test. microsc. I, a. e. LIPPISTE de Montfort.

(2) *Serpula lumbricalis*. Adans. Seneg. XI, 1.

(3) *Turbo imbricatus*, Martini, IV, CLII, 1422;—*t. replicatus*, ib. CLI, 1412, List. 590, 55;—*t. acutangulus*, List. 591, 59;—*t. duplicatus*, Martini, IV, CLI, 1414;—*t. exoletus*, List. 591, 58;—*t. terebra*, id. 590, 54;—*t. variegatus*, Martini, IV, CLII, 1423;—*t. obsoletus*, Born. XIII, 7.

Il y en a une espèce célèbre par son prix, le *Turbo scalaris* L. Chemn. IV, CLII, 1426, etc., vulgairement *Scalata*, qui se distingue, parce que ses tours ne se touchant qu'aux points où sont les bourrelets, laissent du jour dans leurs intervalles.

Une autre espèce plus grêle, et qui n'a point cette particularité, est le *Turbo clathrus* L., commun dans la Méditerranée. List. 588, 50, 51.

On peut placer ici quelques sous-genres de terre ou d'eau douce, à ouverture entière, ronde ou à peu près, et operculée.

LES CYCLOSTOMES. (CYCLOSTOMA. Lam.)

Doivent être distingués de tous les autres *turbo*, parce qu'ils sont terrestres, attendu qu'au lieu de branchies, leur animal a seulement un réseau vasculaire sur les parois de sa cavité pectorale. Il ressemble d'ailleurs, en tout le reste, aux animaux de cette famille; sa cavité respiratoire s'ouvre de même au-dessus de sa tête par une grande solution de continuité; les sexes sont séparés; la verge du mâle est grande, charnue, et se replie dans la cavité pectorale; les tentacules, au nombre de deux, sont terminés par des tubercules mousses, et deux autres tubercules placés sur leur base extérieure portent les yeux.

Leur coquille, en spire ovale, a ses tours complets, finement striés en travers, et sa bouche, dans l'adulte, entièrement bordée d'un petit ourlet. Elle est fermée d'un opercule rond et mince.

On trouve ces coquilles dans les bois, sous les mousses, les pierres.

La plus commune est le *Turbo elegans*, List. 27, 25, à peu près de six lignes de longueur, grisâtre, que l'on trouve presque sous toutes les mousses (1).

---

(1) Ajoutez *turbo lincina*, List. 26,24;—*t. labeo*, List. 25,23;—*t. dubius*, Born. XIII, 5, 6;—*t. limbatus*, Chemn. IX, CXXIII, 1075.

Les Valvées. (Valvata. Müll.)

Vivent dans les eaux douces ; leur coquille est presque enroulée dans un même plan, comme celle des planorbes, mais son ouverture est ronde, munie d'un opercule, et l'animal, qui porte deux tentacules grêles, et les yeux à leur base supérieure, respire par des branchies.

Dans une espèce de ce pays-ci :

Le *Porte-Plumet.* (*Valvata cristata.* Müll.) Drap. I, 32, 33.

La branchie, faite comme une plume, sort de dessous le manteau, et flotte au dehors avec des mouvemens de vibration, quand l'animal veut respirer ; au côté droit du corps est un filament qui ressemble à un troisième tentacule. Le pied est divisé, en avant, en deux lobes crochus. La verge du mâle est grêle, et se retire seulement dans la cavité respiratoire. La coquille, qui a à peine trois lignes de large, est grisâtre, plate, et ombiliquée. On la trouve dans les eaux dormantes (1).

Les Paludines. (Paludina. Lam.)

Ont été nouvellement séparées des cyclostomes, parce qu'elles n'ont point de bourrelet à leur ouverture ; que celle-ci, aussi-bien que leur opercule, a un petit angle vers le haut, et que leur animal ayant des branchies, vit dans l'eau comme tous les genres suivans. Il porte une trompe très-courte, deux tentacules pointus ; les yeux à leur base externe ; une petite aile membraneuse de chaque côté du corps en avant ; le bord antérieur de son pied double ; l'aile du côté

On doit remarquer parmi les fossiles, le *cyclostoma mumia* de Lam. Brongn. Ann. Mus. XV, XXII, 1.

(1) Ajoutez *valvata planorbis*, Drap. I, 34, 35 ;—*v. minuta*, id. 36-38.

droit se recourbe en un petit canal, qui introduit l'eau dans la cavité respiratoire.

Dans l'espèce commune,

La *Vivipare à bandes*, de Geoffr. (*Helix vivipara*. Lin.) Drap. I, 16.

Dont la coquille, lisse et verdatre, a deux ou trois bandes longitudinales pourpres, et qui habite en abondance toutes nos eaux dormantes, la femelle produit des petits vivans; on les trouve, au printemps, dans son oviducius, dans tous les états de développement. Spallanzani assure que les petits, pris au moment de leur naissance, et nourris séparés, reproduisent sans fécondation, comme ceux des pucerons. Cependant, les mâles sont presque aussi communs que les femelles; ils ont une grande verge qui sort et rentre comme celle des hélix, mais par un trou percé dans le tentacule droit, ce qui fait toujours paraître ce tentacule plus grand que l'autre. C'est un moyen de reconnaître le mâle (1).

La mer produit quelques espèces, qui ne diffèrent des paludines que par une coquille épaisse. Tel est

Le *Vignau*. (*Turbo littoreus*. L.) Chemn. V, CLXXXV, 1852.

Qui fourmille sur nos côtes. Sa coquille est ronde, brune, rayée longitudinalement de noiratre. On le mange.

LES MONODONTES. (MONODON. Lam.)

Ne diffèrent des paludines épaisses que par une dent mousse et légèrement saillante au bas de leur columelle, qui a quelquefois encore une fine dentelure. Plusieurs ont

---

(1) Ajoutez *cyclost. achatinum*, Drap. I, 18;—*c. impurum*, id. 19, 20, ou *helix tentaculata*, L. etc. et les petites espèces des étangs d'eau salée, décrites par M. Beudant, Ann. Mus. XV, p. 199.

aussi le bord extérieur de l'ouverture crénelé. L animal est plus orné ; il porte généralement de chaque côté trois filets aussi longs que ses tentacules. L'opercule est rond et corné.

On en trouve une petite espèce très-abondante sur nos côtes.

(*Trochus tessellatus*. L.) Adans. Sénég. XII, I. List. 642, 33, 34.

A coquille brune, tachetée de blanchâtre (1).

LES TOUPIES. (TROCHUS. Lin.)

Ont des coquilles dont l'ouverture anguleuse à son bord externe approche plus ou moins au total de la figure quadrangulaire, et se trouve dans un plan oblique par rapport à l'axe de la coquille, parce que la partie du bord, voisine de la spire, avance plus que le reste. La plupart de leurs animaux ont, comme ceux des monodontes, trois filamens à chaque bord du manteau, ou au moins quelques appendices aux côtés du pied.

Parmi ceux qui n'ont pas d'ombilic, il y en a dont la columelle, en forme d'arc concave, se continue sans aucun ressaut avec le bord extérieur. C'est l'angle et l'avancement de ce bord qui les distingue des turbo (2).

---

(1) Ajoutez *trochus labeo*, Adans. Sénég. XII, List. 684, 42 ;—*troch. pharaonius*, List. 637, 25 ;—*tr. rusticus*, Chemn. V, CLXX, 1645-46 ; —*tr. nigerrimus*, ib. 47 ;—*tr. ægyptius*, id. CLXXI, 1663-4 ;—*tr. viridulus*, ib. 1677 ;—*tr. carneus*, ib. 1682 ;—*tr. albidus*, Born. XI, 19, 20 ;—*tr. asper*, Chemn. ib. CLXVI, 1582 ;—*tr. citrinus*, Knorr. Del. I, x. 7 ;—*tr. granatum*, Chemn. V, CLXX, 1654-55 ;—*tr. crocatus*, Born. XII, 11, 12 ;—*turbo atratus*, Chemn. V, CLXXVII, 1754-55 ;— *turbo dentatus*, id. CLXXVIII, 1767-8.

(2) *Troch. inermis*, Chemn. V, CLXXIII, 1712-13 ;—*tr. cookii*, id.

Plusieurs sont aplatis, à bord tranchant, ce qui les a fait comparer à des molettes d'éperon. Ce sont les CALCAR Montfort (1).

D'autres ont la columelle distinguée vers le bas par une petite proéminence ou vestige de dent pareille à celle des monodontes, dont ces trochus ne diffèrent que par l'angle de leur ouverture et l'avancement de leur bord. L'ouverture y est d'ordinaire à peu près aussi haute que large (2).

Quelques-uns l'ont, au contraire, beaucoup plus large que haute, et leur base concave les rapproche des calyptrées (3).

D'autres, où l'ouverture est aussi bien plus large que haute, ont la columelle en forme de canal spiral (4).

Ceux d'entre eux qui ont la coquille turriculée, se rapprochent des cerites (5).

Parmi les *trochus* ombiliqués, les uns n'ont pas non plus de ressaut à la columelle; la plupart sont aplatis, et ont l'angle extérieur tranchant.

CLXIV, 1551;—*tr. cœlatus*, id. CLXII, 1536-37;—*tr. imbricatus*, ib. 1532-33;—*tr. tuber*, id. CLXV, 1573-74;—*tr. sinensis*, ib. 1564-65;—*turbo pagodus*, id. CLXIII, 1541-42;—*turbo tectum—persicum*, ib. 1543-44.

(1) *Turbo calcar*, L. Chemn. V, CLXIV, 1552;—*t. stellaris*, id. 1553;—*t. aculeatus*, id. 1554-57.

(2) *Tr. granatum*, ib. 1654-55;—*tr. zyzyphinus*, CLXVI, 1592-98;—*tr. conus*, CLXVII, 1610;—*tr. maculatus*, CLXVIII, 1617-18;—*tr. americanus*, CLXII, 1534-35;—*tr. conulus*, Gualt. LXX, M.

(3) *Trochus concavus*, Chemn. V, CLXXVIII, 1620-21.

(4) *Trochus foveolatus*, Chemn. V, CLXI, 1516-19;—*tr. mauritianus*, id. CLXIII, 1547-48;—*fenestratus*, ib. 1549-50;—*tr. obeliscus*, CLX, 1510-12.

(5) *Trochus telescopium*, Chemn. V, CLX, 1507-9.

De ce nombre est

La *Frippière*. (*Trochus agglutinans*. L.) Chemn. V, CLXXII, 1688, 9.

Remarquable par son habitude de coller et d'incorporer même à sa coquille, à mesure qu'elle s'accroît, divers corps étrangers, tels que petits cailloux, fragmens d'autres coquilles, etc.; elle recouvre souvent son ombilic d'une lame testacée (1).

Il y en a cependant aussi, à bords arrondis;

Tel en est un petit, le plus commun sur nos côtes (*Tr. cinerarius*. L.) Chemn. V, CLXXI, 1686, verdâtre, rayé obliquement de violet.

D'autres, où la columelle a une proéminence vers le bas (2).

D'autres, où elle est crénelée sur sa longueur (3).

LES CADRANS. (SOLARIUM. Lam.)

Se distinguent des autres toupies par une spire en cône très-évasé, dont la base est creusée d'un ombilic extrêmement large, où l'on suit de l'œil les bords intérieurs de tous les tours marqués par un cordon crénelé (4).

C'est ici qu'il faut placer les coquilles complètement aquatiques, ou respirant par des branchies,

(1) Ajoutez *trochus indicus*, Chemn. V, CLXXII, 1697-98;—*troch. imperialis*, CLXXIII, 1714, et CLXXIV, 1715;—*tr. solaris*, ib. 1701, 1702, et 1716, 1717;—*tr. planus*, ib. 1721, 1722.

(2) *Tr. virgatus*, Chemn. V, CLX, 1514-15; —*tr. niloticus*, Chemn. V, CLXVII, 1605-7, CLXVIII, 1614;—*tr. vernus*, id. CLXIX, 1625-26;—*tr. inæqualis*, CLXX, 1636-37;—*tr. magus*, CLXXI, 1656-57;—*tr. conspersus*, Gualt. LXX, B.;—*tr. jujubinus*, CLXVII, 1612, 1613.

(3) *Tr. maculatus*, CLXVIII, 1615, 1616;—*tr. costatus*, CLXIX, 1634;—*tr. viridis*, CLXX, 1644;—*tr. radiatus*, ib. 1640-42.

(4) *Trochus perspectivus*, L. Chemn. V, CLXXII, 1691-96;—*tr. stramineus*, ib. 1699;—*tr. variegatus*, ib. 1708, 1709;—*tr. infundibuliformis*, ib. 1706, 1707?

qui appartenaient à l'ancien genre *helix*, c'est-à-dire, dans lesquelles l'avant-dernier tour forme, comme dans les helix, les lymnées, etc., une saillie convexe, qui donne plus ou moins à l'ouverture la figure d'un croissant. Nous les réunirons sous le nom commun de

Conchylie. (Conchylium. Cuv.)

Qui embrassera quatre sous-genres.

Les Ampullaires. (Ampullaria. Lam.)

Dont la coquille ronde et ventrue, à spire courte comme celle de la plupart des hélices, a son ouverture plus haute que large, munie d'un opercule, et sa columelle ombiliquée. Elles vivent dans les eaux douces des pays chauds. Leur animal n'a point encore été décrit; mais il est probable qu'il ressemble plus ou moins à celui des paludines (1).

Les Mélanies. (Melania. Lam.)

Ont une coquille plus épaisse, à ouverture plus haute que large, qui s'évase à sa partie opposée à sa spire. La columelle n'a ni repli ni ombilic; la spire varie beaucoup pour l'allongement.

Les mélanies vivent dans les rivières; mais il n'y en a point en France, et on ne connaît pas bien leur animal (2).

Les Phasianelles. (Phasianella. Lam.)

Dont la coquille oblongue comme celle de plusieurs lymnées et bulimes, et ayant de même son ouverture plus

---

(1) *Helix ampullacea*, L. List. 130,30;—*bulimus urceus*, Brug. List. 125, 25.

(2) *Hel. amarula*, L. Chemn. IX, CXXXIV, 1218, 1219;—*hel. fuscata*, id. CXXXV, 1229; — *hel. aspera*, id. CXXXVI, 1259-60. —

haute que large, est de plus munie d'un opercule, et a le bas de la columelle sensiblement aplati et sans ombilic.

Ce sont des espèces des mers des Indes, que leurs couleurs douces et agréablement nuancées font rechercher des amateurs. Leur animal a deux longs tentacules, les yeux portés sur deux tubercules de leur base extérieure, de doubles lèvres échancrées et frangées, ainsi que les ailes qui portent chacune trois filamens (1).

Il y en a où la columelle forme vers le bas un angle un peu saillant en dedans; leur coquille dépouillée de sa couche extérieure, est d'un beau nacre couleur d'émeraude (2).

Les Janthines. (Janthina. Lam.)

Dont la coquille assez semblable à celle de nos colimaçons terrestres, mais un peu anguleuse au bord externe, a sa columelle un peu prolongée au-delà du demi-ovale que formerait sans ce prolongement le bord extérieur. L'animal n'a point d'opercule, et porte sous son pied un organe vésiculaire semblable à une bulle d'écume, mais de substance solide, ce qui l'empêche de ramper, mais lui permet de flotter à la surface de l'eau. Sa tête en forme de trompe cylindrique, terminée par une bouche fendue verticalement et armée de petits crochets, porte de chaque côté un tentacule fourchu.

L'espèce commune, (*Helix Janthina*, L.) List. 572, 24, est une jolie coquille violette, très-abondante dans la Méditerranée. Quand on touche l'animal, il répand une liqueur épaisse d'un violet foncé, qui teint autour de lui l'eau de la mer.

Strombus auritus, Chemn. IX, CXXXVI, 1265-6.

(1) *Buccinum tritonis*, Chemn. IX, CXX, 1035, 1036;—*helix solida* Born. XIII, 18, 19.

(2) *Trochus rostratus*, Chemn. V, CLXI, 1524, 25;—*tr. iris*, ib. 1522-25 : ce sont les CANTHARIDES de Montf.

Les Nérites (Nerita. Lin.)

Sont les coquilles qui ont leur columelle en ligne droite, ce qui rend leur ouverture demi-circulaire ou demi-elliptique. Cette ouverture est généralement grande par rapport à la coquille, mais toujours munie d'un opercule qui la ferme complètement. La spire est presque effacée et la coquille demi-globuleuse.

Les Natices. (Natica. Lam.)

Sont des nérites à coquilles ombiliquées; celles dont on connaît l'animal ont un grand pied, des tentacules simples, portant les yeux à leur base et un opercule corné (1).

Les Nérites propres. (Nerita. Lam.)

N'ont point d'ombilic. Leur coquille est épaisse, leur columelle dentée, leur opercule pierreux; leur animal porte les yeux sur des pédicules à côté des tentacules, et n'a qu'un pied médiocre (2).

Les Néritines. Lam.

Ont la coquille sans ombilic, mince, l'opercule corné; elles vivent dans les eaux douces.

L'animal est comme dans les nérites propres. Le plus souvent leur columelle n'est pas dentée.

Nous en avons une petite agréablement variée en couleur, très-abondante dans nos rivières. (*Nerita fluviatilis.* L.) Chemn. IX, cxxiv, 188 (3).

---

(1) Voyez pour les espèces la première div. de Gmel. et Chemn. V, pl. clxxxvi-clxxxix.

(2) Voyez pour les espèces la troisième div. de Gmel. et Chemn. V, pl. clxxxx-clxxxxiii.

(3) Ajoutez *nerita turrita*, Chemn. IX, cxxiv, 1083.

Quelques unes y ont cependant de fines dentelures (1).

La deuxième famille des gastéropodes pectinibranches,

Ou les Buccinoïdes.

A une coquille spirale, dont l'ouverture a près de l'extrémité de la columelle une échancrure ou un canal pour le passage du syphon ou tuyau qui lui-même n'est qu'un repli prolongé du manteau.

Les Cornets. (Conus. L.)

Ainsi nommés de la forme conique de leur coquille; la spire, ou tout-à-fait plate ou peu saillante, forme la base du cône; sa pointe est à l'extrémité opposée; l'ouverture est étroite, étendue d'un bout à l'autre, sans renflement ni plis, soit au bord, soit à la columelle. L'animal est d'une minceur proportionnée à l'ouverture qui lui donne passage; ses tentacules et sa trompe s'allongent beaucoup; les premiers portent les yeux en dehors près de la pointe; l'opercule placé obliquement sur l'arrière de son pied, est étroit et trop court pour fermer toute l'ouverture de la coquille.

Les coquilles de ce genre ont généralement de très-belles couleurs, ce qui les a fait recueillir en

(1) *Nerita pulligera*, ib. Chemn. loc. cit. 1078-79;—*nerita virginea*, List. 604-606;—*nerita corona*, 1083-84.

grande abondance dans les cabinets. Nos mers n'en produisent que très-peu (1).

LES PORCELAINES. (CYPRÆA. L.)

Ont aussi la spire très-peu saillante, et l'ouverture étroite et s'étendant d'un bout à l'autre; mais leur coquille bombée au milieu et presque également rétrécie aux deux bouts, offre une forme ovale, et leur ouverture, dans l'animal adulte, est ridée transversalement à ses deux côtés. Le manteau est assez ample pour se recourber sur la coquille et l'envelopper; il la couvre à un certain âge d'une couche d'une autre couleur, en sorte que cette différence, jointe à la forme que prend l'ouverture, ferait prendre l'adulte pour une autre espèce. L'animal a des tentacules médiocres, portant les yeux à leur base externe, et un pied mince sans opercule.

Ce sont aussi des coquilles très-belles en couleurs, et dont on a beaucoup rassemblé dans les cabinets, quoiqu'elles viennent presque toutes des mers des pays chauds (2).

LES OVULES. (OVULA. Brug.)

Ont la coquille ovale et l'ouverture étroite et

---

(1) On peut voir sur les espèces de ce beau genre, l'article et les planches de Bruguières dans l'Encycl. méthod. ou il est parfaitement décrit et représenté, et l'énumération encore plus complète qu'en a faite M. de Lamarck, Ann. Mus., tome XV.

(2) Voyez pour les espèces le genre *cypræa* de Gmel. et les figures recueillies par Bruguières pour l'Encyclopédie.

longue comme les porcelaines; mais sans rides du côté de la columelle; la spire est cachée, et les deux bouts de l'ouverture à peu près également échancrés ou également prolongés l'un et l'autre en canal. Linnæus les confondait avec les bulles dont Bruguières les a séparées avec raison. Leurs animaux sont inconnus.

M. de Montfort appelle en particulier OVULES, celles où le bord extérieur est ridé en travers (1).

Il nomme NAVETTES (VOLVA) celles où les deux bouts de l'ouverture se prolongent en canal, et où le bord extérieur lui-même n'est pas ridé (2).

Quand ce bord extérieur n'est pas ridé, ni les extrémités de l'ouverture prolongées, il les appelle CALPURNES (3).

LES TARIÈRES. (TEREBELLUM. Lam.)

Ont la coquille oblongue, l'ouverture étroite, sans plis ni rides, et s'élargissant uniformément jusqu'au bout opposé à la spire; laquelle est plus ou moins saillante selon les espèces (4). On ne connaît pas leurs animaux.

LES VOLUTES. (VOLUTA, Lin.)

Varient pour la forme de la coquille et pour celle de l'ouverture; mais se reconnaissent à l'é-

---

(1) *Bulla ovum*, L. List. 711, 65.

(2) *Bulla volva*, L. List. 711, 63.

(3) *Bulla verrucosa*, L. List. 712,67, dont nous ne séparons pas les ULTIMES Montf.; ou *bulla gibbosa*, L. List. 711, 64.

(4) *Conus terebellum*, L.

chancrure sans canal qui la termine et à des plis saillans et obliques de leur columelle.

Bruguières en avait d'abord séparé

Les Olives. (Oliva. Brug.)

Ainsi nommées à cause de la forme oblongue de leur coquille, dont l'ouverture est étroite, et les plis de la columelle nombreux et semblables à des stries. Ces coquilles ne le cèdent point en beauté aux porcelaines (1).

Le reste du genre volute, a été ensuite subdivisé en cinq par M. de Lamarck.

Les Volutes propres. (Voluta. Lam.)

Ont l'ouverture ample, et la columelle marquée de quelques gros plis, dont le plus éloigné de la spire est le plus fort. Leur spire varie beaucoup en saillie.

Les unes (Cymbium. Montf.) ont le dernier tour ventru, leur animal a un très-grand pied charnu sans opercule, et sur la tête un voile duquel sortent les tentacules. Les yeux sont sur ce même voile en dehors des tentacules. Ces coquilles deviennent très-grandes, et plusieurs sont fort belles (2).

D'autres (Voluta. Montf.) ont le dernier tour en cône, se rétrécissant au bout opposé à la spire (3).

---

(1) *Voluta porphyria*, *vol. oliva*, et en général toutes les volutes cylindroïdes de Gmel., 3438 et suivantes.

(2) *Vol. æthiopica*, List. 797, 4;—*v. cymbium*, 796, 3, 800, 7;—*v. olla*, 794, 1;—*v. Neptuni*, 802, 8;—*v. navicula*, 795, 2;—*v. papillaris*, Séb. III, LXIV, 9;—*v. indica*, Martini, III, LXXII, 772, 773;—*v. cymbiola*, Chemn. X, CXLVIII, 1385, 1386;—*v. præputium*, List. 798, 1;—*v. spectabilis*, Davila, I, VIII, S.

(3) *Voluta musica*, List. 805, 14, 806, 15;—*v. scapha*, 799, 6;—*v. vespertilio*, 807, 16, 808, 17;—*v. hebræa*, 809, 18;—*v. vexillum*, Martini, III, CXX, 1098;—*v. flavicans*, ib. XCV, 922, 923;—*v. undulata*, Lam. Ann. Mus. etc.

LES MARGINELLES. (MARGINELLA. Lam.)

Avec les formes des volutes conoïdes, ont le bord extérieur de l'ouverture garni d'un bourrelet. Leur échancrure est peu marquée. Selon Adanson, leur animal a aussi le pied très-grand et manque d'opercule. Il recouvre en partie la coquille en relevant les lobes de son manteau. Ses tentacules portent les yeux sur le côté externe de leur base (1).

M. de Lamarck en distingue encore les COLOMBELLES (COLOMBELLA.) dont les plis sont nombreux et le bourrelet du bord externe renflé dans son milieu (2).

LES MITRES. (MITRA. Lam.)

Dont l'ouverture oblongue a quelques gros plis à sa columelle, et le plus voisin de la spire le plus gros. Leur spire est généralement pointue et allongée; plusieurs espèces sont brillamment tachetées de rouge sur un fond blanc (3).

LES CANCELLAIRES. (CANCELLARIA. Lam.)

Dont le dernier tour est ventru et l'ouverture ample et

---

(1) *Voluta glabella*, Adans. IV, genre X, 1;—*voluta faba*, ib. 2; —*vol. prunum*, ib. 3;—*vol. persicula*, ib. 4, et en général toute la pl. XLII, vol. II de Martini;—*vol. marginata*, Born. IX, 5-6.

(2) *Voluta mercatoria*, List. 824, 43;—*vol. rustica*, List. 824, 44;—*vol. mendicaria*, et presque toute la pl. XLIV de Martini, vol. II.

(3) Telles sont *vol. episcopalis*, List. 839, 66;—*vol. papalis*, ib. 67; et 840, 68;—*vol. cardinalis*, 838, 65. Ajoutez *vol. patriarchalis*, *vol. pertusa*, 822, 40;—*vol. vulpecula*, Martini, IV, CXLVIII, 1366;—*vol. plicaria*, List. 820, 37;—*vol. sanguisuga*, List. 821, 8; —*vol. caffra*, Martini, IV, CXLVIII, 1369, 1370;—*vol. acus*, id. CLVII, 1493, 1494;—*vol. scabricula*, id. CXLIX, 1388-89;—*vol. maculosa*, ib. 1377;—*vol. nodulosa*, ib. 1385;—*vol. spadicea*, id. CL, 1392;—*v. aurantia*, ib. 1393-94;—*v. decussata*, 1395;—*v. tunicula*, 1376.

ronde, et où le bord interne forme une plaque sur la columelle. Leur spire est saillante, pointue, et leur surface généralement marquée de sillons croisés (1).

LES BUCCINS. (BUCCINUM. L.)

Comprennent toutes les coquilles non plissées à la columelle, munies d'une échancrure, ou d'un canal court infléchi vers la gauche.

Bruguières en a fait les quatre genres des buccins, des pourpres, des casques et des vis, dont MM. de Lamark et Montfort ont encore subdivisé une partie.

LES BUCCINS. (BUCCINUM. Brug.)

Comprennent les coquilles échancrées sans aucun canal, dont la forme générale est ovale, ainsi que celle de l'ouverture. Tous ceux de leurs animaux qu'on connaît manquent de voile à la tête, et ont une trompe, deux tentacules écartés, portant les yeux sur le côté externe et un opercule cor é

M. de Lamark réserve spécialement ce nom de BUCCIN (BUCCINUM. Lam.) à celles dont la columelle est convexe et nue, et le bord sans rides ni bourrelet. Leur verge est souvent excessivement grande (2).

---

(1) *Voluta cancellata*, L. Adans. VIII, 16;—*vol. reticulata*, List. 830, 25.

(2) *Buccinum undatum*, L. List. 962, 14;—*bucc. glaciale*, L.;—*bucc. anglicum*, List. 963, 17;—*bucc. porcatum*, Martini, IV, CXXVI, 1213, 1214;—*bucc. lævissimum*, id. CXXVII, 1215-16;—*b. igneum*, ib. 1217;—*bucc. carinatum*, Phips, Voy. XII, 2;—*b. solutum*, Naturf. XVI, II, 3-4;—*bucc. strigosum*, Gm. n°. 108, Bonan. III, 38;—*bucc. glaberrimum*, Martini, IV, CXXV, 1177, 1182;—*bucc. strigosum*, n°. 76, ib. 1183, 1188;—*bucc. obtusum*, ib. 1193;—*bucc. coronatum*, CXXI, 1115, 1116.

Il nomme

EBURNES. (EBURNA. Lam.)

Celles qui joignent à une coquille lisse et sans rides au bord, une columelle largement et profondément ombiliquée (1).

Il nomme

TONNES. (DOLIUM.)

Celles où des côtes saillantes longitudinales rendent le bord ondulé; le tour inférieur y est ample et ventru. M. Montfort divise encore les Tonnes

En TONNES propres, où le bas de la columelle est comme tordu (2).

Et en PERDRIX, où il est tranchant (3).

LES HARPES. (HARPA. Lam.)

Se reconnaissent à des côtes saillantes transversales, dont la dernière forme un bourrelet au bord (4).

LES NASSES. (NASSA. Lam.)

Ont le côté de la columelle recouvert par une plaque plus ou moins large et épaisse, et l'échancrure profonde, mais sans canal (5).

---

(1) *Buccinum glabratum*, List. 974, 29;—*b. spiratum*, List. 981, 41;—*bucc. zeylanicum*, Martini, IV, CXXII, 1119.

(2) *Bucc. olearium*, List. 985, 44;—*bucc. galea*, List. 898, 18; —*bucc. dolium*, List. 899, 19;—*bucc. fasciatum*, Brug. Martini, III, CXVIII, 1081;—*bucc. pomum*, id. II, XXXVI, 370, 371.

(3) *Bucc. perdix*, List. 984, 43.

(4) *Buccinum harpa*, L. et les autres espèces long-temps confondues avec celle-là. Lister, 992, 993, 994; Martini, III, CXIX;—*bucc. costatum*, ib.

(5) *Buccinum arcularia*, List. 970, 24, 25; — *bucc. pullus* List. 971, 26;—*b. gibbosulum*, List. 972, 27, et 973, 28;—*bucc. tessulatum*, List. 975, 30;—*b. fossile*, Martini, III, XCXIV, 912, 914;

Les Pourpres. (Purpura. Brug.)

Se reconnaissent à une columelle aplatie, tranchante vers le bout opposé à la spire, et y formant, avec le bord externe, un canal creusé dans la coquille, mais non saillant. Ils étaient épars parmi les buccins et les murex de Lin. Leur animal ressemble à celui des murex (1).

Des coquilles appartenantes aux pourpres, mais où l'on voit une épine saillante au bord externe de l'échancrure, forment le sous-genre Licorne. (Monoceros. Montf.) (2).

D'autres coquilles appartenantes aux pourpres, où la columelle et le bord sont garnis, dans l'adulte, de dents qui rétrécissent l'ouverture, forment les Sistres. Montf. (Ricinelles. Lam.) (3).

Les Casques. (Cassis. Brug.)

Ont la coquille ovale, l'ouverture oblongue ou étroite, la columelle recouverte d'une plaque comme les nasses et cette plaque ridée transversalement ainsi que le bord externe; leur échancrure finit en un canal court, replie et

---

bucc. marginatum, id. cxx, 1101, 1102;—*bucc. reticulatum*, List. 966, 21;—*bucc. vulgatum*, Martini, IV, cxxiv, 162-66;—*bucc. stolatum*, ib. 1167-69;—*bucc. glans*, List. 981, 40; — *bucc. papillosum*, List. 969, 23;—*bucc. nitidulum*, Mart. IV, cxxv, 1194, 1195.

(1) *Buccinum persicum*, List. 987, 46-47;—*b. patulum*, id. 989, 49; — *bucc. hæmastoma*, id. 988, 48; — *b. trochlea*, *b. lapillus*, id. 965, 18, 19, *murex fucus*, id. 990, 50; — *mur. hystrix*, Martini, III, ci, 974, 975;—*mur. mancinella*, List. 956, 7, 8, 957, 9-10; —*mur hipppocastanum*, List. 955, 896, 990, 991.

(2) *Buccinum monodon*, Gm. Martini; III, lxix, 761; — *bucc. narval*, Brug. —*bucc. unicorne*, id.

(3) *Murex ricinus*, L. Séb. III, lx, 37, 39, 42;—*mur. neritoideus*, Gm. n°. 43, List. 804, 12-13.

comme retroussé en arrière et vers la gauche. Il y a souvent des varices. Leur animal ressemble à celui des buccins; mais son opercule corné est dentelé pour passer entre les rides du bord externe.

Les uns ont le bourrelet du bord dentelé extérieurement vers l'échancrure (1).

Les autres ont ce bourrelet sans dentelures (2).

LES HEAUMES. (MORIO. Montf. CASSIDAIRES. Lam.)

Séparés des casques par M. de Montfort, ont la queue plus droite et conduisent tout-à-fait à certains murex. L'animal ressemble à celui des buccins (3).

LES VIS. (TEREBRA. Brug.)

Ont l'ouverture, l'échancrure et la columelle des buccins proprement dits; mais leur forme générale est turriculée, c'est-à-dire que leur spire est très-allongée en pointe (4).

LES CERITHES. Adans. (CERITHIUM. Brug.)

Démembrés avec raison des MUREX de Lin., ont une coquille à spire turriculée, c'est-à-dire très-

---

(1) *Buccinum vibex*, Martini, II, xxxv, 364, 365; — *bucc. glaucum*. List. 996, 60; — *bucc. erinaceus*, List. 1015, 73.

(2) Les *buccinum* de la deuxième div. de Gmel. exceptés les *b. echinophorum*, *strigosum*, n°. 26, et *tyrrhenum*, qui sont des cassidaires. Il faut aussi remarquer que parmi les vrais casques, Gmelin paraît avoir fait plusieurs doubles emplois.

(3) *Buccinum caudatum*, L. List. 940, 36; — *bucc. echinophorum*, List. 1003, 68; — *bucc. strigosum*, Gm. n°. 26, List. 1011, 71, f. — *bucc. tyrrhenum*, Bonann. III, 160.

(4) Toute la dernière subdivision des *buccinum* de Gmel.

élevée en pointe, l'ouverture ovale et un canal court, mais bien prononcé et recourbé à gauche ou en arrière. Leurs animaux portent un voile sur la tête, deux tentacules écartés ayant les yeux sur le côté, et un opercule rond et corné.

On en trouve beaucoup parmi les fossiles (1).

M. Brongniart a distingué des cérithes,

LES POTAMIDES.

Qui, avec la même forme de coquille, ont un canal très-court, à peine échancré, point de gouttière au haut du bord droit, et la lèvre extérieure dilatée. Elles vivent dans les rivières ou au moins à leur embouchure, et l'on en trouve quelques-unes fossiles dans des terrains où il n'y a d'ailleurs que des espèces de terre ou d'eau douce (2).

LES ROCHERS. (MUREX. L.)

Comprennent toutes les coquilles à canal saillant et droit (3). J'ai trouvé aux animaux de tous les sous-

---

(1) *Murex vertagus*, List. 1020, 83—*m. aluco*, List. 1025, 87;—*mur. annularis*, Martini, IV, CLVII, 1486;—*mur. cingulatus*, ib. 1492; —*mur. terebella*, id. CLV, 1458, 9;—*mur. fuscatus*, Gualt. 56. H.;— —*mur. granulatus*, Martini IV, CLVII, 1483;—*mur. moluccanus*, ib. 1484, S. etc. et cette quantité d'espèces fossiles décrites par M. de Lamarck, Ann. Mus.

(2) Voyez Brong. Ann. Mus. XV, 367. On doit mettre dans ce sous-genre, *cerithium atrum*, Brug. List. pl. 115, f. 10;—*cer. palustre*, ib. 836, f. 62;—*c. muricatum*, ib. 121, f. 17, etç. et parmi les fossiles, la *potamide lamark*. Brongn. loc. cit. pl. XXII, f. 3.

(3) Encore Linnæus y joignait plusieurs *pourpres* dont le canal n'est pas saillant, et toutes les *cérithes* où il est recourbé.

genres une trompe, des tentacules rapprochés, longs, portant les yeux sur le côté externe ; un opercule corné et point de voile à la tête ; Bruguières les divise en deux genres, subdivisés ensuite par MM. Lamark et Montfort.

Les Murex. Brug.

Sont toutes les coquilles à canal saillant et droit, et à varices transverses (1).

M. Lamarck réserve en particulier ce nom à celles où les varices ne sont pas contiguës sur deux rangs opposés.

Si leur canal est long et grêle, et leurs varices armées d'épines, ce sont les Murex proprement dits. Montf. (2).

Quand avec ce long canal ils ne portent que des varices noueuses, ce sont les Brontes du même (3).

Quelques-uns à canal médiocre ont entre des varices épineuses, des tubes saillans qui pénètrent dans la coquille. Ce sont les Typhis. Montf. (4).

Lorsque, au lieu d'épines, les varices sont garnies de feuilles plissées, déchiquetées ou divisées en branches, ce sont les Chicoracés. Montf (5). Leur canal est long ou me-

---

(1) Les varices sont des bourrelets saillans, dont l'animal borde sa bouche chaque fois qu'il interrompt l'accroissement de sa coquille.

(2) *Murex tribulus*, Lister. 902, 22 ;—*mur. brandaris*, List. 900, 20 ;—*mur. cornutus*, List. 901, 21 ;—*mur. senegalensis*, Gm., et le *costatus* du n°. 86, Adans. Sénég. VIII, 19.

(3) *Mur. haustellum*, List. 903, 23 ;—*mur. caudatus*, Martini, Conch. III, f. 1046, 1049 ;—*mur. pyrum*.

(4) *Mur. tubifer*, Roissy, Brug. Journ. d'Hist. nat. I, XI, 3. Montfort, 614.

(5) *Mur. ramosus*, List. 946, 41, et toutes ses variétés ; Martini, III, CV, CX, CXI ;—*Mur. scorpio*, Martini, CVI ;—*Mur. saxatilis*, Martini, CVII, CVIII ; et plusieurs autres non encore assez bien caractérisées.

diocre, et leurs productions foliacées varient à l'infini en figure et en complication.

Quand avec un canal médiocre ou court, les varices sont seulement noueuses, et que la base a un ombilic, ce sont les AQUILLES. Montf. Nous en avons plusieurs sur nos côtes (1).

S'il n'y a pas d'ombilic, ce sont ses LOTORIUMS (2).

Enfin quand le canal est court, la spire élevée et les varices simples, ce sont les TRITONIUM. Leur bouche est généralement ridée en travers sur ses deux bords. Nous en avons de fort grands dans nos mers (3).

Il y a quelquefois des varices nombreuses, comprimées, presque membraneuses. Ce sont les TROPHONES. Montf. (4).

D'autrefois elles sont très-comprimées, très-saillantes, et en petit nombre (5).

M. de Lamarck sépare de tous les murex de Bruguières,

LES RANELLES. (RANELLA. Lam.)

Dont le caractère est d'avoir les varices opposées, en sorte que la coquille en est comme bordée de deux côtés.

---

(1) *Murex cutaceus*, L. Séb. III, XLIX, 63, 64; — *mur. trunculus*, Martini, III, CIX, 1018, 20; — *mur. miliaris*, id. III. Vign. 36, 1-5; — *mur. pomum*, Adans. IX, 22; — *murex decussatus*, ib. 21.

(2) *Mur. lotorium*, L. Martini, IV, CXXX 1246-9; — *mur. femorale*, id. CXI, 1039; — *mur. triqueter*, Born. XI, 1, 2; — *mur. melanomathos*, Martini, III, CVIII, 1015.

(3) *Mur. tritonis*, L. List. 959, 12; — *mur. maculosus*, Martini, IV, CXXXII, 1257, 1258; — *mur. australis*, Lam. Martini, IV, CXXXVI, 1284; — *mur. pileare*, Martini, IV, CXXX, 1243, 48, 49; — *mur. argus*, Martini, IV, CXXXI, 1255, 1256; — *mur. rubecula*, id. CXXXII, 1259, 1267.

(4) *Murex magellanicus*, Martini, IV, CXXXIX, 1297.

(5) *Mur. tripterus*, Born. X, 18, 19; — *mur. obeliscus*, Martini, III CXI, 1033, 1037.

Leur canal est court, et leur surface n'est hérissée que de tubercules. Les bords de leur ouverture sont ridés (1).

Les Apolles. Montf., ne sont que des ranelles ombiliquées (2).

Les Fuseaux. (Fusus. Brug.)

Sont toutes les coquilles à canal saillant et droit, qui n'ont point de varices.

Quand la spire est saillante, la columelle sans plis, et le bord entier, ce sont les Fuseaux proprement dits. Lam., que Montfort divise encore : lorsqu'ils manquent d'ombilic, il leur réserve le nom de Fuseau (3). Les moins allongés et les plus ventrus se rapprochent par degrés de la forme des buccins (4). Lorsqu'ils ont un ombilic, M. Montfort les appelle Lathires (5).

Quand la spire est saillante, la columelle sans plis, et qu'il y a dans le bord vers la spire une petite entaille ou

---

(1) *N. B.* Ce sont les *mur. bufo*, Montf. 574 ; — *mur. rana*, List. 995, 28 ; — *mur. reticularis*, List. 935, 30 ; — *mur. affinis*, et les especes ou variétés de Martini, 1229, 30, 31, 32, 33, 34 ; 1269, 70, 71, 72, 73, 74, 75, 76.

(2) *Murex gyrinus*, List. 939, 34.

(3) *Mur. cochlidium*, Séb. III, LII, 6 ; — *mur. morio*, List. 928, 22 ; — *mur. canaliculatus*, Martini, III, LXVII, 742-43 ; — *mur. candidus*, Martini, IV, CXLIV, 1339 ; — *mur. ansatus*, id. ib. 1340 ; — *mur. lævigatus*, Martini, CXLI, 1319, 1320 ; — *mur. longissimus*, ib. 1344 ; — *mur. undatus*, ib. 1343 ; — *mur. colus*, L. List. 917, 10 ; — *mur. striatulus*, ib. 1351-52 ; — *mur. pusio*, List. 914, 7 ; — *mur. verrucosus*, ib. 1349-50, etc. et les nombreuses espèces fossiles décrites par M. de Lam.

(4) *Mur. islandicus*, Martini, IV, CXLI, 1312, 1313, etc. — *mur. antiquus*, ib. CXXXVIII, 1294, et List. 962, 15 ; — *mur. despectus*, Mart. 1295.

(5) *Mur. vespertilio*, id. CXLII, 1323, 24.

échancrure bien marquée, ce sont les PLEUROTOMES. Lam. (1).

Quand la spire est peu marquée, aplatie ou arrondie, et la columelle sans plis, ce sont les PYRULES de Lam. Il y en a d'ombiliquées (2) et de non ombiliquées (3).

Parmi ces démembremens des fuseaux de Bruguières, les FASCIOLAIRES Lam. se distinguent par des plis obliques au bas de la columelle (4).

Montfort sépare encore de ces fasciolaires les espèces à spire aplatie, et qui ont des stries en dedans, vers la lèvre, et les nomme CARREAUX (FULGUR.) (5). Leurs plis sont quelquefois à peine sensibles. Ce sont en quelque sorte des pyrules à columelle plissée.

LES TURBINELLES. (TURBINELLA. Lam.)

Sont encore des coquilles à canal droit, sans varices,

---

(1) *Murex babilonius*, L. List. 917, 11; — *mur. javanus*, Mart. IV, 1338, et les 25 espèces fossiles décrites par M. de Lamarck, Ann. Mus.

(2) *Murex rapa*, Martini, III, LXVIII, 750, 753; — *buccinum bezoar*, Gm. Martini, III, LXVIII, 754, 755.

(3) *Bulla ficus*, L. List. 750, 46; — *murex ficus*, ib. 741.

(4) *Murex tulipa*, L. List. 910, 911; — *mur. trapezium*, List. 931, 26; — *mur. polygonus*, List. 922, 15; — *mur. infundibulum*, List. 921, 14; — *mur. striatulus*, Martini, IV, CXLVI, 1351-52; — *mur. versicolor*, ib. 1348; — *mur. pardalis*, id. CXLIX, 1384; — *mur. costatus*, Knorr. Petrif. C, II, 7; — *mur. craticulatus*, Rodnel. 89. — *mur. lancea*, Martini, IV, CXLV, 1347.

(5) *Murex perversus*, L. List. 907, 27; — *mur. aruanus*, List. 908, 28; — *mur. canaliculatus*, Martini, III, LXVI, 738-740, et LXVII, 742, 3; — *mur. spirillus*, Martini, III, CXV, 1069; — *pirula corniculata*, Lam. Montf. 502, qui me paraît le même que *mur. carica*, Martini, III, LXVII, 744.

reconnaissables à de gros plis transverses à leur columelle, qui les rapprochent beaucoup des volutes coniques ; elles n'en diffèrent proprement que par l'allongement de leur ouverture en une espèce de canal (1), et la limite entre les unes et les autres n'est pas aisée à tracer.

LES STROMBES. (STROMBUS. L.)

Comprennent les coquilles à canal droit ou infléchi vers la droite, dont le bord externe de l'ouverture se dilate avec l'âge, mais en conservant toujours un sinus vers le canal, sous lequel passe la tête quand l'animal s'étend.

La plupart ont ce sinus à quelque distance du canal.

M. de Lamarck subdivise ces espèces-là en deux sous-genres.

LES STROMBES propres. (STROMBUS. Lam.)

Où le bord se dilate en une aile plus ou moins étendue, mais non divisée en doigts. Leur pied est petit à proportion, et leurs tentacules portent les yeux sur un pédicule latéral plus grand que le tentacule même. L'opercule est corné, long et étroit (2).

---

(1) *Murex scolymus*, Martini, IV, CXLII, 1325 ; — *voluta pyrum*, Martini, III, XCV, 916, 917 ; — *voluta ceramica*, List. 829, 51 ; — *vol. turbinellus*, List. 811, 20 ; — *voluta capitellum*, List. 810, 19.

(2) Presque tous les strombes compris dans la deuxième et la troisième division de Gmel., en observant qu'il y a plusieurs doubles emplois occasionnés par les divers dégrés de développement du bord externe.

LES PTÉROCÈRES. Lam.

Ont le bord divisé dans l'adulte, en digitations longues et grêles, variant, pour le nombre, selon les espèces (1).

D'autres strombes ont le sinus du bord externe contigu au canal. Ce sont

LES ROSTELLAIRES. (ROSTELLARIA. Lam.)

Elles ont généralement un second canal remontant le long de la spire, et formé par le bord externe et par une continuation de la columelle.

Dans quelques-unes, le bord est encore digité. Leur animal ressemble à celui des murex, mais ne porte qu'un très-petit opercule (2).

D'autres n'ont au bord que des dentelures. Leur canal est long et droit (3).

D'autres encore ont ce bord entier.

Ce sont les HIPPOCRÈNES. (HIPPOCRÈNES. Mont. (4).

La troisième famille des gastéropodes pectinibranches ne comprend que le genre

---

(1) *Strombus lambis*, Rondel. 79; Martini, III, LXXXVI, 855; — *str. chiragra*, List. 870; —*str. millepeda*, List. 868, 869; —*str. scorpius*, List. 867.

(2) *Strombus pes pelecani*, L. List. 865, 866.

(3) *Strombus fusus*, L. List. 854, 11, 12, 916, 9.

(4) *Strombus amplus*, Brander, Foss. Hant. VI, 76, ou *rostellaria macroptera*, Lam. — *str. fissurella*, Martini, IV, CLVIII, 1498-99, etc.

Des Sigarets.

Qui ont la coquille à spire aplatie, à ouverture ample et ronde des haliotides, mais sans trous, de couleur matte, et cachée pendant la vie dans l'épaisseur d'un bouclier fongueux qui la déborde de beaucoup, ainsi que le pied, et qui est le véritable manteau. On y remarque en avant une échancrure et un demi canal qui servent à conduire l'eau dans la cavité branchiale, mais dont la coquille ne porte aucune empreinte. Les tentacules sont coniques et portent les yeux à leur base extérieure; la verge du mâle est très-grande (1). Ces mollusques viennent des mers chaudes.

SIXIÈME ORDRE DES GASTÉROPODES.

LES SCUTIBRANCHES.

Comprennent un certain nombre de gastéropodes assez semblables aux pectinibranches, pour la forme et la position des branchies, ainsi que pour la forme générale du corps, mais où les sexes sont réunis, de manière toutefois qu'ils se fécondent eux-mêmes. Leurs

---

(1) *Helix halyotoidea*, Gm. Adans. Sen. II, 2; Martini, I, XVI, 151, 154; Chemn. X, CLXV, 1598, 1599.

N. B. Que ce n'est point du tout le *bulla velutina* de Mull. Zool. Dan. CI, 1, 4, qui ne me paraît qu'un cabochon.

coquilles sont très-ouvertes, sans opercule, et le plus grand nombre ne sont même aucunement turbinées, en sorte qu'elles couvrent ces animaux et surtout leurs branchies, comme ferait un bouclier. Le cœur est traversé par le rectum et reçoit le sang par deux oreillettes comme dans le plus grand nombre des bivalves.

Les Ormiers. (Halyotis. L.)

Sont le seul genre de cet ordre qui ait sa coquille turbinée, et parmi ces sortes de coquilles la leur se reconnaît à l'excessive ampleur de son ouverture, à son aplatissement, et à la petitesse de sa spire qu'on voit par le dedans. Cette forme l'a fait comparer à l'oreille d'un quadrupède.

Les Haliotides propres. (Halyotis. Lam.)

Ont en outre une série de trous perçant la coquille le long du côté de la columelle, et dont les derniers servent au passage de quelques tentacules situés aux bords de la cavité branchiale; lorsque le dernier trou n'est pas encore terminé, il donne à la coquille l'air d'être échancrée. L'animal est un des gastéropodes les plus ornés. Tout autour de son pied, et jusque sur sa bouche, règne, du moins dans les espèces les plus communes, une double membrane découpée en feuillages, et garnie d'une double rangée de filets; en dehors de ses longs tentacules, sont deux pédicules cylindriques pour porter les yeux. Le manteau est profondément fendu au côté droit, et l'eau qui passe par les trous de la coquille peut, au travers de cette fente, pénétrer dans la cavité branchiale; le long de ses bords sont encore trois ou quatre filets, que l'animal peut aussi faire sortir par ces trous. La bouche est une trompe courte (1).

LES PADOLLES. (Montf. II, 114.)

Ont la coquille presque circulaire, presque tous les trous oblitérés, et un sillon profond qui suit le milieu des tours, et se marque en dehors par une arête saillante (2).

LES STOMATES. Lam.

Ont la coquille plus creuse, à spire plus saillante, et manquant de trous; mais ressemblant du reste à celle des halyotides, qu'ils lient ainsi avec celle de certains turbo. On ne connaît point leur animal, et il ne serait pas impossible qu'ils appartinssent aux pectinibranches (3).

LES CABOCHONS. (CAPULUS. Montf.)

Ont une coquille conique, à sommet se recourbant un peu en commencement de spirale, qui les a longtemps fait placer parmi les patelles; leurs branchies sont sur une rangée sous le bord antérieur de la cavité branchiale; leur trompe est assez longue; sous leur col est un voile membraneux très-plissé; ils ont deux tentacules coniques portant les yeux à leur base extérieure (4).

LES CRÉPIDULES. (CREPIDULA. Lam.)

Aussi démembrées des patelles, ont une coquille à base ovale, a pointe obtuse couchée, dirigée obli-

(1) Toutes les *halyotis* de Gmel., exceptés *imperforata*, *perversa*.

(2) Le *padolle briqueté*, Montf. loc. cit.

(3) *Halyotis imperforata*, Gm. Chemn. X, CLXVI, 1600-1601.

(4) *Patella hungarica*, List. 544, 32; — *pat. calyptra*, Chemn. X, CLXIX, 1643-44?

quement en arrière et de côté, à moitié fermée en dessous et en arrière par une lame horizontale. Le sac abdominal contenant les viscères est sur cette lame ; le pied dessous, la tête et les branchies en avant. Les branchies consistent en une rangée de longs filamens attachés sous le bord antérieur de la cavité branchiale. Deux tentacules coniques portent les yeux à leur base extérieure (1).

Les genres suivans encore démembrés des patelles ont la coquille symétrique, ainsi que la position du cœur et des branchies.

Les Fissurelles. (Fissurella. Lam.)

Ont un large disque sous le ventre, comme les patelles, une coquille conique placée sur le milieu du dos, mais ne le recouvrant pas toujours en entier, percée à son sommet d'une petite ouverture qui sert à la fois de passage aux excrémens et à l'eau nécessaire à la respiration. Cette ouverture pénètre dans la cavité des branchies située sur le devant du dos, et dans le fond de laquelle donne l'anus ; cavité qui est d'ailleurs largement ouverte au-dessus de la tête. Il y a de chaque côté et symétriquement un peigne branchial ; les tenta-

(1) *Patella fornicata*, List. 545, 33, 35 ;—*p. aculeata*, Chemn. X, CLXVIII', 1624-25 ;—*p. goreensis*, Martini, I, XIII, 131, 132 ;—*p. solea*, Naturf. XVIII, II, 15 ;—*p. crepidula*, Adans. Séneg. I, II, 9 ;—*pat. porcellana*, List. 545, 34.

cules coniques portent les yeux à leur base extérieure. Les côtés du pied sont garnis d'une rangée de filets (1).

Les Emarginules. Lam.

Ont exactement la même structure que les fissurelles, si ce n'est qu'au lieu d'un trou à leur sommet, leur manteau et leur coquille ont une petite fente ou échancrure à leur bord antérieur, qui pénètre de même dans la cavité branchiale; les bords du manteau enveloppent et couvrent en grande partie ceux de la coquille; les tentacules coniques portent les yeux sur un tubercule de leur base extérieure. Les bords du pied sont garnis d'une rangée de filets (2).

Les Septaires. Féruss. Navicelles. Lam. (Cimber. Montf. 82.)

Ressemblent aux crépidules, excepté que leur sommet est symétrique, couché sur le bord postérieur, et leur lame horizontale moins saillante; l'animal a de plus une plaque testacée mobile, anguleuse, cachée dans le dos de son sac abdominal (3). Elles vivent dans les rivières des pays chauds.

---

(1) Toutes les patelles de la cinquième division de Gmel. exceptée *pat. fissura*; entre autres *pat. græca*, List. 527, 1-2;—*p. nimbosa*, List. 528, 4.

(2) *Patella fissura*, L. List. 543, 28, etc. Le Palmaire, Montf. 70, doit peu s'éloigner de ce genre.

(3) *Patella neritoidea*, List. 545, 36, et Naturf. XIII, v, 1? *Pat. borbonica*, Bory St.-Vincent, Voy. I, xxxvii, 2.

Les Carinaires. (Carinaria. Lam.)

Paraissent aussi devoir prendre ici leur place.

Leur animal a sous le ventre, au lieu d'un disque propre à ramper, une partie musculeuse et comprimée qui lui sert de nageoire. Sa coquille conique, à pointe légèrement infléchie en arrière, est loin de pouvoir le couvrir en entier; elle est attachée sur les branchies vers la partie postérieure du dos, et tombe facilement. La tête est garnie de quelques tubercules, et de chaque côté d'un tentacule à la base duquel est l'œil. La bouche peut saillir en forme de trompe. La peau de ces animaux est presque gélatineuse, et a sous elle une couche fibreuse très-robuste, qui lorsqu'on les prend se contracte au point de déchirer le corps et d'en faire sortir les intestins.

La *Carinaire vitrée*. Lam. (*Argonauta vitreus*. Gmel.) Martini. I. XVIII. 163.

A une coquille transparente, marquée de rides circulaires, et d'une crête longitudinale saillante en avant; elle vient de la mer des Indes; mais on trouve des espèces voisines et plus petites dans la Méditerranée et dans l'Océan. Telle est la *Carinaire fragile*. Bory Saint-Vincent. Voy. aux isles d'Afr. I, 142, pl. VI, f. 4 (1).

Nous laissons à la suite des scutibranches, mais avec doute, faute de connaître leur animal,

(1) Je ne doute pas qu'il ne faille rapporter à des individus mutilés de diverses carinaires, les *pterotrachœa* de Forsk. et Gmel. ou les *firoles* de Brug. et de Péron.

Les Calyptrées. Lam.

Qui ont une coquille en cône, dans le creux de laquelle est une petite lame saillante en dedans, qui fait comme un commencement de columelle, et s'interpose dans un repli du sac abdominal.

Les unes ont cette lame adhérente au fond du cône, ployée elle-même en portion de cône ou de tube, et descendant verticalement (1).

D'autres l'ont plane, presque horizontale, adhérente aux côtés du cône, qui est marqué en dehors d'une ligne spirale. Elles conduisent aux trochus, et devront peut-être rejoindre les pectinibranches, quand leur animal sera connu (2).

SEPTIÈME ORDRE DES GASTÉROPODES.

LES CYCLOBRANCHES.

Ont leurs branchies en forme de petits feuillets ou de petites pyramides attachés en cordon plus ou moins complet sous les rebords du manteau, à peu près comme dans les inférobranches, dont ils se distinguent par la nature de leur hermaphroditisme ; car, ainsi que les précédens, ils n'ont point d'organes d'accouplemens et se suffisent à eux-mêmes.

---

(1) *Patella equestris*, L. List. 546, 38;—*pat. sinensis*, ib. 39;—*pat. trochiformis*, Martini, I, XIII, 135;—*pat. auricula*, Chemn. X, CLXVIII, 1628-29;—*pat. plicata*, Naturforsch. XVIII, II, 12;—*pat. striata*, ib. 13.

(2) *Patella contorta*, Naturf. IX, III, 34, XVIII, II, 14;—*pat. depressa*, ib. XVIII, II, 11.

Leur cœur n'embrasse pas le rectum, mais il varie en situation. On n'en connaît que deux genres, dont la coquille n'a jamais rien de turbiné.

Les Patelles. (Patella. L.)

Ont le corps entier recouvert d'une coquille d'une seule pièce en cône évasé: sous les bords de leur manteau règne un cordon de petits feuillets branchiaux; l'anus et l'issue des organes de la génération sont un peu à droite au-dessus de la tête, laquelle a une trompe grosse et courte, et deux tentacules pointus, portant les yeux à leur base extérieure; la bouche est charnue et contient une langue épineuse, qui se porte en arrière et se replie profondément dans l'intérieur du corps (1). L'estomac est membraneux et l'intestin long, mince et fort replié; le cœur est en avant au-dessus du col, un peu vers la gauche (2).

---

(1) *N. B.* Dans un premier essai d'anatomie de mollusques, que je donnai en 1792, je me trompai en considérant cette langue comme un organe de génération.

(2) Je sépare des patelles et range parmi les scutibranches, tous les animaux compris dans les genres *fissurelle*, *crépidule*, *navicelle*, *calyptrée* et *émarginule* de M. de Lamark, auxquels j'ajoute les *cabochons*; quant à la *patella anomala* de Müll. elle appartient aux brachiopodes; les autres espèces citées par Gmel. restent dans le genre patelle; mais il est probable qu'il faudra en distinguer les Pavois (Scutus, Montf. 58.) *Patella ambigua*, Chemn. XI, CXCVII, 1918, ainsi que la *patella umbella*, Martini, II, VI, 18, qui ont l'air de coquilles intérieures.

Nous en avons quelques espèces en abondance sur nos côtes.

Les Oscabrions. (Chiton. L.)

Ont une rangée d'écailles testacées et symétriques enchâssées le long du dos de leur manteau, mais n'en occupant pas toute la largeur. Les bords du manteau même sont très-coriaces, garnis ou d'une peau nue ou d'épines ou de poils ou de faisceaux de soie. Sous ce bord règne de chaque côté une rangée de branchies en pyramides lamelleuses, et en avant un voile membraneux sur la bouche tient lieu de tentacules. L'anus est sous l'extrémité postérieure. Le cœur est situé en arrière sur le rectum. L'estomac est membraneux et l'intestin très-long et très-contourné. L'ovaire occupe le dessus des autres viscères et paraît s'ouvrir sur les côtés par deux oviductus (1).

Nous en avons quelques petits sur nos côtes.

LA QUATRIÈME CLASSE DES MOLLUSQUES,

Ou les ACÉPHALES.

N'ont point de tête apparente, mais seulement une bouche cachée dans le fond ou entre les replis du manteau. Celui-ci est presque toujours ployé en deux et renferme le corps,

---

(1) Toutes les espèces de *chiton* des auteurs doivent rester sous ce genre.

comme un livre est renfermé dans sa couverture; mais souvent aussi les deux lobes se réunissent par devant, et le manteau forme alors un tube; quelquefois encore, entièrement fermé par un bout, il représente un sac. Ce manteau est presque toujours garni d'une coquille calcaire bivalve; quelquefois multivalve; et n'est réduit que dans deux genres seulement à une nature cartilagineuse ou même membraneuse. Le cerveau est sur la bouche, et il y a un ou deux autres ganglions. Les branchies sont presque toujours de grands feuillets couverts de réseaux vasculaires sur ou entre lesquels passe l'eau; les genres sans coquilles les ont cependant d'une structure plus simple. De ces branchies, le sang va au cœur généralement unique qui le distribue partout; et il revient à l'artère pulmonaire sans être aidé par un autre ventricule.

La bouche n'a jamais de dents, et ne peut prendre que les molécules que l'eau lui apporte. Elle conduit dans un premier estomac. Il y en a quelquefois un second; l'intestin varie beaucoup en longueur. La bile arrive généralement par plusieurs pores dans l'estomac que la masse du foie entoure. Tous ces animaux se fécondent eux-mêmes, et dans les testacés, les petits qui sont innombrables, passent quelque temps dans l'épaisseur des branchies avant d'être mis au monde. Tous les acéphales sont aquatiques.

PREMIER ORDRE DES ACÉPHALES.

Les ACEPHALES TESTACÉS ou a quatre feuillets branchiaux.

Sont sans comparaison les plus nombreux. Toutes les coquilles bivalves, et quelques genres de multivalves leur appartiennent. Leur corps qui renferme le foie et les viscères est placé entre les deux lames du manteau; en avant, toujours entre ces lames, sont les quatre feuillets branchiaux striés régulièrement en travers par les vaisseaux; la bouche est à une extrémité, l'anus à l'autre, le cœur du côté du dos; le pied lorsqu'il existe est attaché entre les quatre branchies. Aux côtés de la bouche sont quatre autres feuillets triangulaires, qui sont les extrémités des deux lèvres, et servent de tentacules. Le pied n'est qu'une masse charnue, dont les mouvemens se font par une mécanique analogue à celle de la langue des mammifères. Il a ses muscles fixés dans le fond des valves de la coquille.

D'autres muscles se rendent transversalement d'une valve à l'autre pour les tenir fermées; mais quand l'animal relâche ces muscles, un ligament élastique placé en arrière de la charnière, ouvre les valves en se contractant.

Un assez grand nombre de bivalves possède ce qu'on appelle un *byssus*, c'est-à-dire un faisceau de fils plus ou moins déliés, sortant de la base du pied, et par lesquels l'animal se fixe aux différens corps. Il emploie son pied pour diriger ces fils et pour en coller les extrémités; il reproduit même des fils quand on lui en a coupé; néanmoins la nature de cette production n'est pas encore bien constante. Réaumur les croyait une secrétion filée et comme tirée dans le sillon du pied; Poli pense que ce n'est qu'un prolongement des fibres musculaires.

La première famille des Acéphales testacés,

Ou les Ostracés,

A le manteau ouvert et sans tubes ni ouvertures particulières.

Ces bivalves manquent de pied, ou n'en

N. B. Dans les descriptions des coquilles et des animaux, nous appelerons extrémité antérieure celle où est la bouche, et nous déterminerons par-là le côté droit et le côté gauche. La plupart des conchyliologistes ont pris les bivalves en sens contraire.

ont qu'un fort petit, et sont pour la plupart fixés ou par leur coquille ou par leurs fils aux rochers et autres corps plongés sous l'eau. Ceux qui sont libres ne se meuvent guères qu'en choquant l'eau par une fermeture subite de leurs valves.

Leur première subdivision n'a qu'une masse musculeuse allant d'une valve à l'autre, ce qui se voit à l'impression unique laissée sur la coquille.

Linnæus avait réuni sous le genre

DES HUITRES. (OSTREA. L.)

Toutes les espèces qui n'ont à la charnière qu'un petit ligament logé de part et d'autre dans une fossette et sans dents ou lames saillantes.

On peut placer en avant d'elles

LES ACARDES. Brug.

Où les valves ne paraissent pas même être attachées par un ligament, mais se recouvrent comme un vase et son couvercle, et tiennent l'une à l'autre seulement par les muscles. On n'en connaît bien que de fossiles (1).

---

(1) Les acardes, Brug. Encycl. méthodique, pl. 172, que M. de Lapeyrouse a découverts et décrits sous le nom d'*ostracites*. Ce sont les *radiolites*, Lam.—L'*acarde*, Brug. 173, f. 1, 3, qui forme le genre *acarde* Lam. ne paraît qu'une double épiphyse de vertèbres de cétacés.

Viennent ensuite

LES HUITRES proprement dites. (OSTREA. Brug.)

Qui ont le ligament tel que nous l'avons indiqué, et dont les coquilles sont irrégulières, inéquivalves et feuilletées. Elles se fixent aux rochers, aux pieux, et même les unes sur les autres, par leur valve la plus convexe.

L'animal (PELORIS. Poli.) est un des plus simples parmi les bivalves; on ne lui voit de notable qu'une double rangée de franges autour du manteau, lequel n'a ses lobes unis qu'au-dessus de la tête, près de la charnière; mais il n'y a nulle apparence de pied.

Tout le monde connaît l'*Huître vulgaire* (*Ostrea edulis.* L.), que l'on va recueillir sur les rochers, et qu'on élève dans des viviers pour en disposer au besoin. Sa fécondité est aussi étonnante que son goût est agréable.

Parmi les espèces voisines on peut remarquer

La *petite Huître de la Méditerranée.* (*Ostrea cristata.*) Poli, II, XX.

Parmi les espèces étrangères, on doit noter

L'*Huître parasite.* (*Ostrea parasitica.* L.) Chemn. VIII, LXXIV, 681.

Ronde et plate, qui se fixe sur les racines des mangliers et des autres arbres de la Zône-Torride, que les eaux salées peuvent atteindre.

L'*Huître feuille.* (*Ostrea folium.* L.) Ib. LXXI, 662-666.

Ovale, à bords plissés en zig-zag, qui s'attache par des dentelures du dos de sa valve convexe, aux branches des gorgones et autres lithophytes (1).

---

(1) Les espèces d'huître sont difficiles à distinguer à cause de leur irrégularité; à ce genre se rapportent les *ostr. orbicularis—fornicata*

M. de Lamarck sépare, sous le nom de

GRYPHÉES. (GRYPHÆA. Lam.)

Certaines huîtres, la plupart fossiles, d'anciennes couches calcaires et schisteuses, où le sommet de la valve plus convexe saille beaucoup et se recourbe en spirale. L'autre valve est souvent concave. Ces coquillages paraissent avoir été libres (1).

LES PEIGNES, PÉLERINES ou MANTEAUX. (PECTEN. Brug.)

Séparés avec raison des huîtres par Bruguières, quoiqu'ils en aient la charnière, sont aisés à distinguer par leur coquille inéquivalve, demi-circulaire, régulièrement marquée de côtes, qui se rendent en rayonnant du sommet de chaque valve vers les bords, et munie de deux productions anguleuses appelées *oreillettes*, qui élargissent les côtés de la charnière. L'animal (ARGUS. Poli.) n a qu'un petit pied ovale (2), porté sur un pedicule cylindrique au-devant de son abdomen, qui est en forme de sac pendant entre les branchies. Dans quelques espèces, reconnaissables à une forte échancrure sous leur oreillette antérieure, il y a un byssus. Les autres n'adhèrent point; elles se meuvent même avec assez de vitesse, en fermant subitement leurs valves. Le manteau est entouré de deux rangées de filets, dont l'extérieure en a plus eurs terminés par un petit globule verdâtre. La bouche est garnie de beaucoup de tentacules bran-

---

—sinensis—Forskahlii—rostrata—virginica—cornucopiæ—senegalensis—stellata—ovalis—papyracea—et les *mytilus crista galli—hyotis—frons*, de Gmel.

Mais il est presque indubitable que plusieurs de ces prétendues espèces sont des variétés l'une de l'autre.

Ostr. semi aurita, Gualt. 84, H. est une jeune aronde oiseau.

(1) Voy. Brug. Encycl. méthod. vers. pl. 189.

(2) C'est ce que M. Poli nomme mal à propos *trachée addominale*.

chifs au lieu des quatre feuillets labiaux ordinaires. La coquille des peignes est souvent teinte des plus vives couleurs.

La grande espèce de nos côtes (*Ostrea maxima.* L.), à valves convexes, l'une blanchâtre, l'autre roussâtre, chacune à quatorze côtes, larges et striées sur leur longueur, est connue de tout le monde sous le nom de coquille de *Saint-Jacques*, de *Pélerine*, etc.

Elle se mange.

On peut aussi remarquer la *Sole* de l'Océan Indien, (*Ostr. solea.*) Chemn. VII, LXI, 595, à valves extrêmement minces, presque égales, l'une brune, l'autre blanche, à côtes intérieures, fines comme des cheveux, rapprochées deux à deux (1).

LES LIMES. (LIMA. Brug.)

Diffèrent des peignes seulement en ce que leurs deux valves ont sous l'oreillette antérieure une courbure, qui laisse une ouverture commune pour le passage du byssus. En général, la coquille des limes est plus allongée dans le sens perpendiculaire à la charnière; ses oreillettes sont plus courtes, ses côtés moins égaux, et elle forme ainsi un ovale oblique. La plupart ont les côtes relevées d'écailles. L'animal manque le plus souvent de tubercules aux filets de son manteau.

Il y en a une d'un beau blanc dans la Méditerranée. (*Ostrea lima.* L.) Chemn. VII, LXVIII, 651 (2).

Elle se mange.

---

(1) Ajoutez les quatre-vingt-onze premières espèces d'*ostrea* de Gmel.; mais il s'en faut de beaucoup que toutes soient établies sur une bonne critique.

(2) Ajoutez *ostrea glacialis*, Chemn. VII, LXVIII, 652-653;—*ostr. excavata*, ib. 654;—*ostr. fragilis*, ib. 650;—*ostr. hians*, Gualt. LXXXVIII, FF. G.

Les Houlettes. (Pedum. Brug.)

Ont la coquille oblongue et oblique, à petites oreillettes, des limes; mais leur valve la plus bombée a seule une echancrure profonde pour le byssus.

On n'en connaît qu'une, de la mer des Indes (1).

On doit rapprocher des huîtres,

Les Anomies. (Anomia. Brug.)

Qui ont deux valves minces, inégales, irrégulières, dont la plus plate est profondément échancrée à côté du ligament, lequel est à peu près comme dans les huîtres. La plus grande partie du muscle central traverse cette ouverture pour s'insérer à une troisième pièce ou plaque tantôt pierreuse, tantôt cornée, par laquelle l'animal s'attache aux autres corps, et le reste de ce muscle sert à joindre une valve à l'autre. L'animal (Echion. Poli) a un petit vestige de pied, semblable à celui des pélerines, qui se glisse entre l'échancrure et la plaque qui le ferme, et sert peut-être à faire arriver l'eau vers la bouche qui est très-voisine (2).

On trouve ces coquilles fixées à différens corps, comme les huîtres. Il y en a dans toutes les mers (3).

---

(1) *Ostrea spondyloidea*, Gmel. Chemn. VIII, LXXII, 669-670.

(2) Ce pied a échappé à M. Poli.

(3) *Anomia ephippium*, Gm.;—*a. cepa*—*a. electrica* —*a. squamula* —*a. aculeata*—*a. squama*—*a. punctata*—*a. undulata*, et les espèces ajoutées par Bruguières, Encycl. méth. vers. I, 70 et suivantes, et pl. 170 et 171.

Les autres *anomies* de Gmel. sont des *placunes*, des *térébratules* et des *hyales*.

Un petit genre voisin de ces anomies est celui

DES PLACUNES. (PLACUNA. Brug.)

Qui ont des valves minces, inégales et souvent irrégulières comme les anomies, mais entières l'une et l'autre; près de la charnière en dedans l'on voit à l'une des deux, deux côtes saillantes formant un chevron.

Leur animal n'est pas connu, mais on croit qu'il ressemble à celui des huîtres ou à celui des anomies(1).

LES SPONDYLES. Vulg. *huîtres épineuses*. (SPONDYLUS. L.)

Ont, comme les huîtres, une coquille raboteuse et feuilletée, souvent même elle est épineuse; mais leur charnière est plus compliquée; outre la fossette pour le ligament, analogue à celle des huîtres, il y a à chaque valve deux dents, entrant dans des fosses de la valve opposée; les deux dents mitoyennes appartiennent à la valve plus convexe, qui est ordinairement la gauche, et qui a en arrière de la charnière un talon saillant et aplati comme s'il avait été scié. L'animal a, comme celui des peignes, les bords de son manteau garnis de deux rangées de tentacules et dans la rangée extérieure il en est plusieurs de terminés par des tubercules colorés;

---

(1) *Anomia placenta*, Chemn. VIII, LXXIX, 716, — *an. sella*, ib. 714. Voy. aussi les planches 173 et 174 de l'Encyclopédie méthod. vers.

au-devant de son abdomen, est un vestige de pied en forme de large disque rayonné, à pédicule court, pouvant se contracter ou se développer (1). De son centre pend un filet terminé par une masse ovale dont on ignore l'usage.

On mange les spondyles comme des huîtres. Leurs coquilles sont très-souvent teintes de couleurs vives. Elles adhèrent à toute sorte de corps (2).

M. de Lamarck sépare des spondyles

LES PLICATULES. Lam.

Qui ont à peu près la même charnière, mais point de talon, et des valves plates, presque egales, irrégulières, plissées et écailleuses comme dans beaucoup d'huîtres (3).

LES MARTEAUX. (MALLEUS. Lam.)

Ont une simple fossette pour le ligament, comme dans les huîtres, avec lesquelles Linnæus les laissait, d'autant que leur coquille est de même inéquivalve et irrégulière; mais ils se distinguent par une échancrure à côté de ce ligament pour le passage d'un byssus.

L'espèce qu'on connaît (*Ostrea malleus*. L. Chemn. VIII, LXX, 655, 656), et qui est au nombre des coquilles rares et chères, a les deux bouts de la charnière étendus,

---

(1) C'est ce que M. Poli nomme mal à propos trachée abdominale, dans le *spondyle*, la *pélerine*, etc.

(2) *Spondylus gæderopus*, Chemn. VII, XLIV et suivantes, IX, CXV; —*sp. regius*, id. XLVI, 471.

(3) *Spondylus plicatus*, L. Chemn. VII, XLVII, 479-482.

et formant comme une tête de marteau, dont les valves, allongées dans le sens transverse, représentent le manche. Elle vient de l'Archipel des Indes.

Il y en a d'autres qui, peut-être, ne sont que des jeunes, où la charnière n'est point prolongée. Il ne faut pas les confondre avec les vulselles (1).

Les Vulselles. (Vulsella. Lam.)

Ont à la charnière de chaque côté une petite lame saillante en dedans, et c'est d'une de ces lames à l'autre que se porte le ligament, semblable d'ailleurs à celui des huîtres. A côté de cette lame est une échancrure pour le byssus comme dans les marteaux.

La coquille s'allonge dans le sens perpendiculaire à la charnière.

L'espèce connue vient de la mer des Indes (2).

Les Pernes. (Perna Brug.)

Ont en travers de leur charnière plusieurs fossettes parallèles, opposées d'une valve à l'autre, et logeant autant de ligamens élastiques; et leur coquille irrégulière et feuilletée comme celle des huîtres, a du côté antérieur, au-dessous de la charnière, une échancrure par où passe le byssus. Linnæus les laissait aussi parmi les huîtres (3).

---

(1) *Ostrea vulsella*, Chemn. VIII, LXX, 657, dont l'*ostrea anatina*, ib. 658-659, n'est probablement qu'une variété accidentelle.

(2) *Mya vulsella*, Chemn. VI, II, 10-11.

(3) *Ostrea isognomum*, Chemn. VII, LIX, 584; — *o. perna*, ib. 580;

La seconde subdivision des Ostracés, ainsi que toutes les bivalves qui suivront, a, outre la masse musculaire transverse unique des précédentes, un autre faisceau allant d'une valve à l'autre et placé en avant de la bouche.

LES ARONDES. (AVICULA. Brug.)

Ont une coquille à valves égales, à charnière rectiligne, souvent allongée en ailes par ses extrémités, munie d'un ligament étroit et allongé, et quelquefois du côté de la bouche de l'animal, de petites dentelures. Le côté antérieur un peu au-dessous de l'angle du côté de la bouche, a une échancrure pour le byssus. Le muscle transverse antérieur est encore excessivement petit.

L'espèce la plus célèbre est l'*Aronde aux perles*. (*Mytylus margaritiferus*. L.) Chemn. VIII, LXXX, 717-721. Sa coquille est à peu près demi circulaire, verdâtre en dehors, et du plus beau nacre en dedans. On emploie ce nacre pour toute sorte de bijoux, et ce sont ses extravasions qui produisent les perles d'Orient, ou perles fines, dont la pêche se fait par des plongeurs, principalement à Ceylan, au cap Comorin, et dans le golfe Persique.

Nous avons dans la Méditerranée, l'*Aronde oiseau*. (*Mytilus hirundo*. L.) Chemn. VIII, LXXXI, 722-728. Singulière par les oreillettes pointues qui prolongent sa charnière de chaque côté. Son byssus est grossier et robuste; il ressemble à un petit arbuste.

—*o. legumen*, ib. 578; —*o. ephippium*, ib. LVIII, 576; —*o. mytiloides*, Herm. natural. de Berl. Schr. II, IX, 9.

LES CRENATULES. (CRENATULA. Lam.)

Ressemblent aux arondes, excepté que leur ligament est divisé en plusieurs petites parties, et comme festonné, ce qui les rapproche un peu des pernes; leurs valves sont quelquefois inégales, et on ne leur voit pas d'échancrure pour le byssus. Celles qu'on connaît se sont trouvées enveloppées dans des éponges (1).

LES JAMBONNEAUX. (PINNA. L.)

Ont deux valves égales en forme de segment de cercle ou d'éventail à demi ouvert, lesquelles sont étroitement réunies par un ligament le long d'un de leurs côtés; l'animal (CHIMŒRA. Poli.) est allongé comme la coquille; ses lèvres, ses branchies et toutes ses parties suivent cette proportion. Son manteau est fermé le long du côté du ligament; son pied est en forme de petite langue conique et creusée d'un sillon; il a un petit muscle transverse dans l'angle aigu des valves, vers lequel se trouve la bouche, et un très-grand dans leur partie élargie. A côté de son anus qui est derrière ce gros muscle, est attaché un appendice conique particulier à ce genre, susceptible de gonflement et d'allongement, et dont on ignore l'usage (2).

---

(1) *Ostrea picta*, Chemn. VII, LVIII, 575;—*crenatula avicularis*, Lam. Ann. Mus. III, II, 1-2;—*c. mytiloides*, ib. 3, 4.

(2) M. Poli lui donne encore le nom de *trachée abdominale*, tout aussi improprement qu'aux vestiges de pied des *peignes* et des *spondyles*.

Le byssus de plusieurs espèces de jambonneaux est fin et brillant comme de la soie, et s'emploie pour fabriquer des étoffes précieuses.

Tel est principalement celui du *Pinna nobilis* L. Chemn. VIII, LXXXIX, qui se reconnaît de plus à ses valves hérissées d'écailles relevées et demi-tubuleuses. Ces coquilles se tiennent à demi-enfoncées dans le sable, et ancrées au moyen de leur byssus (1).

LES ARCHES. (ARCA. L.)

Ont des valves égales, transverses, c'est-à-dire dont la charnière occupe le long côté. Elle est garnie d'un grand nombre de petites dents qui engrènent dans les intervalles les unes des autres, et comme dans les genres qui vont suivre, deux faisceaux de muscles transverses, insérés aux deux bouts des valves, et à peu près égaux, servent à rapprocher les valves.

LES ARCHES proprement dites. (ARCA. Lam.)

Ont la charnière rectiligne, et la coquille plus allongée dans le sens parallèle à la charnière. Leurs sommets (2) sont généralement bombés et recourbés au-dessus de la charnière, mais écartés l'un de l'autre. Le milieu des valves ne ferme pas bien, parce que l'animal (*Daphne*. Poli.) a au-devant de l'abdomen une plaque de substance cornée, ou un ruban tendineux, qui lui tient lieu de pied, et par lequel il adhère aux corps sous-marins. Ces coquilles se tiennent

(1) Tout le genre *pinna* peut rester tel qu'il est dans Gmel., en observant toutefois que quelques espèces rentreront peut-être les unes dans les autres.

(2) Les *sommets* (*nates*, Linn.) sont les points les plus saillans de chaque valve, vers la charniere.

près des rivages dans les endroits rocailleux. Elles sont ordinairement couvertes d'un épiderme velu. On les recherche peu pour la table. Il y en a quelques espèces dans la Méditerranée (1).

M. de Lamarck sépare, sous le nom de *Cucullées*, quelques arches, où les dents des deux bouts de la charnière prennent une direction longitudinale (2).

On devra probablement aussi en séparer les espèces à côtes bien marquées, à bords complétement fermans et engrenans, car on doit croire que leur animal n'est pas fixé, et ressemble plutôt à celui des petoncles (3).

Il faut encore plus sûrement en écarter l'*Arca tortuosa*, Chemn. VII, LIII, 524, 525, à cause de sa figure bizarre, et de ses valves inégalement obliques.

Les Pétoncles. (Pectunculus. Lam.)

Ont la charnière en ligne courbe, et la coquille de forme lenticulaire. Les valves ferment toujours exactement, et ont leurs sommets rapprochés l'un de l'autre. L'animal (*Axinea.* Poli.) a un grand pied comprimé, à bord inférieur double, qui lui sert à ramper. Elles vivent dans la vase. Nous en avons quelques-unes sur nos côtes (4).

---

(1) *Arca Noæ*, Chemn. VII, LIII, 529-531;—*arca barbata*, id. LIV, 535-537;—*a. ovata*, ib. 538;—*a. magellanica*, ib. 539;—*a. reticulata*, ib. 540;—*a. candida*, id. LV, 542-544;—*a. indica*, ib. 543;—*arca cancellata*, Schrœt. intr. III, IX, 2.

(2) *Arca cucullata*, Chemn. VII, LIII, 526-528;—*cucullæa crassatina*, Lam. Ann. Mus. VI, 338.

(3) *Arca antiquata*, L. Chemn. VII, LV, 548-549;—*a. senilis*, id. LVI, 554-556;—*a. granosa*, ib. 557;—*a. corbiculata*, ib. 558-559;—*a. rhomboidea*, ib. 553;—*a. Jamaicensis*, List. 229, 64.

(4) *Arca pilosa*, L. Chemn. VII, LVII, 565-566;—*arc. glycimeris*, ib. 564;—*a. decussata*, ib. 561; —*a. æquilatera*, ib. 562;—*a. undata*, ib. 560;—*a. marmorata*, ib. 563;—*arc. pectunculus*, id. LVIII, 568-9;—*act. pectinata*, ib. 570-571.

LES NUCULES de Lam.

Sont des arches où les dents sont rangées sur une ligne brisée. Leur forme est allongée et rétrécie vers le bout postérieur. On ne connaît pas leur animal, mais il est probable qu'il s'éloigne peu des précédens (1).

On place ici par simple conjecture, vu qu'on ne connaît pas leur animal,

LES TRIGONIES. Brug.

Si remarquables par leur charnière munie de deux lames en chevron, crénelées à chaque face, pénétrant chacune dans deux fossettes du côté opposé, crénelées de même sur leurs parois. La coquille ressemble aux bucardes, et ses impressions intérieures font juger qu'au moins l'animal n'avait pas de longs tubes (2).

La deuxième famille des Acéphales testacés,

Ou les MYTILACÉS.

A le manteau ouvert par devant, mais avec une ouverture séparée pour les excrémens.

---

(1) *Arca pellucida*, Chemn. VII, LIV, 541; — *arca rostrata*. L. id. LV, 550, 551; — *a. pella*, ib. 546; — *arc. nucleus*, id. LVIII, 574.

(2) Voyez Brug. Encycl. méth. vers. pl. 237, et Lam. Ann. Mus. IV, 351.

Tous ces bivalves ont un pied servant à ramper, ou au moins à tirer, à diriger et à placer le byssus; on les connaît vulgairement sous le nom générique de moules.

LES MOULES. (MYTILUS. L.)

Ont une coquille close, à valves égales, bombées, en triangle. Un des côtés de l'angle aigu forme la charnière et est muni d'un ligament étroit et allongé. La tête de l'animal est dans l'angle aigu; l'autre côté de la coquille qui est le plus long, est l'antérieur, et laisse passer le byssus; il se termine par un angle arrondi, et le troisième côté remonte vers la charnière, à laquelle il se joint par un angle obtus; près de ce dernier est l'anus, vis-à-vis duquel le manteau forme une ouverture ou un petit tube particulier. L'animal (CALLITRICHE. Poli.) a les bords de son manteau garnis de tentacules branchus vers l'angle arrondi, parce que c'est par-là qu'entre l'eau nécessaire à la respiration. Il y a un petit muscle transverse en avant près l'angle aigu, et un grand en arrière près l'angle obtus. Son pied ressemble à une langue.

Dans les moules proprement dites, le sommet est tout près de l'angle aigu.

La *Moule commune*. (*Mytilus edulis*. L.)

Est répandue en abondance extraordinaire le long de toutes nos côtes, où elle se suspend souvent en longues

---

(1) Ajoutez *mytilus barbatus*, L. Chemn. VIII, LXXXIV, 749;—*ungulatus*, ib. 756;—*m. bidens*, ib. 742, 743;—*m. afer*, ib. LXXXIII,

grappes, aux rochers, aux pieux, aux vaisseaux, etc. Elle forme un article assez important de nourriture, mais elle est dangereuse quand on en prend trop.

M. de Lamarck a séparé des moules,

Les Modioles. (Modiolus. Lam.)

Où le sommet est plus bas et vers le tiers de la charnière. Ce sommet est aussi plus saillant et plus arrondi, ce qui rapproche davantage les modioles de la forme ordinaire des bivalves (1).

On pourrait en séparer encore

Les Lithodomes. (Lithodomus. Cuv.)

Qui ont la coquille oblongue, presque également arrondie aux deux bouts, et les sommets tout près du bout antérieur. Ils se suspendent d'abord aux pierres, comme les moules communes, mais ensuite ils les percent pour s'y introduire, et y creusent des cavités, dont ils ne sortent plus. Une fois qu'ils y ont pénétré, leur byssus ne prend plus d'accroissement (2).

739-741 ;—*m. smaragdinus,* ib. 745 ;—*m. versicolor,* ib. 748 ;—*lineatus*, 753 ; — *m. exustus*, ib. 754 ; — *m. striatulus,* ib. 744 ; — *m. bilocularis*, ib. LXXXII, 736 ;—*m. vulgaris*, ib. 732 ;—*m. saxatilis*, Rumph. Mus. XLVI, D.—*m. fulgidus*, Argenv. XXII, D; probablement le même que *mya perna*, Gm. Chemn. VIII, LXXXIII, 738 ;—*m. azureus,* ib. H.—*m. murinus,* ib. K.—*m. puniceus*, Adans. I, XV, 2 ;—*m. niger*, ib. 3 ;—*m. lævigatus*, ib. 4, etc. ; mais il faut remarquer que plusieurs de ces espèces pourraient bien rentrer les unes dans les autres.

(1) *Mytilus modiolus,* Chemn. VIII, LXXXV, 757-760, et celui de Müll. Zool. dan. II, LIII, qui paraît d'une autre espece ;—*m. discors,* Chemn. VIII, LXXXXIV, 764-68 ;—*m. testaceus,* Knorr. Vergn. IV, XV, 4.

(2) La manière dont les *lithodomes*, les *pholades*, et quelques autres bivalves creusent les pierres, a donné lieu à des discussions ; les uns croyent y voir l'effet de l'action mécanique des valves ; d'au-

L'un d'eux (*Mytilus lithophagus.* L.), Chemn. VIII, LXXXII, 729, 730, est fort commun dans la Méditerranee, où il fournit une nourriture assez agréable, à cause de son goût poivré.

Les Anodontes. (Anodontes. Brug.) Vulgairement *Moules d'étang.*

Ont l'angle antérieur arrondi, comme le postérieur; et l'angle voisin de l'anus obtus et presque rectiligne; leur coquille mince et médiocrement bombée, n'a point de dent du tout à la charniere, mais seulement un ligament qui en occupe toute la longueur. L'animal (*Limnœa.* Poli.) manque de byssus : son pied, qui est très-grand, comprimé, à peu près quadrangulaire, lui sert à ramper sur le sable ou sur la vase. Le bout postérieur de son manteau est garni de beaucoup de petits tentacules. Les anodontes vivent dans les eaux douces.

Nous en avons ici quelques espèces, dont une fort grande (*Mytilus cygneus.* L.), Chemn. VIII, LXXXV, 762, qui se trouve dans toutes nos eaux à fond vaseux. Ses valves, minces et légères, servent à écrémer le lait. On ne peut le manger, à cause de son goût fade (1).

Les Mulètes (Unio. Brug.) Vulgairement *Moules de peintres.*

Ressemblent aux anodontes par l'animal et par

---

tres celui d'une dissolution. Voy. le mém. de M. Fleuriau de Bellevue, Journ. de phys. floréal an 10, p. 545.

(1) *M. anatinus,* Chemn. VIII, LXXXVI, 763;—*m. fluviatilis,* List. CLVII, 12;—*m. stagnalis,* Schrœt. fluv. I, 1;—*m. zellensis,* ib. II, 1;—*m. dubius,* Adans. XVII, 21.

la coquille, si ce n'est que leur charnière est plus compliquée. La valve droite a en avant une courte fossette où pénètre une courte lame ou dent de la valve gauche, et en arrière une longue lame qui s'insère entre deux lames du côté opposé. On les trouve aussi dans les eaux douces, de préférence dans celles qui sont courantes.

Nous en avons trois principales espèces des plus communes; l'une (*Mya pictorum.* L.), Draparn. XI, 1-4, est oblongue et mince; l'autre (*Unio littoralis.* Lam.), Draparn. X, 20, est plus épaisse, plus carrée; la troisième, vulgairement *Moule du Rhin* (*Mya margaritifera.* L.), Draparn. X, 17-19, ovale, à bords un peu rentrans au milieu, devient grande et épaisse. Son nacre est assez beau, pour que ses concrétions puissent être employées à la parure comme des perles.

On en trouve une dans les rivières de l'Amérique Septentrionale, qui fournit aussi des perles (1).

On doit rapprocher des mulètes quelques coquilles de mer qui ont un animal semblable et à peu près la même charnière, mais dont la coquille a les sommets plus bombés et des côtes saillantes allant des sommets aux bords. Ce sont les CARDITES. Brug. (2).

---

(1) Ajoutez *mya radiata*, Chemn. VI, II, 7;—*m. gaditana*, ib. III, XXII, a. b.; —*m. rugosa*, id. X, CLXX, 1649;—*m. nodosa*, ib. 1650;—*m. syrmatophora*, Gronov. Zooph. XVIII, 1, 2.

(2) *Chama antiquata*, Chemn. VII, XLVIII, 488-491;—*chama calyculata*, Chemn. VII, L, 500, 501;—*chama trapezia*;—*ch. semiorbiculata*;—*chama oblongata*, ib. 504, 505;—*chama cordata*, ib. 502, 503.

Les VENERICARDES, Lam., ne diffèrent des cardites que parce que la lame postérieure de leur charnière est plus transverse et plus courte ; ce qui les avait fait rapprocher des vénus. On peut juger par les impressions musculaires que leur animal doit aussi ressembler à ceux des cardites et des mulètes (1).

Les unes et les autres se rapprochent des bucardes par la forme générale et par la direction des côtes.

Je ne doute guère que ce ne soit encore la place des CRASSATELLES. Lam. (PAPHIES Roiss.) que l'on a rapprochées tantôt des mactres, tantôt des vénus, et qui ont à la charnière deux dents latérales peu marquées et deux au milieu très-fortes, derrière lesquelles est de part et d'autre une fossette triangulaire pour un ligament intérieur. Leurs valves deviennent très-épaisses avec l'âge, et l'empreinte des bords du manteau donne à croire que, comme les précédentes, elles n'ont pas de tubes extensibles (2).

La troisième famille des Acéphales testacés,

Ou les BÉNITIERS.

A le manteau muni de trois ouvertures,

---

(1) *Venus imbricata*, Chemn. VI, XXX, 314, 315, et les especes données par M. de Lamarck, Ann. Mus. VII.

(2) *Venus ponderosa*, Chemn. VII, LXIX, A.-D. ou *crassatella tumida*, Lam. Ann. Mus. VI, 408, 1 ; peut-être *mactra cygnus*, Chemn. VI, XXI, 207 ; — *Venus divaricata*, Chemn. VI, XXX, 317-319.

toutes les trois dirigées vers la partie antérieure ou moyenne de la coquille (1).

Cette famille ne comprend qu'un genre singulier, qui se laisserait difficilement intercaler parmi d'autres.

LES TRIDACNES. Brug.

Ont la coquille très-allongée en travers ; l'angle supérieur qui répond à la tête et au sommet, très-obtus ; la charnière munie à la valve gauche, près du sommet, d'une dent, et plus en arrière d'une lame saillante qui entrent dans des fosses de la valve opposée. L'animal de ce genre est fort extraordinaire, parce qu'il n'est point placé dans la coquille comme la plupart des autres, mais que ses parties sont toutes dirigées ou comme pressées vers le devant. Le côté antérieur du manteau est largement ouvert pour le passage du byssus ; un peu au-dessous de l'angle antérieur, il a une autre ouverture qui introduit l'eau vers les branchies, et au milieu du côté inférieur en est une troisième plus petite, qui répond à l'anus ; en sorte que l'angle postérieur n'a besoin de donner passage à rien, et n'est occupé que par une cavité du manteau ouverte seulement au troisième orifice dont nous venons de parler.

Il n'y a qu'un muscle transverse répondant au milieu du bord des valves.

---

(1) Il faut toujours se rapeller que j'appelle *antérieure*, la partie de la coquille où est cachée la bouche de l'animal, et que la plupart des conchyologistes appellent *postérieure*.

Dans les TRIDACNES proprement dites. Lam.

La coquille a en avant, comme le manteau, une grande ouverture à bords dentelés pour le byssus ; celui-ci est bien sensiblement de nature tendineuse et se continue sans interruption avec les fibres musculaires.

Telle est la coquille de la mer des Indes, fameuse par son énorme grandeur, dite la *Tuilée* ou le *Bénitier.* (*Chama gigas.* L.) Chemn. VII, XLIX, qui a de larges côtes relevées d'écailles saillantes demi-circulaires. Il y en a des individus qui pèsent plus de trois cents livres. Le byssus tendineux, qui les suspend aux rochers, est si gros et si tenace, qu'il faut le trancher à coups de hache. La chair est mangeable, bien que fort dure.

Dans les HIPPOPES. (HIPPOPUS. Lam.)

La coquille est fermée et aplatie en avant, comme si elle eût été tronquée (1).

La quatrième famille des Acéphales testacés,

Ou les CARDIACÉS,

A le manteau ouvert par devant, et avec deux ouvertures séparées, l'une pour les excrémens, l'autre pour la respiration, lesquelles se prolongent souvent en tubes, tantôt unis, tantôt distincts.

Ils ont tous un muscle transverse à chaque

---

(1) *Chama hippopus.* L. Chemn. VII, L, 498-499.

extrémité, et un pied qui, dans le plus grand nombre, sert à ramper. On peut regarder comme une règle assez générale que ceux qui ont de longs tubes vivent enfoncés dans la vase ou dans le sable. On reconnaît, même sur la coquille, cette circonstance d'organisation, par un contour plus ou moins rentrant que l'impression d'attache du bord du manteau décrit avant de se réunir a l'impression du muscle transverse postérieur.

Nous mettrons en tête,

LES CAMES. (CHAMA. Lin.)

Qui ont à peu près la charnière des genres précédens, à compter des mulètes; savoir, en avant, sous les sommets, une dent, et en arrière, sous le ligament, une lame d'un côté qui penètre entre deux de l'autre.

LES CHAMES proprement dites. (CHAMA. Brug.)

Ont de plus la coquille irrégulière, à valves inégales, le plus souvent lamelleuses et hérissées, se fixant aux rochers, aux coraux, etc., comme les huitres. Ses sommets sont souvent très-saillans, inégaux et recoquillés. Souvent aussi leur cavité intérieure a cette forme, sans qu'on s'en aperçoive à l'extérieur. L'animal (*Psilopus.* Poli.) a un petit pied, coudé presque comme celui de l'homme. Ses tubes sont courts et disjoints, et l'ouverture du manteau qui sert au passage du pied n'est guère plus grande qu'eux. Nous en avons quelques espèces dans la Méditerranée (1).

LES ISOCARDES. (ISOCARDIA. Lam.)

Ont une coquille libre, équivalve, bombée, et des sommets recoquillés en spirale, divisés vers le devant. Leur animal (*Glossus*. Poli.) ne diffère de celui des cames ordinaires, que par un pied plus grand et ovale. La Méditerranée en produit une espèce assez grande, lisse, rousse. (*Chama cor*. L. Chemn. VII, XLVIII, 483 (2).

LES BUCARDES. (CARDIUM. L.)

Ont, comme beaucoup d'autres bivalves, une coquille à valves égales, bombées, à sommets saillans et recourbés vers la charnière, ce qui, lorsqu'on la regarde de côté, lui donne la figure d'un cœur et a occasionné les noms de cardium, cœur, cœur de bœuf, etc. Des côtes plus ou moins saillantes se rendent régulièrement des sommets aux bords des valves. Mais ce qui distingue les bucardes, c'est la charnière, où l'on voit de part et d'autre au milieu, deux petites dents, et à quelque distance en avant et en arrière, une dent ou lame saillante. L'animal (*Cerastes*. Poli.) a généralement une ample

---

(1) *Chama lazarus*, Chemn. VII, LI, 507, 509;—*ch. gryphoides*, ib. 510-513;—*ch. archinella*, id. LII, 522, 523;—*ch. macrophylla*, ib. 514, 515;—*ch. foliacea*. ib. 521;—*ch. citrea*, Regeuf. IV, 44; —*ch. bicornis*, ib. 516-520.

N. B. La DICERATE, Lam. Ann. Mus. VI, LV, me paraît ne différer en rien d'essentiel. Seulement sa dent cardinale est fort épaisse.

(2) Ajoutez *ch. moltkiana*, Chemn. VII, XLVIII, 484-487.

ouverture au manteau, un très-grand pied, coudé dans son milieu, à pointe dirigée en avant, et deux tubes courts ou de longueur médiocre.

Les espèces de bucardes sont nombreuses sur nos côtes. Il y en a que l'on mange, comme

La *Coque* ou *Sourdon*. (*Cardium edule*. L.) Chemn. VI, XIX, 194.

Fauve ou blanchâtre, à vingt-six côtes ridées en travers.

On pourrait séparer, sous le nom d'HÉMICARDES, les espèces à valves comprimées d'avant en arrière, et fortement carénées dans leur milieu, car il est difficile que leur animal ne soit pas modifié en raison de cette configuration singulière (1).

LES DONACES. (DONAX. L.)

Ont à peu près la charnière des cardiums; mais leur coquille est d'une toute autre forme, en triangle, dont l'angle obtus est au sommet des valves et la base à leur bord, et dont le côté le plus court est celui du ligament, c'est-à-dire le postérieur, circonstance rare à ce degré parmi les bivalves. Ce sont en général de petites coquilles joliment striées, des sommets aux bords. Leur animal (*Peronæa*. Poli.) a de longs tubes, qui rentrent dans un sinus du manteau. Nous en avons quelques-uns sur nos côtes (2).

---

(1) *Cardium cardissa*, Chemn. VI, XIV, 143-146;—*c. roseum*, ib. 147;—*c. monstrosum*, ib. 149, 150;—*c. hemicardium*, id. XVI, 159-161.

Les autres cardiums de Gmel. peuvent rester dans le genre, excepté *c. gaditanum* qui est un pétoncle.

(2) *Donax rugosa*, Chemn. VI, XXV, 250-252;—*d. trunculus*,

Les Cyclades. Brug.

Ont, comme les cardiums et les donax, deux dents au milieu de la charnière, quelquefois même trois, et en avant et en arrière deux lames saillantes quelquefois crénelées; mais leur coquille, comme celle de beaucoup de vénus, est plus ou moins arrondie, équilatérale et a ses stries en travers. L'animal a des tubes médiocres. On les trouve dans les eaux douces, et leur teinte extérieure est généralement grise ou verdâtre.

Nous en avons une fort commune dans nos mares. (*Tellina cornea.* L.) Chemn. VI, XIII, 133 (1).

On doit en rapprocher

Les Corbeilles. (Corbis. Cuv.)

Coquilles de mer, transversalement oblongues, qui ont aussi de fortes dents au milieu et des lames

---

id. XXVI, 253, 254;—*d. striata*, Knorr. Delic. VI, XXVIII, 8;—*d. denticulata*, Chemn. l. c. 256, 257;—*d. faba*, ib. 266;—*d. spinosa*, ib. 258.

Gmel. mêle à ces vrais *donax*, quelques *vénus* et quelques *mactres*.

(1) Ajoutez *tellina rivalis*, Müll. Draparn. X, 4, 5;—*cyclas fontinalis*, Drap. ib. 8-12;—*cycl. caliculata*, ib. 13, 14;—*tellina lacustris*, Gm. Chemn. XIII, 135;—*tell. amnica*, ib. 134;—*tell. fluviatilis*;—*tell. fluminalis*, Chemn. VI, XXX, 320;—*tell. fluminea*, ib. 322, 323;—*venus coaxans*, id. XXXII, 336; —*venus borealis*, id. VII, XXXIX, 312-314;—*cyclas caroliniana*, Bosc. coq. III, XVIII, 4.

Ajoutez l'*Egérie*, Lam. Ann. Mus. V, XXVIII, et *Ven. hermaphrodita*, Chemn. VI, XXXI, 327-29?

latérales très-marquées; leur surface extérieure est garnie de côtes transverses, croisées par des rayons avec une régularité comparable à celle des ouvrages de vannerie.

L'empreinte de leur manteau n'ayant pas de repli, leurs tubes doivent être courts (1).

Il y en a de fossiles fort plates (2).

Les Tellines. (Tellina. L.)

Ont au milieu une dent à gauche et deux à droite, souvent fourchues, et à quelque distance en avant et en arrière, à la valve droite, une lame qui ne pénètre point dans une fosse de l'autre valve. Les deux valves ont, près du bout postérieur, un pli léger qui les rend inégales dans cette partie.

L'animal des tellines (*Peronœa.* Poli.) a, comme celui des donaces, deux longs tubes pour la respiration et pour l'anus, lesquels rentrent dans la coquille et s'y cachent dans un repli du manteau.

Leurs coquilles sont généralement striées en travers, et peintes de jolies couleurs.

Les unes sont ovales et assez épaisses.

Les autres oblongues et très-comprimées.

Les autres lenticulaires. Au lieu du pli, l'on y voit souvent une simple déviation des stries transversales (3).

---

(1) *Venus fimbriata*, Chemn. VII, 43, 448.

(2) Chemn. VI, XIII, 137, 138.

(3) Ce sont les trois divisions de Gmelin; mais notez que l'on doit ôter de son genre telline : 1°. *tell. Knorrii*, qui est une capse polie; 2°. *tell. inæquivalvis*, qui est le genre pandore; 3°. les *tell. cornea*, *lacustris*, *amnica*, *fluminalis*, *fluminea*, *fluviatilis*, qui sont des cyclades.

On pourrait séparer quelques espèces oblongues, qui n'ont aucunes dents latérales (1).

Il est nécessaire de distinguer des tellines

Les Loripèdes (Loripes. Poli.)

Qui ont la coquille lenticulaire et les dents du milieu presque effacées, et en arrière du nates un simple sillon pour le ligament : l'animal a un court tube double, et son pied se prolonge comme en une corde cylindrique. En dedans des valves on voit, outre les empreintes ordinaires, un trait allant obliquement de l'empreinte du muscle antérieur qui est très-longue, vers les nates. L'empreinte du manteau n'a pas de repli pour le muscle rétracteur du tube (2).

Les Lucines. (Lucina. Brug.)

Ont, comme les cardiums, les cyclades, etc. des dents latérales écartées, pénétrant entre des lames de l'autre valve; au milieu sont deux dents souvent très-peu apparentes. Leur coquille est orbiculaire, sans impression du muscle rétracteur du tube; mais celle du muscle constricteur antérieur est très-longue. Ayant ainsi les mêmes traits que les loripèdes, leurs animaux doivent avoir de l'analogie (3).

---

(1) *Tell. hyalina*, Chemn. VI, XI, 99;—*tell. vitrea*, ib. 101.

(2) *Tellina lactea.*

(3) *Venus pensylvanica*, Chemn. VII, XXXVII, 394-396, XXXIX, 408, 409; —*V. edentula*, id. XL, 427, 429.

LES VÉNUS. (VENUS. L.)

Comprennent beaucoup de coquilles dont le caractère commun est d'avoir les dents et lames de la charnière rapprochées sous le sommet en un seul groupe. Elles sont en général plus aplaties et plus allongées parallèlement à la charnière, que les bucardes. Leurs côtes, quand elles en ont, sont presque toujours parallèles aux bords, ce qui est l'opposé des bucardes.

Le ligament laisse souvent en arrière des sommets, une impression elliptique, à laquelle on a donné le nom de *vulve* ou de *corselet;* et il y a presque toujours en avant de ces mêmes sommets une impression ovale qu'on a nommée *anus* ou *lunule* (1).

L'animal des vénus a toujours deux tubes susceptibles de plus ou moins de saillie, mais quelquefois réunis l'un à l'autre, et un pied comprimé qui lui sert à ramper.

M. de Lamarck réserve le nom de VÉNUS à celles qui ont trois petites dents divergentes sous le sommet.

Ce caractère est surtout fort marqué dans les espèces oblongues, et peu bombées (2).

---

(1) Ce sont probablement ces noms bizarres de *vulve* et d'*anus* qui ont fait appeler antérieure l'extrémité de la coquille où répond le véritable anus de l'animal, et postérieure celle où est située la bouche. Nous avons rendu à ces extrémités leurs vraies dénominations. Il faut se souvenir que le ligament est toujours du côté postérieur des sommets.

(2) *Venus litterata*, Chemn. VII, XLI. — *Ven. rotundata*, id. XLII, 441. — *Ven. textile*, ib. 442. — *Ven. decussata*, XLIII, 456, etc.

Mais il y en a aussi de telles, et plus oblongues meme que les autres, où l'une des dents s'avance un peu sous la lunule (1).

Parmi les espèces en forme de cœur, c'est-à-dire plus courtes et à nates plus bombés qui ont aussi leurs dents rapprochées, on doit remarquer celles dont les côtes se terminent en arrière par des épines (2), des crêtes (3), ou des tubérosités (4).

Il y en a des espèces de forme orbiculaire, à nates un peu crochues, où l'empreinte du muscle rétracteur des tubes forme un grand triangle presque rectiligne (5).

Mais on arrive ensuite par dégrés aux CYTHÉRÉES de Lam. dont le caractère ne consiste que dans le plus grand avancement de la dent antérieure sous la lunule.

La plupart ont un repli plus ou moins profond, indice des muscles rétracteurs des tubes, et parmi celles-là, les unes ont davantage la forme d'un cœur (6); d'autres sont plus bombées, et presque globuleuses (7) ; d'autres sont plus oblongues (8).

Quand on connaîtra mieux les animaux, on devra probablement séparer des cythérées,

1°. Les espèces en forme de cœur où l'impression du

---

(1) Ex. *Ven.* Encycl. Meth. Vers. pl. 280, 3.

(2) *Ven. Dione*, Chemn. VI, 27, 271. Espèce fameuse dont la forme a occasionné le nom de ce genre.

(3) *Ven. dysera*, Chemn. VI, 27, 280.

(4) *Ven. verrucosa*, Chemn. VI, 29, 299.

Ajoutez en espèces simplement striées, *Ven. japonica*, Chemn. VI, 34, 364 ;—*Ven. corrugata*, id. VII, 42, 444.

(5) *Ven. exoleta*, Chemn. VII, 38, 404.

(6) *Ven. meretrix*, Chemn. VI, 33, 347 ;—*Ven. corbicula*, id. 31, 316 ;—*Ven. affinis*, id. VI, 34, 353 ;—*Ven. castrensis*, id.

(7) *Ven. puerpera*, Chemn. VI, 36, 388 ;—*Ven. rugosa*, ib. 29, 303.

(8) *Ven. chione*, Chemn. VI, 32, 343 ;—*Ven. Erycina*, ib. 347 ; —*Ven. maculata*, ib. 33, 345.

tour du manteau ne faisant point de repli, annonce que les tubes ne sont pas extensibles (1).

2°. Celles en forme de lentille très-comprimée, à nates rapprochés en une seule pointe. Ce repli leur manque aussi (2).

3°. Celles en forme orbiculaire bombée, qui non-seulement manquent du repli, mais ont encore, comme les *lucines*, l'empreinte du muscle antérieur très-longue (3).

4°. Les espèces épaisses, à côtes en rayons, qui manquent aussi du repli, et lient le genre des vénus à celui des vénéricardes (4).

On a déjà séparé du genre vénus,

LES CAPSES. (CAPSA. Brug.)

Qui n'ont que deux dents de chaque côté à la charnière; leur coquille manque de lunule, est assez bombée, oblongue, et le repli, indice du rétracteur du pied y, est considerable (5).

ET LES PÉTRICOLES. (PETRICOLA. Lam.)

Qui ont de chaque côté deux ou trois dents à la charnière, bien distinctes, dont une fourchue. Leur forme est plus ou moins en cœur; mais comme elles habitent l'intérieur des pierres, elles y deviennent quelquefois irrégulières. D'après l'impression des bords du manteau leurs tubes doivent être grands (6).

---

(1) *Venus islandica*, Chemn. VI, 32, 382, et pour l'animal, Müller, Zool. dan. pl. XXVIII.

(2) *Ven. scripta*, Chemn. VII, 40, 422.

(3) *Ven. tigerina*, Chemn. VII, 37, 390;—*Ven. punctata*, ib. 397.

(4) *Venus pectinata*, Chemn. VII, 39, 419.

(5) *Ven. deflorata*, Chemn. VI, IX, 79-82.

(6) *Venus lapicida*, Chemn. X, 172, 1664, et les RUPELLAIRES de M. Fleuriau de Bellevue;—*donax irus*? Chemn. VI, XXVI, 270.

LES CORBULES. (CORBULA. Brug.)

Semblables pour la forme aux cythérées triangulaires ou en cœur, n'ont qu'une dent forte à chaque valve, au milieu, répondant à côté de celle de la valve opposée. Leurs tubes doivent être courts et leurs valves sont rarement bien égales (1).

Quelques-unes vivent dans l'intérieur des pierres (2).

LES MACTRES. (MACTRA. L.)

Se distinguent parmi les coquilles de cette famille parce que leur ligament est interne, et logé de part et d'autre dans une fossette triangulaire, comme dans les huîtres, les crassatelles, etc. Elles ont toutes un pied comprimé propre à ramper.

Dans les MACTRES, proprement dites. (MACTRA. Lam.)

Le ligament est accompagné à la valve gauche, en avant et en arrière, d'une lame saillante qui pénètre entre deux lames de la valve opposée. Tout près du ligament vers la lunule est de part et d'autre une petite lame en chevron. Les tubes sont réunis et courts (3).

Nous en avons quelques-unes sur nos côtes.

---

(1) Voyez l'Encycl. méthodique, vers, pl. 230, fig. 1, 4, 5, 6.

(2) *Venus monstrosa*, Chemn. VII, 42, 445-6.

(3) Le genre MACTRA de Gmel. peut rester tel qu'il est, quand on en a retiré les *lavignons* et les *lutraires*; mais les especes sont loin d'être bien distinguées. Ajoutez *mya australis*, Chemn. VI, III, 19, 20.

Dans les **Lavignons**, les lames latérales sont presque effacées ; on ne voit qu'une petite dent près du ligament interne, et on observe en outre un petit ligament extérieur ; le côté postérieur de la coquille est le plus court. Les valves bâillent un peu. Les tubes sont séparés et fort longs, comme dans les tellines.

Nous en avons une sur nos côtes (Chemn. VI, III, 21, sous le nom de *mya hispanica*), qui vit à plusieurs pouces sous la vase (1).

La cinquième famille des Acéphales testacés,

Ou les Enfermés.

A le manteau ouvert par le bout antérieur, ou vers son milieu seulement, pour le passage du pied, et prolongé de l'autre bout en un tube double qui sort de la coquille, laquelle est toujours plus ou moins bâillante par ses deux extrémités : ils vivent presque tous enfoncés dans le sable, dans la vase, dans les pierres, ou dans des bois.

Les Myes. (Mya. L.)

N'ont que deux valves à leur coquille oblongue, dont la charnière varie. Le double tube forme un

---

(1) Gmel. l'a nommée mal à propos *mactra piperata*.

Ajoutez *mactra papyracea*, Chemn. VI, XXIII, 231 ;—*m. complanata*, id. XXIV, 238 ;—*mya nicobarica*, id. III, 17, 18.

gros cylindre charnu; le pied est comprimé; les formes de la charnière ont donné à MM. Daudin, Lamark, etc., les subdivisions suivantes (1).

Les Lutraires. (Lutraria. Lam.)

Ont comme les mactres un ligament inséré de part et d'autre dans une large fossette triangulaire de chaque valve, et en avant de cette fossette une petite dent en chevron; mais les lames latérales manquent; les valves très-bâillantes, surtout au bout postérieur par lequel sort le gros double tube charnu de la respiration et de l'anus, les ramènent dans cette famille. Le pied qui sort à l'opposite, est petit et comprimé.

On en trouve dans le sable des embouchures de nos fleuves (2).

Les Myes proprement dites. (Mya. Lam.)

Ont à une valve, une lame qui fait saillie dans l'autre valve, et dans celle-ci une fossette. Le ligament va de cette fossette à cette lame.

Nous en avons quelques-unes le long de nos côtes dans le sable (3).

On doit rapprocher de ces myes

Les Anatines. Lam.

Qui ont à chaque valve une petite lame saillante en dedans, et le ligament allant de l'une à l'autre.

---

(1) *N. B.* La moitié des *mya* de Gmel. n'appartiennent ni à ce genre ni même à cette famille, mais aux *vulselles*, aux *mulètes*, aux mactres, etc.

(2) *Mactra lutraria*, List. 415, 259; Chemn. VI, XXIV, 240, 241; —*mya oblonga*, id. ib. II, 12; —*acosta*, Conch. brit. XVII, 4; Gualt. 90, A, fig. min.

(3) *Mya truncata*, L. Chemn. VI, 1, 1, 2; —*m. arenaria*, ib. 3. 4.

On en connaît une oblongue excessivement mince, dont les valves sont soutenues par une arête intérieure (1); et une autre de forme plus carrée qui n'a point cette arête (2).

LES GLYCYMÈRES. (GLYCYMERIS. Lam.) SERTODAIRE. Daud.

N'ont à leur charnière ni dents, ni lames, ni fossettes, mais un simple renflement calleux, derrière lequel est un ligament extérieur (3).

LES PANOPES. (PANOPEA. Mesnard Lagr.)

Ont en avant du renflement calleux des précédentes une forte dent, immédiatement sous le sommet, qui croise avec une dent pareille de la valve opposée; caractère qui les rapproche des solens. On en connaît une grande espèce, des collines du pied de l'Apennin, où elle est si bien conservée qu'on l'a crue quelquefois tirée de la mer (4).

Peut-être pourrait-on en séparer une autre espèce fossile, qui ferme presque entièrement au bout antérieur (5).

On peut mettre à la suite de ces diverses modifications des myes,

---

(1) *Solen anatinus*, Chemn. VI, VI, 46-48.

(2) Encycl. 230, 6, sous le nom de *corbule*. Je pense que les RUPICOLES, Fleuriau de Bellev. (Voy. Roissy, VI, 440), doivent être voisines de ce sous-genre. Elles vivent dans l'intérieur des pierres, comme les *petricoles*, les *pholades*, etc.

(3) *Mya siliqua*, Chemn. XI, 198, f. 1954;—la *glycimère rousse*, Bosc. Coq. III, XVII, 3.

(4) *Mya glycimeris*, L. Chemn. VI, III. C'est sans aucune autorité qu'on la dit de la Méditerranée.

(5) *Panope de Faujas*, Mesnard Lagr. Ann. Mus. IX, XII.

C'est dans ce voisinage que doivent venir sans doute les *saxicaves* de M. Fleuriau de Bellevue, petites coquilles creusant l'intérieur des pierres. Vid. Roissy, VI, 441.

LES PANDORES. Brug.

Qui ont une valve beaucoup plus plate que l'autre, un ligament intérieur placé en travers, accompagné en avant d'une dent saillante de la valve plate. Le côté postérieur de la coquille est allongé. L'animal rentre plus complètement dans sa coquille que les précédens, et ses valves ferment mieux, mais il a les mêmes mœurs.

On n'en connaît qu'une espèce de la Méditerranée (1).

Ici viennent encore se grouper quelques petits genres singuliers.

LES GASTROCHÈNES. (GASTROCHÆNA. Spengler.)

Dont les coquilles manquent de dents, et dont les bords très-écartés en avant, y laissent une très-grande ouverture oblique, vis-à-vis de laquelle le manteau a un petit trou pour le passage du pied. Le double tube qui rentre entièrement dans la coquille est susceptible de beaucoup d'allongement.

Les uns ont, comme les moules, les sommets à l'angle antérieur (2); d'autres les ont plus rapprochés du milieu (3).

Elles vivent dans l'intérieur des madrepores qu'elles percent.

LES BYSSOMIES. Cuv.

Dont les coquilles oblongues et sans dent marquée, ont l'ouverture pour le pied, à peu près dans

---

(1) *Tellina inæquivalvis*, Chemn. VI, XI, 106, et pour l'animal Poli.

(2) *Pholas hians*, Chemn. X, CLXXII, 1678, 1679.

(3) Id. 1681, espece très-différente de la précédente, que Chemn. n'a pas assez distinguée.

le milieu de leurs bords et vis-à-vis des sommets.

Ils pénètrent aussi dans les pierres, les coraux.

On en a un très-nombreux dans la mer du Nord, qui est pourvu d'un byssus (1).

LES HIATELLES. (HIATELLA. Daud.)

Ont la coquille bâillante pour le passage du pied vers le milieu de ses bords, comme les précédens, mais leur dent de la charnière est un peu plus marquée. Leur coquille a souvent en arrière des rangées d'épines saillantes.

Elles se tiennent dans le sable, les zoophytes, etc.

La mer du nord en possède une petite (2).

LES SOLENS. (SOLEN. L.)

Ont aussi la coquille seulement bivalve, oblongue ou allongée; mais leur charnière est toujours pourvue de dents saillantes et bien prononcées, et leur ligament toujours extérieur.

LES SOLENS proprement dits. (SOLEN. Cuv.) Vulgairement *manches de couteau*.

Ont la coquille en cylindre allongé, et les dents vers l'extrémité antérieure par où sort le pied. Celui-ci est conique et sert à l'animal à s'enfoncer dans le sable qu'il creuse avec assez de vîtesse quand il apercoit du danger.

---

(1) *Mytilus pholadis*, Müll. Zool. Dan. LXXXVII, 1, 2, 3, ou *mya byssifera*, Fabr. Groënl.

(2) *Solen minutus*, L. Chemn. VI, VI, 51, 52, ou *mya arctica*, Fabric. Groënl. qui paraît le même que l'*hiat. à une fente*, Bosc. Coq. III, XXI, 1;—l'*hiat. à deux fentes*, id. ib. 2.

Nous en avons plusieurs le long de nos côtes (1).

On pourrait distinguer les espèces où les dents se rapprochent du milieu; les uns ont encore la coquille longue et étroite (2);

D'autres l'ont plus large et plus courte; leur pied est très-gros. Nous en avons de ceux-ci dans la Méditerranée (3).

Dans les SANGUINOLAIRES. (SANGUINOLARIA. Lam.)

La charnière est à peu près comme dans les solens larges, mais les valves ovales, se rapprochent beaucoup plus à leurs deux bouts, où elles ne font que bâiller, comme certaines mactres (4).

LES PHOLADES OU DAILS. (PHOLAS. L.)

Ont deux valves principales larges et bombées du côté de la bouche, se rétrécissant et s'allongeant du côté opposé, et laissant à chaque bout une grande ouverture oblique; leur charnière a, comme celle des myes proprement dites, une lame saillante d'une valve dans l'autre, et un ligament intérieur allant de cette lame à une fossette correspondante. Leur manteau se réfléchit en dehors sur la charnière, et y contient une et quelquefois deux ou trois pièces calcaires surnuméraires. Le pied sort par l'ouverture du côté de la bouche qui est la plus large, et

(1) *Solen vagina*, Chemn. VI, IV, 26-28;—*s. siliqua*, ib. 29; —*s. ensis*, ib. 30;—*s. maximus*, ib. V, 35;—*s. cultellus*, ib. 37.

(2) *Solen legumen*, Chemn. VI, V, 32-34.

(3) *Solen strigilatus*, Chemn. VI, VI, 41-43;—*s. radiatus*, id. V, 38-40;—*s. minimus*, ib. 31;—*s. coarctatus*, VI, 45;—*s. vespertinus*, id. VII, 60.

(4) *Solen sanguinolentus*, Chemn. VI, VII, 56;—*s. roseus*, ib. 55.

du bout opposé sortent les deux tubes réunis et susceptibles de se beaucoup dilater en tout sens.

Les pholades habitent des conduits qu'elles se pratiquent, les unes dans la vase, les autres dans l'intérieur des pierres, comme les lithodomes, les pétricoles, etc.

On les recherche à cause de leur goût agréable. Nous en avons quelques espèces sur nos côtes.

Tel est le *Dail commun.* (*Pholas dactylus.* L.) Chemn. VIII, CI, 859 (1).

Les Tarets. (Teredo. L.)

Ont le manteau prolongé en un tuyau beaucoup plus long que leurs deux petites valves rhomboïdales, et terminé par deux tubes courts, dont la base est garnie de chaque côté d'une palétte pierreuse et mobile. Ces acéphales pénètrent tout jeunes et s'établissent à demeure dans l'intérieur des bois plongés sous l'eau, tels que pieux, quilles de navires, etc., et les détruisent en les criblant de toute part. On croit que pour s'enfoncer, à mesure qu'il grandit, le taret creuse ces bois à l'aide de ses valves; mais ses tubes restent vers l'ouverture par où il est entré, et où il amène l'eau et les alimens par le mouvement de ses palettes. Le canal où il se tient est tapissé d'une croûte calcaire qu'il a transsudée,

(1) Ajoutez *phol. orientalis*, ib. 860, qui n'est peut-être qu'une variété de *dactylus*;—*phol. costata*, ib. 863;—*ph. crispata*, id. CII, 872-874;—*phol. pusilla*, ib. 867-71;—*phol. striata*, ib. 864-66.

et qui lui forme encore une sorte de coquille tubuleuse. Ces animaux sont très-nuisibles dans les ports de mer.

L'*Espèce commune*, (*Teredo navalis*. L.)

Apportée, dit-on, de la Zone-Torride, a menacé plus d'une fois la Hollande de sa destruction, en ruinant ses digues. Elle est longue de six pouces et plus, et a des palettes simples.

Les pays chauds en produisent de plus grandes, dont les palettes sont articulées et ciliées. On doit les remarquer à cause de l'analogie qu'elles établissent avec les cirrhopodes.

Tel est le *teredo palmulatus*. Lam. Adans. Ac. des sc. 1759, pl. 9, fig. 12. (Les Palettes.)

On a distingué des tarets,

Les Fistulanes. (Fistulana. Brug.)

Dont le tube extérieur est entièrement fermé par le gros bout et ressemble plus ou moins à une bouteille ou à une massue; on l'observe tantôt enfoncé dans des bois ou des fruits qui apparemment avaient été plongés sous l'eau, tantôt simplement enveloppé dans le sable. L'animal a d'ailleurs deux petites valves et deux palettes comme les tarets. Il ne nous en vient de frais que des mers des Indes; mais nos couches en recèlent de fossiles (1).

---

(1) *Teredo clava*, Gmel. Spengl. Naturforsch, XIII, I, et II, cop. Encycl. Méthod. vers, pl. CLXVII, f. 6-16. C'est le *fistulana gregata*, Lamarck, — *teredo utriculus*, Gm. Naturf. X, I, 10, probablement le même que *fistulana lagenula*, Lam. Encycl. méth. l. c. f. 23; —*fistulana clava*, Lam. ib. 17-22.

Il est probable que le *pholas teredula*, Pall. nov. act. Petrop. II, VI, 25, est aussi une *fistulane*.

DEUXIÈME ORDRE DES ACÉPHALES.

LES ACEPHALES SANS COQUILLES.

Sont en très-petit nombre et s'éloignent assez des acéphales ordinaires pour que l'on puisse en faire une classe distincte; leurs branchies prennent des formes diverses, mais ne sont jamais divisées en quatre feuillets; la coquille est remplacée par une substance cartilagineuse, quelquefois si mince qu'elle est flexible comme une membrane. Nous en faisons deux familles; la première comprend les genres dont les individus sont isolés et sans connexion organique les uns avec les autres, quoiqu'ils vivent souvent en société.

LES BIPHORES. Brug. (THALIA. Brown. SALPA et DAGYSA. Gm.)

Ont le manteau et son enveloppe cartilagineuse, ovales ou cylindriques, et ouverts aux deux bouts. Du côté de l'anus l'ouverture est transverse, large, et munie d'une valvule qui permet seulement l'entrée de l'eau et non pas sa sortie. Du côté de la bouche elle est simplement tubuleuse Des bandes musculaires embrassent le manteau et contractent le corps. L'animal se meut en faisant entrer de l'eau par l'ouverture postérieure, et en la faisant sortir par celle du côté de la bouche, en sorte qu'il est toujours poussé en arrière, ce qui a fait prendre par quelques naturalistes son ouverture postérieure pour sa véritable bouche. Ses branchies forment un seul ruban, placé en écharpe dans le milieu de la cavité tubuleuse du manteau, et que l'eau frappe sans cesse en traversant cette cavité. Le cœur, les viscères et le foie sont pelotonnés près de la bouche; mais la position de l'ovaire varie. Le manteau et son enveloppe brillent au soleil des couleurs de l'iris, et sont si transparens que l'on voit au travers toute l'anatomie de l'animal; dans beaucoup d'espèces le manteau a des tubercules perforés. Ce que les biphores offrent de plus curieux, c'est que pendant long-temps ils restent unis ensemble comme ils l'étaient dans l'ovaire, et nagent ainsi en longues chaînes, où les individus sont disposés en différens ordres, mais toujours selon le même dans chaque espèce.

On en trouve en abondance dans la Méditerranée et les parties chaudes de l'Océan.

Les THALIA Brown ont une petite crête ou nageoire verticale vers le bout postérieur du dos (1).

Parmi les biphores proprement dits,

Les uns ont, dans l'épaisseur du manteau, au-dessus de la

(1) *Holothuria Thalia*, Gm. Br. Jam. XLIII, 3;—*h. caudata*, ib 4;—*h. denudata*, Encycl. méthod. vers, LXXXVIII;—*salpa cristata*, Cuv. Ann. Mus. IV, LXVIII, 1, représenté sous le nom de *dagysa*, Home, Lect. on comp. an. II, LXIII;—*salpa pinnata*, Forsk. XXXV, B.

masse des viscères, une plaque gélatineuse, de couleur foncée, qui pourrait être un vestige de coquille (1).

D'autres n'y ont qu'une simple proéminence de la même substance que le reste du manteau, mais plus épaisse (2).

D'autres n'ont ni plaque ni proéminence, mais leur manteau est prolongé de quelques pointes.

Il y en a qui ont une pointe à chaque extrémité (3).

D'autres en ont deux à l'extrémité la plus voisine de la bouche (4).

Quelques-unes n'en ont qu'une à cette même extrémité (5).

Le plus grand nombre est simplement ovale ou cylindrique (6).

Les Ascidies. (Ascidia. Lin.) *Thethyon* des anciens.

Ont le manteau et son enveloppe cartilagineuse, qui est souvent très-épaisse, en forme de sac, fermés de toute part, excepté à deux orifices qui répondent aux deux tubes de plusieurs bivalves, et dont l'un sert de passage à l'eau, et l'autre d'issue

(1) *Salpa scutigera*, Cuv. Ann. Mus. IV, LXVIII, 4, 5, probablement le même que le *salpa-gibba*, Bosc. vers, II, XX, 5.

(2) *Salpa Tilesii*, Cuv. loc. cit. 3;—*s. punctata*, Forsk. XXXV, C; —*s. pelagica*, Bosc. loc. cit. 4.

(3) *Salpa maxima*, Forsk. XXXV, A;—*s. fusiformis*, Cuv. loc. cit. 10, peut-être le même que Forsk. XXXVI;— *sal. mucronata*, ib. D.

(4) *Salpa democratica*, Forsk. XXXVI, G.

(5) *Holothuria zonaria*, Gm. Pall. Spic. X, 1, 17;—*thalia lingulata*, Blumenb. Abb. 30.

(6) *Salpa octofora*, Cuv. loc. cit. 7; peut-être le même que les petits *dagysa*, Home, loc. cit. LXXIII, 1;—*s. africana*, Forsk. XXXVI, C;—*s. fasciata*, ib. D;—*s. confederata*, ib. A; peut-être le même que *s. gibba*, Bosc. loc. cit. 1, 2, 3;—*s. polycratica*, ib. F;—*s. cylindrica*, Cuv. loc. cit. 8 et 9;—*dagysa strumosa*, Home. l. c. LXXI, 1.

aux excrémens. Leurs branchies forment un grand sac au fond duquel est la bouche, et près de cette bouche est la masse des viscères. L'enveloppe est beaucoup plus ample que le manteau proprement dit. Celui-ci est fibreux et vasculaire; on y voit un des ganglions entre les deux tubes. Ces animaux se fixent aux rochers et aux autres corps, et sont privés de toute locomotion; leur principal signe de vie consiste dans l'absorption et l'évacuation de l'eau par un de leurs orifices; ils la lancent assez loin quand on les inquiète. On en trouve en grand nombre dans toutes lés mers, et il y en a qui se mangent (1).

Quelques espèces sont remarquables par le long pédoncule qui les supporte (2).

La deuxième famille des Acéphales sans coquille,

Comprend des animaux unis dans une enveloppe commune, de sorte qu'ils paraissent communiquer organiquement ensemble, et que sous ce rapport ils lient les mollusques aux zoophytes.

---

(1) Tout le genre *ascidia* de Gm. auquel il faut ajouter l'*asc. gelatina*, Zool. dan. XLIII ;—l'*asc. pyriformis*, ib. CLVI ;—le *salpa sipho*, Forsk. XLIII, C ;—l'*ascidia microcosmus*, Redi, opusc. III, Planc. app. VII, le même que l'*asc. sulcata*, Coquebert, Bullet. des Sc. avr. 1797, I, 1 ;—l'*asc. glandiformis*, Coqueb. ib. *N. B.* que l'*ascidia canina*, Müll. Zool. dan. LV, *asc. intestinalis*, Bohatsch. X, 4 ; peut-être même *asc. patula*, Müll. LXV, et *a. corrugata*, id. LXXIX, 2, ne paraissent qu'une espèce. Il y a aussi quelques interversions de synonymie.

(2) *Ascidia pedunculata*, Edw. 356.

Leur organisation individuelle a beaucoup de rapport avec celle des ascidies ; leurs branchies forment de même un grand sac que les alimens doivent traverser avant d'arriver à la bouche ; leur principal ganglion est de même entre la bouche et l'anus ; la disposition des viscères et de l'ovaire est à peu près semblable (1).

Néanmoins les uns ont, comme les biphores, une ouverture à chaque extrémité ;

Tels sont

LES BOTRYLLES. (BOTRYLLUS. Gærtn.)

Qui sont de forme ovale, fixés sur divers corps et réunis à dix ou douze comme des rayons d'une étoile ; les bouches sont aux extrémités extérieures des rayons, et les anus aboutissent à une cavité commune qui est au centre de l'étoile. Quand on irrite une bouche, un animal seul se contracte ; si on irrite le centre, ils se contractent tous. Ces très-petits animaux s'attachent sur certaines ascidies, sur certains fucus, etc. (2).

---

(1) C'est M. Savigny qui a fait connaître récemment l'organisation singulière de toute cette famille, que l'on confondait autrefois avec les *zoophytes* proprement dits. En même temps MM. Desmarets et Lesueur fesaient connaître la structure particulière des *botrylles* et des *pyrosomes*.

(2) Voyez Desmarets et Lesueur, Bullet. des Sc. mai 1815 ; — *botryllus stellatus*, Gærtner, ou *alcyonium Schlosseri*, Gm. Pall. Spicil. Zool. X, IV, 1-5.

Dans certaines espèces, trois ou quatre étoiles paraissent empilées l'une sur l'autre (1).

Les Pyrosomes. (Pyrosoma. Péron.)

Sont réunis en très-grand nombre pour former un grand cylindre creux, ouvert par un bout, fermé par l'autre, qui nage dans la mer par les contractions et les dilatations combinées de tous les animaux particuliers qui le composent. Ceux-ci se terminent en pointe à l'extérieur, en sorte que tout le dehors du tube est hérissé; les bouches sont percées près de ces pointes, et les anus donnent dans la cavité intérieure du tube. Ainsi l'on pourrait comparer un pyrosome à un grand nombre d'étoiles de botrylles enfilées les unes à la suite des autres, mais dont l'ensemble serait mobile (2).

La Méditerranée et l'Océan en produisent de grandes espèces, dont les animaux sont disposés peu régulièrement. Elles brillent pendant la nuit de tout l'éclat du phosphore (3).

On en connaît aussi une petite, où les animaux sont rangés par anneaux très-réguliers (4).

Les autres de ces mollusques composés ont, comme les ascidies ordinaires, l'anus et

---

(1) *Botryllus conglomeratus*, Gærtn. ou *alcyonium conglomeratum*, Gm. Pall. Spic. Zool. X, IV, 6.

(2) Voyez Desmarets et Lesueur, loc. cit.

(3) *Pyrosoma atlanticum*, Péron, Annal. Mus. IV, LXXII;—le *pyrosome géant*, Desmarets et Lesueur, Bullet. des Sc. mai 1815, pl. I, f. 1.

(4) Le *pyrosome élégant*, Lesueur, Bullet. des Sc. juin 1813, pl. V, f. 2.

la bouche rapprochés vers la même extrémité. Tous ceux qu'on connaît sont fixés, et on les avait jusqu ici confondus avec les alcyons. La masse des viscères de chaque individu est plus ou moins prolongée dans la masse cartilagineuse ou gélatineuse commune, plus ou moins rétrécie ou dilatée en certains points, mais chaque bouche représente toujours à la surface une petite étoile à six rayons.

Nous les réunissons sous le nom de

POLYCLINUM (1).

Les uns s'étendent sur les corps comme des croûtes charnues (2).

D'autres s'élèvent en masse conique ou globuleuse (3),

Ou s'étalent en disque comparable à une fleur ou à une actinie (4),

Ou s'allongent en branches cylindriques portées par des pedicules plus minces (5), etc.

---

(1) C'est d'après le nombre des étranglemens, c'est-à-dire le plus ou moins de séparation de la branchie, de l'estomac et de l'ovaire, que M. Savigny a formé ses genres *polyclinum*, *aplidium*, *didemnum*, *eucœlium*, *diazona*, *sigillina*, etc. qu'il ne nous paraît pas nécessaire de conserver. Ici doivent encore venir l'*alcyonium ficus*, Gm.; le *distomus variolosus*, Gœrtn. ou *alcyonium ascidioides*, Gm. Pall. Spic. Zool. X, IV, 7.

(2) Les *eucœlium*, Sav.

(3) Plusieurs des *polyclinum* et des *aplidium* de Sav.

(4) Le genre *diazona*, Sav. composé d'une belle et grande espèce de couleur pourprée, découverte près d'Ivice par M. Delaroche.

(5) Le genre *sigillina*, Sav. dont les branches cylindriques ont souvent un pied de long, et les animaux, minces comme des fils, trois à quatre pouces.

CINQUIÈME CLASSE DES MOLLUSQUES.

LES MOLLUSQUES BRACHIOPODES.

Ont, comme les acéphales, un manteau à deux lobes, et ce manteau est toujours ouvert; mais leurs branchies ne consistent qu'en petits feuillets, rangés tout autour du bord de chaque lobe, à sa face interne; au lieu de pied ils ont deux bras charnus, et garnis de nombreux filamens, qu'ils peuvent étendre hors de la coquille et y retirer; leur intérieur a paru montrer deux cœurs aortiques et un canal intestinal replié, entouré du foie; la bouche est entre les bases des bras, et l'anus sur un des côtés. On ne connaît pas bien leurs organes de la génération ni leur système nerveux.

Tous les brachiopodes sont revêtus de coquilles bivalves, fixés, et dépourvus de locomotion. L'on n'en connaît que trois genres.

LES LINGULES. (LINGULA. Brug.)

Ont deux valves égales, assez plates, oblongues, ayant les sommets au bout d'un des côtés étroits, saillantes par le bout opposé, et attachées entre les deux sommets à un pédicule charnu qui les suspend aux rochers; leurs bras se roulent en spirale pour rentrer dans la coquille.

On n'en connaît qu'une, de la mer des Indes. (*Lingula anatina.* Cuv. Ann. Mus. I, VI. Séb. III, XVI, 4.) A valves minces, cornées et verdâtres (1).

LES TÉRÉBRATULES. (TEREBRATULA. Brug.)

Ont deux valves inégales, jointes par une charnière; le sommet de l'une avance plus que l'autre, et est percé pour laisser passer un muscle qui attache la coquille aux rochers, aux madrepores, etc., et quelquefois un pédicule charnu qui l'y suspend. On remarque à l'intérieur une petite charpente osseuse, quelquefois assez compliquée, qui adhère à la valve saillante, pénètre dans le corps de l'animal, le soutient et donne surtout attache aux bras. Ceux-ci sont plus courts qu'aux lingules, et fourchus (2).

On trouve une quantité innombrable de térébratules à l'état fossile ou pétrifié, dans certaines couches secondaires d'anciennes formations. Les espèces sont moins nombreuses dans la mer actuelle (3).

---

(1) Linn. qui n'en connaissait qu'une valve, l'appela *patella unguis.* Solander et Chemnitz qui surent qu'elle a deux valves, lui donnèrent l'un le nom de *mytilus lingua,* l'autre celui de *pinna unguis.* Bruguières connut son pédicule, et en fit en conséquence un genre sous le nom de *lingule,* Encycl. méth. vers, pl. 250. Ce qui est singulier, c'est que personne n'avait remarqué que Séba, loc. cit. la représente très-bien avec son pédicule.

(2) Voyez Gründler, Naturforsch. II, III, et Brug. Encycl. Méth. vers, pl. 246, 7.

(3) *Anomia scobinata,* Gualt. 96, A;—*an. aurita,* id. ib. B;—*an. retusa;*—*an. truncata,* Chemn. VIII, LXXVII, 701;—*an. ca-*

Les Orbicules. (Orbicula. Cuv.)

Ont deux valves inégales, dont l'une ronde et conique ressemble, quand on la voit seule, à une coquille de patelle; l'autre est plate et fixée aux rochers. L'animal (*Criopus.* Poli) a les bras recourbés en spirale comme celui des lingules.

Nos mers en produisent une petite espèce. (*Patella anomala.* Müll. Zool. Dan. V, 2-6. *Anomia turbinata.* Poli. XXX, 15.)

SIXIEME CLASSE DES MOLLUSQUES.

LES MOLLUSQUES CIRRHOPODES.

(Lepas et Triton. Linn.)

Etablissent, par plusieurs rapports, une sorte d'intermédiaire entre cet embranchement et celui des animaux articulés; enveloppés d'un manteau et d'une coquille qui se rapprochent souvent de ceux de plusieurs acéphales, ils ont à la bouche des mâchoires latérales, et le long du ventre des filets nommés cirres, disposés par paires, composés

---

pensis, ib. 703;—*an. pubescens,* id. LXXVIII, 712;—*an. detruncata,* ib. 705;—*an. sanguinolenta,* ib. 706;—*an. vitrea,* ib. 707, 709;—*an. dorsata,* ib. 710, 711;—*an. psittacea,* ib. 713;—*an. cranium,* etc.

Pour les espèces fossiles, voyez les pl. 239-246 des vers de l'encycl. méthodique.

d'une multitude de petites articulations, et représentant des espèces de pieds ou de nageoires, comme celles qu'on voit sous la queue de plusieurs crustacés; leur cœur est situé dans la partie dorsale et leurs branchies sur les côtés; leur système nerveux forme, sous le ventre, une série de ganglions. Cependant on peut dire que les cirres ne sont que les analogues des battans articulés de certains tarets, tandis que les ganglions ne sont à quelques égards que des répétitions du ganglion postérieur des bivalves. Ces animaux sont placés dans leur coquille la tête en bas, de manière que la bouche est dans le fond, et les cirres vers l'orifice. Entre les deux derniers est un long tube charnu qu'on a pris quelquefois mal à propos pour leur trompe, et à la base duquel, vers le dos, est l'ouverture de l'anus. A l'intérieur on observe un estomac boursouflé par une multitude de petites cavités de ses parois qui paraissent remplir les fonctions de foie; un intestin simple, un double ovaire, et un double canal serpentin que les œufs doivent traverser, dont les parois produisent la liqueur prolifique et qui se prolonge dans le tube charnu pour s'ouvrir à son extrémité. Ces animaux sont toujours fixés; Linnæus n'en fesait qu'un genre, (les LEPAS) que Bruguières a subdivisé en deux (1).

LES ANATIFES. (ANATIFA. Brug.)

Dont la coquille est composée de pièces mobiles, et suspendue à un tube charnu. Dans les espèces les plus nombreuses, les deux principales valves ressembleraient assez à celles d'une moule; deux autres semblent compléter une partie du bord de la moule opposé au sommet, et une cinquième, impaire, réunit le bord postérieur à celui de la valve opposée. De l'endroit où serait le ligament, naît le pédicule charnu; un fort muscle transverse réunit les deux premières valves près de leur sommet; la bouche de l'animal est cachée derrière lui, et l'extrémité postérieure de son corps avec tous ses petits pieds articulés, sort un peu plus loin entre les quatre premières valves. Les anatifes ont douze paires de cirres, six de chaque côté, les plus près de la bouche sont les plus courts et les plus gros. Leurs branchies sont des appendices en pyramides allongées, adhérentes à la base extérieure de tout ou partie de ces cirres.

L'espèce la plus répandue dans nos mers (*Lepas anatifera*. L.), a pris ce nom d'anatifère, à cause de la fable qui en fesait naître les bernaches ou les macreuses, fable qui

---

(1) Ce nom de *lepas* appartenait autrefois aux *patelles*. Linnæus supposant qu'il existe aussi de ces cirropodes sans coquilles, leur donnait alors le nom de TRITON; mais l'existence de ces TRITONS dans la nature ne s'est pas confirmée, et l'on doit croire que Linnæus n'avait vu qu'un animal d'anatife arraché de sa coquille.

tient sans doute à la ressemblance grossière qu'on a trouvée entre les pièces de cette coquille et un oiseau. Les anatifes s'attachent aux rochers, aux pieux, aux quilles des navires, etc. (1).

Il y a des anatifes qui n'ont que quatre valves;

D'autres qui n'en ont que deux, et même très-petites (2).

Les Glands de mer. (Balanus. Brug.)

Ont pour pièce principale de leur coquille un tube conique fixé à divers corps, et dont l'ouverture supérieure se ferme par quatre battans mobiles. Les parois du tube sont creusées de pores et de chambres dans lesquelles pénètrent par la base des productions du manteau. Les branchies sont deux grands feuillets garnis de petites lames, et adhérens aux côtés du manteau.

Les rochers, les coquilles, les pieux de toutes nos côtes, sont pour ainsi dire couverts d'une espèce. (*Lepas balanus.* L.) Chemn. VIII, xcvii, 826 (3).

M. de Lamarck sépare, sous le nom de Coronules, des espèces très-évasées, où les parois du cône ont des cellules

---

(1) Ajoutez *lepas anserifera,* Chemn. VIII, c, 856;—*l. mitella*, ib. 849-850;—*l. pollicipes,* ib. 851, 852;—*l. scalpellum,* ib. p. 294, a, A.

(2) *Lepas aurita*, Chemn. VIII, c, 857, 858.

(3) Ajoutez *lep. balanoides,* Chemn. VIII, xcvii, 821-825;—*l. tintinnabulum*, ib. 828-831;—*l. minor,* ib. 827;—*l. porosa*, id. xcviii, 836;—*l. verruca*, ib. 840, 841;—*l. angustata*, ib. 835;—*l. elongata*, ib. 838;—*l. patellaris,* ib. 839;—*l. spinosa*, ib. 840;—*l. violacea,* id. xcix, 842;—*l. tulipa,* Ascan. ic. x;—*l. cilindrica,* Gronov. Zooph. XIX, 3, 4;—*l. cariosa* Pall. nov. act. Petr. II, vi, 24, A. B;—*l. schœmia*, Zool. dan. xciv, 1-4.

si grandes, qu'elles représentent des espèces de chambres (1).

Et sous celui de TUBICINELLES, des espèces où la partie tubuleuse est assez élevée, plus étroite vers le bas, et divisée en anneaux, qui marquent ses accroissemens successifs (2).

Les unes et les autres s'implantent dans la peau des baleines, et pénètrent jusque dans leur lard.

TROISIÈME GRANDE DIVISION DU RÈGNE ANIMAL.

LES ANIMAUX ARTICULÉS.

Cette troisième forme générale est tout aussi caractérisée que celle des animaux vertébrés ; le squelette n'est pas intérieur comme dans ces derniers, mais il n'est pas non plus toujours nul comme dans les mollusques. Les anneaux articulés qui entourent le corps et souvent les membres, en tiennent lieu, et comme ils sont presque toujours assez durs, ils peuvent prêter au mouvement tous les points d'appui nécessaires, en sorte qu'on retrouve ici, comme parmi les vertébrés, la marche, la course, le saut, la natation et le vol. Il n'y a que les familles dépourvues de pieds, ou dont les pieds n'ont que des articles membraneux et mous, qui soient bornées à la repta-

(1) *Lepas balænaris*, L. Chemn. VIII, XCIX, 845, 846 ;—*lepas diadema*, ib. 843, 844;—*l. testudinarius*, ib. 847, 848. Celui-ci s'attache au test des tortues.

(2) La *tubicinelle*, Lam. Ann. Mus. I, XXX, 1, 2.

tion. Cette position extérieure des parties dures, et celle des muscles dans leur intérieur, réduit chaque article à la forme d'un étui, et ne lui permet que deux genres de mouvemens. Lorsqu'il tient à l'article voisin par une jointure ferme, comme il arrive dans les membres, il y est fixé par deux points, et ne peut se mouvoir que par gynglyme, c'est-à-dire dans un seul plan, ce qui exige des articulations plus nombreuses pour produire une même variété de mouvement. Il en résulte aussi une plus grande perte de force dans les muscles, et par conséquent plus de faiblesse générale dans chaque animal à proportion de sa grandeur.

Mais les articles qui composent le corps n'ont pas toujours ce genre d'articulation; le plus souvent ils sont unis seulement par des membranes flexibles, ou bien ils emboitent l'un dans l'autre, et alors leurs mouvemens sont plus variés, mais destitués de force.

Le système d'organes par lequel les animaux articulés se ressemblent le plus, c'est celui des nerfs.

Leur cerveau placé sur l'œsophage et fournissant des nerfs aux parties qui adhèrent à la la tête, est fort petit. Deux cordons qui embrassent l'œsophage, se continuent sur la longueur du ventre, se réunissant d'espace en espace par des doubles nœuds ou ganglions, d'où partent les nerfs du corps et des membres. Chacun de ces ganglions semble faire les fonctions de cerveau pour les parties environnantes, et suffire pendant un certain temps à leur sensibilité, lorsque l'animal a été divisé. Si l'on ajoute à cela que les mâchoires de ces animaux, lorsqu'ils en ont, sont toujours latérales, et se meuvent de dehors en dedans, et non de haut en bas, et que l'on n'a encore découvert dans aucun d'eux d'organe distinct de l'odorat, on aura exprimé à peu près tout ce qui s'en laisse dire de général; mais l'existence d'organes de l'ouie; l'existence, le nombre, la forme de ceux de la vue; le produit et le mode de la génération, l'espèce de la respiration, l'existence des organes de la circulation, et jusqu'à la couleur du sang, présentent de grandes variétés, qu'il faut étudier dans les diverses subdivisions.

DISTRIBUTION DES ANIMAUX ARTICULÉS EN QUATRE CLASSES.

Les animaux articulés, qui ont entre eux des rapports aussi variés que nombreux, se présentent cependant sous quatre formes principales, soit à l'intérieur, soit à l'extérieur.

Les Annelides. Lam. ou Vers a sang rouge. Cuv. constituent la première. Leur sang coloré comme celui des animaux vertébrés, circule dans un sytème double et clos d'artères et de veines, sans cœurs ou ventricules charnus bien marqués, et respire dans des organes qui tantôt se développent au dehors, tantôt restent à la surface de la peau. Leur corps plus ou moins allongé, est toujours divisé en anneaux nombreux dont le premier, qui se nomme tête, est à peine différent des autres, si ce n'est par la présence de la bouche et des principaux organes des sens. Il y en a qui ont leurs branchies uniformément répandues sur la longueur de leur corps ou sur son milieu; d'autres, et ce sont en général ceux qui habitent des tuyaux, les ont toutes à la partie antérieure. Jamais ces animaux n'ont de pieds articulés, mais le plus grand nombre porte au lieu de pieds des soies ou des faisceaux de soies roides et mobiles. Ils sont tous hermaphrodites et quelques-uns ont besoin d'un accouplement réciproque. Leurs organes de la bouche consistent tantôt en mâchoires plus ou moins fortes, tantôt en un simple tube; ceux des sens extérieurs en tentacules charnus, et quelquefois articulés, et en quelques points noirâtres que l'on regarde comme des yeux, mais qui n'existent pas à beaucoup près dans toutes les espèces.

Les CRUSTACÉS constituent la seconde forme ou classe des animaux articulés. Ils ont des membres articulés, et plus ou moins compliqués, attachés aux côtés du corps. Leur sang est blanc; il circule par le moyen d'un ventricule charnu placé dans le dos, qui le distribue à des branchies situées sur les côtés du corps, ou sous sa partie postérieure, d'où il revient dans un canal ventral. Dans les dernières espèces, le cœur ou ventricule dorsal s'allonge lui-même en canal. Ces animaux ont tous des antennes ou filamens articulés, attachés au-devant de la tête presque toujours au nombre de quatre, plusieurs mâchoires transversales, et deux yeux composés. C'est dans quelques-unes de leurs espèces seulement que l'on trouve une oreille distincte.

La troisième classe des animaux articulés est celle des ARACHNIDES qui ont, comme un grand nombre de crustacés, la tête et le thorax réunis en une seule pièce, portant de chaque côté des membres articulés, mais dont les principaux viscères sont renfermés dans un abdomen attaché en arrière de ce thorax; leur bouche est armée de mâchoires et leur tête porte des yeux simples en nombre variable ; mais ils n'ont jamais d'antennes. Leur circulation se fait par un vaisseau dorsal qui envoie des branches artérielles, et en recoit de veineuses ; mais leur respiration varie, les uns ayant encore de vrais organes pulmonaires qui s'ouvrent aux côtés de l'abdomen, les autres recevant l'air par les trachées, comme les insectes. Les uns et les autres ont cependant des ouvertures latérales, de vrais stygmates.

Les Insectes sont la quatrième classe des animaux articulés, et en même temps la plus nombreuse de tout le règne animal. Excepté quelques genres (les myriapodes) dont le corps se divise en un assez grand nombre d'articles à peu près égaux, ils l'ont partagé en trois parties : la tête qui porte les antennes, les yeux et la bouche ; le thorax ou corselet qui porte les pieds et les ailes quand il y en a ; et l'abdomen qui est suspendu en arrière du thorax et renferme les principaux viscères. Les insectes qui ont des ailes ne les recoivent qu'à un certain âge, et passent souvent par deux formes plus ou moins différentes avant de prendre celle d'insecte ailé. Dans tous leurs états ils respirent par des trachées, c'est-à-dire par des vaisseaux élastiques qui recoivent l'air par des stygmates percés sur les côtés, et le distribuent en se ramifiant à l'infini dans tous les points du corps. On n'aperçoit qu'un vestige de cœur, qui est un vaisseau attaché le long du dos, et éprouvant des contractions alternatives, mais auquel on n'a pu découvrir de branches; en sorte que l'on doit croire que la nutrition des parties se fait par imbibition. C'est probablement cette sorte de nutrition qui a nécessité l'espèce de respiration propre aux insectes, parce que le fluide nourricier qui n'était point contenu dans des vaisseaux ne pouvant être dirigé vers des organes pulmonaires circonscrits pour y chercher l'air, il a fallu que l'air se répandit par tout le corps pour y atteindre le fluide. C'est aussi pourquoi les insectes n'ont point de glandes sécrétoires, mais seulement de longs vaisseaux spongieux qui paraissent absorber par leur grande surface, dans la masse du fluide nourricier, les sucs propres qu'ils doivent produire.

Les insectes varient à l'infini par les formes de leurs organes de la bouche et de la digestion, ainsi que par leur industrie et leur manière de vivre; leurs sexes sont toujours séparés.

Les crustacés et les arachnides ont été longtemps réunis avec les insectes sous un nom commun, et leur ressemblent à beaucoup d'égards pour la forme extérieure, et pour la disposition des organes du mouvement, des sensations et même de la manducation.

PREMIERE CLASSE DES ANIMAUX ARTICULÉS.

LES ANNELIDES (1).

Sont les seuls animaux sans vertèbres qui aient le sang rouge. Il circule dans un double système de vaisseaux compliqués.

Leur corps est mou, plus ou moins allongé, divisé en un nombre souvent très-considérable de segmens.

Presque tous vivent dans l'eau (le ver de terre ou lombric fait seul exception); plusieurs s'y enfoncent dans des trous du fonds, ou s'y forment des tuyaux avec de la vase, ou d'autres matières, ou transsudent même une matière calcaire qui leur produit une sorte de coquille tubuleuse.

---

(1) J'ai établi cette classe, en la distinguant par la couleur de son sang et d'autres attributs, dans un mémoire lu à l'Institut en 1802. Voy. Bullet. des Sc. messid. an X.

M. de Lamarck l'a adoptée et nommée *annélides*, dans l'extrait d son cours de Zoologie, imprim. en 1812.

Auparavant Bruguières la réunissait à l'ordre des vers intestins; et plus anciennement encore Linnæus en plaçait une partie parmi les mollusques et une autre parmi les intestins.

Division des Annélides en trois ordres.

Cette classe peu nombreuse, offre dans ses organes respiratoires des bases de divisions suffisantes.

Les uns ont des branchies en forme de panaches ou d'arbuscules, attachées à la tête ou sur la partie antérieure du corps; presque tous habitent dans des tuyaux. Nous les appellerons TUBICOLES.

D autres ont des branchies en forme d'arbres ou de lames, sur la partie moyenne du corps, ou tout le long de ses cotes; la plupart vivent dans la vase, ou nagent librement dans la mer; le plus petit nombre a des tuyaux. Nous les nommons DORSIBRANCHES.

D'autres enfin n ont aucunes branchies apparentes et respirent, ou par la surface de la peau, ou par quelque cavité inférieure. La plupart vivent librement dans l'eau ou dans la vase; quelques-uns seulement dans la terre humide. Nous les appelons ABRANCHES.

Les genres des deux premiers ordres ont tous des paquets de soies roides et de couleur métallique sortant de leurs côtés, et leur tenant lieu de pieds; mais dans le troisième ordre il se trouve quelques genres dépourvus de ces soutiens.

PREMIER ORDRE DES ANNELIDES.

LES TUBICOLES, (vulgairement Pinceaux de Mer.)

Les uns se forment un tube calcaire, homogène, résultant probablement de leur transsudation comme la coquille des mollusques, auquel cependant ils n'adhèrent point par des muscles; d'autres se le construisent en agglutinant des grains de sable, des fragmens de coquilles, des parcelles de vase, au moyen d'une membrane qu'ils transsudent sans doute aussi; il en est enfin dont le tube est entièrement membraneux ou corné.

A la première catégorie appartiennent,

Les Serpules. (Serpula. L.) Vulg. *Tuyaux de mer.*

Dont les tubes calcaires recouvrent, en s'entortillant, les pierres, les coquilles et tous les corps sous-marins. La coupe de ces tubes est tantôt ronde, tantôt anguleuse, selon les espèces.

L'animal a le corps composé d un très-grand nombre de segmens; sa partie antérieure est élargie, armée de chaque côté de plusieurs paquets de soies roides, et à chaque côté de sa bouche est un superbe panache de branchies en forme d'éventail, ordinairement teint de vives couleurs. A la base de chaque panache est un filament charnu, et l'un des deux, celui de droite, ou celui de gauche indifféremment, est toujours prolongé et dilaté à son extrémité en un disque diversement configuré, qui sert d'opercule et bouche l'ouverture du tube quand l'animal s'y retire (1).

L'espèce commune (*Serpula contortuplicata* (2)). Ell. Corall. XXXVIII, 2, a des tubes ronds, entortillés, de trois lignes de diamètre. Son opercule est en entonnoir, et ses branchies souvent d'un beau rouge, ou variées de jaune et de violet, etc. Elle recouvre promptement des vases ou autres objets que l'on jette dans la mer.

Nous en avons sur nos côtes de plus petites, à opercule en massue, armé de deux ou trois petites cornes, etc. (*Serp. vermicularis.* Gm.) Müll. Zool. Dan. LXXXVI, 7-9. Leurs branchies sont quelquefois bleues. Rien n'est plus agréable à voir qu'un groupe de ces serpules, lorsqu'elles s'épanouissent bien.

Il y en a une aux Antilles (*Serpula gigantea.* Pall. Miscell. X, 2, 10 (3)), qui se tient parmi les madrepores, et dont le tube est souvent entouré de leurs masses. Ses branchies se roulent en spirale quand elles rentrent; et son opercule est armé de deux petites cornes rameuses, comme des bois de cerfs (4).

---

(1) La serpule la plus commune, ayant ce disque en forme d'entonnoir, les naturalistes l'ont pris pour une trompe, mais il n'est pas percé, et les autres espèces l'ont plus ou moins en forme de massue.

(2) C'est le même animal que l'*amphitrite penicillus,* Gmel. ou *proboscidea*, Brug.; *probosciplectanos,* Fab. Columm. aquat. c. XI, p. 22.

(3) La même que *terebella bicornis,* Abildg. Berl. Schr. IX, III, 4, Séb. III, XVI, 7, et que l'*actinia* ou *animal flower,* Home, lect. on comp. Anat. II, pl. 1.

(4) Aj. *Terebella stellata*, Gm. Abildg. loc. cit. f. 5.

LES SABELLES. (SABELLA. Cuv.) (1).

Ont le même corps et les mêmes branchies en éventail que les serpules; mais les deux filets charnus adhérens aux branchies se terminent l'un et l'autre en pointe et ne forment pas d'opercule. Leur tube paraît composé de grains d'une argile ou vase très-fine.

Les espèces connues sont assez grandes et leurs panaches branchiaux d'une délicatesse et d'un éclat admirable.

Nous en avons sur nos côtes une espèce à panaches égaux, tous deux contournés en spirale. (*Amphitrite ventilabrum*. Gmel. *Sabella penicillus*, édit. XII.) Ellis, Corall. XXXVI.

Et une autre où l'un des deux seulement est ainsi contourné, et où l'autre est plus petit, et enveloppe la base du premier. (*Sabella unispira*. Cuv. *Spirographis spallanzanii*, Viviani Phosph. Mar. IV.)

LES TEREBELLES. (TEREBELLA. Cuv.) (3).

Habitent, comme les sabelles, un tube factice;

---

(1) Ce nom de *sabella* désigne dans Linnæus et dans Gmelin, divers animaux à tuyaux artificiels et non transsudés; nous le restreignons à ceux qui se ressemblent par leurs caractères propres.

(2) Ajoutez *amphitrite volutacornis*, Trans. Linn. VII, VII, la même que Séb. I, XXIX, 1, mal à propos citée par Pallas et Gmel. sous *serpula gigantea*;—*amphitrite infundibulum*, Trans. Linn. IX, VIII;—*tubularia magnifica*, ib. V, IX;—*terebella reniformis*, Gmel. Müll. Zool. dan. LXXXIX, 1, 2;—*tubularia Fabricia*, Gm. Faun. Groënl. f. 12.

(3) Linnæus, ed. XII, avait nommé ainsi un animal décrit par Kæhler, et qui pourrait appartenir à ce genre, parce qu'on croyait qu'il perce les pierres. M. Lamarck a employé ce nom (an. sans vert. p. 524) pour une *néréide* et pour un *spio* Les *térebelles* de Gmel. comprennent des *amphinomes*, des *néréides*, des *serpules*, etc.

N. B. Le *terebella cirrata*, Müll. Würm. XV, 1, 2, n'est peut-être

mais il est composé de grains de sable, de fragmens de coquilles; de plus, leur corps a beaucoup moins d'anneaux et leur tête est autrement ornée. De nombreux tentacules filiformes, susceptibles de beaucoup d'extension, entourent leur bouche, et sur leur col sont des branchies en forme d'arbuscules et non pas d'éventail.

Nous en avons une sur nos côtes (*Terebella conchilega*. Gm.) Pall. Miscell. IX, 14-22, très-remarquable par ses tubes formés de gros fragmens de coquilles, et dont l'ouverture a ses bords prolongés en plusieurs petites branches formées des mêmes fragmens (1).

LES AMPHITRITES. (AMPHITRITE. CUV.) (2).

Sont faciles à reconnaître à des pailles de couleur dorées, rangées en peignes ou en couronne, sur un ou sur plusieurs rangs, à la partie antérieure de leur tête, où elles leur servent probablement de défense, ou peut-être de moyen de ramper ou de ramasser les matériaux de leurs tuyaux. Autour de la bouche sont de très-nombreux tentacules, et sur le commencement du dos, de chaque côté, des branchies en forme de peignes.

---

que le *conchilega* mal représenté. L'*amphitrite cristata*, Müll. Zool. dan. LX, 1, 4, en est fort voisin, ainsi que le *terebella circinnata*, Ott. Fabr. Faun. Groenl. Sp. 270. Le *terebella lapidaria*, à en juger par la mauvaise descr. de Kœhler, mém. de Stokh. 1754, III, A, E, pourrait aussi bien être une *amphitrite*. Le *terebella plumosa*, mal représ. Zool. dan. XC, 1, 2, pourrait, d'après Fabric. Faun. Groënl. 288, être une *amphinome*.

(1) Ajoutez *amphitrite ventricosa*, Bosc. vers. I, VI, 4, 5.

(2) Ce genre tel qu'il est dans Müller, Bruguières, Gmelin, Lamarck, comprend aussi des *térebelles* et des *sabelles*.

Les unes se composent des tuyaux légers, en forme de cones réguliers, qu'elles transportent avec elles. Leurs pailles dorées forment deux peignes, dont les dents sont dirigées vers le bas. Leur intestin très-ample et plusieurs fois replie, est d'ordinaire plein de sable.

Telle est sur nos côtes l'*Amphitrite auricoma Belgica*. Gm. (Pall. Miscell. IX, 3-5.), dont le tube, de deux pouces de long, est formé de petits grains ronds de diverses couleurs (1).

La mer du Sud en produit une espèce plus grande (*Amphitrite auricoma Capensis*. Pall. Miscell. IX, 1-2), dont le tube, mince et poli, a l'air d'être transversalement fibreux, et d'être formé de quelque substance molle et filante, desséchée (2).

D'autres amphitrites habitent des tuyaux factices fixés à divers corps. Leurs pailles dorées forment sur leur tête plusieurs couronnes concentriques, d'où résulte un opercule qui bouche leur tuyau quand elles s'y contractent. Leur corps se termine en arriere en un tube recourbé vers la tête, sans doute pour émettre les excrémens.

Telle est le long de nos côtes

L'*Amphitrite à ruche*. (*Sabella alveolata*. Gm. *Tubipora arenosa*. Linn. Ed. XII.) Ellis. Corall. XXXVI.

Dont les tuyaux, unis les uns aux autres en une masse compacte, présentent leurs orifices, assez régulièrement disposés, comme ceux des alvéoles des abeilles.

Il est extrêmement probable que l'on doit

(1) C'est la même que *sabella Belgica*, Gm. Klein. tub. 1, 5, echinod. XXXIII, A, B, et que l'*amph. auricoma*, Müll. Zool. dan. XXVI, dont Brug. a fait son *amphitrite dorée*.

(2) C'est la même que *sabella chrysodon*, Gm. Bergius, mém. de Stokh. 1765, IX, 1, 3; que *sabella Capensis*, id. Stat. Müller, nat. Syst. VI, XIX, 67, qui n'est qu'une copie de Bergius; que *sabelle indica*, Abildgaardt, Berl. Schr. IX, IV. Voyez aussi Mart. Slabber mém. de Flessing. I, II, 1-3.

rapporter à cet ordre deux genres de coquilles dont les animaux ne sont pas connus, mais que leur analogie avec les coquilles des serpules et les tubes de certaines térébelles doivent faire croire habitées par des êtres semblables.

LES ARROSOIRS. (PENICILLUS. Lam.)

Ont une coquille en forme de tube conique dont l'extrémité large est fermée par un disque hérissé de très-petits tuyaux creux, donnant dans la cavité générale, et dont ceux du pourtour sont plus longs et serrés les uns contre les autres. Il n'y a guère à douter que leur animal ne soit semblable à celui des térébelles, et que les petits tuyaux ne servent au passage de ses tentacules; cependant le tube a près de ce disque une double empreinte ovale, où quelques naturalistes ont cru voir le vestige d'une coquille bivalve, ce qui leur a fait rapprocher l'arrosoir, des tarets et des fistulanes (1).

L'espèce commune (*Serpula penis.* L.) Martini I, 1, 7 est blanche, longue de huit à dix pouces, et vient de la mer des Indes où on la trouve, dit-on, attachée aux rochers par sa petite extrémité.

LES DENTALES. (DENTALIUM. L.)

Ont une coquille en cône allongé, arquée, ouverte aux deux bouts, et que l'on a comparée en petit à une défense d'éléphant. On ne connaît leur animal que par de mauvaises figures, qui le representent toutefois comme articulé et pourvu de soies latérales.

(1) Vid. Roissy, VI, 452.

Il y en a à coquille anguleuse (1), ou striée longitudinalement (2).

D'autres à coquilles rondes (3).

LES SILIQUAIRES. (SILIQUARIA. Lam.)

Ont un tube irrégulièrement ployé et contourné en spirale, muni tout du long d'une fente qui sert apparemment à laisser passer quelques organes respiratoires, en sorte que l'animal (si c'est une annélide) pourrait bien avoir ces organes le long du dos, et appartenir à l'ordre suivant.

On en connaît une de la mer des Indes. (*Serpula anguina.* L.) Martini, I, II, 13-14.

DEUXIEME ORDRE DES ANNÉLIDES.

LES DORSIBRANCHES.

Ont leurs organes et surtout leurs branchies distribués à peu près également le long de tout leur corps, ou au moins de sa partie moyenne.

Nous en ferons deux familles; ceux dont la bouche est armée de mâchoires, et ceux où elle n'en a point.

Les *dorsibranches* à mâchoires ne formaient dans Linnæus qu'un seul genre.

---

(1) *Dent. elephantinum*, Martini, I, 1, 5, A;—*d. aprinum*, ib. 4, A;—*d. striatulum*, ib. 5, B;—*d. arcuatum*, Gualt. X, G;—*d. sexangulum.*

(2) *Dent. dentalis*, Rumpf. Mus. XLI, 6;—*d. fasciatum*, Martini, Conch. I, 1, 3. B; — *d. rectum*, Gualt. X, H. etc.

(3) *Dent. entalis*, Martini, I, 1, 1, 2, etc.

Les Néréides. (Neréis. L.)

Dont le vrai caractère consiste à avoir le corps allongé, les branchies, les cirres et les paquets de soies répartis à peu près également sur sa longueur, la tête garnie de tentacules plus ou moins nombreux, et la bouche armée de mâchoires latérales, cornées et crochues, plus ou moins compliquées.

Ces animaux vivent dans des trous, des pierres, des vieux bois enfoncés sous la mer; quelques-uns habitent des tubes cornés ou membraneux. Ils attaquent de plusieurs manières les autres animaux marins. Plusieurs de leurs petites espèces contribuent au phénomène de la mer lumineuse (1).

Nous les subdivisons comme il suit :

Les Néréides proprement dites. (Nereis. Cuv.)

Qui ont des tentacules en nombre pair, attachés aux côtés de la base de la tête, et un peu plus en avant des points noirâtres que l'on regarde avec probabilité comme des yeux, et dont les branchies ne forment que de petites lames simples, sur les parois desquelles rampe un lacis de vaisseaux. Leur corps se termine d'ordinaire en arrière par deux filamens (2).

Les Eunices, Cuv. (3).

Ont des tentacules en nombre impair (presque toujours cinq), attachés transversalement sur la bouche, et deux autres sur la base de la tête. Rarement on leur voit deux petits yeux. Leurs branchies sont en forme de houpes ou

---

(1) Voy. *Viviani phosphorescentia maris. Gènes*, 1805.

(2) *Nereis versicolor*, Gm. Müll. Würm. VI;—*n. armillaris*, id. IX; — *n. fimbriata*, id. VIII, 1-3; — *n. pelagica*, id. VII, 1-3; — *terebella rubra*, Gm. Bommé, mém. de Flessing, VI, 357, fig. 4, A. B.

(3) *Eunice*, nom d'une néréide dans Apollodore.

de panaches, et non pas de lames. Il y en a de fort grandes. J'en connais une de la mer des Indes, de plus de quatre pieds de long (1).

LES SPIO. Fab. et Gmel.

Ont le corps grêle; deux longs tentacules ou antennes, des yeux à la tête, et sur chaque anneau une branchie de chaque côté en forme de filament simple. Ce sont de petits vers de la mer du nord qui habitent des tuyaux membraneux (2).

Parmi les DORSIBRANCHES sans mâchoires.

LES APHRODITES. (APHRODITA. L.)

Se reconnaissent aisément aux deux rangées longitudinales de larges écailles membraneuses qui recouvrent leur dos, et sous lesquelles sont cachées leurs branchies, en forme de petites crêtes charnues.

Leur corps est généralement de forme aplatie, et plus court et plus large que dans les autres annélides. On observe à leur intérieur un œsophage très-épais et musculeux susceptible d'être renversé en dehors comme une trompe, un intestin inégal, garni de chaque côté d'un grand nombre de cœcums branchus, dont les extrémités vont se fixer entre les bases des paquets de soie qui servent de pieds.

Nous en avons une sur nos côtes, qui est l'un des animaux les plus admirables par leurs couleurs : l'*Aphrodite hérissée.*

---

(1) *Terebella aphroditois*, Gm. Pall. nov. act. Petrop. II, v, 1-7; —*nereis pinnata*, Zool. dan. XXIX, 4-7; —*ner. norwegica*, ib. 1-3; —*ner. tubicola*, id. XVIII, 1-6; —*ner. cuprea*, Bosc. vers, I, v, 1-4.

(2) *Spio seticornis*, Ott. Fabr. Berl. Schr. VI, v, 1-7; — *sp. filicornis*, ib. 8-12. — *Speio*, nom d'une neréide.

Les POLYDORES, Bosc. vers, I, v, 7, appartiennent à ce genre.

(*Aphrodita aculeata.* L.) Pall. Misc. VII, 1-13. Elle est ovale, longue de six à huit pouces, large de deux à trois. Les écailles de son dos sont recouvertes et cachées par une bourre semblable à de l'étoupe, qui prend naissance sur ses côtés. De ces mêmes cotés naissent des groupes de fortes épines, qui percent en partie l'étoupe, des faisceaux de soies flexueuses, brillantes de tout l'éclat de l'or, et changeantes en toutes les teintes de l'iris. Elles ne le cèdent en beauté ni au plumage des colibris, ni à ce que les pierres précieuses ont de plus vif. Plus bas est un tubercule d'où sortent des épines en trois groupes, et de trois grosseurs différentes, et enfin un cône charnu. On compte quarante de ces tubercules de chaque côté, et entre les deux premiers sont deux petits tentacules charnus. Il y a quinze paires d'écailles larges, et quelquefois boursoufflées, sur le dos, et quinze petites crêtes branchiales de chaque côté.

Les autres aphrodites n'ont point d'étoupes sur le dos, et leurs écailles dorsales se voient à nu. On retrouve quelquefois, à leur face inférieure, cet éclat nacré qui se marque si bien sur les poils de la grande espèce. Nos mers en produisent quelques-unes de petites (1).

Les Amphinomes. Brug. (2).

N'ont point d'écailles sur le dos, et portent sur chacun des anneaux de leur corps, de chaque côté, indépendamment des cirres et des paquets de soies, une branchie en forme de houppe ou de panache. Elles sont en général plus allongées que les aphrodites ; mais leur organisation intérieure est à peu près la même.

---

(1) *Aphr. squamata,* Pall. misc. Zool. VII, 14 ;—*aphr. plana,* Gm. *cirrata,* Fabr. Groenl. I, 7, et Müll. vers, XIV, 1-5 ;—*aphr. cirrhosa,* Pall. misc. Zool. VIII, 3-6 ;—*aphr. lepidota*, id. ib. 1-2.

(2) Ce genre a été séparé avec raison, par Bruguières, des *aphrodites* de Pallas et des *térebelles* de Gmel.

La mer des Indes en produit une, l'*Amphinome chevelue.* Brug. (*Terebella flava.* Gm.) Pall. Miscell. VIII, 7-11, extrêmement remarquable par ses longs faisceaux de soies couleur de citron, et par les beaux panaches pourpres de ses branchies (1). Sa forme est large et déprimee; elle porte une crête verticale, et deux petits tentacules sur le museau.

Les Arénicoles. (Arenicola. Lam.)

Ont des branchies en forme d'arbuscules sur la partie moyenne de leur corps seulement; leur bouche est une trompe charnue plus ou moins dilatable, et on ne leur voit ni dents, ni tentacules, ni yeux. L'extrémité postérieure manque non-seulement des branchies, mais encore des cirres et des paquets de soie qui garnissent le reste du corps.

L'espèce connue, *Arénicole des Pêcheurs.* Lam. (*Lumbricus marinus.* L.) Pall. Nov. Act. Petr. II, 1, 19-29, est très-commune dans le sable des bords de la mer, où les pêcheurs vont la chercher avec des bêches, pour s'en servir comme d'appât. Elle est longue de près d'un pied, de couleur rougeâtre, et répand, quand on la touche, une liqueur jaune abondante. Elle porte treize paires de branchies.

TROISIEME ORDRE DES ANNÉLIDES.

LES ABRANCHES.

N'ont aucun organe de respiration apparent à l'extérieur, et paraissent respirer par la surface entière de leur peau; mais les uns

---

(1) Ajoutez *tereb. caruncutata*, Pall. loc. cit. 12-13;—*tereb. rostrata*, ib. 14-18;—*terebella complanata*, ib. 19-26.

ont encore des soies servant au mouvement, et les autres en sont dépourvus, ce qui donne lieu à établir deux familles.

La première famille, celle des ABRANCHES SÉTIGÈRES, ou pourvues de soies, comprend trois genres.

LES LOMBRICS. (LUMBRICUS. L.) Vulg. *Vers de terre.*

Ont le corps long, cylindrique, divisé par des rides en un grand nombre d'anneaux dont chacun est garni en dessous de petites soies roides, dirigées en arrière; leur bouche est en avant et n'a point de dents; ils manquent d'yeux, de tentacules, de branchies et de cirres; un bourrelet ou renflement sensible, surtout au temps de l'amour, leur sert à se fixer l'un à l'autre pendant la copulation. A l'intérieur on leur voit un intesti ι droit, ridé; et quelques glandes blanchâtres vers le devant du corps qui paraissent servir à la génération. Il est certain qu'ils sont hermaphrodites; mais il se pourrait que leur rapprochement ne servît qu'à les exciter l'un et l'autre à se féconder eux-mêmes. Les œufs descendent entre l'intestin et l'enveloppe extérieure, jusqu'autour du rectum, où ils éclosent. Les petits sortent vivans par l'anus. Le cordon nerveux n'est qu'une suite d'une infinité de petits ganglions serrés les uns contre les autres (1).

(1) Conf. Montègre, mém. du Mus. I, p. 242, pl. XII.

Chacun connaît le *Ver de terre ordinaire* (*Lumbricus terrestris*. L.), à corps rougeâtre, atteignant près d'un pied de longueur, à 120 anneaux et plus, armé de huit rangées de petites pointes tout le long du dessous du corps. Le renflement est vers le tiers antérieur. Sous le seizième anneau sont deux pores dont on ignore l'usage.

Cet animal perce dans tous les sens l'humus, dont il avale beaucoup. Il mange aussi des racines, des fibres ligneuses, des parties animales, etc. Au mois de juin il sort de terre la nuit pour chercher son semblable et s'accoupler (1).

Nous séparerons des lombrics,

LES THALASSÈMES. (THALASSEMA. CUV.)

Dont le corps large et court, n'a de petites soies que par anneaux autour de l'extrémité postérieure, mais est armé sous le col de deux forts crochets analogues aux soies métalliques des autres annélides. Leur tête ou plutôt leur bouche est en forme de grand cuilleron. L'intestin, plus long que le corps, fait plusieurs replis avant d'aboutir à l'anus, qui est à l'extrémité postérieure.

On en connaît un (*Lumbricus echiurus*. Gm.) Pall. Miscell. Zool. XI, 1-6, qui habite nos côtes, sur les fonds sableux. Il sert d'appât aux pêcheurs.

---

(1) Ajoutez *lumbricus minutus*, Fab. Faun. Groenl. fig. 4;—*lumbr. armiger*, Müll. Zool. dan. XXII, 4, 5?

Je soupçonne le *lumbr. fragilis*, Müll. ib. 2, 3, d'avoir de petites branchies, et de devoir être rapproché des néréides.

Le *lumbricus marinus* est l'*arénicole*; l'*echiurus* est *le thalassème*, l'*edulis* est un *siponcle*, ainsi que le *thalassema*.

Nous renvoyons aux *naïdes*, le *tubicola*, le *sabellaris*, le *tubifex*, le *lineatus*.

Les Naïdes. (Naïs. L.)

Ont le corps allongé et les anneaux moins marqués que les lombrics. Elles vivent dans des trous qu'elles se creusent dans la vase, au fond de l'eau, et d'où elles font sortir la partie antérieure de leur corps qu'elles remuent sans cesse. On voit à plusieurs à la tête des points noirs que l'on peut prendre pour des yeux. Ce sont de petits vers, dont la force de reproduction est aussi étonnante que celle des hydres ou polypes à bras. Il en existe un assez grand nombre dans nos eaux douces.

Les unes ont des soies assez longues (1),

Et quelquefois une longue trompe en avant (2),

Ou plusieurs petits tentacules (3).

D'autres ont des soies très-courtes (4).

Il y en a de plus grandes que les autres, qui se fabriquent des tubes de glaise, ou de débris, où elles se tiennent (5).

La deuxième famille, ou celle des abranches sans soies, comprend deux genres, l'un et l'autre aquatiques.

---

(1) *Naïs elinguis,* Müll. Würm. II;—*n. littoralis,* id. Zool. dan. LXXX.

(2) *Naïs proboscidea*, id. Würm. I, 1-4.

(3) *Naïs digitata,* Gm. *cœca*, Müll. ib. V.

(4) *Naïs vermicularis,* Gm. Rœs. III, XCIII, 1-7;—*n. serpentina,* id. XCII, et Müll. IV, 2-4·—*lumbricus tubifex*, Gm. Bonnet, vers d'eau douce, III, 9, 10, Müll. Zool. dan. LXXXIV;—*lumbr. lineatus,* Müll. Würm. III, 4-5.

(5) *Lumbricus tubicola*, Müll. Zool. dan. LXXV;—*lumbr. sabellaris,* ib. CIV, 5.

Les Sangsues. (Hirudo. L.)

Ont le corps oblong, quelquefois déprimé, ridé transversalement; la bouche est entourée d'une lèvre, et l'extrémité postérieure munie d'un disque aplati, propres l'un et l'autre à se fixer aux corps par une sorte de succion, et servant à la sangsue d'organes principaux de mouvement, car après s'être allongée, elle fixe l'extrémité antérieure et en rapproche l'autre qu'elle fixe à son tour pour porter la première en avant. A sa bouche sont trois petites mâchoires, langues, ou plutôt replis de la peau qu'elle emploie à entamer la peau des animaux, pour en sucer le sang qui fait sa nourriture principale. On voit en dessous du corps deux séries de pores, orifices d'autant de petites poches intérieures dont l'usage n'est pas connu. Le canal intestinal est droit, boursouflé d'espace en espace, jusqu'aux deux tiers de sa longueur, où il a deux cœcums. Le sang s'y conserve rouge et sans altération, pendant plusieurs semaines. Les sangsues sont hermaphrodites. Une grande verge sort sous le tiers antérieur du corps, et la vulve est un peu plus en arrière. Il paraît que quelques espèces sont vivipares.

Les ganglions du cordon nerveux sont beaucoup plus séparés qu'aux lombrics (1).

---

(1) Voyez Mémoires pour servir à l'Hist. nat. des sangsues, par P. Thomas; et un mém. de M. Spix, parmi ceux de l'Acad. de Baviere pour 1813.

Tout le monde connaît la *Sangsue médicinale* (*Hirudo medicinalis.* L.), si utile instrument pour les saignées locales. Elle est noirâtre, rayée de jaunâtre en dessus, jaunâtre tachetée de noir en dessous. On la trouve dans toutes les eaux dormantes.

La *Sangsue des chevaux* (*Hirudo sanguisuga.* L.), beaucoup plus grande, et toute d'un noir-verdâtre, est quelquefois dangereuse par les plaies qu'elle cause.

Nos mers nourrissent abondamment la *Sangsue verruqueuse* (*Hirudo muricata.* L.), toute hérissée de petits tubercules (1).

Les Dragonneaux. (Gordius. L.)

Ont le corps en forme de fil; de légers plis transverses en marquent seuls les articulations, et l'on n'y voit ni pieds, ni branchies, ni tentacules. Cependant à l'intérieur on y distingue encore un système nerveux à cordon noueux.

Ils habitent dans les eaux douces, dans la vase, les terres inondées, qu'ils percent en tous sens, etc.

Les espèces n'én sont pas encore très-bien distinguées. La plus commune (*Gordius aquaticus.* L.), est longue de plusieurs pouces, presque déliée comme un crin, brune, à extrémités noirâtres.

---

(1) Ajoutez les autres especes mentionnées par Gmel. parmi lesquelles il pourrait y avoir cependant quelques planaires.

FIN DU TOME SECOND.